UTB

W0222121

UTB 2781

Eine Arbeitsgemeinschaft der Verlage

Beltz Verlag Weinheim · Basel
Böhlau Verlag Köln · Weimar · Wien
Wilhelm Fink Verlag München
A. Francke Verlag Tübingen und Basel
Paul Haupt Verlag Bern · Stuttgart · Wien
Lucius & Lucius Verlagsgesellschaft Stuttgart
Mohr Siebeck Tübingen
C. F. Müller Verlag Heidelberg
Ernst Reinhardt Verlag München und Basel
Ferdinand Schöningh Verlag Paderborn · München · Wien · Zürich
Eugen Ulmer Verlag Stuttgart
UVK Verlagsgesellschaft Konstanz
Vandenhoeck & Ruprecht Göttingen
Verlag Barbara Budrich Opladen · Farmington Hills
vdf Hochschulverlag AG an der ETH Zürich
Verlag Recht und Wirtschaft Frankfurt am Main
WUV Facultas Wien

Wilhelm Schneider

BWL-Crash-Kurs
Kosten- und Leistungsrechnung

UVK Verlagsgesellschaft mbH

Zum Autor:
Dr. Wilhelm Schneider ist Akademischer Direktor am Institut für Betriebswirtschaftslehre an der Universität Regensburg.

Bibliografische Information der Deutschen Bibliothek
Die Deutsche Bibliothek verzeichnet diese Publikation in der Deutschen Nationalbibliografie; detaillierte bibliografische Daten sind im Internet über <http://dnb.ddb.de> abrufbar.

ISBN 13: 978-3-8252-2781-4
ISBN 10: 3-8252-2781-2

Lektorat: Andrea Vogel, Zürich
Satz und Layout: PTP-Berlin Protago-TEX-Production GmbH, Berlin
Einbandgestaltung: Atelier Reichert, Stuttgart
Druck: Ebner & Spiegel, Ulm

UVK Verlagsgesellschaft mbH
Schützenstr. 24 · 78462 Konstanz
Tel. 07531-9053-21 · Fax 07531-9053-98
www.uvk.de

Inhalt

Vorwort

Anders als die Finanzbuchführung ist die Einrichtung einer Kosten- und Leistungsrechnung abgesehen von Einzelfällen gesetzlich nicht vorgeschrieben. Dennoch scheint von alters her in der betrieblichen Praxis ein ausgeprägtes Bedürfnis zu bestehen, das betriebliche Geschehen durch die Berechnung von Kosten und Leistungen zu überwachen und zu steuern.

Die Praxis und auch die Wissenschaft haben früh erkannt, dass die von anderen Zielen geprägte Erfolgsermittlung der Finanzbuchführung für viele in der Praxis zu lösende Aufgaben keine geeigneten Daten zur Verfügung stellt. In Deutschland haben im letzten Jahrhundert vor allem die Arbeiten von EUGEN SCHMALENBACH und WOLFGANG KILGER die Entwicklung der Kosten- und Leistungsrechnung maßgeblich beeinflusst und gefördert. Dabei wurde auch klar, dass die Kosten- und Leistungsrechnung zur Lösung ihrer praktischen Probleme wesentlich präzisere Fachbegriffe benötigt als die Finanzbuchführung, die ihre Aufgaben im Bereich der Erfolgsermittlung und Erfolgsanalyse mit der schlichten Unterscheidung von Aufwendungen und Erträgen zu lösen versucht. In der Theorie wurde im Zeitablauf ein weit gefächertes Begriffssystem entwickelt, um die Abbildungsdefizite der Finanzbuchführung zu kompensieren. Gerade diese Fachbegriffe machen es dem Anfänger nicht leicht, in die Denkprozesse der Kosten- und Leistungsrechnung einzudringen. Der Umfang der zu lernenden Fachbegriffe ist deutlich höher als in der Finanzbuchführung.

Da die Kosten- und Leistungsrechnung (ebenso wie die Finanzbuchführung) nicht von der Wissenschaft erfunden, sondern aus Informationsbedürfnissen der Praxis entstanden ist, war es umso erstaunlicher, dass vor allem aus der Praxis der Großunternehmen seit Beginn der 90er-Jahre des letzten Jahrhunderts starke Kritik an der Berechtigung einer selbständigen Kosten- und Leistungsrechnung laut wurde. Dies war umso bemerkenswerter, da mit der zu dieser Zeit noch relativ neuen Software SAP® R/3® zum ersten Mal ein Werkzeug zur Verfügung stand, mit dem die komplexen Abrechnungsprozesse bewältigt werden konnten. Vor dieser Zeit scheiterte eine umfassende Abwicklung einer Kosten- und Leistungsrechnung nicht selten an Berechnungsschwierigkeiten wie die frühen Diskussionen zur Berechnung von Selbstkostenpreisen bei einer Vielzahl von Hilfskostenstellen belegen. Für das Customizing und den laufenden Betrieb des CO-Moduls in SAP® R/3® sind aber fundierte Fachkenntnisse erforderlich, die möglicherweise nicht immer in ausreichendem Maß zur Verfügung stehen, ein Umstand, der bereits bei KILGER anklingt. Der laufende Betrieb einer EDV-gestützten Software erfordert umfassendes Fachwissen im Grundlagenbereich der Kosten- und Leistungsrechnung wie es z. B. in diesem Buch vermittelt werden soll.

Anders als in einigen Großunternehmen ist vor allem in kleineren und mittleren Unternehmen in letzter Zeit ein verstärktes Interesse an der Einrichtung einer Kosten- und Leistungsrechnung festzustellen. Dieses Interesse wird nicht zuletzt durch veränderte Anforderungen für die Kreditvergabe induziert. Aber auch eine Verschärfung des Wettbewerbs fordert genauere Daten über das tägliche Betriebsgeschehen als sie die Finanzbuchführung oder Werkzeuge, die ausschließlich auf Zahlungen basieren, liefern können. Dies gilt aber in gleichem Maße für große und kleine Unternehmen. Schließlich ist auch der Gedanke der Ressourcenschonung den geld- bzw. zahlungsorientierten Abrechnungswerkzeugen eher fremd.

Obwohl also bereits auf den ersten Blick viele Gründe für die Notwendigkeit einer zusätzlich zur Finanzbuchführung freiwillig zu betreibenden Kosten- und Leistungsrechnung bestehen, werden zu Beginn dieser Arbeit die Vorzüge und Nachteile verschiedener Erfolgsmessungswerkzeuge erläutert und an einem abschließenden Beispiel nochmals demonstriert. Dies geschieht auch vor dem Hintergrund, dass es sich bei der Kosten- und Leistungsrechnung um eine gegenüber der Finanzbuchführung veränderte (erweiterte bzw. vertiefte, aber auch verringerte) Abbildung der Erfolgsquellen handelt, die das Eigenkapital des Unternehmens verändern.

Anschließend werden die für das Betreiben einer Kosten- und Leistungsrechnung unbedingt erforderlichen Fachbegriffe erläutert. Im zweiten Teil des Buches wird die praktische Verwirklichung der Kosten- und Leistungsrechnung dargestellt. Dabei wird neben einer Kostenartenrechnung auch die Einrichtung einer Leistungsartenrechnung angesprochen. Mit der Kostenstellenrechnung, der Kalkulation und der kurzfristigen Erfolgsrechnung werden im Anschluss daran weitere wichtige Teilgebiete der traditionellen Kosten- und Leistungsrechnung beschrieben. Ein abschließendes Beispiel demonstriert das Zusammenwirken von Kalkulation und kurzfristiger Erfolgsrechnung. Im Anhang wird eine umfangreiche Fallstudie durchgerechnet. Die Ergebnisse werden in Tabellenform präsentiert. Die Berechnungen wurden mit MS®-Excel® erstellt.

Der Verfasser bedankt sich bei Frau Dipl.-Kffr. Andrea Vogel und Frau Uta C. Preimesser von der UVK Verlagsgesellschaft für die ausgezeichnete Betreuung und die zahlreichen konstruktiven Anmerkungen und Verbesserungsvorschläge. Mein besonderer Dank gilt auch Herrn cand. rer. pol. Anton Preis für seine konstruktive Mithilfe bei der Korrektur der Erstfassung des Manuskripts.

Regensburg, im März 2006 Wilhelm Schneider

Erster Teil: Grundlagen der Kosten- und Leistungsrechnung

1 Begriff, Zwecke und Notwendigkeit einer Kosten- und Leistungsrechnung

1.1 Definition der Kosten- und Leistungsrechnung

Eine unternehmerische (kaufmännische) Tätigkeit dient der Erfolgserzielung. Was dabei unter Erfolg zu verstehen ist, ist nicht allgemeinverbindlich festgelegt und kann auch in der Realität nicht unmittelbar festgestellt werden. Mögliche Erfolge, z. B. Gewinne oder Verluste, Deckungsbeiträge, Einzahlungsüberschüsse (Cashflows), Steigerungen von Unternehmenswerten, müssen berechnet bzw. gemessen werden. In der Praxis existiert dazu eine Reihe von Erfolgsmessungswerkzeugen. Eines dieser Werkzeuge ist die Kosten- und Leistungsrechnung (KLR).

Die KLR ist ein Instrument zur kurzfristigen (operativen) **Erfolgsberechnung** und **Erfolgsüberwachung** betrieblicher Input-Outputbeziehungen. Der Erfolg wird dabei als Differenz zwischen Leistungen und Kosten berechnet bzw. gemessen. Die Erfolgsüberwachung wird durch Vergleich des realisierten (Isterfolg) mit einem im Voraus geplanten Erfolg (Planerfolg) bzw. durch Vergleich der einzelnen Erfolgskomponenten – Istkosten und Plankosten bzw. Istleistungen und Planleistungen – durchgeführt.

1.2 Zwecke einer Kosten- und Leistungsrechnung

Mit der **Erfolgsberechnung** auf der Basis von Leistungen und Kosten werden folgende Zwecke verfolgt:

1. Ermittlung eines (kurzfristigen) nur auf den eigentlichen Unternehmenszweck bezogenen Periodenergebnisses durch Vergleich von Absatzleistungen mit den dadurch **verursachten** Kosten einer Abrechnungsperiode.
2. Ermittlung von leistungsbezogenen, z. B. stückbezogenen, Ergebnissen zur Vorbereitung kurzfristiger leistungsbezogener Entscheidungen durch Vergleich tatsächlicher oder möglicher Absatzpreise pro Leistungseinheit mit den jeweils verursachten Kosten pro Leistungseinheit.
3. Unterstützung strategischer Unternehmensentscheidungen, z. B. durch Überprüfung der Frage inwieweit kurzfristige Kosten- bzw. Erfolgsziele zugleich langfristige Unternehmensziele realisieren.

Die **Erfolgsüberwachung** soll sicherstellen, dass Zielvorgaben strategischer oder operativer Entscheidungen bei ihrer Realisation eingehalten werden. Informationen zur Erfolgsüberwachung können z. B. Navigations-, Warn- bzw. Zustandsinformationen bzw. -meldungen sein. Da die Leistungen bei der laufenden Erfolgsmessung in aller Regel bereits gegeben sind, beschränkt sich die Erfolgsüberwachung auf eine Kontrolle der jeweils verursachten Kosten. Diese Kontrolle wird auch als **Wirtschaftlichkeits- oder Effizienzkontrolle** bezeichnet.

Aufgabe der **WIRTSCHAFTLICHKEITSKONTROLLE** → GLOSSAR ist es, zu überwachen, ob die tatsächlich verursachten Kosten, die sog. **ISTKOSTEN** → GLOSSAR, zugleich die **minimalen Kosten** sind. Verwirklichung der minimalen Kosten bedeutet dabei zugleich die Realisation der unter den gegebenen Bedingungen maximal möglichen Wirtschaftlichkeit.

Kosten- und Leistungsrechnungen liefern also Informationen für operative Lenkungs- bzw. Steuerungszwecke, aber auch Informationen zur Überwachung der Realisation von operativen und strategischen Unternehmenszielen. In diesem Sinne ist die KLR ein Teil (-werkzeug) des gesamten **Unternehmenscontrollings**.

1.3 Notwendigkeit einer Kosten- und Leistungsrechnung

Kaufleute sind per Gesetz zur laufenden Buchführung und zur Aufstellung eines Jahresabschlusses bestehend aus Bilanz und Gewinn- und Verlustrechnung verpflichtet. Die Erfolgsmessung übernimmt im System der kaufmännischen Buchführung die **Gewinn- und Verlustrechnung**. Eine zusätzlich einzurichtende KLR steht daher in unmittelbarer Konkurrenz zu dieser pflichtgemäß durchzuführenden Erfolgsmessung durch Vergleich der Erträge mit den Aufwendungen.

Die KLR steht weiterhin in Konkurrenz zu zahlungsorientierten Abrechnungssystemen, z. B. zu einer liquiditätsorientierten **Einzahlungs-Überschussrechnung**, bei der der Erfolg durch Vergleich der Einzahlungen mit den Auszahlungen gemessen wird.

Schließlich steht die Erfolgsmessung und Erfolgsüberwachung zu Systemen in Konkurrenz, die den Erfolg oder zumindest wichtige Erfolgskomponenten auf rein mengenmäßiger Ebene, z. B. durch Ermittlung von Produktivitäten berechnen.

Ehe auf die die Abbildungsdefizite der handelsrechtlichen Erfolgsmessung eingegangen wird, sollen zunächst die Abbildungsprobleme der rein mengen- und zahlungsabhängigen Erfolgsrechnung angesprochen werden.

1.3.1 Probleme bei einer rein mengenmäßigen Erfolgsmessung

In einer mehr an der beobachtbaren Wirklichkeit orientierten Messung wären die Input-Output-Prozesse mengenmäßig abzubilden. Der Input wäre für die Messung als **Mengenverzehr**, der Output als **Mengenschöpfung** zu erfassen.

Mengenmäßige Input-Output-Relationen werden als **Produktivitäten**, nicht selten auch als Technizitäten bezeichnet. Dabei wird überwiegend der mengenmäßige Output an einem gegebenen mengenmäßigen Input gemessen:

$$\text{Produktivität} = \frac{\text{Mengenschöpfung}}{\text{Mengenverzehr}}$$

oder bezogen auf die Produktion von Gütern:

$$\text{Produktivität} = \frac{\text{erzeugte Produktmenge}}{\text{verbrauchte Produktionsmenge(n)}}$$

Soweit eine Differenz zwischen Mengenschöpfung und Mengenverzehr messbar ist, kann sie als **Mehrmenge** oder **Mindermenge** bezeichnet werden.

Ob Mehrmengen oder Mindermengen als Ergebnisse des Mengenschöpfungsprozesses allein bereits als positive oder negative Erfolge anzusehen sind, erscheint zumindest fraglich.

Ein (positiver) Erfolg tritt vielmehr erst ein, wenn die gesamte Mengenschöpfung an die Abnehmer gegen deren Gegenleistung weitergegeben werden kann.

Produktivitäten allein sagen also über den unternehmerischen Erfolg nichts aus. Ein unproduktives Unternehmen kann erfolgreicher sein als ein produktives Unternehmen.

Die Gegenleistung für die Mengenschöpfung und nicht die Produktivität bestimmt also den Erfolg des Unternehmens, wobei aber auch bei rein mengenmäßiger Analyse nicht gesagt werden kann, dass die anteilige Gegenleistung für die Mehrmenge als positiver Erfolg anzusehen ist. Dazu folgendes Beispiel:

Beispiel

Beim Anbau von Saatweizen gelingt es z. B. aus einem Doppelzentner Saatweizen zehn Doppelzentner neuen Saatweizen zu erzeugen.

Die Produktivität wäre also 10. Dabei wäre der unmittelbare Mengenverbrauch ein Doppelzentner Saatweizen, die Mengenerzeugung wären zehn Doppelzentner Saatweizen, die Mehrmenge neun Doppelzentner Saatweizen. Der positive mengenmäßige Wachstums- und Ernteerfolg wären danach neun Doppelzentner.

Diese auf den ersten Blick einfache Erfolgsmessung lässt aber außer Acht, dass für die Erzeugung von zehn Doppelzentnern Saatweizen nicht nur der ausgesäte Weizen verbraucht wurde.

Die gemessene Produktivität stellt insoweit lediglich eine **Teilproduktivität** oder **Faktorproduktivität** dar. Verbraucht wurden daneben auch andere Faktoren z. B.

- Düngemittel
- Treibstoffe für den bei der Saat, Pflege und Ernte eingesetzten Traktor
- ursprünglich vorhandene Nutzungsmöglichkeiten des Traktors selbst
- anderer in der Landwirtschaft eingesetzten Fahrzeuge und Maschinen
- Arbeitszeiten des Landwirtes auf dem Feld, im Lager und in seinem Büro
- Nutzungsmöglichkeiten der Betriebsgebäude und evtl. weiterer Fahrzeuge, z. B. Pkw, sowie Werkzeuge; Strom, Brennstoffe, Reinigungsmittel, Verpackungsmittel und Büromaterial

Im weiteren Zusammenhang schließlich auch Versicherungs-, Beratungs- und Transportleistungen.

Steuern lassen sich hingegen bei rein mengenmäßiger Betrachtung nur in Form von Naturalabgaben berücksichtigen, die derzeit aber gesetzlich nicht erlaubt sind.

Es besteht also regelmäßig eine Vielzahl von Teilproduktivitäten mit zugehörigen Produktionskoeffizienten, die aufgrund der unterschiedlichen Dimension und Qualität der verschiedenen Produktionsfaktoren nicht zu einer **Gesamtproduktivität** zusammengefasst werden können. Gesamtproduktivitäten können also regelmäßig nicht berechnet werden.

Auch werden Wechsel- und Verbundwirkungen zwischen den Produktionsfaktoren durch die Messung von Teilproduktivitäten nicht erfasst.

Daraus wird klar, dass die Gegenleistung, die vordergründig betrachtet lediglich für den neuen Weizen erbracht wird, in ihrer (mengenmäßigen) Höhe nicht nur den ausgesäten Weizen, sondern im Minimum alle für diese Produktion verbrauchten Einsatzmittel vergüten muss (Ziel der **Unternehmenserhaltung**).

Dies muss auch in einer reinen Tauschwirtschaft gelten. Würden aber lediglich die gesamten (mengenmäßigen) Einsatzmittel vergütet, würde das Unternehmen stagnieren bzw. bei steigenden Gegenleistungen für die Einsatzmittel in Gefahr geraten, zu schrumpfen oder sogar durch Insolvenz aus dem Wettbewerb auszuscheiden.

Wird als Ziel dagegen ein **Unternehmenswachstum** angestrebt, müssen durch die erzielte Gegenleistung mehr als die mengenmäßigen Einsatzmittel vergütet werden. Durch die Gegenleistung muss dann auch ein Mengengewinn (Mehrmenge) realisiert werden.

Bei einer Berechnung von Mengenerfolgen treten aber u. a. folgende Probleme auf:

- Für eine Reihe von Input-Leistungen lassen sich überhaupt keine Mengenverbräuche feststellen.
- Fraglich ist, ob exakt feststellbare Mengenverbräuche, die z. B. durch höhere Gewalt, Unfall, Unachtsamkeit, Verderb, Vandalismus oder Ausschuss verursacht wurden, in die Mengenrechnung eingerechnet werden dürfen.

- Fraglich ist weiterhin, wie vermeidbare oder nicht vermeidbare negative Outputmengen, insbesondere also (schädliche) Emissionen in der Mengenschöpfung berücksichtigt werden sollen.

Schließlich ist auch die Abgrenzung des für die Erfolgsverwirklichung maßgebenden mengenmäßigen Outputs eines Unternehmens in mehrfacher Hinsicht problematisch:

- Innerhalb eines Unternehmens lassen sich mengenmäßige Input-Output-Beziehungen z. B. für die funktional abgrenzbaren Teilbereiche Beschaffung, Produktion und Absatz abgrenzen; für eine **(positive) Erfolgsmessung** ist aber nur die Gegenleistung für die Verkaufsleistung ausschlaggebend.
- Für Außengeschäfte wäre z. B. zu klären, ob bei einem Unternehmen, das in der Hauptsache Konsumgüter herstellt und verkauft, z. B. Wertpapiergeschäfte oder die Durchführung von Kreditgeschäften zum Output zu rechnen sind oder nicht.

Fazit:
Eine Erfolgsmessung von Unternehmen auf rein mengenmäßiger Ebene wäre wegen der Realitätsnähe einer solchen Abbildung der unternehmerischen Input-Output-Prozesse vorteilhaft. Die aufgezeigten Probleme verdeutlichen aber, dass eine Erfolgsmessung auf der Basis von Mengenprozessen nicht möglich ist. In Abhängigkeit von der Gegenleistung können unproduktive Unternehmen erfolgreicher sein als vergleichbare produktive Unternehmen. Die Gegenleistung bestimmt den Erfolg und nicht die Produktivität. Fehlt die Gegenleistung vollständig, führt auch eine maximal produktive Faktorkombination zu einem Totalverlust.

Trotz dieser Einschränkungen wurden und werden aber Produktivitätskennziffern in der Praxis von Großunternehmen für Zwecke der Unternehmenssteuerung (für das Controlling) als entscheidende Richtgrößen angesehen [vgl. z. B. für Siemens ZIEGLER, 1994, S. 184].

In der Automobilbranche z. B. gelten die pro Mitarbeiter gefertigten Autos als wichtige Erfolgsgröße. Als aussagefähiges Produktivitätsmaß gilt weiterhin auch der Anteil der verschwendeten Arbeitszeit im Verhältnis zur Gesamtarbeitszeit. Die verschwendete bzw. unproduktive Arbeitszeit wird dabei nicht in verminderten Mengenleistungen, sondern als die Zeit definiert, die Mitarbeiter für Aktivitäten nutzen, die nicht der Wertschöpfung dienen [vgl. KLEINORT, 2005].

Die Verbindung von Mengen- mit Wertgrößen zeigt aber, dass es sich hierbei aber nicht mehr um ein reines Produktivitätsmaß handelt. Dies könnte zur Folge haben, dass die angestrebte Produktivitätsmessung durch Bewertungsmaßnahmen verwässert wird. Grundsätzlich werden wie schon angedeutet bei mengenmäßigen Erfolgsmessungen mögliche Verbund- und Wechselwirkungen oft nicht ausreichend berücksichtigt.

Wenn z. B. zur Steigerung der Arbeitsproduktivität Mitarbeiter ausgestellt bzw. Mitarbeiter durch Maschinen ersetzt werden, kann dies bei den verbliebenen Kollegen –

abgesehen von gesundheitlichen Langfristwirkungen – zu inneren Kündigungsentscheidungen mit negativen Wirkungen für die Produktivität des Unternehmens führen, die die ursprünglich angestrebte Verbesserung der Produktivität scheitern lassen.

Vor den gleichen Problemen der mengenmäßigen „Erfolgsmessung" stehen auch die neueren Versuche, für die Produkte sog. „**Ökobilanzen**" zu bestimmen. Nur ein Teil der Input- und Outputgrößen lässt sich mengenmäßig bestimmen. Auch für eine ökologisch orientierte Steuerung der betrieblichen Leistungserstellung gilt daher, dass sich verursachungsgerechte Zusammenhänge zwischen den mengenmäßigen Input-Output-Transaktionen häufig nicht nachweisen lassen.

1.3.2 Probleme bei einer rein zahlungsabhängigen Erfolgsmessung

Die Defizite einer rein mengenmäßigen Abbildung des Unternehmensgeschehens könnte durch die Verwendung von Zahlungsgrößen, also durch die Erfassung von **AUSZAHLUNGEN** → GLOSSAR und **EINZAHLUNGEN** → GLOSSAR vermieden werden.

Auszahlungen und Einzahlungen haben den Vorteil der „Gleichnamigkeit", die abgebildeten betrieblichen Vorgänge sind damit anders als in reiner Mengenrechnung verrechenbar. Maßstab für den positiven unternehmerischen Erfolg wäre dann der realisierte **Einzahlungsüberschuss**.

Erfolg in diesem Sinne wäre also die vermehrte Verfügungsmacht über Geldvermögen, auf das keine Gläubigeransprüche bestehen. Erfolg in diesem Sinne könnte auch als „verdientes Geld" (Bargeld oder Buchgeld) definiert werden.

Operative Zahlungsgrößen hätten weiterhin den Vorteil, dass sie sich „dynamisieren" lassen und insoweit unmittelbar in strategischen Controllingwerkzeugen verwendet werden könnten.

Die zahlungsverursachte Erfolgsrechnung kann aber in „Reinform" nicht durchgeführt werden, da eine Reihe von **Einzahlungen** und **Auszahlungen** kaum als **Erfolgszahlungen** gedeutet werden können:

1. Nicht erfolgswirksam wären Auszahlungen und Einzahlungen in Zusammenhang mit Bankkrediten.
2. Nicht erfolgswirksam wären Auszahlungen und Einzahlungen die die Umsatzsteuer betreffen, die aber in einer Vielzahl von Zahlungsvorgängen enthalten sind. Für eine zahlungsmäßige Erfolgsrechnung müssten daher zuvor aus einem Großteil der Zahlungen die Umsatzsteuerbeträge herausgerechnet werden.
3. Nicht erfolgswirksam wären alle Zahlungen vor der Leistung, da insoweit noch Gläubigeransprüche bestehen.
4. Auszahlungen für längerfristig verbrauchbare Investitionsgüter (Grundstücke, Maschinen, Betriebs- und Geschäftsausstattung) müssten in einer streng zahlungsori-

entierten Erfolgsrechnung sofort erfolgsmindernd verrechnet werden. Der Ansatz von Abschreibungen wäre grundsätzlich unzulässig.

5. Auszahlungen für Umlaufgüter müssten im Auszahlungszeitpunkt sofort erfolgsmindernd verrechnet werden.
6. Umgekehrt würden in einer rein zahlungsorientierten Erfolgsrechnung Vorgänge, die zwar das Geldvermögen noch nicht, aber die Ansprüche auf das Geldvermögen bereits gemindert haben, noch nicht als Erfolgsminderung abgebildet. Dies gilt insbesondere für Dienstleistungen und Nutzungen, die bereits verbraucht aber noch nicht bezahlt sind, z. B. Arbeitsleistungen, Energielieferungen, erhaltene Werkleistungen, Miet-, Pacht- und Darlehensnutzungen. Weitere Beispiele sind realisierte Steueransprüche des Fiskus oder Schadenersatzansprüche. Entsprechendes gälte für Auszahlungen für Vorratsgüter, die bereits verbraucht, aber noch nicht bezahlt sind und damit noch keine Auszahlungen verursachen, obwohl die Gläubigeransprüche unzweifelhaft bestehen.

Fazit:
Das Erfolgsziel der Einzahlungsüberschussrechnung, das verdiente Geld des Kaufmanns zu berechnen, kann in Reinform mit den Begriffen Auszahlungen und Einzahlungen allein nicht bestimmt werden. Zum einen gibt es eine Reihe von Einzahlungen und Auszahlungen, die nicht mit dem Attribut „verdientes Geld“ ausgezeichnet werden können. Zum anderen gibt es eine Reihe noch nicht zahlungswirksamer Vorgänge, die aber bereits Gläubigeransprüche auf das Geldvermögen verwirklicht haben. Insoweit können z. B. Einzahlungen von Kunden auch ohne unmittelbare Auszahlungen für die verkauften Güter nicht als Zuwachs des verdienten Geldes interpretiert werden. Dies gilt auch für Kundenzahlungen, die vor der eigenen Gegenleistung erfolgen. Fraglich ist schließlich auch, ob man das in Einzahlungsüberschüssen dokumentierte Geldverdienen als oberstes kaufmännisches Ziel anzusehen hat. Dies vor allem dann, wenn man bedenkt, dass Geldvermögen aus der Sicht von Unternehmen als „Investitionspause“ und aus privater Sicht als „Konsumpause“ interpretiert werden könnte.

1.3.3 Notwendigkeit einer Kosten- und Leistungsrechnung aufgrund von Abbildungsschwächen der Finanzbuchführung

In der Finanzbuchführung wird der Erfolg nicht durch Zahlungssalden, sondern durch Vergleich von Erträgen und Aufwendungen gemessen.

Diese Art der Erfolgsmessung knüpft nicht an Zahlungen, sondern an Leistungen an. Erfolg liegt danach nur vor, wenn sich das bilanzielle Eigenkapital nach den Regeln der gesetzlichen Vorschriften ändert.

Das bilanzielle Eigenkapital darf nicht mit Geldmitteln verwechselt werden. Der positive Erfolg wird als **Gewinn**, der negative Erfolg als **Verlust** definiert. Gewinne oder Verluste beinhalten also keine unmittelbaren Aussagen über Liquiditätsänderungen.

Gewinne sind also grundsätzlich nicht mit **verdientem Geld** gleichzusetzen.

Da bei einer Anknüpfung an Leistungen das objektivierende Merkmal der Zahlungen fehlt, ist die Gewinnermittlung auf der Grundlage von Erträgen und Aufwendungen auf Bewertungen der Leistungen (output) und Bewertungen des Inputs zur Leistungserstellung angewiesen. Durch Bewertungen gelingt es aber auch, Sachverhalte, die in rein zahlungsorientierten Abrechnungen nicht dargestellt werden, abzubilden.

Beispiele dafür sind die Verrechnungen von Abschreibungen, der Verbrauch von Roh-, Hilfs- und Betriebsstoffen oder die Bildung und Auflösung von Rückstellungen und Rechnungsabgrenzungsposten.

Daneben können über entsprechende Wertkonventionen Forderungen und Verbindlichkeiten angesetzt werden und damit Erfolgswirkungen aus Bewertungen und nicht (nur) aus Zahlungen abgeleitet werden.

Da damit auch Zielgeschäfte Erfolgswirkungen auslösen können, wird statt von Auszahlungen und fEinzahlungen besser von **AUSGABEN** → GLOSSAR und **EINNAHMEN** → GLOSSAR gesprochen, da mit diesen Begriffen nicht nur Zahlungsgeschäfte sondern auch Ein- und Verkaufsgeschäfte auf Ziel abgebildet werden.

Zusammenfassend kann festgehalten werden:
Obwohl die Finanzbuchführung die Erfolgsverwirklichung präziser abbildet als die zahlungsorientierte Rechnung, weist sie ebenfalls eine Vielzahl von Abbildungsschwächen auf, die sich auch auf die Qualität der Erfolgsmessung auswirken.

Im Wesentlichen sind dafür folgende Ursachen maßgebend:

1. Einschränkungen der Abbildungsgenauigkeit durch gesetzliche Verbote oder Wahlrechte.
2. Einschränkungen der Abbildungsgenauigkeit durch eine mehr an steuerlichen Anforderungen und weniger an einer Abbildungstreue orientierten und auch tolerierten jahrelangen „Kaufmannspraxis“.
3. Wenn man von speziellen Anforderungen bei der Aufstellung einer Gewinn- und Verlustrechnung nach dem Umsatzkostenverfahren absieht, werden die Daten in der Finanzbuchführung nicht in der Weise aufbereitet (sortiert) wie sie für eine Vielzahl betrieblicher Alltagsentscheidungen benötigt werden. Zudem wird eine Vielzahl von Geschäftsvorfällen generell nicht abgebildet. Nicht alle Geschäftsvorfälle sind zugleich buchungspflichtige Geschäftsvorfälle.

4. Aber auch bei Anwendung des Umsatzkostenverfahrens gilt, dass den Umsatzerlösen nicht die ausschließlich durch diese Verkaufsgeschäfte **verursachten** Kosten zugerechnet werden. Ein in diesem Sinne strenges Verursachungsprinzip ist dem Handelsrecht nicht bekannt.
5. Besonders unzureichend ist die Abbildung des innerbetrieblichen Wertschöpfungsprozesses durch die handelsrechtliche Finanzbuchführung. Man kann insoweit durchaus von einer „black box“ sprechen. Der historische und aktuelle handelsrechtliche Gesetzgeber war und ist offenbar der Ansicht, dass zur Erreichung der Ziele Gläubiger- und Minderheitenschutz nicht erforderlich ist, den innerbetrieblichen Leistungserstellungsprozess in Zahlen abzubilden. U. a. fehlen daher die gesamten Prozesse die eine Kosten- und Leistungsrechung als sog. „innerbetriebliche Leistungen“ verrechnet.

1.4 Erfolgsmessung durch Vergleich von Leistungen und Kosten

Nach dem bisher Gesagten kann festgehalten werden, dass die Einführung eines zusätzlichen Abrechnungssystem neben einer zahlungsorientierten und einer durch gesetzliche Regeln bestimmten wertorientierten Erfolgsmessung u. a. nur dann Sinn macht, wenn dadurch die genannten Abbildungsdefizite und Abbildungsfehler dieser Systeme vermieden und darüber hinaus zusätzliche Einsichten in das Betriebsgeschehen ermöglicht werden.

In einer Aufwands- und Ertragsrechung nach gesetzlichen Vorschriften besteht kein stringenter Zusammenhang zwischen Ertrags- und Aufwandsverursachung. Es werden alle Aufwendungen abgebildet unabhängig davon ob sie durch unternehmerische (Absatz-) Leistungen verursacht werden oder nicht. Umgekehrt werden auch **Erträge** → Glossar ausgewiesen, die auf andere Ursachen als unternehmerische (Absatz-) Leistungen zurückzuführen sind. Zudem werden für eine Reihe von unternehmerischen (Innen-) Leistungen keine Erträge erfasst und ausgewiesen.

Diese Abbildungslücken, die vorwiegend durch (handels-) rechtliche Vorschriften verursacht werden, sollte ein zusätzliches Kosten- und Leistungsrechnungssystem schließen.

Um diese Unzulänglichkeiten der Abbildung des unternehmerischen Wertschöpfungsprozesses zu vermeiden, muss für ein Kosten- und Leistungsrechnungssystem zunächst die Regel beachtet werden, dass

ohne Wertschöpfung keine Kosten

verursacht werden.

Werteverzehre, die im unternehmerischen Wertschöpfungsprozess verursacht werden, ohne einen Beitrag zur Wertschöpfung zu liefern, sind nach dieser Abgrenzung **SCHADEN** → GLOSSAR und verursachen daher zwar **Aufwendungen**, aber keine Kosten.

Diese strenge Auslegung des Zusammenhangs zwischen Wertschöpfung und Kosten wirft allerdings die Frage auf, ob Werteverzehre, die durch die Bereitstellung und Aufrechterhaltung von Betriebskapazitäten zur Leistungserstellung verursacht werden, nicht als Kosten anzusehen sind, da sie auch entstehen, wenn keine Leistungen erstellt werden. Dies gilt z. B. für Werteverzehre, die bei fehlendem Schichtbetrieb in der Nacht oder an Wochenenden oder in sonstigen Zeiten geplanter, aber auch nicht geplanter Stilllegung von Anlagen entstehen.

Die Definition von Kosten hängt allein vom verfolgten **Abrechnungszweck** bzw. vom angestrebten **Erfolgsmessungsziel** ab. Eine KLR, die lediglich der kurzfristigen Erfolgszielmessung dient, kann auf eine Erfassung der Werteverzehre, die ausschließlich durch die Aufrechterhaltung der Leistungsbereitschaft (Kapazität) verursacht werden, verzichten. In diesem Fall gälte die oben genannte Regel uneingeschränkt. Die später noch zu definierenden **FIXEN KOSTEN** → GLOSSAR wären danach überhaupt keine Kosten, sondern grundsätzlich lediglich Aufwendungen.

Je nach verfolgtem Abrechnungszweck sind daher unterschiedliche Kosten- und Leistungsdefinitionen abzuleiten.

Zusammenfassung

Kurzfristige Erfolge könnten grundsätzlich auf verschiedenen Abbildungsebenen gemessen werden. Mit rein mengenmäßigen und ausschließlich zahlungsverursachten Verfahren lassen sich keine eindeutigen Erfolge messen, da die Gegenleistung den Erfolg bestimmt. Die Gegenleistung ist aber weder bei mengen- noch bei ausschließlich zahlungsverursachten Erfolgsmessungen eindeutig erfolgsverursachend. Die operative Erfolgsmessung der Finanzbuchführung versteht unter einem positiven Erfolg den Zuwachs der Ansprüche des Kaufmanns (der Eigentümer) auf sein (ihr) Vermögen. Sie vermeidet die Nachteile der rein mengen- und zahlungsmäßigen Erfolgsmessung. Diese Erfolgsmessung ist aber durch eine Reihe von Berechnungsvorschriften, die anderen Zielsetzungen, z. B. dem Gläubigerschutz dienen verwässert. Zudem werden wichtige Wertschöpfungsbereiche nicht oder nur unzureichend abgebildet. Dies gilt vor allem für den gesamten innerbetrieblichen Wertschöpfungsprozess. Die Erfolgsmessung als Differenz zwischen Erträgen und Aufwendungen ist insoweit zu unscharf und ungenau. Da damit die Gefahr operativer Fehlentscheidungen auf der Basis solcher Daten droht, sind zusätzlich Verfahren einzuführen, die die Schwächen der genannten Verfahren vermeiden. Die KLR ist ein Erfolgsmessungs- und -überwachungsverfahren, das anstrebt diese Nachteile zu vermeiden.

Kontrollfragen

1. Was versteht man unter Produktivität?
2. Warum ist die Produktivität kein geeignetes Erfolgsmaß?
3. Wieso ist der Einzahlungsüberschuss kein geeignetes Erfolgsmaß?
4. Worin besteht der Vorteil der handelsrechtlichen Erfolgsmessung gegenüber rein mengen- und zahlungsabhängigen Erfolgsmaßen?
5. Wieso kann der handelsrechtliche Gewinn grundsätzlich nicht mit verdientem Geld gleichgesetzt werden?
6. Welche Abbildungsschwächen hat die handelsrechtliche Gewinnermittlung?
7. Worin besteht der Unterschied zwischen Kosten und Schaden?

2 Ableitung von besonderen Kostenbegriffen für die Kostenerfassung

2.1 Abgrenzung von zielabhängigen Kostenbegriffen

Ausgangspunkt für die Abgrenzung von Kostenbegriffen nach den verschiedenen Erfolgsmessungszielen ist die Definition eines **ALLGEMEINEN KOSTENBEGRIFFES** → GLOSSAR, der dann je nach verfolgtem Ziel weiter konkretisiert wird.

2.1.1 Allgemeiner Kostenbegriff

Da zwischen einer Aufwands- und Ertragsrechung und einer KLR „verwandtschaftliche Beziehungen" bestehen, kann als erste Orientierung für verschiedene **zielbezogene** Kostendefinitionen die Definition handelsrechtlicher Aufwendungen dienen:

Der Aufwandsbegriff kann folgebezogen („was wird durch Aufwendungen bewirkt?") oder ursachenbezogen („wodurch werden Aufwendungen verursacht?") definiert werden:

Folgebezogene Aufwandsdefinition
Aufwendungen sind betriebliche Minderungen des Eigenkapitals der Abrechnungsperiode; jeder € Aufwand kürzt unmittelbar den handels- bzw. steuerrechtlichen Gewinn (erhöht den Verlust) und damit auch das handels- bzw. steuerrechtliche Eigenkapital.

URSACHENBEZOGENE AUFWANDSDEFINITION → GLOSSAR
Aufwendungen sind nach den handels- bzw. steuerrechtlichen Vorschriften bewerteter (mengenmäßiger) Verbrauch von Gütern, Dienstleistungen und Nutzungen verursacht durch

1. die betriebliche Leistungserstellung (Produktion) und Leistungsverwertung (Absatz) sowie
2. durch die Aufrechterhaltung der Kapazität des Unternehmens und
3. durch sonstige nicht produktionsbedingte Unternehmenszwecke einer Abrechnungsperiode.

Ein zusätzlich zum Aufwandsbegriff einzuführender Kostenbegriff kann allgemein zunächst ebenfalls folgebezogen und ursachenbezogen definiert werden:

Folgebezogene Kostendefinition
Ein Teil der **Kosten** sind zugleich betriebliche Minderungen des Eigenkapitals der Abrechnungsperiode; jeder € dieser Kosten kürzt unmittelbar den handelsrechtlichen Gewinn (erhöht den Verlust) sowie damit auch das handelsrechtliche Eigenkapital. Kosten, die das Eigenkapital der Abrechnungsperiode kürzen, werden als **Grundkosten** bezeichnet. Darüber hinaus werden auch Werteverzehre, die zwar das operative Ergebnis mindern, die aber handels- und auch steuerrechtlich entweder in der betreffenden Abrechnungsperiode oder generell den Gewinn nicht mindern dürfen, als Kosten erfasst. Diese Kosten werden als **kalkulatorische Kosten** bezeichnet. Grundkosten mindern also das handelsrechtliche Eigenkapital der Periode, kalkulatorische Kosten verursachen keine handelsrechtliche Eigenkapitalminderung der Periode.

Als betrieblicher Gewinn wird dabei das Ergebnis bezeichnet, das durch den Vergleich der verkauften **LEISTUNGEN** → GLOSSAR mit den dadurch verursachten Kosten verursacht wird.

Statt von betrieblichem Gewinn könnte auch von einem **OPERATIVEN GEWINN** → GLOSSAR gesprochen werden. Der betriebliche Gewinn (Verlust) darf nicht mit dem „Ergebnis der gewöhnlichen Geschäftstätigkeit" nach § 275 Abs. 2 Nr. 14 bzw. Abs. 3 Nr. 13 HGB verwechselt werden, da diese Ergebnisse nicht auf der Basis von Kosten und Leistungen, sondern durch Verrechnung von Aufwendungen und Erträgen ermittelt werden.

Im Vergleich zur folgebezogenen Aufwandsdefinition ist festzuhalten, dass alle Aufwendungen das handelsrechtliche Ergebnis mindern und zwar unabhängig davon, ob sie z. B. durch **ERTRÄGE** → GLOSSAR verursacht wurden oder nicht. Zudem gibt es Erträge, die keine Leistungen der Abrechnungsperiode sind. Aufwendungen, die durch solche Erträge verursacht werden, sind keine Kosten. Aus der Sicht der KLR gehören sie zur Gruppe der sog. **NEUTRALEN AUFWENDUNGEN** → GLOSSAR.

Als Kosten werden hingegen zunächst nur durch Leistungen verursachte Werteverzehre verrechnet und zwar unabhängig davon, ob sie in der Finanzbuchführung auch als Aufwand verrechnet werden müssen bzw. – bei entsprechenden Wahlrechten – dürfen. In einer erweiterten Kostendefinition könnten je nach Abrechnungszweck z. B. auch Werteverzehre zur Aufrechterhaltung der Leistungsbereitschaft als Kosten erfasst und verrechnet werden.

Die streng **ursachenbezogene Kostendefinition** lautet daher wie folgt:

Ursachenbezogene Kostendefinition
Kosten sind bewerteter (mengenmäßiger) Verbrauch von Gütern, Dienstleistungen und Nutzungen **verursacht** durch betriebliche Beschaffungs-, Produktions- und Absatz**leistungen** und durch innerbetriebliche **Leistungen** einer Abrechnungsperiode.

Wird der strenge ausschließliche Leistungsbezug für eine Abrechnungsperiode aufgegeben, lautet die erweiterte ursachenbezogene Kostendefinition wie folgt:

Erweiterte ursachenbezogene Kostendefinition
Kosten sind bewerteter (mengenmäßiger) Verbrauch von Gütern, Dienstleistungen und Nutzungen **verursacht** durch betriebliche Beschaffungs-, Produktions- und Absatz**leistungen** und durch innerbetriebliche **Leistungen** einer Abrechnungsperiode sowie durch die die Aufrechterhaltung der Leistungsbereitschaft (Kapazität) für folgende Abrechnungsperioden.

Nach diesem weiter gefassten ursachenbezogenen Kostenbegriff sind danach nicht nur durch die Leistungserstellung und -verwertung verursachte Werteverzehre als Kosten zu erfassen. Zusätzlich sind dabei neben bewerteten Materialverbräuchen, Arbeitszeitverbräuchen, Energieverbräuchen, auch Ausgaben für Mieten, Leasing, Versicherungen, Zinsen, bestimmte Betriebssteuern oder Beratungsleistungen also insgesamt Ausgaben, die auch entstehen, wenn keine Leistungen erstellt werden, als Kosten zu erfassen und zu verrechnen.

Würden Ausgaben für die Erhaltung der Leistungsbereitschaft nicht in die Kostendefinition einbezogen – in die Aufwandsdefinition müssen sie einbezogen werden – wären Ausgaben für diese Zwecke generell als neutrale Aufwendungen einzustufen, die niemals als Kosten verrechnet werden dürften.

Die genannten Kostendefinitionen sind Fachbegriffe und sollten nicht durch Begriffe der Umgangssprache verfälscht werden. In den Medien werden Kosten oftmals mit Auszahlungen oder Ausgaben gleichgesetzt oder man spricht gar von einem **Kostenaufwand.** Zumeist bleibt dabei unklar, welche Größen gemeint sind. Der ebenfalls nicht selten verwendete Begriff „**UNKOSTEN**" → GLOSSAR beruht vermutlich auf einem Missverständnis. Der Begriff „Unkosten" ist wohl älter als der Begriff „Kosten" wie entsprechende Aufzeichnungen in frühen wirtschaftlichen Abrechnungen von Klöstern belegen; er sollte bzw. soll vermutlich die Überflüssigkeit oder Vermeidbarkeit der damit beschriebenen Sachverhalte zum Ausdruck bringen.

Aus obiger Kostendefinition wird aber zugleich deutlich, dass Kosten generell nicht zu vermeiden sind, wenn Leistungen bzw. Wertschöpfungen erzeugt werden sollen. Kosten sind daher zwar Input-Größen, aber keine negativen, sondern positive (wertschöpfungsverursachende) Größen. Probleme entstehen nur, wenn die Kosten in Bezug auf einen Vergleichsmaßstab als relativ zu hoch angesehen werden. Für diese vergleichsweise zu hohen Kosten könnte der Begriff der Unkosten im Sinne einer Verschwendung von Ressourcen verwendet werden. Im Folgenden wird aber auf die Verwendung des „Unkosten-Begriffes" verzichtet.

2.1.2 Definition von Kosten für die leistungsbezogene Periodenerfolgsmessung

In der handelsrechtlichen Finanzbuchführung wird der Periodenerfolg grundsätzlich einmal pro Geschäftsjahr gemessen. Für Kapitalgesellschaften stellt das HGB zwei Verfahren zur Wahl, das Gesamtkosten- und das Umsatzkostenverfahren. Das Gesamtkostenverfahren ist von seiner Struktur her grundsätzlich für eine leistungsbezogene Erfolgsmessung kaum geeignet.

Das Umsatzkostenverfahren wird – wie bereits sein Name verrät – dieser Anforderung eher gerecht. Nach § 275 Abs. 3 HGB werden den Umsatzerlösen die „**Herstellungskosten** der zur Erzielung der Umsatzerlöse erbrachten **Leistungen**" gegenübergestellt.

Dabei hat der Gesetzgeber leider offen gelassen, was unter Herstellung in diesem Sinne zu verstehen ist. Unklar bleibt auch, ob der Begriff der Herstellungskosten i.S. der §§ 253, 255 HGB gemeint ist. Sollen für die Ermittlung der Herstellungskosten der Leistungen, der Wert der abgesetzten, also inkl. aller Vertriebskosten, der absatzreifen, also inkl. eines Teils der Vertriebskosten oder nur der produktionsfertigen Leistungen ohne Vertriebskosten zugrunde gelegt werden? Man fragt sich auch, warum der Gesetzgeber an dieser Stelle nicht den in der Überschrift verwendeten Begriff „**Umsatzkosten**" gewählt hat? Einige Unternehmen verwenden demzufolge unter Nichtachtung der ausdrücklichen gesetzlichen Gliederungsbestimmungen auch ausdrücklich den Begriff „Umsatzkosten".

Ungeachtet dessen ist bei der Berechnung der Herstellungskosten in dieser Vorschrift ebenso wie bei der Berechnung der Herstellungskosten gemäß § 255 Abs. 2 und 3 HGB eine strenge Verursachung in dem Sinne, dass den Absatzleistungen nur die Kosten zugerechnet werden dürfen, die sie belegbar verursacht haben, nicht gefordert.

Vielleicht wurde auch aus diesem Grund und um Missverständnisse beim Abschlussleser zu vermeiden, der Begriff „Umsatzkosten" für die zugerechneten Leistungen nicht verwendet. Hinzu kommt, dass im handelsrechtlichen Umsatzkostenverfahren nicht nur die Aufwendungen gezeigt werden, die durch die Umsatzerlöse der Abrechnungsperiode verursacht wurden. Daneben werden nach weiteren Funktionen gegliedert auch Aufwendungen für die Ergebnisberechnung miterfasst, die durch die Aufrechterhaltung der Leistungsbereitschaft verursacht werden. Der Begriff Umsatzkostenverfahren ist insoweit also in zweifacher Hinsicht irreführend.

In einer kurzfristigen Periodenerfolgsrechnung in der Form einer KLR sind diese Schwächen zu vermeiden. Den Umsatzerlösen sind nur die von ihnen **verursachten Umsatzkosten** gegenüberzustellen. **UMSATZKOSTEN** → GLOSSAR in diesem Sinne sind alle Kosten, die durch die **verkauften** Leistungen verursacht werden. Dazu gehören auch alle Kosten, die nach dem Produktionsprozess durch den eigentlichen Verkaufsprozess verursacht werden. Wenn z. B. der Transport zum Kunden für den Kauf erforderlich war, gehören die dadurch verursachten (innerbetrieblichen) Transportkosten zu den Umsatzkosten.

Um die Ergebnisse des handelsrechtlichen Umsatzkostenverfahrens mit denjenigen eines entsprechenden Verfahrens im Bereich der KLR vergleichen zu können, sollte die Möglichkeit bestehen, das Ergebnis der KLR alternativ frei von kalkulatorischen Kosten berechnen zu können.

2.1.3 Definition von Kosten für die leistungsbezogene Erfolgsmessung

Eine leistungsbezogene Erfolgsermittlung fehlt in der handelsrechtlichen Finanzbuchführung vollständig. Zwar sind für die Lagerbestandsbewertung von Erzeugnissen die Herstellungskosten zu berechnen. Die in § 255 Abs. 2 und 3 HGB gegebenen Bewertungswahlrechte sind aber auch ein Indiz dafür, dass nicht angestrebt wird, die von den fertigen oder unfertigen Erzeugnissen verursachten Kosten verursachungsgerecht zu ermitteln. In einer KLR sind den einzelnen Leistungen jeweils die Kosten zuzurechnen, die sie bis zu dem jeweiligen Fertigstellungsgrad verursacht haben.

Den absatzfertigen Produkten können zur produktbezogenen Erfolgsmessung die möglichen Absatzpreise gegenübergestellt werden. Zur Erfolgskontrolle können den verkauften Leistungen alle bis zum tatsächlichen Verkauf verursachten Kosten gegenübergestellt werden. Die Kosten, die von den fertigen Leistungen verursacht werden, werden als **Selbstkosten der Absatzleistung** → Glossar bezeichnet. Kosten, die von unfertigen Leistungen verursacht werden, werden zur Unterscheidung von den handels- und steuerrechtlichen Herstellungskosten als **Herstellkosten** → Glossar bezeichnet. Herstellkosten könnten auch als Selbstkosten der produktionsfertigen Leistungen definiert werden.

Die leistungsbezogene Erfolgsmessung erfolgt also durch Vergleich der tatsächlichen oder möglichen Absatzpreise mit den durch diese Leistungen verursachten Selbstkosten.

Ein Vergleich von erwarteten Absatzpreisen mit den Herstellkosten der Leistungen ist für Erfolgssteuerungszwecke möglich und in der Realisationsphase grundsätzlich auch sinnvoll, um frühzeitig Abweichungen gegenüber der Kostenplanung zu erkennen. Für leistungsbezogene Erfolgssteuerungen können zudem erwartete Preisentwicklungen auf dem Beschaffungsmarkt von Bedeutung sein.

2.1.4 Definition von Kosten für die Effizienz- bzw. Wirtschaftlichkeitskontrolle

Die Tatsache, dass Unternehmen den Input (Mitteleinsatz) sparsam verbrauchen müssen, d. h. dass sie effizient handeln müssen, ergibt sich zunächst aus der Beachtung des allgemeinen Rationalprinzips des Wirtschaftens, das als Handlungsmaxime besagt:

Handle stets so, dass die Relation aus Mittelertrag und Mitteleinsatz unter den gegebenen Bedingungen maximal wird:

$$\frac{\text{Mittelertrag}}{\text{Mitteleinsatz}} \longrightarrow \text{Max!}$$

Die Handlungsmaxime kann je nach Betrachtungsschwerpunkt bzw. Ausgangssituation entweder durch Minimierung des Mitteleinsatzes bei gegebenem Mittelertrag (Minimierungsziel bzw. -strategie) oder durch Maximierung des Mittelertrages bei gegebenem Mitteleinsatz (Maximierungsziel bzw. -strategie) verwirklicht werden.

Dabei ist grundsätzlich offen, wie „Mittelertrag" und „Mitteleinsatz" in dieser Relation gemessen werden. Außer Betracht bleiben aber nichtunternehmerische, insbesondere altruistische Maßgrößen.

Weiterhin muss gelten, dass die betrieblichen Einsatzmittel knapp sind. Obwohl diese Voraussetzung in der Praxis regelmäßig erfüllt sein dürfte, sind vor allem in Zeiten der Unterbeschäftigung auch abweichende Situationen vorstellbar.

Aber auch bei aus der Sicht eines konkreten Unternehmens im Überfluss vorhandenen Einsatzmittel, sollten die Ressourcen nicht vergeudet werden.

Bei Beachtung des allgemeinen Rationalprinzips und unter der Voraussetzung knapper Einsatzmittel muss folglich der Input des Wertschöpfungsprozesses minimiert werden. Gleichzeitig muss **kontrolliert** werden, ob das Input-Minimum im laufenden Wertschöpfungsprozess realisiert wird.

Ist nicht der Mengen- sondern der Wertschöpfungsprozess Gegenstand der Inputkontrolle sind keine Produktivitäten, sondern Kosten als bewertete Mengenverbräuche zu kontrollieren.

Anders als bei Produktivitätsmessungen, die sich mangels Gleichnamigkeit der Inputfaktoren zumeist auf die Kontrolle von Teil-Produktivitäten beschränken müssen, sind Kosten als wertmäßiger Ausdruck verschiedener nicht gleichnamiger Mengenverbräuche addierbar und als Summen nachweisbar.

Da für die Inputkontrolle der mengenmäßige Verbrauch im Vordergrund steht, ist zu beachten, dass die Bewertung **neutral** in dem Sinne erfolgt, dass der Einfluss von Marktpreisschwankungen ausgeschlossen wird.

Andernfalls können z. B. mengenmäßige Unwirtschaftlichkeiten durch Marktpreisschwankungen aufgefangen (verschleiert) werden und umgekehrt. Bewertungen für die Zwecke der Effizienzkontrolle sollten daher zu festen **Verrechnungspreisen** erfolgen.

Auf die Bewertung mit Verrechnungspreisen kann verzichtet werden, wenn bei kurzfristiger Betrachtung keine Marktpreisschwankungen auftreten.

Kosten, die den Mittelverbrauch für die Zwecke der Wirtschaftlichkeits- bzw. Effizienzkontrolle betrieblicher Prozesse eindeutig abbilden, werden als **PAGATORISCHE KOSTEN** → GLOSSAR bezeichnet. Pagatorische Kosten sind immer auf Auszahlungen rückführbar (von pagare bzw. pacare = bezahlen).

Fraglich ist aber, wie festgestellt werden kann, ob die geplanten oder tatsächlichen pagatorischen Kosten zugleich die minimalen Kosten der betrachteten Leistung sind. Wie also kann festgestellt werden, ob das Unternehmen im konkreten Fall mit sparsamer oder verschwenderischer Mittelverwendung produziert?

Dazu ist zunächst festzuhalten, dass es **kein absolutes Wirtschaftlichkeitsmaß** gibt. Aussagen über die Wirtschaftlichkeit eines Produktionsprozesses haben somit stets relativen, d. h. vergleichenden Charakter. Das bedeutet z. B. auch, dass die Aussage, die jeweiligen Kosten/Stck. bzw. die Kosten eines abgrenzbaren Betriebsprozesses repräsentieren zugleich die unter den gegebenen Bedingungen realisierbaren **Minimalkosten**, nicht nur in Bezug auf die Rahmenbedingungen, sondern außerdem nur bezüglich eines **gegebenen Vergleichsmaßstabes** Gültigkeit besitzt.

Welcher Vergleichsmaßstab ist dann aber für die Aufgabenerfüllung der KLR am besten geeignet?

Die Beantwortung dieser Frage, d. h. die Ableitung geeigneter Vergleichsmaßstäbe, war und ist eines der zentralen Probleme im Verlauf der Entwicklungsgeschichte der Kosten- und Leistungsrechnung. Nahe liegend ist und war in der Vergangenheit die Durchführung eines Vergleichs der tatsächlich verursachten Kosten der laufenden Periode – der sog. **ISTKOSTEN** → GLOSSAR – mit den tatsächlich verursachten Kosten der Vorperiode.

$$\text{Wirtschaftlichkeit} = \frac{\text{Istkosten der laufenden Periode}}{\text{Istkosten der Vorperiode}}$$

Ein derartiger Vergleich mit den Istkosten der Vorperiode leidet zunächst unter mangelnder Vergleichbarkeit aufgrund von saisonalen und zufälligen Schwankungen der Istkosten. Für eine Weiterentwicklung des Vergleichsmaßstabes bietet sich daher die Berechnung von Durchschnittskosten mehrerer vergangener Perioden an, wodurch zufällige und saisonale Effekte geglättet werden sollen. Vergleichskosten, die sich als Durchschnitt der Istkosten vergangener Perioden errechnen, bezeichnet man als **Normalkosten**. Man spricht insoweit von einem **Ist-Normal-Vergleich**:

$$\text{Wirtschaftlichkeit} = \frac{\text{Istkosten der laufenden Periode}}{\text{Normalkosten}}$$

Auch wenn für die Durchschnittsbildung zur Errechnung der Normalkosten gelegentlich bereits aktuelle oder zukünftige Kosten oder Kosteneinflussgrößen verwendet werden, die Mittelwertbildung somit aktualisiert wird, bleibt als grundsätzlicher Einwand der **Vergangenheitsbezug** der Vergleichskosten. SCHMALENBACH hat diese Art der Wirtschaftlichkeitsmessung treffend als Vergleich von **„Schlendrian mit Schlendrian“** bezeichnet, womit zum Ausdruck gebracht wird, dass bei ständiger unproduktiver Mittelverwendung keine Wirtschaftlichkeitsabweichung gemessen werden kann und damit zugleich die Gefahr besteht, dass keine Korrekturmaßnahmen ergriffen werden.

Kostenrechnungssysteme, die auf der Grundlage eines Ist-Normal-Vergleiches für die Wirtschaftlichkeitskontrolle arbeiten, bezeichnet man als **Normalkostenrechnungen.**

Da somit auch der Ist-Normal-Vergleich den Anforderungen an eine zuverlässige Wirtschaftlichkeitskontrolle nicht entspricht, weil sich die Vergleichsbasis überwiegend aus Istkosten errechnet, deren Wirtschaftlichkeit aber letztendlich bestimmt werden soll, muss ein geeigneterer Beurteilungsmaßstab gefunden werden.

Nach dem gegenwärtigen Stand der Theorie ist eine zuverlässige Wirtschaftlichkeitskontrolle nur durch einen Vergleich der Istkosten mit den zugehörigen im Voraus **geplanten Kosten** möglich.

Man spricht insoweit von einem **Ist-Plan-Vergleich**:

$$\text{Wirtschaftlichkeit} = \frac{\text{Istkosten der laufenden Periode}}{\text{Plankosten}}$$

Was im Einzelfall unter Plankosten zu verstehen ist, wird in der Literatur unterschiedlich definiert. Stellvertretend sei hier die Definition von HUMMEL/MÄNNEL zitiert:

„Plankosten sind im Gegensatz zu Istkosten und Normalkosten zukunftbezogene (erwartete oder angestrebte) Kosten. Dabei werden der zukünftige leistungsbezogene Güterverbrauch und sein Wert methodisch-sorgfältig geschätzt. Anzustrebende Plankosten (Richtkosten) nennt man Vorgabe - oder Sollkosten. Hingegen spricht man von Prognosekosten, wenn die erwarteten kostenmäßigen Konsequenzen geplanter Maßnahmen gemeint sind, ohne dass dieser Vorhersage eine imperativische Bedeutung zukommt." [HUMMEL/MÄNNEL, 1978, S. 188].

Zu ergänzen wäre, dass neben dem Güterverbrauch auch der Verbrauch von Dienstleistungen und Nutzungen als Plankosten zu erfassen ist.

In einer etwas abweichenden Akzentuierung kann man unter **PLANKOSTEN** → GLOSSAR die im Sinne der Verwirklichung des individuellen betrieblichen Sachzieles, d. h. bei rationalem Leistungsvollzug, einhaltbaren und aufgrund von Erfahrungen und besonderen Studien analytisch ermittelten Minimalkosten verstehen.

Plankosten müssen also realisierbare Sollgrößen sein, die im Voraus durch analytische Verfahren ermittelt werden. Kostenrechnungssysteme, die auf der Basis von Soll- bzw. Plan-Ist-Vergleichen arbeiten, bezeichnet man als **Plankostenrechnungen**.

Die Frage nach den Möglichkeiten zur Wirtschaftlichkeitsmessung (-beurteilung) von Leistungserstellungsprozessen lässt sich zusammenfassend wie folgt beantworten:

> Eine zuverlässige Wirtschaftlichkeitskontrolle kann nur mit Plankostenrechnungen durchgeführt werden. Normalkostenrechnungen sind für diesen Zweck nur sehr eingeschränkt brauchbar.

Aus der Struktur der Wirtschaftlichkeitsmessung wird aber zugleich ersichtlich, dass fester Bestandteil beider Kostenrechnungssysteme eine **Istkostenrechnung** sein muss, d.h. ein System zur Erfassung der tatsächlich verursachten Kosten, das in seiner Ausbaustufe der jeweiligen Normal- bzw. Plankostenrechnung entsprechen muss.

2.1.5 Definition von Kosten zur Unterstützung strategischer Entscheidungen

Die KLR wurde systembedingt zur Unterstützung operativer Entscheidungen entwickelt. Operative Entscheidungen in diesem Sinne werden innerhalb der betrachteten Abrechnungsperiode auf der Basis unveränderter Kapazitäten getroffen.

Aus der allgemeinen Kostendefinition wird dies unter anderem dadurch ersichtlich, dass die nicht leistungsverursachten Kosten als unveränderliche bzw. in der üblichen Fachsprache als (beschäftigungs-) **FIXE KOSTEN** → GLOSSAR bzw. als Bereitschaftskosten bezeichnet werden. Die Kostenwirkungen von operativen Entscheidungen werden hingegen nur auf der Basis der leistungsveränderlichen Kosten untersucht. In der üblichen Fachsprache spricht man dann von (beschäftigungs-) **VARIABLEN KOSTEN** → GLOSSAR.

Strategische Entscheidungen sind insbesondere auch Kapazitätsentscheidungen. Eine Trennung zwischen leistungsfixen und leistungsvariablen Kosten ist für solche Entscheidungen ebenso wenig sinnvoll wie die Beschränkung der Betrachtung auf eine Abrechnungsperiode.

In der jüngsten Zeit sind aber vermehrt Stimmen zu vernehmen, die betonen, dass eine Ausrichtung operativer Entscheidungen an den strategischen Unternehmenszielen, zu operativen Fehlentscheidungen führen kann bzw. muss. Zum Teil wird sogar angedeutet, dass die KLR aus diesen Gründen ein verzichtbares bzw. gefährliches Werkzeug sei. Vorweg ist dazu anzumerken, dass die vor allem von der Praxis eingeleite Kritik den Beweis schuldig geblieben ist, dass die Bedenken gegen die KLR berechtigt sind. Es blieb bei einer bloßen Behauptung. Hinzu kommt, dass die Unternehmenspraxis überwiegend die Ansicht vertritt, dass mit den Zahlen der handelsrechtlichen Jahresabschlüsse die Informationsinteressen der aktuellen und potenziellen Anteilseigner erfüllt werden könnten.

Auch diese Behauptung ist bislang keineswegs bewiesen. Dies gilt vermehrt auch für die (tatsächliche?) Praxis, nach dem Schlagwort „intern = extern“ die Zahlen der externen Rechnungslegung für die interne Unternehmenssteuerung zu verwenden. Gegen diese Vorgehensweise könnten die gleichen Argumente vorgebracht werden wie gegen die KLR.

Auch wenn die handelsrechtlichen Wahlrechte durch die Übernahme der Vorschriften der IFRS in das nationale Recht weitgehend beseitigt werden, ändert dies nichts am operativen Charakter der externen Rechnungslegungsdaten. Das ausgewiesene Eigenkapital und seine erfolgswirksamen Änderungsgrößen werden nicht dynamisch sondern statisch berechnet.

Aufgrund der rechtlichen Bindung der handelsrechtlichen Rechnungslegungsvorschriften ist es derzeit aber nicht möglich, diese Daten für die Unterstützung strategischer Informationen zu ergänzen bzw. zu modifizieren. Eine Reihe von DAX-Unternehmen versucht in ihren Aktionärsinformationen darzustellen, an welchen Daten strategische Entscheidungen ausgerichtet werden.

Im Vordergrund stehen dabei insbesondere zwei Konzepte zur wertorientierten strategischen Unternehmensführung

1. die Steuerung nach Economic Value Added (EVA®[1]) bzw. einfach nur Value Added (VA) – Verfahren bzw.
2. nach dem Discounted Cash-Flow (DCF) – Verfahren.

Während das EVA-Verfahren an Jahresabschlussinformationen anknüpft, basiert das DCF-Verfahren auf Zahlungsgrößen, die in dieser Form aus dem Jahresabschluss allein allenfalls indirekt ableitbar sind.

Die Praxis liefert aber regelmäßig keine Nachweise dafür, wie die Regel „intern = extern" unter Verwendung von Jahresabschlussinformationen tatsächlich funktionieren soll. Das gilt sowohl für die operative als auch für die strategische Ebene.

Offen bleibt weiterhin, ob und in welchem Umfang dabei überhaupt noch Kosten- und Leistungsrechnungs-Daten Verwendung finden. Lediglich aus indirekten Hinweisen ist erkennbar, dass z. B. bei der Verwendung des Umsatzkostenverfahrens proportionale Umsatzkosten angesetzt werden. Eine Berechnung proportionaler Umsatzkosten ist aber auf der Grundlage handelsrechtlicher Daten allein nicht möglich. Bislang scheint allerdings die Akzeptanz der von Unternehmen angebotenen strategischen Steuerungsgrößen in der betroffenen Öffentlichkeit eher noch gering.

Die Qualität von Unternehmen und der Entscheidungen von Unternehmensverantwortlichen wird vor allem in Medien, aber auch von Analysten und Anlageberatern zumeist nach den operativen Größen Gewinn/Verlust, Umsatzrenditen, Eigenkapitalrenditen, Cash-Flow-Kennziffern u. a. beurteilt.

Die von den Unternehmen angebotenen (internen) Steuerungsgrößen „Wertbeitrag" oder „Geschäftswertbeitrag" werden hingegen kaum reflektiert und diskutiert.

Inwieweit mit diesen Größen übergeordnete strategische Unternehmensziele tatsächlich realisiert werden können, bleibt auch von den Unternehmensverantwortlichen regelmäßig unbeantwortet.

Von den vielen Vorschlägen, die im Anschluss an die Kritik aus der Praxis in den letzten zehn Jahren erfolgt sind, scheint die Lösung am meisten erfolgversprechend, die der traditionellen KLR zwar ihre partielle Selbständigkeit belässt, sie aber in der Weise

1 EVA ist ein eingetragenes Warenzeichen von Stern Stewart & Co.

„tunen" will, dass Entscheidungen auf Kostenbasis mehr oder minder automatisch die strategischen Erfolgsziele der Unternehmen erfüllen [vgl. dazu insbesondere KLOOCK, 1997, S. 60 ff. mit weiteren Literaturnachweisen]. „Helfer" auf diesem Weg sind die Implikationen des sog. „**LÜCKE-Theorems**", das als Kongruenzprinzip besagt, dass die Summe der Einzahlungsüberschüsse einer Investition gleich der Summe der Periodengewinne als Differenz zwischen Leistungen und Kosten ist. Voraussetzung ist, dass auf den Ansatz von Wiederbeschaffungswerten verzichtet wird. Weiterhin sind die summierten Periodengewinne um Zinsen auf das jeweils gebundene betriebsnotwendige Kapital zu vermindern. Als Ausgangspunkt gilt dabei die These, dass der Kapitalwert „... eine geeignete Planungsmethode der Investitionsrechnung (ist; d. Verf.), um nur solche Einzelprojekte zu ermitteln, die zur Steigerung und damit zur Optimierung des Shareholder Value beitragen." [DIERKES/KLOOCK, 1999, S. 119]. Die Maximierung des Kapitalwertes liefert also einen Beitrag zur **Maximierung des Unternehmenswertes**.

Kapitalwert ist die Summe der diskontierten Erfolgszahlungen vom Beginn bis zum Ende der Nutzungsdauer eines Investitionsprojektes. Zur Abstimmung mit dem Zahlenwerk der Kapitalwertrechnung darf dabei die KLR nur mit **pagatorischen Kosten** und **Leistungen** rechnen.

Die positive Differenz aus Umsatzerlösen und Umsatzkosten abzüglich von Zinskosten gemäß dem LÜCKE-Theorem wird als Residualgewinn bezeichnet (Economic Value Added). Nach Deckung aller verursachten Umsatzkosten und Deckung von Zinsen auf Fremd- und Eigenkapital wird der Residualgewinn als periodischer zusätzlicher Überschuss realisiert, der zugleich eine Erhöhung des Marktwertes (Shareholder Value) des Unternehmens verursacht.

Zur wertorientierten (strategischen) Unternehmenssteuerung sind also innerhalb der KLR periodische Residualgewinne nach der Erfassung kalkulatorischer Zinsen zu berechnen. Insgesamt zeigt sich aber, dass selbst bei Akzeptanz der Kapitalwertrechnung als geeignetem Werkzeug zur wertorientierten Unternehmenssteuerung eine Reihe von Erweiterungen und Ergänzungen in diesem Werkzeug vorzunehmen sind.

Die Gründe dafür wurden von KLOOCK und HANRATH [vgl. KLOOCK, 1997, und HANRATH, 2000; zu Umsetzungsschwierigkeiten in der Praxis vgl. auch DIERKES, 2005, S. 333 ff.] überzeugend dargelegt. Die von diesen Autoren vorgetragenen Überlegungen gehen davon aus, dass die KLR zur permanenten Anpassung und Korrektur der operativen Folgen strategischer Entscheidungen unverzichtbar ist.

Ein einfaches Beispiel aus dem Alltagsleben mag das Zusammenwirken strategischer und operativer Entscheidungen illustrieren.

Es ist die Entscheidung zu treffen, die Fahrten zu einem vom Wohnort 50 km entfernten Arbeitsplatz, der für die nächsten fünf Jahre als sicher anzusehen ist, entweder mit einem öffentlichen Verkehrsmittel oder mit einem neu anzuschaffenden Pkw durchzuführen.

Es handelt sich um eine strategische kapazitätsverändernde Entscheidung. Nach Berücksichtigung aller erkennbaren Einflussgrößen würde die Entscheidung z. B. zu Gunsten des neu anzuschaffenden Pkw getroffen.

Werden dann die Fahrten tatsächlich durchgeführt, wäre im Idealfall ständig zu kontrollieren, ob die Bedingungen die für die strategische Investitionsentscheidung gegolten haben, im operativen Bereich eingehalten werden, da andernfalls das langfristige Erfolgsziel verfehlt würde.

Im alltäglichen Fahrbetrieb können aber auch Fahrsituationen auftreten, die strategisch nicht vorausbedacht wurden: es treten z. B. vermehrt Stausituationen durch Straßenumbaumaßnahmen oder durch Änderung des Schichtbetriebes in Unternehmen auf. Außerdem ändern sich die ökonomischen Randbedingungen z. B. durch Änderung des Kraftstoffpreises oder Differenzierung der km-Pauschale zwischen privaten und öffentlichen Verkehrsmitteln u. a.

Die zahlungsbezogene Kapitalwertrechnung bietet für diese Überlegungen allein keine Entscheidungsinformationen, zumal auch dann nicht, wenn eine Revision der ursprünglichen Investitionsentscheidung aktuell nicht in Betracht kommt. Für diesen operativen Bereich benötigt man zweifellos eigene Entscheidungswerkzeuge. Die KLR ist derzeit das am besten für diese Zwecke geeignet Werkzeug.

2.1.6 Zusammenfassende Systematik verschiedener zielabhängiger Kostenbegriffe

Die Erfassung und Verrechnung von Kosten hängt zunächst von der jeweils verfolgten Zielsetzung ab. Dabei sind zwei Kostenbegriffe zu unterscheiden: **PAGATORISCHE KOSTEN** → GLOSSAR und **WERTMÄSSIGE KOSTEN** → GLOSSAR.

Für die Wirtschaftlichkeitskontrolle und für bestimmte Teile der Kontrolle der Erfüllung strategischer Erfolgsziele werden pagatorische Kosten benötigt. Pagatorische Kosten können insoweit zu Vergleichszwecken auch in die Periodenerfolgsrechnung oder in die Leistungserfolgsmessung einfließen.

Sie werden dort als **HERSTELLKOSTEN** → GLOSSAR der unfertigen oder fertigen Produktionsleistung oder **SELBSTKOSTEN** → GLOSSAR der absatzfertigen Produktionsleistung und **UMSATZKOSTEN** → GLOSSAR der abgesetzten Produktionsleistungen erfasst.

Für die Vorbereitung operativer Entscheidungen unter Abstimmung mit dem strategischen Erfolgsziel werden daneben auch Preisschwankungen auf Absatz- oder Beschaffungsmärkten oder Werteverzehre zu berücksichtigen sein, für die z. B. aufgrund gesetzlicher Vorschriften oder fehlender Zahlungswirksamkeit keine pagatorischen Kosten ermittelt werden können.

Diese dem wertmäßigen Kostenbegriff zuzurechnenden Werteverzehre können zu Vergleichszwecken (in verschiedenem Umfang) ebenso wie die pagatorischen Kosten auch in die Periodenerfolgsrechnung oder in die Leistungserfolgsmessung einfließen. Die Erfassung erfolgt dort analog zu den pagatorischen Kosten.

Generell gilt, dass nicht nur die Wirtschaftlichkeitskontrolle, sondern auch die periodische oder leistungsbezogene Erfolgsmessung mit Istwerten und Planwerten durchgeführt werden kann bzw. muss. Insbesondere muss die Erfolgsüberwachung durch Vergleich der gemessenen Istergebnisse mit den jeweils geplanten Ergebnissen verwirklicht werden.

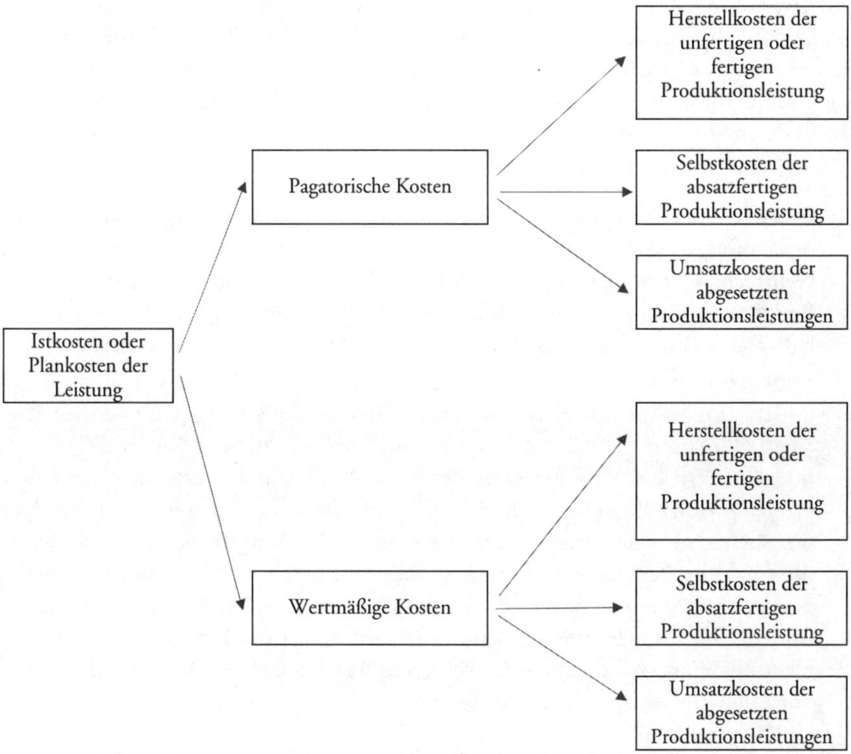

Abbildung 2.1: Zielabhängige Gliederung der Kosten

2.2 Erfassungsabhängige Gliederung von Kosten

2.2.1 Unterscheidung von Primär- und Sekundärkosten

Bei der erfassungsabhängigen Abgrenzung von Kosten steht nicht im Vordergrund was dem Grunde nach überhaupt als Kosten zu verrechnen ist. Abgrenzungskriterium ist vielmehr die Frage, auf welche Weise die Daten für die zielabhängige Kostenmessung zu erfassen sind. Traditionell werden Kosten für die Zwecke der Kostenerfassung von den Aufwendungen der Finanzbuchführung abgegrenzt. Der Weg der Kostenerfassung lief in Zeiten vor einer EDV-Unterstützung der KLR nahezu ausschließlich über die Finanzbuchführung. Unabhängig davon, ob Daten aus der Finanzbuchführung oder aus anderen Vorsystemen übernommen werden, ist zunächst zwischen **primären** Kosten und **sekundären** Kosten zu unterscheiden.

1. **Primärkosten** → Glossar sind alle Kostenarten, die durch Lieferungs- und Leistungsbeschaffungsprozesse von Außenstehenden, also Lieferanten im weitesten Sinne verursacht werden (Ausnahme z. B. Abschreibungen von selbst erstellten Anlagen); Beispiele für Primärkosten: Roh-, Hilfs- und Betriebsstoffkosten, Lohn- und Gehaltskosten, Energiekosten, Beratungskosten, Fremdreparaturkosten u. a.
2. **Sekundärkosten** → Glossar lassen sich ausnahmslos auf primäre Kostenarten zurückführen, d. h., sekundäre Kosten setzen sich stets aus zuvor erfassten primären Kostenarten zusammen. Beispiele: Die Kosten für die sekundäre Kostenart „Kosten für selbst erstelltes Kantinenessen" setzen sich ausnahmslos aus den verursachten primären Rohstoff-, Hilfsstoff-, Betriebsstoff-, Personal-, Energie- und sonstigen primären **und** sekundären Kosten zusammen: Als sekundäre Kosten kommen in diesem Fall z. B. sekundäre Kosten aus eigenerzeugtem Strom in Betracht, wobei die eigene Stromerzeugung wiederum primäre und sekundäre Kosten verursacht hat usw. Bei genauer begrifflicher Unterscheidung reicht der Begriff Sekundärkosten nicht aus. Je nach Vorstufen der Fertigung wären zusätzlich Tertiär- und weitere Vorstufen-Kostenarten zu unterscheiden.

Der Begriff Sekundärkosten ist also insoweit ein Sammelbegriff für alle möglichen mehrstufigen Kombinationen ursprünglich primärer Kostenarten.

Die oben genannten Kostenbegriffe Herstellkosten, Selbstkosten oder Umsatzkosten sind ebenfalls Sekundärkosten in diesem Sinne.

Aus der Finanzbuchführung oder aus anderen Vorsystemen – z. B. aus der Materialwirtschaft, der Personalabrechnung, Produktionsplanung, aus dem Vertriebssystem oder der Finanzabteilung – werden grundsätzlich nur Daten zur Erfassung von Primärkosten übernommen. Aus der Finanzbuchführung könnten zwar grundsätzlich auch die Herstellungskosten als Sekundärkosten übernommen werden, der sinnvollere Weg wird aber regelmäßig auch für die Berechnung der Herstellungskosten ebenso wie für die Berechnung der Funktionskosten des UKV von der KLR zur Finanzbuchführung sein.

2.2.2 Unterscheidung von Primärkosten in Grundkosten und kalkulatorische Kosten

Bei der Erfassung von primären Kostenarten wird zwischen **GRUNDKOSTEN** → GLOSSAR und **KALKULATORISCHEN KOSTEN** → GLOSSAR unterschieden.

Grundkosten sind Primärkostenarten, die unmittelbar aus der Finanzbuchführung oder aus Vorsystemen der Finanzbuchführung übernommen werden. Grundkosten sind stets zugleich sog. **ZWECKAUFWAND** → GLOSSAR der Abrechnungsperiode. Sie decken sich aber regelmäßig nicht mit der Summe des pro Periode in der Finanzbuchführung verbuchten Gesamtaufwandes.
Beispiele für Grundkosten: als Aufwand verbuchte Roh-, Hilfs- und Betriebsstoffaufwendungen, als Aufwand verbuchte Löhne und Gehälter (ohne zugehörige Sozialaufwendungen).

Für die Datenerfassung gilt also die Regel:

Zweckaufwendungen sind immer zugleich Grundkosten

Diese Regel sollte auch eingehalten werden, wenn die Werteverzehre in der KLR mit festen Verrechnungspreisen bewertet werden. Allerdings ergeben sich dabei praktische Probleme → vgl. dazu Abschnitt 2.2.3.2, S. 46. Aufwendungen, die nicht als Grundkosten in die KLR übernommen werden, werden als sog. **NEUTRALE AUFWENDUNGEN** → GLOSSAR bezeichnet.

Neutrale Aufwendungen, die nicht als Grundkosten in die KLR übernommen werden, sind insbesondere:

- Nicht leistungsabhängige, aber ertragsabhängige Aufwendungen: Beispiele hierfür sind etwa Bankgebühren oder -spesen für Wertpapierverkäufe, Aufwendungen für Verkäufe von Gegenständen des Anlagevermögens, z. B. Grundstücksverkäufe, Fahrzeug- und Maschinenverkäufe oder Beteiligungsverkäufe.
- Neutrale Aufwendungen, die mit keinem Ertrag und keiner Leistung in ursächlichem Zusammenhang stehen, z. B. Diebstähle durch Dritte oder sonstige erlittene Schäden verschiedenster Art.
- Aufwendungen zur Aufrechterhaltung der Unternehmenskapazität, die aber nicht zur Aufrechterhaltung der Leistungsbereitschaft in der betreffenden Abrechnungsperiode dienen, z. B. Darlehenszinsen für ein noch unbebautes Betriebsgrundstück,

Aufwendungen im Zusammenhang mit dem Erwerb von Unternehmensbeteiligungen.

- Zwar grundsätzlich leistungsbezogene, aber zeitverschiedene Aufwendungen. Beispiele für zeitverschiedene neutrale Aufwendungen sind z. B. Reparaturaufwendungen, freiwillige und gesetzliche Sozialaufwendungen, Strom- und Wasseraufwendungen, Zinsaufwendungen, wenn deren Leistungsbezug oder Leistungsbereitschaftsbezug grundsätzlich zu belegen ist.

Das bedeutet aber nicht, dass für die oben genannten Sachverhalte überhaupt keine Kosten in der Abrechnungsperiode verrechnet werden. Ein Teil dieser nicht als Grundkosten verrechneten Aufwendungen wird vielmehr als sog. **KALKULATORISCHE KOSTEN** → GLOSSAR verrechnet.

Kalkulatorische Kosten werden von der KLR ohne Rückgriff auf Vorsysteme **selbst berechnet** (calculare = berechnen).

Je nach anzuwendendem Kostenbegriff können die kalkulatorischen Kosten zu **anderen Zeiten** als der zugehörige (neutrale) Aufwand oder mit **anderen Werten** als der zugehörige (neutrale) Aufwand erfasst werden. Insgesamt bezeichnet man diese Gruppe der kalkulatorischen Kosten als **ANDERSKOSTEN** → GLOSSAR. Dabei werden zusätzlich folgende Untergruppen unterschieden: zeitlich **VERRECHNUNGSVERSCHIEDENE ANDERSKOSTEN** → GLOSSAR und **WERTVERSCHIEDENE ANDERSKOSTEN** → GLOSSAR.

Beispiele für zeitlich verrechnungsverschiedene Anderskosten sind: zeitlich anders verrechnete kalkulatorische Sozialkosten, zeitlich anders verrechnete kalkulatorische Abschreibungen, zeitlich anders verrechnete kalkulatorische Miet- und Wagniskosten, zeitlich anders verrechnete kalkulatorische Zinsen.

Beispiele für wertverschiedene Anderskosten sind: Ansatz von kalkulatorischen Wiederbeschaffungskosten bei der Berechnung der Roh-, Hilfs- und Betriebsstoffkosten, der Lohn- und Gehaltskosten mit dazugehörigen Sozialkosten, der kalkulatorischen Abschreibungen und Zinsen.

Im Bereich der kalkulatorischen Kosten ist schließlich für bestimmte Aufgaben eine Gruppe von Kosten zu erfassen, für die in der Finanzbuchführung niemals Aufwand verbucht werden darf. Diese Gruppe der kalkulatorischen Kosten wird als **ZUSATZKOSTEN** → GLOSSAR bezeichnet. Soweit diese Kosten durch Umsatzerlöse gedeckt werden, sind sie **stets** im **Gewinn** der Finanzbuchführung enthalten. Dies gilt z. B. für wertverschiedene Anderskosten nur, wenn die prognostizierten Werte später nicht realisiert werden.

Verrechnungsverschiedene Anderskosten kürzen hingegen generell den Gewinn der Finanzbuchführung, allerdings in anderen Abrechnungsperioden als in der Finanzbuchführung. Bei Zusatzkosten handelt es sich also um fiktive Aufwendungen. Beispiele dafür sind der sog. kalkulatorische Unternehmerlohn oder kalkulatorische Eigenkapitalzinsen.

Während kalkulatorische Eigenkapitalzinsen in allen Rechtsformen Zusatzkosten verursachen, ist der kalkulatorische Unternehmerlohn eine Zusatzkostenart, die nur bei Einzelunternehmen zum Ansatz kommt. In Einzelunternehmen darf anders als in Personengesellschaften und Kapitalgesellschaften für die Arbeitsleistung der Eigentümer bzw. Anteilseigner kein Gehalt für die eigene Arbeitsleistung als Aufwand gebucht werden. Für das Eigentümern oder Anteilseignern zuzurechnende Eigenkapital dürfen generell keine Zinsen als Aufwand gebucht werden. Will man dennoch kontrollieren, ob es Sinn macht, seine eigene Arbeitsleistung bzw. seine Finanzmittel dem Unternehmen und nicht Dritten zur Verfügung zu stellen, bietet es sich unter den genannten Voraussetzungen an, Zusatzkosten zu verrechnen.

Namentlich in Aktiengesellschaften können kalkulatorische Eigenkapitalzinsen als Kontrollgrößen für die von den Anteilseignern gewünschte oder geforderte Mindestverzinsung verrechnet werden. Wird trotz der Verrechnung von Zusatzkosten ein operativer Gewinn realisiert, waren die jeweiligen Investitionsentscheidungen bis zu diesem Zeitpunkt zielkonform.

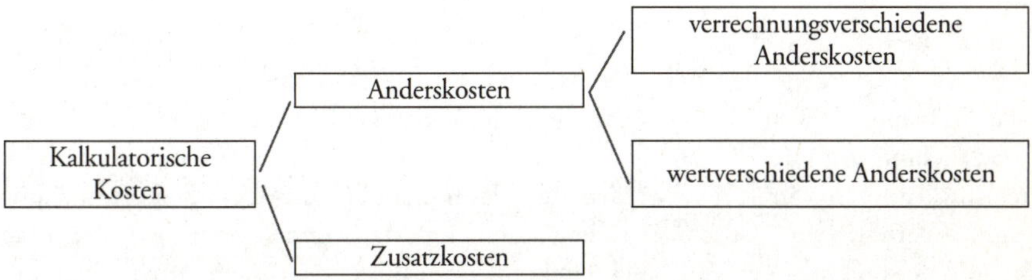

Abbildung 2.2: Gliederung von kalkulatorischen Kosten

Verbindet man die zielabhängige mit der erfassungsabhängigen Kostengliederung lassen sich folgende Gemeinsamkeiten erkennen:

Pagatorische primäre Kosten = Grundkosten + zeitlich verrechnungsverschiedene Anderskosten

Wertmäßige primäre Kosten = pagatorische Kosten + wertmäßig verschiedene Anderskosten + Zusatzkosten

Daraus folgt:
Für die Zwecke der **Wirtschaftlichkeitskontrolle** → Glossar genügt es, die Grundkosten und die verrechnungsverschiedenen Anderskosten zu erfassen. Für die anderen operativen Aufgaben der KLR müssen die jeweils entscheidungsrelevanten Daten aus der Gruppe der **wertmäßigen Kosten** → Glossar ermittelt werden.

Inhaltlich lassen sich wertmäßige Kosten weiter differenzieren in:

- Opportunitätskosten (entscheidungsrelevante Kosten) und in
- sunk costs (nicht entscheidungsrelevante Kosten).

Opportunitätskosten → Glossar werden für knappe Produktionsfaktoren errechnet. Sie werden als mögliche Deckungsbeiträge (Einzahlungsüberschüsse) alternativer Handlungsmöglichkeiten definiert, die nicht mehr realisiert werden können, wenn man sich für eine der Alternativen entscheidet. Dahinter verbirgt sich die Vorstellung, dass bei Verwendung eines knappen Produktionsfaktors für die gewählte Alternative der bei Verwendung für die andere Alternative (Opportunität, Möglichkeit) erzielbare Deckungsbeitrag entgeht. Kosten werden also mit entgangenen Deckungsbeiträgen gleichgesetzt. Diese Definition ist nur für bestimmte Entscheidungen zweckgerecht, z. B. für den Ansatz fiktiver kalkulatorischer Zinsen für die an sich zinsfrei zur Verfügung stehenden Eigenmittel. Statt des Begriffes „Opportunitätskosten" finden sich in der Literatur u. a. auch die Bezeichnungen „Schattenpreis", „Lenkpreis", „Grenznutzen" und „Dualwert".

„**Sunk costs**" bilden als nicht entscheidungsrelevante Kosten den entscheidungslogischen Gegenbegriff zu den Opportunitätskosten. Bei strenger Interpretation sind alle Istkosten zugleich sunk costs, da über die Vergangenheit nicht mehr entschieden werden kann [zum Begriff „sunk costs" vgl. z. B. Kilger, 1993, S. 192 mit weiteren Literaturhinweisen]. Sunk costs werden auch dann nicht erfasst, wenn die Verursachung eines „Werteverzehrs" durch die in Frage stehende Maßnahme eindeutig nachweisbar ist. Als Beispiel mag der Verbrauch eines auf Lager liegenden, in absehbarer Zukunft nicht verwertbaren Rohstoffes für einen kurzfristig hereinzunehmenden Zusatzauftrag gelten.

In der Vergangenheit hat vor allem Bohr den entscheidungsorientierten Kostenbegriff weiter konkretisiert. Nach seiner Definition sind „Kosten einer Entscheidung für eine geplante Veränderung (gegenüber der Nichtänderung) einer Ausgangssituation ... die unmittelbaren Auszahlungen und die mittelbaren Zahlungen, die zusätzlich bei Realisierung der Veränderung gegenüber der Nichtveränderung der Ausgangssituation anfallen." [Bohr, 1988, S. 1.175]. Die mittelbaren Zahlungen in dieser Definition stellen Opportunitätskosten dar. Ihr Ansatz folgt aus der Partialbetrachtung der entscheidungsorientierten KLR und repräsentiert die von der Verdrängung von Handlungsmöglichkeiten im nicht explizit berücksichtigten Teil des Entscheidungsmodells ausgehenden Wirkungen auf die übergeordnete Zielfunktion [vgl. Bohr, 1988, S. 1.174]. Als übergeordnete Zielfunktion kann z. B. die Maximierung der Einzahlungsüberschüsse angesehen werden.

Der gegen den Ansatz von Opportunitätskosten vorgebrachte Einwand, dass insoweit das für die Kostenerfassung aufbereitete „Grundmaterial" für andere Zwecke unbrauchbar gemacht wird [vgl. Dellmann, 1979, S. 326], ist bei geschickter Verwendung eines relationalen Datenbanksystems weitgehend bedeutungslos. Auch das Argument, der Ansatz von Opportunitätskosten sei nicht exakt überprüfbar [vgl. ebenda], gilt weniger für kleinere Unternehmen und scheint in Großunternehmungen durch entsprechende organisatorische Vorkehrungen lösbar [vgl. z. B. KRAUSE/SCHMIDBAUER, 2003].

Für die konkrete Erfassung entscheidungsrelevanter Kosten ist zunächst festzuhalten, dass sie nur näherungsweise feststellbar sind. Eine exakte Ermittlung wäre nur im Simultanmodell möglich, dann aber redundant, da die Problemlösung bereits erfolgt ist. Da aber entscheidungsrelevante Kosten neben mittelbaren Zahlungen auch pagatorische Größen umfassen [vgl. BOHR, 1988, S. 1.173 ff.], wären für die Erfassungspraxis grundsätzlich sowohl Grundkosten als auch kalkulatorische Kosten als Plan- bzw. Istwerte zu berücksichtigen.

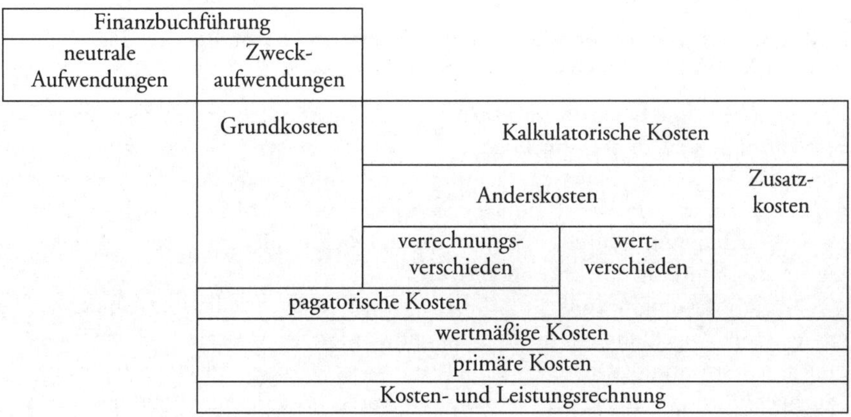

Abbildung 2.3: Erfassung von primären Kosten als Grundkosten und kalkulatorische Kosten

2.2.3 Erfassungstechnische Probleme bei der Übernahme primärer Grundkosten

2.2.3.1 Betragsunterschiede zwischen Zweckaufwendungen und Grundkosten

Die Beträge der innerhalb einer Abrechnungsperiode als Zweckaufwand und als Grundkosten zu verrechnenden Primärkosten müssen aber nicht unbedingt deckungsgleich sein. So kann z. B. der in der Finanzbuchführung verbuchte Abschreibungsaufwand höher sein, z. B. 4.000,00 €, als die in der KLR für diese Maschine verrechneten kalkulatorischen Abschreibungen, die z. B. 3.000,00 € betragen. Ursache für diesen Wertunterschied ist die im Vergleich zur Finanzbuchführung längere **wirtschaftliche Nutzungsdauer** in der KLR. Im umgekehrten Fall, wenn also die **planmäßige Nutzungsdauer** höher als die wirtschaftliche Nutzungsdauer ist, werden in der Kosten- und Leistungsrechung die Zweckaufwendungen als Grundkosten übernommen, zusätzlich werden für den übersteigenden Abschreibungsbetrag **VERRECHNUNGSVERSCHIEDENE ANDERSKOSTEN** → GLOSSAR verrechnet. Ob die Abgrenzung und Übernahme solcher Betragsdifferenzen aus der Finanzbuchführung überhaupt Sinn macht, kann nicht generell beantwortet werden. Besser gelöst werden können solche Probleme durch Einsatz von Vorsystemen, z. B. Einrichtung einer eigenen Anlagenbuchhaltung, in der die für die verschiedenen Abrechnungssysteme erforderlichen Kostenbeträge in der richtigen Höhe generiert werden.

2.2.3.2 Ansatz von Verrechnungspreisen insbesondere im Bereich des Materialverbrauchs

Um die **WIRTSCHAFTLICHKEITSKONTROLLE** → GLOSSAR nicht durch Preisschwankungen am Beschaffungsmarkt zu beeinträchtigen, bietet es sich an, statt mit Anschaffungskosten mit festen Verrechnungspreisen zu rechnen. Allerdings muss beachtet werden, dass durch den Ansatz von Verrechnungspreisen nicht nur die Marktpreisschwankungen, sondern auch die Anschaffungsnebenkosten und Preisminderungen durch Abzüge von Lieferantenskonti unberücksichtigt bleiben.

Für die Erfassungstechnik ist zu überlegen, an welcher Stelle eine Umbewertung erfolgen soll. Angenommen, für eine bestimmte Materialart wären nach einer Bewertung mit Verrechnungspreisen 3.000,00 € als Primärkosten zu erfassen. In der Finanzbuchführung würden auf der Basis von Anschaffungskosten 3.500,00 € als Materialaufwand gebucht. Wenig praktikabel wird die Lösung sein, aus den verbuchten Materialaufwendungen 3.000,00 € als Grundkosten zu erfassen.

Eine weitere Möglichkeit, nach der zunächst 3.500,00 € Materialkosten als Grundkosten erfasst und anschließend durch Ansatz von –500,00 € negativer verrechnungsverschiedener Anderskosten auf zu Verrechnungspreisen bewerteten Materialkosten „heruntergerechnet" werden, scheint grundsätzlich praktikabler. Dabei errechnen sich aber „negative Kosten", die womöglich unzutreffend als Kostenentlastungen interpretiert werden. Zudem wird die Grundbedeutung verrechnungsverschiedener Anderskosten als ausschließlich zeitlich verrechnungsverschiedene Kosten verwässert. Eine Berücksichtigung in den wertverschiedenen Anderskosten kommt nicht in Betracht, da in dieser Gruppe echte Preisabweichungen erfasst werden sollen, Verrechnungspreisabweichungen aber regelmäßig keine operative Entscheidungsrelevanz besitzen.

Damit bleibt nur die Erfassung der Abweichungen zwischen Verrechnungspreisen und Anschaffungskosten in einer separaten Kategorie innerhalb der Kostenartenrechnung, die allerdings nicht als Anderskosten bezeichnet werden sollte.

Führt man diese Umbewertungen außerhalb der KLR, z. B. in der Materialwirtschaft, durch, dürften Abstimmungen von Kostendaten, z. B. mit Daten der Finanzbuchführung, schwierig werden. Auch scheint die „Aufwärtskompatibilität" von Kostendaten für die Unterstützung strategischer Entscheidungen gefährdet, da dann auch innerhalb der KLR keine anschaffungskostenabhängigen „pagatorischen" Kosten mehr errechnet werden. Insoweit ist die Verrechnungspreisproblematik etwas anders gelagert als die oben geschilderten Unterschiede zwischen Zweckaufwendungen und Grundkosten bei der Abschreibungsberechnung, da sich die Summe der in KLR verrechneten pagatorischen Abschreibungen mit der Summe der in der Finanzbuchführung verbuchten Aufwendungen deckt, was bei einer Umbewertung zu Verrechnungspreisen nicht der Fall ist.

Zusammenfassung

Ausgehend vom allgemeinen Kostenbegriff sind für die speziellen Abrechnungsziele der KLR spezielle Kostenbegriffe zu definieren. Für die operativen Kontroll- und Steuerungsaufgaben werden pagatorische und wertmäßige Kosten erfasst. Pagatorische und wertmäßige Kosten sind in erfassungstechnischer Hinsicht zunächst in Primär- und Sekundärkosten zu gliedern. Die Primärkosten sind für die verschiedenen Abrechnungszwecke in Grundkosten und kalkulatorische Kosten aufzuspalten. Innerhalb der kalkulatorischen Kosten ist zur Abgrenzung der für die jeweiligen Abrechnungszwecke benötigten Daten zwischen Anderskosten und Zusatzkosten zu differenzieren. Die Anderskosten sind weiterhin in zeitlich verrechnungsverschiedene und in wertverschiedene Anderskosten aufzuspalten. Sinn dieser begrifflichen Unterscheidungen ist, für die anstehenden Entscheidungssituationen jeweils die zutreffenden Daten zur Verfügung zu stellen.

Kontrollfragen

1. Wie ist der allgemeine Kostenbegriff definiert und was sind seine entscheidenden Bestimmungskomponenten?
2. Was versteht man unter Wirtschaftlichkeit und Effizienz?
3. Welche Probleme treten bei Wirtschaftlichkeitsmessung bzw. bei der Frage nach dem Kostenminimum auf?
4. Was sind Plankosten und wofür werden sie benötigt?

5. Wie sind Primär- und Sekundärkosten definiert? Können Primärkosten und Sekundärkosten aus der Finanzbuchführung bzw. entsprechenden Vorsystemen übernommen werden?
6. Was sind kalkulatorische Kosten und wofür werden sie benötigt?
7. Wofür benötigt man pagatorische und wertmäßige Kosten?
8. Welche Kostenkomponenten sind in den pagatorischen Kosten enthalten?
9. Warum werden in den pagatorischen Kosten keine wertverschiedenen Anderskosten verrechnet?
10. Was versteht man unter Zusatzkosten und wofür werden sie benötigt?

3 Ableitung von besonderen Leistungsbegriffen für die Leistungserfassung

3.1 Abgrenzung von zielabhängigen Leistungsbegriffen

Was oben für die Kostenbegriffe gesagt wurde, gilt für die Leistungsbegriffe weitgehend analog. Ausgangspunkt für die Abgrenzung von Leistungsbegriffen nach den verschiedenen Erfolgsmessungszielen ist die Definition eines allgemeinen Leistungsbegriffes, der dann je nach verfolgtem Ziel weiter konkretisiert wird.

3.1.1 Allgemeiner Leistungsbegriff

Da zwischen einer Aufwands- und Ertragsrechung und einer KLR „verwandtschaftliche Beziehungen“ bestehen, kann als erste Orientierung für verschiedene **zielbezogene** Leistungsdefinitionen die Definition handelsrechtlicher Erträge dienen:

Betriebliche Leistungen sind wie Erträge der Finanzbuchführung als unsaldierter **wertmäßiger Output** stets zugleich **Wertschöpfungen**. Ein eigener Leistungsbegriff neben dem Ertragsbegriff ist nur erforderlich, wenn damit ein Erkenntniszuwachs für die Erfolgsmessung der KLR verbunden ist. Ähnlich wie Erträge lassen sich Leistungen ursachenbezogen (wodurch werden Leistungen verursacht?) und folgebezogen (was wird durch Leistungen bewirkt?) definieren:

Folgebezogene Definition von Erträgen

ERTRÄGE → GLOSSAR sind betriebliche Mehrungen des Eigenkapitals, also betriebliche Mehrungen der Ansprüche des Kaufmanns auf sein Vermögen.

Leistungen lassen sich auf dieser Grundlage folgebezogen wie folgt definieren:

LEISTUNGEN → GLOSSAR sind wie Erträge Mehrungen des Eigenkapitals; die Berechnung des Eigenkapitals und damit die Abgrenzung von Leistungen werden aber nicht durch gesetzliche Vorschriften limitiert. Der Leistungsbegriff ist daher weiter gefasst als der handelsrechtliche Ertragsbegriff.

Ursachenbezogene Definition von Erträgen

ERTRÄGE → GLOSSAR sind nach den handels- bzw. steuerrechtlichen Vorschriften bewertete Wertschöpfung durch den Verkauf von Gütern, Dienstleistungen und Nutzungen, durch die Produktion von Gütern sowie durch sonstige nicht produktions- oder verkaufsverursachte Vorgänge einer Abrechnungsperiode. Sonstige Erträge in diesem Sinne sind z. B. erhaltene Subventionen, Versicherungsleistungen, Erstattungen von erfolgswirksamen Steuern u. a. Verkaufserträge sind zugleich Zweckerträge, wenn sie durch den Verkauf von selbst produzierten Gütern, Dienstleistungen oder Nutzungen verursacht werden, die dem eigentlichen Geschäftsgegenstand zuzurechnen sind; sonst sind sie neutrale Erträge, z. B. soweit sie durch den Verkauf von Wertpapieren oder Anlagegegenständen entstehen.

Ursachenbezogene Definition von Leistungen

LEISTUNGEN → GLOSSAR sind alle Wertschöpfungen, die durch Außen- und Innenaktivitäten eines Unternehmens in der betrachteten Abrechnungsperiode verursacht werden. Insbesondere können (müssen) also auch Innenaktivitäten, die handelsrechtlich nicht als Erträge verbucht werden (dürfen), als Leistungen in der KLR erfasst werden. Keine Leistungen in diesem Sinne sind Vorgänge, die handelsrechtlich als sonstige bzw. neutrale Erträge einzustufen sind.

3.1.2 Definition von Leistungen für die kurzfristige leistungsbezogene Periodenerfolgsmessung

Für die kurzfristige Periodenerfolgsmessung sind nur die **Umsatzerlöse** als Leistungen zu erfassen. Die in der Finanzbuchführung als Umsatzerlöse zu verbuchenden Beträge sind in voller Höhe in die Erfolgsberechnung durch die KLR zu übernehmen. Umsatzerlöse sind also tatsächliche Verkäufe gegen Sofortzahlung und auf Ziel. Die Erhöhungen der Lagerbestände an unfertigen und fertigen (absatzreifen) Erzeugnissen sind handelsrechtlich zwar in Höhe der gesetzlich zulässigen Herstellungskosten als Ertrag zu buchen, sie sind aber keine Leistungen zur Erfolgsmessung. Die Entwertung von Lagerbeständen durch Verderb oder Marktpreissenkungen muss wegen des strengen Niederstwertprinzips zwar als Aufwand verbucht werden, verursacht handelsrechtlich also negative Erfolgsbeiträge. Diese Vorgänge stehen aber außerhalb der Erfolgsmessung einer KLR.

3.1.3 Definition von Leistungen für die leistungsbezogene Erfolgsmessung

Den verkauften oder absatzfertigen Leistungen (Produkten) können zur leistungsbezogenen Erfolgsmessung die tatsächlichen oder möglichen **Verkaufspreise** gegenübergestellt werden. Die Verkaufspreise sind regelmäßig ohne Umsatzsteuer anzusetzen. Ausnahmen ergeben sich nur, wenn die Umsatzsteuer teilweise oder vollständig nicht auf die Kunden überwälzt werden kann. Eine positive Differenz würde grundsätzlich gleichzeitig den **Gewinnbeitrag** der betreffenden (Absatz)-Leistung anzeigen. Voraussetzung ist allerdings, dass in den Selbstkosten nur die Kosten enthalten sind, die die Absatzleistung verursacht hat. Dies dürfte aber nur in Ausnahmefällen gelten. Zur Erfolgskontrolle können den verkauften Leistungen alle bis zum tatsächlichen Verkauf verursachten Kosten gegenübergestellt werden. Soweit die Selbstkosten als Teilkosten angesetzt werden, z. B. nur in Höhe der später noch zu erörternden Grenzkosten, würden durch die Differenz keine Gewinnbeiträge, sondern **Deckungsbeiträge** errechnet. Die Gewinnbeiträge wären aber in den Deckungsbeiträgen enthalten. Allerdings ist auch vorstellbar, dass es Deckungsbeiträge ohne Gewinnbeiträge gibt.

Deckungsbeiträge errechnen sich ebenfalls, wenn den Preisen nicht die Selbstkosten, sondern die **HERSTELLKOSTEN** → GLOSSAR der unfertigen oder fertigen Leistungen gegenübergestellt werden. Dies gilt unabhängig davon, ob die Herstellkosten auf Teilkosten- oder auf Vollkostenbasis berechnet werden.

3.1.4 Definition von Leistungen für die Effektivitäts- bzw. Wertschöpfungskontrolle

Wird das allgemeine Rationalprinzip des Wirtschaftens als Maximierungsziel interpretiert, gilt also die Strategie, bei gegebenen Kosten die maximale Leistung zu erwirtschaften:

$$\frac{\text{Leistung}}{\text{Kosten}} \longrightarrow \text{Max!}$$

Dabei erhebt sich die Frage, wie in diesem Fall, festgestellt werden kann, wann dieses Ziel erreicht wird. Wie es kein absolutes Kostenminimum gibt, gibt es auch kein absolutes Leistungs- bzw. Wertschöpfungsmaximum. Vergleichsmaßstab für die Leistungsmessung ist die Planleistung. Die Effektivität bzw. die maximale Wertschöpfung wäre dann zu messen durch Vergleich der tatsächlichen Leistung (**Istleistung**) mit der **Planleistung:**

$$\text{Effektivität} = \frac{\text{Istleistung der laufenden Periode}}{\text{Planleistung}}$$

Planleistungen müssen dabei ähnlich wie Plankosten realisierbare Sollgrößen sein, die im Voraus durch analytische Verfahren ermittelt werden.

Werden Plankosten und Planleistungen als Maßgrößen für die Berechnung des Kostenminimums bzw. der maximalen Wertschöpfung akzeptiert, dann ist die Differenz zwischen beiden Größen, wenn sie positiv ist, der maximale Mehrwert bzw. der **maximale Gewinn**.

Der Zusammenhang zwischen Wirtschaftlichkeit und maximaler Gewinnerzielung kann an einem vereinfachten Beispiel wie folgt illustriert werden:

Beispiel

Für einen metallverarbeitenden Industriebetrieb sind folgende Einzeldaten zu beachten:

Die Selbstkosten für ein absatzreifes Stück des Produktes Nr. 1024 betragen derzeit 9,00 €. Nach einer geplanten Rationalisierung des Fertigungsprozesses könnten die Selbstkosten auf 8,00 €/Stck. gesenkt werden. Dieser Kostenbetrag repräsentiert zugleich die Verwirklichung des Wirtschaftlichkeitsprinzips, d. h. die betriebsindividuellen minimalen **STÜCKKOSTEN** → GLOSSAR. Aufgrund einer durch die Marktgegebenheiten möglichen Preisdifferenzierung können auf dem Markt A 10,00 €/Stck. netto, auf dem Markt B hingegen nur 7,50 €/Stck. netto erzielt werden.

Die Zusammenhänge zwischen Gewinnerzielung und Wirtschaftlichkeit zeigt nachfolgende Übersicht:

Fall	Relation	Stückergebnis	Beschreibung
1	10,00 €/9,00 €	1,00 € Gewinnbeitrag	rentabel, aber unwirtschaftlich
2	10,00 €/8,00 €	2,00 € Gewinnbeitrag	rentabel und wirtschaftlich, zugleich Gewinnmaximum/Stck.
3	7,50 €/8,00 €	0,50 € Verlustbeitrag	unrentabel, aber wirtschaftlich
4	7,50 €/9,00 €	0,50 € Verlustbeitrag	unrentabel und unwirtschaftlich

Abbildung 3.1: Rentabilität und Wirtschaftlichkeit

Aus diesem Beispiel wird deutlich, dass eine „reine Kostenrechnung“, d. h. ein Abrechnungssystem, das sich lediglich mit der Erfassung und Kontrolle der für die Produktion verbrauchten Produktionsfaktoren beschäftigt, **unmittelbar** keine Informationen über die Realisierung des erwerbswirtschaftlichen Prinzips einer Unternehmung enthält. So müsste nach den Daten einer solchen Kostenrechnung im Fall 4 das Produkt Nr. 1024 weiterproduziert werden, obwohl das Stückergebnis negativ ist und über kompensatorische Verbundeffekte nichts ausgesagt wird. Überhaupt ist der Fall 3 ein auch für die Unternehmenspraxis beachtenswerter und nicht selten – vor allem auch bei kleineren Unternehmen – anzutreffender Sachverhalt. Im Extremfall kann diese

Beschäftigungssituation zur Insolvenz führen, obwohl die Produktion nach dem Stand der Technik optimal ist.

Allgemein gilt damit, dass die Verwirklichung des Wirtschaftlichkeitsprinzips eine notwendige, aber keine hinreichende Voraussetzung für die Verwirklichung des Gewinnmaximums ist.

Damit ist zugleich klargestellt, dass operativen unternehmerischen Fehlentscheidungen nur durch Rentabilitätsüberlegungen vorgebeugt werden kann, Wirtschaftlichkeitsüberlegungen allein reichen dafür regelmäßig nicht aus. Für die Vorbereitung kurzfristiger Entscheidungen ist daher die Kostenrechnung stets durch eine Leistungsrechnung – verstanden als (Absatz-) Erlösrechnung – zu ergänzen.

3.2 Erfassungsabhängige Gliederung von Leistungen

3.2.1 Unterscheidung von Primär- und Sekundärleistungen

Bei der erfassungsabhängigen Abgrenzung von Leistungen ist wie auf der Kostenseite zwischen **primären Leistungen** und **sekundären Leistungen** zu unterscheiden.

1. **Primärleistungen** sind alle Leistungsarten, die durch Lieferungs- und Leistungsabsatzprozesse an Außenstehende, also an Kunden im weitesten Sinne erbracht werden. Primärleistungen sind also stets nach außen gerichtete **Absatzleistungen** oder kurz gesagt **Außenleistungen**.
2. Demgegenüber sind **Sekundärleistungen** stets **Innenleistungen**. Als Innenleistungen in diesem Sinne kommen insbesondere in Betracht: Beschaffungsleistungen, Produktionsleistungen und Verwaltungsleistungen. Produktionsleistungen lassen sich weiter untergliedern in **absatzbestimmte** und **innerbetriebliche** Leistungen. Beschaffungs- und Verwaltungsleistungen sind im Wesentlichen innerbetriebliche Dienstleistungen und Nutzungsüberlassungen. Ähnlich wie Absatzleistungen können Beschaffungs- und Verwaltungsleistungen auch nach außen gerichtete Leistungen sein, aber nur Absatzleistungen sind zugleich Primärleistungen.

Wichtig ist, dass eine Vielzahl von innerbetrieblichen Leistungen nicht zugleich unmittelbar wertschöpfend für die Absatzleistung der laufenden Periode ist. So sind Reinigungsleistungen für das Gebäude, Leistungen der Kantine, des betrieblichen Sozialbereichs und auch alle Verwaltungsleistungen zwar Innenleistungen und haben regelmäßig aber auch sich ändernde Leistungskomponenten mit entsprechenden veränderlichen Verbrauchsmengen. Die variablen Leistungsanteile und auch die dadurch verursachten variablen Verbrauchsanteile, z. B. veränderlicher Stromverbrauch, Büromaterialverbrauch oder Putzmittelverbrauch, werden aber nicht durch veränderliche Leistungsmengen der Absatzleistungen verursacht. Verändert sich die Absatzleistung z. B. nicht, dann können die genannten Leistungen und die dadurch verursachten Faktorverbräuche dennoch variieren. Diese variablen Faktorverbräuche werden aber nicht durch die Produktion der Absatzleistung der Abrechnungsperiode verursacht.

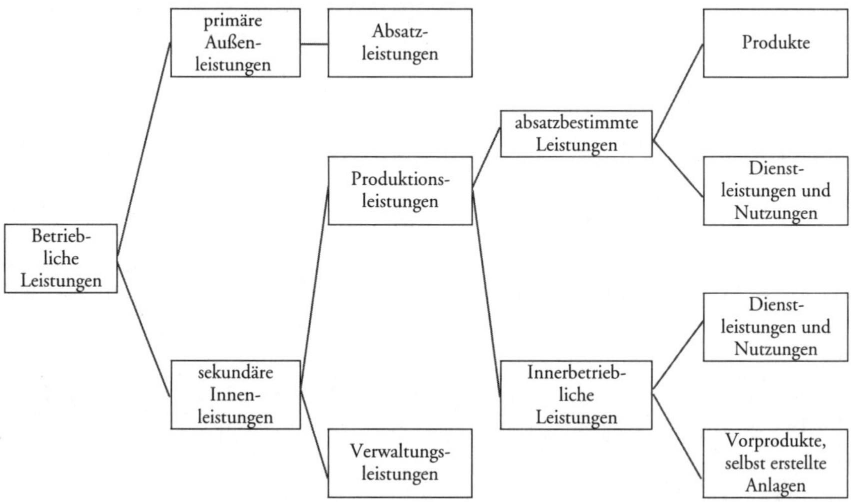

Abbildung 3.2: Gliederung betrieblicher Leistungen

3.2.2 Unterscheidung von Primärleistungen in Grundleistungen und kalkulatorische Leistungen

Wie bei der Erfassung von primären Kostenarten kann bei der Erfassung primärer Leistungsarten zwischen **GRUNDLEISTUNGEN** → GLOSSAR und **KALKULATORISCHEN LEISTUNGEN** → GLOSSAR unterschieden werden. Grundleistungen sind Primärleistungsarten, die unmittelbar aus der Finanzbuchführung oder aus Vorsystemen der Finanzbuchführung übernommen werden. Grundleistungen sind stets zugleich sog. **ZWECKERTRAG** → GLOSSAR der Abrechnungsperiode. Die wichtigste und zumeist einzige Grundleistungsart sind die verbuchten **Umsatzerlöse**.

Für die Datenerfassung gilt also die Regel:

Umsatzerlöse sind immer zugleich Grundleistungen!

Erträge, die nicht als Grundleistungen in die KLR übernommen werden, werden als sog. **NEUTRALE ERTRÄGE** → GLOSSAR bezeichnet.

Neutrale Erträge, die nicht als Grundleistungen in die KLR übernommen werden, sind insbesondere:

- Zinserträge, Erträge aus Wertpapierverkäufen, Erträge aus Verkäufen von Gegenständen des Anlagevermögens, z. B. Grundstücksverkäufe, Fahrzeug- und Maschinenverkäufe oder Beteiligungsverkäufe.
- Erträge aus Subventionen, Versicherungsleistungen, Auflösungen von Rückstellungen und Pauschalwertberichtigungen.
- Erträge aus der Aufrechterhaltung der Unternehmenskapazität, die aber nicht zur Aufrechterhaltung der Leistungsbereitschaft in der betreffenden Abrechnungsperiode dienen, z. B. erhaltene Darlehenszinsen, Miet- und Pachterträge für (vorübergehend) vermietete Betriebsgrundstücke, Anlagen oder Mitarbeiter.

Neben Grundleistungen sind sog. **KALKULATORISCHE LEISTUNGEN** → GLOSSAR zu unterscheiden. Kalkulatorischen Leistungen können zu **anderen Zeiten** als der zugehörige (neutrale) Ertrag oder mit **anderen Werten** als der zugehörige (neutrale) Ertrag erfasst werden. Insgesamt bezeichnet man diese Gruppe der kalkulatorischen Leistungen als **ANDERSLEISTUNGEN** → GLOSSAR. Dabei werden zusätzlich die Untergruppen unterschieden: zeitlich **verrechnungsverschiedene** Andersleistungen und **wertverschiedene** Andersleistungen.

Beispiele für zeitlich verrechnungsverschiedene Andersleistungen sind: zeitlich anders verrechnete Bonuszusagen, zeitlich anders verrechnete Leistungen bei langfristiger Fertigung, insbesondere im Anlagenbau.

Beispiele für wertverschiedene Andersleistungen sind: Ansatz von erwarteten höheren oder niedrigeren Absatzpreisen durch allgemeine Preisentwicklung am Absatzmarkt oder bei Fremdwährungsgeschäften aufgrund von Wechselkursschwankungen.

Schließlich sind noch sog. **ZUSATZLEISTUNGEN** → GLOSSAR abzugrenzen. Zusatzleistungen dürfen in der Finanzbuchführung niemals als Ertrag gebucht werden. Dies betrifft zunächst z. B. alle innerbetrieblichen Leistungen in Form von Dienstleistungen und Nutzungen. Weitere Beispiele sind der Ansatz von Erträgen für die eigene Arbeitsleistung von Unternehmern in Personenunternehmen oder die Verrechnung von Zinserträgen für nicht verzinslich angelegte Geldbeträge, z. B. Zinserträge für Bargeld oder zinslose Bankguthaben. Diesen Zusatzleistungen stehen die jeweiligen Zusatzkosten gegenüber. Dem kalkulatorischen Unternehmerlohn als Zusatzkosten ist grundsätzlich auch eine unternehmerische Arbeitsleistung als Zusatzleistung gegenüberzustellen. Entsprechend wäre den kalkulatorischen Eigenkapitalzinsen der durch die Nutzung der

Eigenmittel erreichte Nutzungswert gegenüberzustellen. Diese Überlegungen bleiben in der traditionellen Fachliteratur bislang eher ausgespart. Die Folge wäre z. B., dass die Abweichungen des operativen Ergebnisses der KLR gegenüber dem Ergebnis der Finanzbuchführung beim Ansatz kalkulatorischer Kosten geringer ausfiele als bei der traditionellen (einseitigen) Verrechnung von kalkulatorischen Kosten ohne gleichzeitigen Ansatz der zugehörigen kalkulatorischen Leistungen.

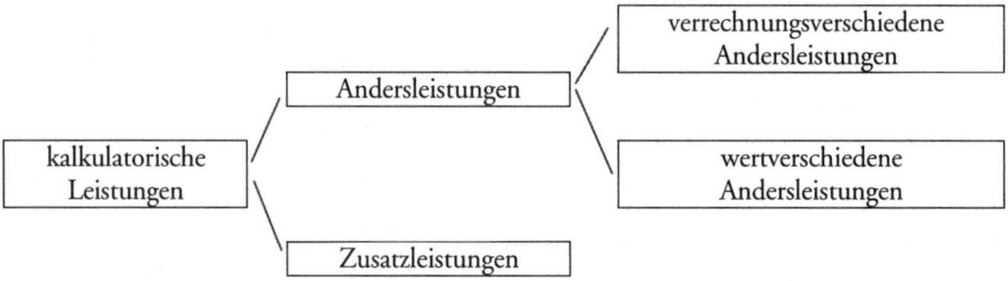

Abbildung 3.3: Gliederung von kalkulatorischen Leistungen

Verbindet man die zielabhängige mit der erfassungsabhängigen Leistungsgliederung, lassen sich folgende Gemeinsamkeiten erkennen:

Pagatorische primäre Leistungen = Grundleistungen + zeitlich verrechnungsverschiedene Andersleistungen

Wertmäßige primäre Leistungen = pagatorische Leistungen + wertmäßig verschiedene Andersleistungen + Zusatzleistungen

Daraus folgt:

Für die Zwecke der aktuellen Rentabilitätsmessung genügt es, die Grundleistungen und evtl. verrechnungsverschiedene Andersleistungen zu erfassen. Für die anderen operativen Aufgaben der KLR, insbesondere für preispolitische Entscheidungen müssen die jeweils entscheidungsrelevanten Daten aus der Gruppe der wertmäßigen Leistungen ermittelt werden.

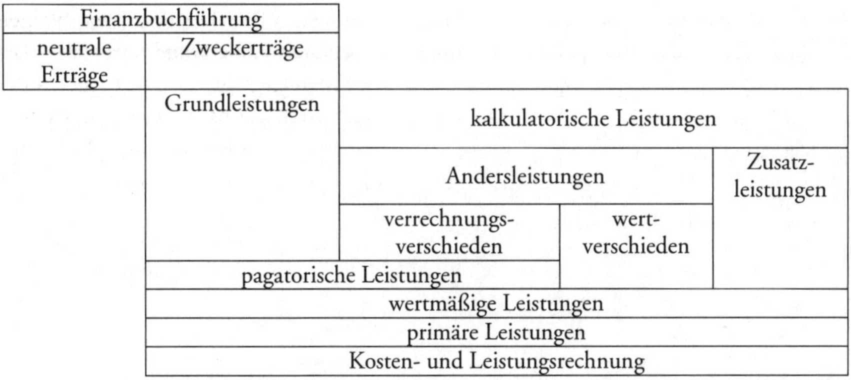

Abbildung 3.4: Erfassung von primären Leistungen als Grundleistungen und kalkulatorische Leistungen

Zusammenfassung

Kosten werden durch Leistungen (sowie durch die Aufrechterhaltung der Betriebsbereitschaft) verursacht. Voraussetzung für eine verursachungsgerechte Kostenzurechnung ist eine eindeutige Abgrenzung der Unternehmensleistungen. Dabei ergeben sich analoge Probleme wie bei der Abgrenzung von Kosten. Neben pagatorischen und wertmäßigen Leistungen sind für die Erfassung primäre und sekundäre Leistungen zu unterscheiden. Primäre Außenleistungen oder Innenaufträge lassen sich in Grundleistungen und kalkulatorische Leistungen gliedern. Innerhalb der kalkulatorischen Leistungen können wie bei den kalkulatorischen Kosten Anders- und Zusatzleistungen abgegrenzt werden.

Neutrale Erträge dürfen nicht in die Leistungsrechnung der Abrechnungsperiode übernommen werden.

Kontrollfragen

1. Warum ist eine eindeutige Definition der Leistungen für eine abbildungsgenaue Kosten- und Leistungsrechnung unverzichtbar?
2. Wie lassen sich primäre und sekundäre Leistungen unterscheiden?
3. Welcher Zusammenhang besteht zwischen Grundleistungen und den Umsatzerlösen der Finanzbuchführung?

4. Was könnte man unter Zusatzleistungen in diesem Sinne verstehen? Lassen sich solche Zusatzleistungen auch für Kapitalgesellschaften abgrenzen?
5. Sind veränderliche Innenleistungen stets durch Außenleistungen verursacht? Welche Folgen ergeben sich daraus für die Kostenverrechnung solcher Innenleistungen?
6. Kann der über mehrere Produktionsstufen ablaufende innerbetriebliche Wertschöpfungsprozess als Leistungsaustauschprozess definiert werden? Welche Folgen ergäben sich daraus für die Kostenverrechnung?

Zusammenfassendes Beispiel zur Erfolgsmessung auf der Basis von Einzahlungen und Auszahlungen, Erträgen und Aufwendungen sowie Kosten und Leistungen

In einem Unternehmen in der Rechtsform einer Kapitalgesellschaft, das organisatorisch in die Funktionen **Beschaffung, Produktion, Absatz und Verwaltung** gegliedert ist, wird ein Produkt A auf mehreren Maschinen durch Parallelfertigung hergestellt; das Produkt benötigt pro Maschine eine Fertigungsminute. Insgesamt werden in der betrachteten Abrechnungsperiode 12.000 Stck. Fertigprodukte auf vier Maschinen hergestellt. Die Produktion ist voll ausgelastet.

In der Abrechnungsperiode ereignen sich folgende Geschäftsvorfälle:

1.1.: Bargründung eines Unternehmens durch Bankeinzahlung von Eigenmitteln in Höhe von 1.000.000,00 €.

3.1.: Kauf eines Pkw (planmäßige Nutzungsdauer: 5 Jahre; wirtschaftliche Nutzungsdauer: 4 Jahre= 120.000 Fahrkilometer) inkl. aller Nebenkosten für 30.000,00 € + 4.800,00 € USt = 34.800,00 € durch Banküberweisung; in der Abrechnungsperiode wurden 2.400 Kilometer für den Verwaltungsbereich gefahren; die Wiederbeschaffungskosten eines etwa funktionsgleichen Pkw nach Ablauf der wirtschaftlichen Nutzungsdauer werden auf 34.000,00 € geschätzt.

4.1.: Kauf von 5 Produktionsmaschinen à 50.000,00 € + 8.000,00 € USt = 58.000,00 € (planmäßige Nutzungsdauer: 4 Jahre; wirtschaftliche Nutzungsdauer: 3 Jahre); vier Maschinen wurden sofort durch Banküberweisung bezahlt; bei einem durchschnittlichen Produktionseinsatz von 8 Std. pro Tag ergibt sich eine erwartete Gesamt-Fertigungszeit von insgesamt 1.728.000 Fertigungsminuten bei durchschnittlich 20 Arbeitstagen/Kalendermonat; die Wiederbeschaffungskosten von etwa funktionsgleichen Maschinen werden nach Ablauf der wirtschaftlichen Nutzungsdauer auf 55.000,00 € pro Maschine geschätzt.

5.1.: Kauf von 1.000 Tonnen Rohstoffen à 640,00 € netto pro Tonne für 640.000,00 € + 102.400,00 € USt = 742.400,00 € durch Banküberweisung.

10.1.: für die Produktion der Abrechnungsperiode werden 800 Tonnen Rohstoffe verbraucht; die Wiederbeschaffungskosten für die verbrauchten Rohstoffe werden auf 660,00 €/Tonne geschätzt.

15.1.: Anzahlung für eine weitere Produktionsmaschine durch Banküberweisung: 5.000,00 € + 800,00 € USt = 5.800,00 €.

18.1.: Aufnahme eines Bankkredites (Festdarlehen) in Höhe von 100.000,00 €; Einzahlung auf das Bankkonto 97 %; Jahreszins 6 %; Laufzeit 5 Jahre; es ist mit einer Zinssenkung auf 5 % zu rechnen.

25.1.: Fertigstellung aller Produkte vom Typ A.; in die Berechnung der Herstellungskosten werden die gesamten Rohstoffaufwendungen (512.000,00 €) sowie alle Fertigungslohnaufwendungen inkl. Sozial- und Steueraufwendungen (100.625,00 €) eingerechnet. Die **Herstellungskosten** betragen damit: 612.625,00 €. Dies ist zugleich die gesamte in der Finanzbuchführung als Ertrag verbuchte Wertschöpfung durch die Produktion von 12.000 Stck. Produkte A. Pro Produkt errechnen sich somit Herstellungskosten von 51,05 €/Stck.

29.1.: Verkauf von 10.000 Produkten vom Typ A für 60,00 €/Stck. netto; der Betrag für 8.000 Stck. in Höhe von 480.000,00 € + 76.800,00 € USt = 556.800,00 € wurde von Kunden noch in der Abrechnungsperiode ohne Abzüge überwiesen. Für den Verkauf wird eine Wertschöpfung von 10.000 Stck. · 48,00 €/Stck. = 480.000,00 € verbraucht und als Aufwand gebucht.

30.1.: Verkauf von 100 Aktien für 150,00 €/Stck. gegen Banküberweisung. Die Aktien wurden am 19.1. aus dem Privatvermögen eingelegt und haben am Verkaufstag einen Buchwert von 160,00 €.

31.1.: Auszahlung von Nettozeitlöhnen (70.000,00 €) und Gehältern (34.000,00 €) für die abgelaufene Abrechnungsperiode durch Banküberweisung. Die Arbeitgeber- und Arbeitnehmeranteile zur Sozialversicherung in Höhe von insgesamt 28.000,00 € für Löhne und 14.000,00 € für Gehälter sowie die Lohn- und Kirchensteuer und der Solidaritätszuschlag in Höhe von 17.000,00 € für Löhne und 8.000,00 € für Gehälter werden in der nächsten Abrechnungsperiode überwiesen. Die Lohnzahlungen erfolgen für 3.500 Beschaffungs- und Fertigungsstunden sowie 500 Vertriebsstunden; die Gehaltszahlungen erfolgen für 1.200 Verwaltungsstunden und 400 Vertriebsstunden. Nach den im nächsten Quartal anstehenden Tarifverhandlungen ist mit Lohn- und Gehaltssteigerungen von 2 % zu rechnen.

31.1.: Abrechnung für gekaufte und verbrauchte Treibstoffe: 290 l für 312,50 € + 50,00 € USt = 362,50 € durch Banklastschrift. Bei Treibstoffen ist in naher Zukunft mit Preissteigerungen von 5 % zu rechnen.

31.1.: Der Stromverbrauch der Abrechnungsperiode beträgt insgesamt 1.000 kWh; der Preis beträgt 0,13 €/kWh. Die Abschlagszahlung für die ersten beiden Abrechnungsperioden wird inkl. Umsatzsteuer in der nächsten Abrechnungsperiode überwiesen. Der Strom wird zu 70 % im Fertigungsbereich, zu 5 % im Beschaffungsbereich, zu 10 % im Absatzbereich und zu 15 % im Verwaltungsbereich verbraucht. In nächster Zeit ist mit einer Erhöhung des Strompreises auf 0,14 €/kWh zu rechnen.

31.1.: Für die gepachteten Betriebsräume inkl. verschiedener Geschäftsausstattungsgegenstände wird eine jährliche Betriebspacht von 24.000,00 € zzgl. 16 % USt jeweils nach Ablauf von zwölf Abrechnungsperioden bezahlt. Der monatliche Pachtanteil wird im Verhältnis von 3:1:1 auf die Bereiche Produktion, Absatz und Verwaltung aufgeteilt. Die Betriebspacht wird sich ab der nächsten Abrechnungsperiode vermutlich um 10 % erhöhen.

31.1.: Die Umsatzsteuerschuld wird in der nächsten Periode beglichen.

31.1.: Die Gewinnsteuerbelastung aus Gewerbesteuer, Körperschaftsteuer und Solidaritätszuschlag beträgt 40 % des Gewinns vor Abzug dieser Steuern. Die Steuern werden nur auf das handelsrechtliche (= steuerrechtliche) Ergebnis berechnet.

31.1.: Für die im Gründungszeitpunkt in die Kapitalgesellschaft investierten Eigenmittel in Höhe von 1.000.000,00 € wird eine jährliche Verzinsung von 8 % vor betrieblichen Steuerzahlungen angestrebt. Die Zinsen werden zunächst ausschließlich der Verwaltung zugerechnet.

Aufgaben

Aufgabe 1

Ordnen Sie die verursachten Einzahlungen und Auszahlungen den Funktionsbereichen Beschaffung, Produktion, Absatz und Verwaltung zu und errechnen Sie die Summen pro Funktionsbereich.

Aufgabe 2

Errechnen Sie den Überschuss der Einzahlungen bzw. Auszahlungen für die betrachtete Abrechnungsperiode und ermitteln Sie den Geldbestand zum Periodenende.

Aufgabe 3

Ordnen Sie die verursachten Erträge und Aufwendungen den Funktionsbereichen Beschaffung, Produktion, Absatz und Verwaltung zu und errechnen Sie die Summen pro Funktionsbereich.

Aufgabe 4

Errechnen sie das operative Periodenergebnis (Jahresüberschuss oder Jahresfehlbetrag) auf der Basis des Gesamtkosten- und Umsatzkostenverfahrens in T-Kreuz-Form. Gehen Sie dabei davon aus, dass die Lagerbestände zu den Herstellungskosten bewertet werden.

Aufgabe 5

Erläutern Sie den Übergang vom Ergebnis der Überschussrechnung zum Ergebnis der Finanzbuchführung.

Aufgabe 6

Ordnen Sie die verursachten Kosten und Leistungen den Funktionsbereichen Beschaffung, Produktion, Absatz und Verwaltung zu und errechnen Sie die Summen pro Funktionsbereich. Unterscheiden Sie dabei zwischen pagatorischen und wertmäßigen Kosten.

Aufgabe 7

Erläutern Sie den Übergang vom Ergebnis der Finanzbuchführung zum Ergebnis der KLR (Abstimmrechnung).

Aufgabe 8

Errechnen Sie das operative Periodenergebnis (operativer Gewinn oder Verlust) auf der Basis des Gesamtkosten- und Umsatzkostenverfahrens. Dabei ist das Verursachungsprinzip zu beachten: den Leistungen dürfen nur die Kosten zugerechnet werden, die sie verursacht haben.

Aufgabe 9

Vergleichen Sie Ergebnisse der verschiedenen Werkzeuge zur Erfolgsmessung in einer gemeinsamen Übersicht.

Lösungen und Kommentierungen

Aufgabe 1 und 2

	Beschaffungsbereich		Produktionsbereich		Absatzbereich		Verwaltungsbereich	
	Auszahlungen	Einzahlungen	Produktions-input	Produktions-output	Absatz-input	Einzahlungen	Vw-Input	Vw-Output
Rohstoffe	742.400,00							
Maschinen	232.000,00							
Anzahlung	5.800,00							
Bankkredit		97.000,00						
Aktien						15.000,00		
Arbeitszeit Ar	70.000,00							
Arbeitszeit An	34.000,00							
Pkw	34.800,00							
Treibstoff	362,50							
Produkt A						556.800,00		
Summen	1.119.362,50	97.000,00	0,00	0,00	0,00	571.800,00	0,00	0,00

Geldbestandsrechnung:	
Bank 1.1.	1.000.000,00
Summe Einzahlungen	668.800,00
Summe Auszahlungen	1.119.362,50
Bank 31.1.	549.437,50

Zahlungsüberschussrechnung

Auszahlungen		Einzahlungen	
Rohstoffe	742.400,00	Produkt A	556.800,00
Maschinen	232.000,00	Aktien	15.000,00
Anzahlung	5.800,00	Bank	97.000,00
Arbeitszeit Ar	70.000,00	Überschuss	450.562,50
Arbeitszeit An	34.000,00		
Pkw	34.800,00		
Treibstoff	362,50		
	1.119.362,50		1.119.362,50

Abbildung 3.5: Primäre und funktionale Einzahlungs-und Auszahlungsrechnung

Aufgabe 3 und 4

	Beschaffungsbereich		**Produktionsbereich**		**Absatzbereich**		**Verwaltungsbereich**	
	Ausgaben (Aufwand)	Einnahmen	Produktions-input Aufwand	Produktions-output Ertrag	Absatzinput Aufwand	Absatzoutput Ertrag	Vw-Input	Vw-Output
Rohstoffe	742.400,00		512.000,00					
Maschinen	290.000,00		5.208,33					
Anzahlung	5.800,00							
Bankkredit		97.000,00					550,00	
Aktien					16.000,00	15.000,00		
Arbeitszeit Ar	115.000,00		100.625,00		14.375,00			
Arbeitszeit An	56.000,00				14.000,00		42.000,00	
Pkw	34.800,00						500,00	
Treibstoff	362,50						312,50	
Strom	130,00		97,50		13,00		19,50	
Pacht			1.200,00		400,00		400,00	
Produkt A				612.625,00	510.520,83	600.000,00		
Summen	1.244.492,50	97.000,00	619.130,83	612.625,00	555.308,83	615.000,00	43.782,00	0,00
Summe Aufwendungen	1.218.221,66							
Summe Erträge	1.227.625,00							
Gewinn vor Steuern	9.403,34							
Steuern	3.761,33							
Jahresüberschuss	**5.642,00**							

Abbildung 3.6: Primäre und funktionale Aufwands- und Ertragsrechnung

Aufgabe 4

Berechnet man für das obige Zahlenbeispiel den Erfolg nach handelsrechtlichen Rechnungslegungsvorschriften, zeigt sich bei Anwendung des Gesamtkostenverfahrens Folgendes[2]:

Aufwendungen	Gewinn- und	Verlustrechnung GKV	Erträge
Rohstoffe	512.000,00	Umsatzerlöse Produkt A	600.000,00
AfA Maschinen	5.208,33	Bestandserhöhung Produkt A	612.625,00
Arbeitszeit Arb.	115.000,00	Aktienverkauf	15.000,00
Arbeitszeit Ang.	56.000,00		
AfA Pkw	500,00		
Treibstoff	312,50		
Strom	130,00		
Bestandsminderung Produkt A	510.520,83		
Zinsen	550,00		
Aktienabgang	16.000,00		
Pacht	2.000,00		
Steuern	3.761,33		
Jahresüberschuss	**5.642,00**		
Summe	1.227.625,00	Summe	1.227.625,00

Bei Anwendung des Umsatzkostenverfahrens errechnet sich das Periodenergebnis auf folgende Weise:

Aufwendungen	Gewinn- und	Verlustrechnung UKV	Erträge
Herstellungskosten	510.520,83	Umsatzerlöse Produkt A	600.000,00
Vertriebskosten	28.788,00	Aktienverkauf	15.000,00
Verwaltungskosten	43.782,00		
sonstigen betr. Aufwendungen[3]	6.505,83		
Aktienabgang	16.000,00		
Steuern	3.761,33		
Jahresüberschuss	**5.642,00**		
Summe	615.000,00	Summe	615.000,00

2 Der Stromaufwand für den Beschaffungsbereich wurde aus darstellungstechnischen Gründen dem Produktionsbereich zugeordnet. Ob man die Jahrespacht mangels Teilbarkeit der Leistung handelsrechtlich auf Monate aufteilen kann, ist zweifelhaft. Hier wurde die Aufteilung vorgenommen; es wurde aber auf eine anteilige Umlage auf die Funktionsbereiche verzichtet.

3 Der Betrag errechnet sich aus der Summe der Maschinenabschreibung 5.208,33 €, Stromkosten 97,50 € und den Pachtzinsen in Höhe von 1.200,00 €.

Aufgabe 5

Vergleicht man die zahlungsabhängige Erfolgsmessung mit der handelsrechtlichen Gewinnermittlung, so scheinen die Defizite einer Erfolgsrechnung auf rein zahlungsmäßiger Basis weitgehend vermieden zu werden. Gegenüber der rein zahlungsmäßigen Abbildung des Erfolges ergeben sich insbesondere folgende Verbesserungen bzw. Korrekturen:

- Anders als bei der Zahlungsrechnung wird zutreffend beachtet, dass sowohl im Anlagen- als auch im Rohstoffbereich noch (Nutzungs-) Vorräte vorhanden sind; da die bezahlten Maschinen nicht sofort als Aufwand angesetzt werden dürfen, wird der Auszahlungsüberschuss um 200.000,00 € vermindert; abgeschrieben werden aber fünf Maschinen, der Gewinn ist insoweit also um 5 · 1.041,666 € = 5.208,33 € niedriger als der Auszahlungsüberschuss.
- Der bereits vollständig bezahlte Pkw hat nach linearer monatsanteiliger Abschreibung noch einen wertmäßigen Nutzungsvorrat von 29.500,00 €; um diesen Betrag vermindert sich der Auszahlungsüberschuss.
- Da nicht alle bereits bezahlten Rohstoffe in der Abrechnungsperiode in der Fertigung verbraucht wurden, vermindert sich der Auszahlungsüberschuss um 128.000,00 €.
- Anzahlungen für eigene Anlagen werden nicht erfolgsmindernd verrechnet; der Auszahlungsüberschuss vermindert sich um 5.000,00 €.
- Die Auszahlung des Kredites wird nicht als Erfolg gerechnet; der Betrag erhöht daher den Auszahlungsüberschuss um 97.000,00 €.
- Der Wertpapierverkauf wird mit dem Wert der verkauften Wertpapiere verrechnet; dadurch erhöht sich der Auszahlungsüberschuss um 16.000,00 €.
- Die Aktivierung der Fertigerzeugnisse zu Herstellungskosten in einer Höhe von 612.625,00 € wirkt sich als innerbetrieblicher Vorgang liquiditätsmäßig nicht aus; der Ertrag steigt aber um 612.625,00 €, der Auszahlungsüberschuss vermindert sich um diese Wertschöpfung.
- Der Abgang der verkauften Fertigerzeugnisse zu Herstellungskosten in Höhe von 510.520,83 € wirkt sich liquiditätsmäßig nicht aus; der Aufwand steigt aber um 510.520,83 €, der Auszahlungsüberschuss erhöht sich um diesen Betrag.
- Die liquiditätsmäßigen Wirkungen der Umsatzsteuer werden zutreffend nicht in die Erfolgsberechnung einbezogen; dadurch vermindert sich der Auszahlungsüberschuss um 63.250,00 € (Summe Umsatzsteuer auf Einzahlungen 76.800,00 € – Summe Vorsteuern auf Auszahlungen 140.050,00 € = 63.250,00 €).
- Die Zielverkäufe an Kunden werden als Ertrag erfasst; dadurch vermindert sich der Auszahlungsüberschuss um 120.000,00 €.
- Die für Arbeitnehmer erst in der Folgeperiode abzuführenden Steuern und Sozialabgaben werden bereits in der laufenden Periode als Aufwand verrechnet, da sie durch

die laufenden Arbeitsleistungen verursacht werden; der Auszahlungsüberschuss erhöht sich um 67.000,00 €.

- Der Stromverbrauch (130,00 €), die zeitanteilige Zinslast (500,00 €), der im Disagio enthaltene Anteil der Zinsvorauszahlung (50,00 €) sowie die anteilige Pacht (2.000,00 €) werden als Aufwand verrechnet; der Auszahlungsüberschuss erhöht sich um diese Beträge.
- Vom Gewinn vor Steuern ist eine Rückstellung für Gewinnsteuern in Höhe von 40 % zu bilden; um diesen Betrag ist der Gewinn niedriger als der korrigierte Auszahlungsüberschuss.

Die Entwicklung des Auszahlungsüberschusses zum Jahresüberschuss zeigt zusammengefasst nochmals nachfolgende Überleitungsrechnung:

Auszahlungsüberschuss	**-450.562,50**
Maschinenkauf	200.000,00
AfA Maschinen	-5.208,33
Pkw-Kauf	30.000,00
AfA Pkw	-500,00
Rohstoffkauf	128.000,00
Anzahlungen	5.000,00
Bank	-97.000,00
Wertpapierverkauf	-16.000,00
Bestandserhöhung Produkt A	612.625,00
Bestandsminderung Produkt A	-510.520,83
USt	63.250,00
Zielverkäufe Produkte	120.000,00
Verbindl. für Sozialabg. u. Steuern	-67.000,00
Rückstellung für Stromverbrauch	-130,00
Rückstellung für Zinsschulden	-500,00
Auflösung ARAP	-50,00
Rückstellung für Pachtschulden	-2.000,00
Gewinn vor Steuern	9.403,34
gewinnabhängige Steuern	3.761,34
Jahresüberschuss	**5.642,00**

Bei reiner Zahlungsorientierung werden die Aktivitäten des Unternehmens in der gleichen Abrechnungsperiode negativ (-450.562,50 €), bei wertorientierter Erfolgsermittlung positiv (5.642,00 €) dargestellt. Diese Unterschiede gelten nicht nur bei einperiodischer, sondern auch bei mehrperiodischer Betrachtung.

Hauptursache für Unterschiede zwischen einer rein zahlungsorientierten und einer auf Bewertungen basierenden Erfolgsermittlung ist, dass Nutzungsvorräte und

Ansprüche aus Zahlungen vor der Leistung in einer rein zahlungsorientierten Rechnung den Erfolg unmittelbar nicht beeinflussen, die Nutzungsvorräte oder Zahlungsansprüche damit als wertlos angesehen werden. Wenn jemand auf Lager produziert und nichts verkauft, bewirkt die gesamte Produktion in Höhe der dadurch verursachten Aufwendungen zugleich einen Verlustbeitrag. In Übergangsformen von zahlungs- und wertorientierten Erfolgsermittlungen, z. B. der steuerlichen Einnahmen-Überschussrechnung nach § 4 Abs. 3 EStG, werden diese Wirkungen zum Teil, aber nicht vollständig vermieden.

Zusammenfassend kann festgehalten werden:

Obwohl die Finanzbuchführung die Erfolgsverwirklichung präziser darstellt als die zahlungsorientierte Rechnung, weist sie ebenfalls eine Vielzahl von Abbildungsschwächen auf, die sich auch auf die Qualität der Erfolgsmessung auswirken.

Wie oben dargelegt, sind dafür im Wesentlichen drei Gruppen von Ursachen maßgebend:

1. Einschränkungen der Abbildungsgenauigkeit durch gesetzliche Verbote oder Wahlrechte.
2. Einschränkungen der Abbildungsgenauigkeit durch eine mehr an steuerlichen Anforderungen und weniger an Abbildungstreue orientierten und auch tolerierten jahrelangen „Kaufmannspraxis".
3. Wenn man von speziellen Anforderungen bei der Aufstellung einer Gewinn- und Verlustrechnung nach dem Umsatzkostenverfahren absieht, werden die Daten in der Finanzbuchführung nicht in der Weise aufbereitet (sortiert), wie sie für viele betriebliche Alltagsentscheidungen benötigt werden. Zudem wird eine Vielzahl von wertbeeinflussenden Geschäftsvorfällen generell nicht abgebildet.

Aufgabe 6

Die Erfassung der Kosten und Wertschöpfungen auf wertmäßiger und pagatorischer Basis in den betrieblichen Funktionsbereichen **Produktion, Absatz** und **Verwaltung** zeigen die nachfolgenden Abbildungen. Dabei wurde auf die Darstellung innerbetrieblicher Leistungen im engeren Sinne verzichtet. Innerbetriebliche Leistungen, z. B. Transport-, Heizungs- oder EDV-Leistungen wären in den Input-Spalten „Sekundärkosten" zu erfassen. Der Verbrauch innerbetrieblicher Leistungen ist grundsätzlich in allen Funktionsbereichen vorstellbar. Ein Verbrauch von durch eigene Heizung erzeugter Wärme ist z. B. in der Produktion und im Absatzbereich ebenso realistisch wie in der Verwaltung.

Die Darstellung vereinfacht sich zusätzlich dadurch, dass keine unfertigen Produkte (= Erzeugnisse i. S. d. Finanzbuchführung) zu berücksichtigen sind. Weiterhin gilt, dass die nicht verkauften Fertigprodukte nicht nur produktionsfertig, sondern bereits absatzfertig sind. Anders als in der Finanzbuchführung sind die Lagerbestände daher nicht zu Herstellungskosten, sondern zu den Selbstkosten absatzfertiger Produkte zu bewerten. Dabei gilt zunächst, dass alle 12.000 Stck. in der Abrechnungsperiode produzierten Produkte vom Typ A die gleichen Kosten verursacht haben. Zusätzlich wird unterstellt, dass **alle Kosten** nicht entstanden wären, wenn die Produkte nicht produziert worden wären. Alle Kosten sind also zugleich produktveränderliche bzw. **produktvariable** Kosten.

Die Selbstkosten absatzfertiger Produkte und die Umsatzkosten der verkauften Produkte werden auf pagatorischer und auf wertmäßiger Basis berechnet.
Auf **wertmäßiger** Basis errechnen sich folgende Selbstkosten:

	12.000 Stck.	**10.000 Stck.**	**2.000 Stck.**
Herstellkosten	653.980,89	544.984,07	108.996,81
Verwaltungskosten	51.470,79	42.892,33	8.578,47
Vertriebskosten	15.116,50	12.597,08	2.519,42
Gesamtkosten Produktion	**720.568,18**		
Umsatzkosten verkaufter Produkte		**600.473,48**	
Selbstkosten absatzfertiger Lagerprodukte			**120.094,70**

	Produktionsbereich						
	Produktionsinput: Primärkosten				Produktionsinput: Sekundärkosten	Produktionsoutput: Produktionsleistung	
	Grundkosten	Anderskosten		Zusatzkosten		pagatorische Herstellkosten	wertmäßige Herstellkosten
		verrechnungsv.	wertversch.				
Rohstoffe	512.000,00		16.000,00			512.000,00	528.000,00
Maschinen	5.208,33	1.736,11	694,44			6.944,44	7.638,88
Anzahlung						0,00	0,00
Bankkredit						0,00	0,00
Aktien						0,00	0,00
Arbeitszeit Ar	100.625,00		2.012,50			100.625,00	102.637,50
Arbeitszeit An	14.000,00		280,00			14.000,00	14.280,00
Pkw						0,00	0,00
Treibstoff						0,00	0,00
Strom	97,50		7,00			97,50	104,50
Pacht	1.200,00		120,00			1.200,00	1.320,00
Zinsen Eigenkapital							
Produkt A						0,00	0,00
Summen	**633.130,83**	**1.736,11**	**19.113,94**	**0,00**	**0,00**	**634.866,94**	**653.980,88**

Abbildung 3.7: Pagatorischer und wertmäßiger Wertschöpfungsprozess im Produktionsbereich

	Absatzbereich							
	Absatzinput: Primärkosten				Absatzinput: Sekundärkosten		Absatzoutput: Absatzleistung	
	Grundkosten	Anderskosten		Zusatzkosten	pagatorisch	wertmäßig	pagatorisch	wertmäßig
		verrechnungsv.	wertversch.					
Rohstoffe								
Maschinen								
Anzahlung								
Bankkredit								
Aktien								
Arbeitszeit Ar	14.375,00		287,50		14.375,00	14.662,50		
Arbeitszeit An								
Pkw								
Treibstoff								
Strom	13,00	1,00			14,00	14,00		
Pacht	400,00		40,00		400,00	440,00		
Zinsen Eigenkapital								
Produkt A					544.984,07	600.473,48	600.000,00	
Summen primär	**14.788,00**	**1,00**	**327,50**	**14.789,00**	**15.116,50**			
Summen sekundär					**544.984,07**	**600.473,48**	**600.000,00**	

Abbildung 3.8: Pagatorischer und wertmäßiger Wertschöpfungsprozess im Absatzbereich

	Absatzbereich							
	Absatzinput: Primärkosten				Absatzinput: Sekundärkosten		Absatzoutput: Absatzleistung	
	Grundkosten	Anderskosten		Zusatzkosten	pagatorisch	wertmäßig	pagatorisch	wertmäßig
		verrechnungsv.	wertversch.					
Rohstoffe								
Maschinen								
Anzahlung								
Bankkredit	550,00		-83,33				550,00	
Aktien								
Arbeitszeit Ar								
Arbeitszeit An	42.000,00		840,00				42.000,00	
Pkw	500,00	125,00	83,33				625,00	
Treibstoff	312,50		15,63				312,50	
Strom	19,50		1,50				19,50	
Pacht	400,00		40,00				400,00	
Zinsen Eigenkapital				6.666,67				
Produkt A								51.470,79
Summen	43.782,00	125,00	897,13	6.666,67	0,00	0,00	43.907,00	51.470,79

Abbildung 3.9: Pagatorischer und wertmäßiger Wertschöpfungsprozess im Verwaltungsbereich

Aufgabe 7

Auf wertmäßiger Basis ergibt sich folgende Abstimmrechnung zwischen Kosten- und Leistungsrechung und Finanzbuchführung:

	Summe Umsatzerlöse	600.000,00
	Summe Umsatzkosten wertmäßig	- 600.473,48
	Summe Vertriebskosten wertmäßig	0,00
	Summe Verwaltungskosten wertmäßig	0,00
=	**operativer Verlust KLR**	**- 473,48**
+	Summe kalk. Kosten	28.867,35
=	Betriebsgewinn Fibu	**28.393,87**
+	neutrale Erträge	15.000.00
–	neutrale Aufwendungen	- 16.000,00
+	Bestandserhöhung Fibu	612.625,00
–	Bestandsminderung Fibu	- 510.520,83
–	Bestandserhöhung KLR	- 720.568,18
+	Bestandsminderung KLR	600.473,48
=	**Gewinn Fibu vor Steuern**	**9.403,34**
–	Steuer	3.761,34
=	**endgültiger Jahresüberschuss**	**5.642,00**

Aufgabe 8

Die Berechnung des **operativen Ergebnisses** nach dem Umsatzkostenverfahren auf wertmäßiger Basis stellt sich wie folgt dar:

Kosten	Operatives	Ergebnis UKV	Leistungen
Umsatzkosten Produkt A	600.473,48	Umsatzerlöse Produkt A	600.000,00
		Operativer Verlust	**473,48**
Summe	600.473,48	Summe	600.473,48

Die Berechnung des **operativen Ergebnisses** nach dem Gesamtkostenverfahren auf wertmäßiger Basis stellt sich wie folgt dar:

Kosten	Operatives Ergebnis GKV		Leistungen
Rohstoffe	528.000,00	Umsatzerlöse Produkt A	600.000,00
AfA Maschinen	7.638,89	Bestandserhöhung Pr. A	720.568,18
Arbeitszeit Arb.	117.300,00	Operativer Verlust	**473,48**
Arbeitszeit Ang.	57.120,00		
AfA Pkw	708,33		
Treibstoff	328,13		
Strom	139,50		
Bestandsminderung Pr. A	600.473,48		
Zinsen	7.133,33		
Pacht	2.200,00		
Summe	**1.321.041,66**	Summe	**1.321.041,66**

Bei pagatorischer Berechnung errechnet sich ein operativer Betriebsgewinn von 22.030,88 €. Der handelsrechtliche Jahresüberschuss bleibt selbstverständlich unverändert.

Nachzutragen ist das handelsrechtliche Ergebnis bei Bewertung zu Herstellungskosten in Höhe der Bewertungsobergrenze gemäß § 255 Abs. 2 und 3 HGB.

Für die nicht verkauften Fertigerzeugnisse wären dann nicht 51,05 €/Stck. sondern 55,20 €/Stck.. Die Herstellungskosten-Obergrenze errechnet sich wie folgt:

Rohstoffaufwand	512.000,00
Maschinenabschreibung	5.208,33
Lohnaufwand Arbeitnehmer	100.625,00
Gehaltsaufwand Angestellte	42.000,00
Pkw-Abschreibung	500,00
Treibstoffaufwand	312,50
Stromaufwand	117,00
Pachtaufwand	1.600,00
Summe Herstellungskosten	662.362,83
pro Stck. Produkt A	55,20
Bestandserhöhung für den gesamten Lagerbestand	110.393,81

Daraus errechnet sich ein Jahresüberschuss von **10.615,78 €**. Der Ertrag ist um (662.362,83 € - 551.969,03 €) - (612.625,00 € - 510.520,83 €) = 110.393,80 € - 102.104,17 € = 8.289,63 € höher.

8.289,63 € = Jahresüberschuss vor Steuern Obergrenze – Jahresüberschuss vor Steuern Untergrenze

= 17.692,98 € - 9.403,34 €

= **8.289,64 €**.

Die Steuern betragen bei der Bewertung zur Obergrenze 7.077,19 €, bei der Bewertung zur Untergrenze 3.761,33 €.

Die Mehrsteuern bei der Bewertung zur Obergrenze in Höhe von 7.077,19 € - 3.761,33 € = 3.315,86 € entsprechen genau 40 % der Wertschöpfung durch die höhere Bestandsbewertung in Höhe von 8.289,64 €.

Aufgabe 9

Aus den bisherigen Berechnungen lässt sich folgende Ergebnisübersicht darstellen, die z. B. Teil eines Controlling-Leitstandes sein könnte:

	Überschussrechnung	Fibu	KLR
Einzahlungsüberschuss	**- 450.562,50**		
Finanzbuchführung:			
Jahresüberschuss vor gewinnabhängigen Steuern			
Herstellungskosten UG		**9.403,34**	
Herstellungskosten OG		**17.692,98**	
KLR:			
Gewinn wertmäßig			**- 473,78**
Gewinn pagatorisch			**22.030,88**

Abbildung 3.10: Ergebnistabelle für die operative Erfolgsmessung

An sich wäre zu erwarten, dass das pagatorische Ergebnis um 27.005,24 € – also um die Summe aus wertverschiedenen Anderskosten (20.338,57 €) und Zusatzkosten (6.666,67 €) – höher als das wertmäßige Ergebnis sein müsste. Dabei ist aber zu beachten, dass die Wertschöpfung im Bereich der Lagerbestände im Vergleich zum Ansatz mit wertmäßigen Kosten um 4.500,57 € niedriger ausfällt.

Die Gewinnsteigerung errechnet sich damit nur mit 27.005,24 € - 473,78 € - 4.500,57 € = 22.030,88 €.

Der wertmäßige Verlust gibt Auskunft darüber, dass die gesamten kurzfristig zu erwartenden Preissteigerungen und die gewünschten Verzinsung durch die Umsatzerlöse nicht vollständig gedeckt werden. Ein geringer Betrag von 473,78 € bleibt ungedeckt.

Das pagatorische Ergebnis liegt über dem Ergebnis der Finanzbuchführung bei Ansatz der Wertobergrenze für die nicht verkauften Erzeugnisse. Die Entstehung der Differenz in Höhe von 22.030,88 € - 17.692,97 € = 4.337,91 € erklärt sich wie folgt

	pagatorischer Gewinn	22.030,88
	Jahresüberschuss OG vor Steuern	17.692,97
	Mehrgewinn pagatorisch	4.337,91
	Bestandsdifferenz (erwarteter Mehrgewinn)	5.200,02
	fehlender Mehrgewinn pagatorisch	- 862,11
	Aktienverlust	- 1.000,00
	gesamter fehlender Mehrgewinn pagatorisch	- 1.862,11
+	verrechnungsverschiedene Anderskosten Maschinen	1.736,11
+	verrechnungsverschiedene Anderskosten Pkw	125,00
+	verrechnungsverschiedene Anderskosten Strom	1,00
		0,00

Zusammenfassend lässt sich Folgendes sagen:

Selbst unter den vereinfachenden Annahmen dieses Zahlenbeispieles eines Ein-Produkt-Betriebes sind die rechnerischen Zusammenhänge bereits relativ komplex. Dies lässt erahnen, welche Probleme in der Praxis in Unternehmen mit mehreren tausend Produkten und Produktvarianten zu lösen sind. Rechnerisch ließen sich die Selbstkosten eines einzelnen Produktes vom Typ A sehr einfach durch Division der gesamten wertmäßigen oder pagatorischen Primärkosten der Periode durch die produzierte Stückzahl bestimmen. Dabei errechnen sich pagatorisch 693.562,94 € / 12.000 Stck. = **57,80 €/Stck.** und wertmäßig 720.568,18 € / 12.000 Stck. = **60,05 €/Stck.**, jeweils gerundet. Verglichen mit dem Preis/Stck. von 60,00 €/Stck. würde man aus wertmäßiger Sicht pro Stck. 0,05 € verlieren, die Produktion wäre einzustellen, wenn sich keine nachhaltige Verbesserung der Situation ergeben würde. Diese Folgerung hat bereits der Ausweis eines wertmäßigen Verlustes für die Abrechnungsperiode anklingen lassen.

Welche Maßnahmen könnten zur Verbesserung der Erfolgssituation ergriffen werden?

- Auf der Absatzseite könnte versucht werden, einen höheren Preis durchzusetzen. Den Absatz zu erhöhen, wäre bei Vollauslastung nur möglich, wenn zusätzliche Kapazitäten geschaffen würden. Diese Fragen wären grundsätzlich nicht durch operative, sondern durch strategische Überlegungen zu klären. Aufgrund der gegebenen Preis-Kosten-Situation scheint aber eine Ausdehnung des Absatzes – entsprechende Nachfrage vorausgesetzt – zunächst weniger nahe liegend.
- Es könnte auch überlegt werden, ob man als operativen Erfolgsmaßstab keine wertmäßigen, sondern nur die pagatorischen Kosten zugrunde legt. Dann wäre das Unternehmen „erfolgreich", da es einen Stückgewinn von 2,20 €/Stck. realisiert. Dieser Stückgewinn wäre allerdings ein „Scheingewinn", da er außer Acht lässt, dass die Wiederbeschaffung der bei der laufenden Produktion verbrauchten Produktionsfaktoren nicht mehr zu den derzeit von den Kunden vergüteten Anschaffungskosten

möglich ist. Weiterhin wäre unklar, welcher Anteil des Stückgewinns Scheingewinn in diesem Sinne und welcher Anteil noch als vergütete gewünschte Mindestverzinsung des eingesetzten Kapitals anzusehen ist. Dabei wäre zusätzlich zu beachten, dass der Preis nur mit den Kosten/Stck. verglichen werden dürfte, die von dem Produkt **verursacht** worden sind. Zwar müssen von Kunden über die Preise die gesamten Kosten gedeckt werden und zwar unabhängig davon, ob sie von den Produkten unmittelbar verursacht worden sind oder nicht, für eine preispolitische Beurteilung von Produkten dürfen den Preisen, aber nur die verursachten Produktkosten gegenübergestellt werden.

- Ein wesentlich wichtigerer Schritt in die richtige Richtung könnte aber die Beantwortung der Frage sein, ob die 60,05 €/Stck. zugleich die minimalen Kosten/Stck. sind. Wären noch Möglichkeiten zur Kostensenkung vorhanden, könnte auch bei gegebenem Preisniveau eine Weiterproduktion sinnvoll sein. Um eine effektive Überprüfung der Höhe der **STÜCKKOSTEN** → GLOSSAR verwirklichen zu können, müssten aber folgende weitere Voraussetzungen erfüllt werden:

  1. Zunächst müsste eine genaue Abgrenzung der betrieblichen Leistungsarten erfolgen. Fehler bei der Abgrenzung von Leistungsarten hätten unweigerlich Fehler bei der verursachungsgerechten Kostenzurechnung zur Folge. Organisatorisches Hilfsmittel für eine eindeutige Abgrenzung der Leistungsarten ist eine **LEISTUNGSARTENRECHNUNG** → GLOSSAR. Die Leistungsartenrechnung hätte auch zu klären, welcher Leistungsbegriff zur Anwendung kommt, ob z. B. der pagatorische oder der wertmäßige Leistungsbegriff anzuwenden ist.
  2. Weiterhin müssten sämtliche Primärkostenarten, die von den Leistungen unmittelbar oder von der Aufrechterhaltung der Betriebsbereitschaft für die Leistungserstellung verursacht werden, erfasst und zweckentsprechend gegliedert werden. Die organisatorische Einrichtung zur Primärkostenerfassung und Gliederung der Primärkostenarten bezeichnet man als **Kostenartenrechnung**. Die Kostenartenrechnung hätte auch zu klären, welcher Kostenbegriff zur Anwendung kommt, ob z. B. der pagatorische oder der wertmäßige Kostenbegriff anzuwenden ist. Für die Minimalkostenberechnung kommt wie oben dargelegt nur der pagatorische Kostenbegriff (unter Anwendung von Verrechnungspreisen) in Betracht.
  3. Die Kostenartenrechnung hätte aber die Primärkostenarten auch danach zu gliedern, ob sie von Leistungen verursacht worden sind oder nicht.
  4. Um den Problemen möglicher Unwirtschaftlichkeiten auf den Grund zu gehen, muss das Produktionsgeschehen „vor Ort" überprüft werden. Trotz des Vormarsches prozessorientierter Betrachtungsweisen hat die traditionelle **funktionale** Gliederung des Betriebsgeschehens in Beschaffungs-, Produktions-, Absatz- und Verwaltungsbereiches ihre Bedeutung beibehalten. Unterstützt wird dieser Trend durch das weltweit geltende Umsatzkostenverfah-

ren, das auch innerhalb der Finanzbuchführung eine funktionale Aufwandsgliederung erfordert, deren Daten zum Teil durch eine funktional organisierte KLR generiert werden müssen. Das traditionelle Werkzeug für die funktionale Abbildung des Betriebsgeschehens ist die **Kostenstellenrechnung**. Um den Kostenverursachern und damit auch möglichen Kosteneinsparungspotenzialen auf die Spur zu kommen, müssen innerhalb der mehr räumlich orientierten funktionalen Kostenstellengliederung die **Aktivitäten** der handelnden Personen oder der an ihre Stelle tretenden Roboter innerhalb den Kostenstellen aufgedeckt, untersucht und überwacht werden. Ergänzt werden solche Aktivitätsanalysen durch die Überwachung und Kontrolle (kostenstellenübergreifender) **Prozesse**. Die mehr funktional orientierte Kostenstellenrechnung der traditionellen KLR ist auf diese Weise durch eine inputorientierte **Prozesskostenrechnung** zu ergänzen.

5. Um den innerbetrieblichen Wertschöpfungsprozess weitgehend vollständig abzubilden, muss auch die innerbetriebliche Erzeugung von Dienstleistungen und Nutzungen und der innerbetriebliche Verbrauch solcher Innenleistungen abgebildet werden. Die Kostenstellenrechnung ist also durch eine **INNERBETRIEBLICHE LEISTUNGSVERRECHNUNG** → GLOSSAR zu ergänzen.
6. Bei einer Vielzahl von erzeugten Produkten (Leistungen) ist die Berechnung der Selbstkosten/Stck. nicht in der einfachen oben gezeigten Weise möglich. Hinzu kommt, dass eine reine Division der gesamten Kosten einer Abrechnungsperiode durch die in der Periode produzierte Stückzahl den Umstand vernachlässigt, dass eine Reihe von Primärkosten nicht durch die Produkte, sondern durch Aufrechterhaltung der Betriebsbereitschaft verursacht werden. Um somit den am Absatzmarkt realisierbaren Preisen nur die verursachten **STÜCKKOSTEN** → GLOSSAR gegenüberzustellen, muss ein Werkzeug zur Berechnung der verursachungsgerechten Herstell- bzw. Selbstkosten pro Stück bzw. Leistungseinheit eingerichtet werden. Dieses Werkzeug wird traditionell als **Kalkulation** bezeichnet. Die ebenfalls übliche Bezeichnung „**Kostenträgerstückrechnung**" ist – obwohl weit verbreitet – dann irreführend, wenn den mengenmäßigen Leistungen nur die Kosten zugerechnet werden, die sie verursacht haben. Dann müsste die Rechnung zutreffend „**Kostenverursacherstückrechnung**" heißen. Ist die Bezeichnung „Kostenträgerstückrechnung" hingegen ernst gemeint, wird zum Ausdruck gebracht, dass den Leistungen nur Kosten zugerechnet werden, die sie „ertragen" können. Ob sie die Kosten auch verursacht haben, steht hingegen nicht im Vordergrund.

Sowohl für die periodenbezogene oder leistungsbezogene Erfolgsmessung als auch für die Wirtschaftlichkeitskontrolle dürfen also den Leistungen nur die Kosten zugerechnet werden, die sie verursacht haben. Ehe daher also auf die organisatorischen Probleme der Einrichtung und Durchführung einer KLR eingegangen wird, ist zunächst der Frage nachzugehen, wie Primärkosten unter Beachtung des Verursachungsprinzips zu gliedern und zu erfassen sind.

4 Ableitung von besonderen Kostenbegriffen für die Kostenverrechnung

4.1 Gliederung von primären und sekundären Kostenarten nach dem kausalen oder finalen Verursachungsprinzip

Aus der allgemeinen Kostendefinition wird bereits deutlich, dass Kosten nur dann entstehen, wenn Leistungen erzeugt werden. Kosten werden also durch Leistungen verursacht. In einer weitergefassten Definition werden Kosten darüber hinaus auch durch die Aufrechterhaltung der Betriebsbereitschaft verursacht. Leistungen in diesem Sinne können die gesamten Leistungen einer Abrechnungsperiode oder einzelne Leistungen, z. B. einzelne Produkte sein. Für die Zurechnung von Kosten auf Einzelleistungen oder auf Periodenleistungen ist also das **KOSTENVERURSACHUNGSPRINZIP** → GLOSSAR zu beachten, das entweder kausal oder final interpretiert werden kann. Das **kausale** Kostenverursachungsprinzip besagt als **Ursache-Wirkungs-Beziehung**, dass der Faktorverbrauch und die Faktorumformung ursächlich für das Produktionsergebnis sind. Nach dem **finalen** Kostenverursachungsprinzip verstanden als **Mittel-Zweck-Beziehung** ist hingegen das erzielte Produktionsergebnis ursächlich für den Faktorverbrauch und die Faktorumformung.

Stellt man auf die Abgrenzung des für die Erstellung des Produktionsergebnisses erforderlichen Faktorverbrauchs ab, so müssten bei streng funktionalem Zusammenhang beide Aussagen zur gleichen zahlenmäßigen Abbildung des betrieblichen Geschehens führen.

Die Diskussion in der Literatur zeigt allerdings, dass die Ansicht vorherrscht, kausale und finale Interpretationen des durch die Erstellung des Produktionsprozesses verursachten Werteverzehrs führten zu unterschiedlichen Kostenzurechnungen auf die Leistungen [vgl. z. B. SCHERRER, 1999, S. 189].

So werden bei kausaler Interpretation entsprechend dem nach KOSIOL so bezeichneten Kosteneinwirkungsprinzip [vgl. KOSIOL, 1979, S. 21] alle Werteverzehre als Kosten erfasst, ohne die das Produktionsergebnis nicht zustande käme. Mit Hilfe des Kosteneinwirkungsprinzips soll vor allem auch der zwangsläufige – nur mittelbar produktionsbedingte – Werteverzehr, z. B. betriebliche Steuerzahlungen, Diebstähle oder Schadensfälle, als Kosten erfasst werden. Dieser Auffassung wird hier nicht gefolgt. Schäden sind zwar Aufwendungen, aber keine Kosten. Im Ergebnis hängt aber die Abgrenzung der ursächlich zu erfassenden und zu verrechnenden Primärkosten von der genauen Definition bzw. Abgrenzung der Leistung ab. Verursachende Leistungen in diesem Sinne können – wie schon dargelegt – z. B. „eine Produkteinheit“, „eine Gruppe von

Produkteinheiten" oder „alle Produkteinheiten der betrachteten Abrechnungsperiode" sein.

Dies gilt auch für die finale Interpretation des Verursachungsprinzips, die allerdings in der Literatur nicht einheitlich vorgenommen wird. So gibt es Autoren, die bei finaler Betrachtung die Verrechnung von Kapazitätskosten ablehnen [vgl. z. B. FREIDANK, 1991, S. 192], andere begründen hingegen die Notwendigkeit einer Verrechnung von Kapazitätskosten mit dem finalen Verursachungsprinzip [vgl. z. B. MÄNNEL, 1978, S. 25 f.].

Legt man z. B. als Produktionsergebnis eine Produkteinheit zugrunde, so dürften nach streng finalem Verursachungsdenken dem einzelnen Produkt nur die Kosten zugerechnet werden, die durch das einzelne Produkt, nicht aber durch die insgesamt produzierte Produktgruppe, deren Bestandteil das einzelne Produkt bildet, verursacht werden. Auf diese Weise wäre nicht nur zu prüfen, ob kurzfristig unveränderliche Kapazitätskosten und zwangsläufige mittelbare Werteverzehre, sondern auch, ob unmittelbar produktionsbedingte, aber nicht einzelverursachte Werteverzehre, als Produktkosten erfasst und verrechnet werden dürfen.

Diese strenge Interpretation läuft auf das von RIEBEL für die Kostenverrechnung geforderte **Identitätsprinzip** [vgl. RIEBEL, 1982, S. 75] bzw. auf das **Marginalprinzip** hinaus. Nach dem von HUMMEL/MÄNNEL eingeführten Marginalprinzip dürfen einer einzelnen Produkteinheit nur jene Kosten zugerechnet werden, die durch deren Herstellung (durch ihren Absatz) zusätzlich ausgelöst werden bzw. bei Verzicht auf deren Herstellung und/oder Absatz nicht angefallen wären [vgl. MÄNNEL, 1978, S. 26].

Zusammenfassend kann festgehalten werden: Um die Erfüllung der zentralen Aufgaben einer KLR nicht zu gefährden, dürfen den Leistungen folglich nur die Kosten zugerechnet werden, die sie verursacht haben. Bei einer vom Verursachungsdenken bzw. vom **Verursachungsprinzip** bestimmten Grenzbetrachtung wären dies genau die (pagatorischen oder wertmäßigen) Kosten, die wegfallen, wenn diese Leistungen nicht produziert werden bzw. genau die Kosten, die zusätzlich entstehen, wenn die betrachteten Leistungen neu hergestellt werden. Diese durch Grenzbetrachtung abgeleiteten Kosten werden regelmäßig als **GRENZKOSTEN (K')** → GLOSSAR bezeichnet. Um den Leistungen die Kosten zuzurechnen, die sie verursacht haben, müssen ihnen also die Grenzkosten zugerechnet werden. Offen bleibt dabei zunächst, welche Zusammenhänge zwischen den weiteren Begriffen der Kostenverursachung, den Einzel- und Gemeinkosten sowie fixen und variablen Kosten mit den Grenzkosten im Sinne des marginalen Verursachungsprinzips bestehen.

4.2 Abgrenzung von Einzel- und Gemeinkosten nach dem Marginalprinzip

Primäre und sekundäre Kostenarten, die nach dem Marginalprinzip **exakt verursachungsgerecht** auf einzelne Leistungseinheiten verrechnet werden können, werden als **Einzelkosten** → Glossar bezeichnet. Der wichtigste Fall sind die **Produkteinzelkosten** [zur leistungsbezogenen Einzelkostendefinition vgl. auch Wöhe, 2002, S.1.088 oder Haberstock, 2004, S. 198].

Damit ist klar gestellt, dass bei strenger Beachtung des **Kostenverursachungsprinzips** → Glossar Grenzkosten und Einzelkosten im hier verstandenen Sinne identisch (bedeutungsgleich) sind. Eine Unterscheidung zwischen Produkteinzelkosten und Produktgrenzkosten wäre danach überflüssig.

Der an Stelle von Leistungs- bzw. Produkteinzelkosten häufig verwendete Begriff **Kostenträgereinzelkosten** → Glossar [vgl. zuletzt z. B. Hommel, 2005, S. 51] sollte dagegen vermieden werden, da er Missverständnisse über die Beachtung des Verursachungsprinzips hervorrufen könnte. Der allgemeine Begriff Kostenträgerkosten leitet sich aus einem Verursachungsdenken gemäß dem **Kostentragfähigkeitsprinzip** → Glossar ab. Danach bekommen die Leistungen die meisten Kosten zugerechnet, die sie am besten er- bzw. vertragen können. Maßstab für die Kostenzurechnung nach dem Tragfähigkeitsprinzip ist die Höhe der Gewinnspanne. Die einzelne Leistung mit der höchsten Gewinnspanne bekommt die höchsten Kosten zugerechnet usw. Die Anwendung des Tragfähigkeitsprinzips erfüllt nicht die Zielsetzungen der Erfolgsmessung und der **Wirtschaftlichkeitskontrolle** → Glossar und ist daher für eine verursachungsgerechte Kostenzurechnung abzulehnen.

Einzelkostenarten nach dem Marginalprinzip können primäre oder sekundäre Kostenarten sein. So entstehen z. B. bei fremdbezogenem Strom primäre, bei eigenproduziertem Strom sekundäre Kosten. Unabhängig davon, ob die Stromkosten primär oder sekundär sind, richtet sich ihre Verrechnung nach den vorhandenen Messeinrichtungen. So kann der Strom u.U. vollständig oder nur teilweise exakt den verbrauchenden Kostenstellen und innerhalb der exakt belastbaren Kostenstellen wiederum vollständig oder teilweise exakt den Stromverbrauch verursachenden Produkten zugerechnet werden.

Primäre und sekundäre Kostenarten, die den Umsatzerlösen als Absatzleistung einer Abrechnungsperiode **einzeln** zugerechnet werden können, werden als **Umsatzkosten** bezeichnet. Ob sich der Begriff der Umsatzkosten ausschließlich auf Einzelkosten beschränken soll, wird später noch erörtert.

Primäre und sekundäre Kostenarten, die nach dem Marginalprinzip **nicht verursachungsgerecht** auf einzelne Leistungseinheiten verrechnet werden können, werden als **Gemeinkosten** → Glossar bezeichnet. Der wichtigste Fall sind die **Produktgemeinkosten**.

Primäre und sekundäre Kostenarten, die den Umsatzerlösen als Absatzleistung einer Abrechnungsperiode **nicht einzeln** zugerechnet werden können, sind regelmäßig periodenabhängige Kosten. Sie können danach bezogen auf die betrachtete Abrechnungsperiode **Periodeneinzelkosten** oder **Periodengemeinkosten** sein.

Aus der letzten Abgrenzung wird nochmals deutlich, dass die Abgrenzung von Einzel- und Gemeinkosten relativen Charakter besitzt, ein Umstand der besonders von Riebel betont wird. Nach dem weiter gefassten Begriff von Riebel sind Einzelkosten Kostenarten, die auf das jeweils ausgewählte Kostenzurechnungsobjekt aufgrund ihrer direkten Verursachung exakt und gesondert zugerechnet werden können. Kostenzurechnungsobjekt in diesem Sinne sind z. B. das jeweilige Einzelprodukt, ein Auftrag bzw. ein Projekt, einzelne Kostenstellen oder anderen Ebenen in einer Zurechnungshierarchie.

Dieser weiter gefasste Einzelkostenbegriff hat zur Folge, dass es im Grenzfall keine Gemeinkosten mehr gibt. Durch Ausweitung der Zurechnungshierarchien können grundsätzlich alle Kosten als Einzelkosten verrechnet werden. Das gilt auch für eine zeitliche Ausdehnung der Hierarchie für die Verrechnung zeitabhängiger Kosten.

Der relative Einzelkostenbegriff, der aus dem strengen Identitätsprinzip folgt, ist aber für produktpolitische Erfolgsmessungen und für periodenbezogene und leistungsabhängige Wirtschaftlichkeitskontrollen wenig hilfreich. Für operative Entscheidungen und Kontrollen ist die Abgrenzung von **Gemeinkosten** → Glossar unvermeidlich. Für die Frage, ob z. B. **Kostenstellen** → Glossar oder betrieblichen Prozessen Kosten eindeutig zuzurechnen sind, kann der relative Einzelkostenbegriff von Riebel verwendet werden. Die Tatsache, dass z. B. einer Kostenstelle die laufenden Stromkosten aufgrund einer entsprechenden Einrichtung zur Betriebsdatenerfassung exakt als Einzelkosten zugerechnet werden können, sagt allerdings nichts darüber aus, ob diese Stromkosten (ausschließlich) durch die gesamten Leistungen dieser Kostenstelle verursacht werden und ob die Stromkosten einzelnen Leistungseinheiten der Kostenstelle exakt und gesondert zugerechnet werden können. Die Einstufung von Stromkosten als **Kostenstelleneinzelkosten** → Glossar gibt also keine unmittelbare Auskunft darüber, ob es sich bei diesen Kosten auch um Produkt- bzw. Leistungseinzelkosten handelt. Dennoch bleibt festzuhalten, dass Kostenarten, die den Leistungsarten nicht als Einzelkosten zugerechnet werden können, anderen Zurechnungsobjekten, z. B. Kostenstellen, sehr wohl exakt ohne die Hilfe von Verrechnungs- oder Schlüsselgrößen zugerechnet werden können. Unzutreffend insoweit Dellmann, wenn er ausführt: „Einzelkosten sind zur Ausbringungsmenge proportional. Die verbleibenden Gemeinkosten werden auf die Kostenstellen geschlüsselt ... “ [Dellmann, 1979, S. 322].

Leider sind die Produkteinzelkosten im Vergleich zu den Produktgemeinkosten – zumindest was die möglichen Primärkostenarten anbelangt – in der Unterzahl. Typische Beispiele für primäre Produkteinzelkosten sind grundsätzlich Rohstoffkosten, Vorproduktekosten, Einbauteilkosten, Hilfsstoffkosten, pro Produkt messbare Energiekosten; Sondereinzelkosten der Fertigung, z. B. pro Produkt zu verrechnende Lizenz- oder Patentkosten, pro Produkt verursachte Form- oder Modellkosten; produktverursachte

Kosten der Materialanalyse wären hingegen Sekundäreinzelkosten. Weitere primäre Produkteinzelkosten sind insbesondere die Sondereinzelkosten des Vertriebs, z. B. produktbezogene Verpackungskosten. Die Kosten aus fremdbezogenen Frachtleistungen, Vertreterprovisionen, Frachtversicherungen, werden dagegen vielfach nicht einem einzelnen Produkt, sondern nur einer Gruppe von Produkten oder einer Lieferung exakt zurechenbar sein. Insoweit handelt es sich um **primäre** Produktgemeinkosten. Wird die Frachtleistung mit eigenen Fahrzeugen erbracht, werden **sekundäre** Produktgemeinkosten verursacht.

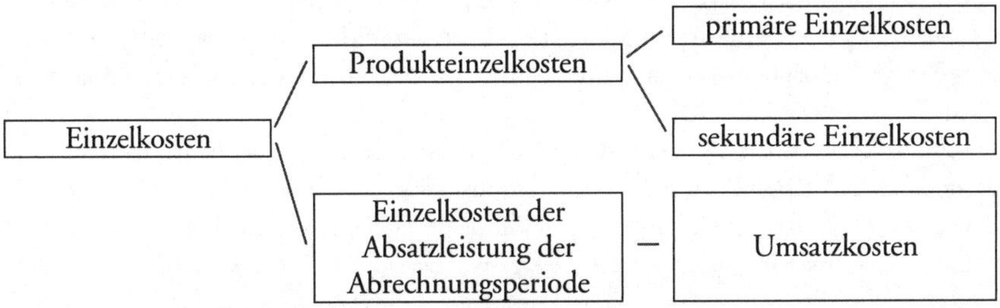

Abbildung 4.1: Gliederung der Einzelkosten

Im Weiteren wird der enger gefasste leistungs- und absatzbezogene Einzelkostenbegriff zugrunde gelegt. Lediglich um die Grenzen der Kostenzurechnung auf die Kostenstellen oder auf Prozesse aufzuzeigen, werden auch für diese Bezugsobjekte (Kostenzurechnungsobjekte) Einzel- und Gemeinkosten unterschieden. Dabei darf aber nicht unterstellt werden, dass Kostenstellen oder Prozesse zugleich Kostenverursacher sind. Kostenverursacher bleiben auch bei einer Kostenzurechnung auf andere Bezugsobjekte stets die produzierten Leistungen.

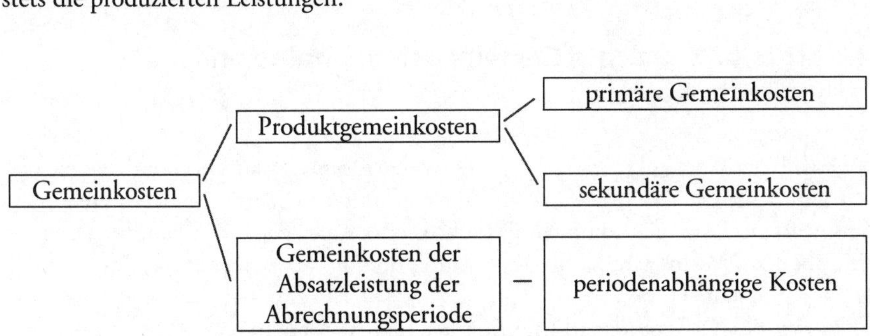

Abbildung 4.2: Gliederung der Gemeinkosten

Obwohl damit die Abgrenzung von Einzel- und Gemeinkosten für die weitere Darstellung eindeutig festgelegt ist, soll im Folgenden noch auf einige Aspekte der Gemeinkostendefinition in der Fachliteratur eingegangen werden.

Ähnlich wie die Einzelkosten werden auch **GEMEINKOSTEN** → GLOSSAR unterschiedlich definiert. Zum Teil sind die Begriffsfassungen allerdings äußerst widersprüchlich. So folgert z. B. HABERSTOCK, dass „Gemeinkosten ... nicht unmittelbar, sondern nur indirekt den einzelnen **KOSTENTRÄGERN** → GLOSSAR zurechenbar (sind). Bei ihnen ist das Verursachungsprinzip schwerer (oder gar nicht) einzuhalten, weil sie nicht von einer Produkteinheit allein verursacht worden sind" [HABERSTOCK, 2005, S. 57].

KOCH dagegen meint: „Alle Kosten, die keine Einzelkostenarten sind, werden unter dem Begriff der Gemeinkosten zusammengefasst. Sie sind dadurch gekennzeichnet, dass sie nicht dem einzelnen Produkt zugerechnet werden können (echte Gemeinkosten)" [KOCH, 1987, S.33].

Schließlich sei noch die Definition von HUMMEL/MÄNNEL angeführt, wonach „Gemeinkosten ... Kosten (sind), die nicht unmittelbar für das einzelne Erzeugnis oder den einzelnen Auftrag anfallen. Sie betreffen vielmehr eine Gesamtheit von Aufträgen, mehrere Kostenstellen oder gar den Betrieb insgesamt." [HUMMEL/MÄNNEL, 1978, S. 72].

An der Aussage von KOCH ist zunächst unzutreffend, dass Gemeinkosten den einzelnen Produkten nicht zugerechnet werden können. Richtig ist, dass zwar eine Zurechnung technisch möglich ist, dass aber nicht geprüft bzw. nachgewiesen werden kann, ob die Zurechnung verursachungsgerecht erfolgt ist. Dies gilt zumindest für sog. **echte Gemeinkosten.** Bereits aus Gründen der Sprachlogik ist eine verursachungsgerechte Zurechnung nur bei Leistungseinzelkosten möglich. Insoweit ist auch die Aussage von HABERSTOCK bedenklich, wenn er für die Zurechnung von Gemeinkosten die Möglichkeit einer verursachungsgerechten Zurechnung auf einzelne Produkte nicht vollständig ausschließt.

4.3 Echte und unechte Gemeinkosten, direkte und indirekte Kosten

Innerhalb der Gemeinkosten wird häufig zwischen **echten** und **unechten** Gemeinkosten unterschieden. Nach KILGER versteht man unter unechten Gemeinkosten „ ... Kostenarten, die man bestimmten Produkten oder Aufträgen direkt zuordnen könnte, (die aber) zur Vereinfachung der Kalkulation über Kostenstellen abgerechnet werden ... " [KILGER, 1976, S. 75].

Leider gibt KILGER keine Definition der echten Gemeinkosten. Offenbar besteht bei ihm eine gewisse Zurückhaltung, echte Gemeinkosten als Kosten zu bezeichnen, die man den Produkten und sonstigen Kostenzurechnungsobjekten nicht direkt zurechnen kann, da in diesem Fall die gesamte Bezugsgrößenerfassung und -berechnung von vornherein in Frage gestellt werden könnte. Andere Autoren sind in diesem Punkt konsequenter, wenn z. B. ausgeführt wird, dass echte Gemeinkosten Kosten sind, „... die für mehrere Kalkulationsobjekte (z. B. Erzeugniseinheiten, Aufträge) gemeinsam anfallen und auch bei Anwendung genauester Erfassungsmethoden nicht für die einzelnen Kalkulationsobjekte gesondert erfasst werden können" [Hummel/Männel, 1978, S. 72.; ähnlich auch Plinke, 1989, S. 36].

Mit Rücksicht auf die Wahrung des Verursachungsprinzips ist die Verrechnung unechter Gemeinkosten zunächst auch kaum verständlich, um nicht zu sagen, paradox. Die Berechtigung kann allenfalls mit Wirtschaftlichkeitsüberlegungen begründet werden. Dabei ergibt sich aber das Problem, dass die Wirtschaftlichkeit mit Hilfe der KLR selbst gemessen werden soll. Letztlich hängt die Verrechnung unechter Gemeinkosten aber vom angestrebten Kostenrechnungszweck und von der Bedeutung der jeweiligen Einzelkosten, die als Gemeinkosten verrechnet werden, ab [vgl. Riebel, 1959, S. 216].

Dennoch ist vor allem die Verrechnung von Kostenträgereinzelkosten als unechte Gemeinkosten verbreitet. In Frage kommen dabei vor allem Hilfsstoff- und Energiekosten. Bei einer Fertigung von Textilien wird z. B. der Nähfaden, der die einzelnen Teile der Kleidungsstücke verbindet, regelmäßig als unechte Gemeinkosten verrechnet. Ähnliches wird für das Schweißmaterial beim Zusammenschweißen von Karosserieteilen gelten. Auch im Sekundärkostenbereich ist die Verrechnung unechter Gemeinkosten üblich, z. B. für die Kosten eigener Transportleistungen.

Einzelkosten werden häufig mit **direkten**, Gemeinkosten mit **indirekten** Kosten gleichgesetzt. So definieren z. B. Däumler/Grabe:

„Die Einzelkosten sind den Kostenträgern direkt zurechenbar, z. B. Einzellöhne oder Einzelmaterialkosten. Gemeinkosten, wie z. B. Energiekosten oder Gehälter, lassen sich den Kostenträgern nicht direkt zurechnen." [Däumler/Grabe, 1982, S. 59). Auch Kloock definiert Einzelkosten als „... einem absatzbestimmten Produkt (Kostenträger) nach dem (direkten oder indirekten) Verursachungsprinzip direkt zurechenbare und auch direkt zugerechnete (erfasste) Kosten je Stück (ME) oder je Auftrag." [Kloock, 1996, S. 77].

Zunächst ist festzuhalten, dass es nicht auf die rechnerische Möglichkeit der Zurechnung ankommen kann. Rechnerisch zurechenbar als Einzelkosten sind auch echte Gemeinkosten. Gerade die Definition von Däumler/Grabe lässt einen häufig auch in der Praxis festzustellenden Verstoß gegen das Verursachungsprinzip erkennen. „Einzellöhne" bzw. Fertigungslöhne z. B. – auch Akkordlöhne – sind stets (teilweise) zeitabhängig; eine Verrechnung von Fertigungslöhnen als Einzelkosten stellt daher einen (bewussten) Verstoß gegen das Verursachungsprinzip dar. Dennoch werden nicht nur in der Praxis, sondern auch in der Literatur Fertigungslöhne als Einzelkosten verrechnet [vgl. z. B. Schweitzer/Küpper, 1998, S. 111, aber auch S. 379].

Die Abgrenzung von direkten oder indirekten Kosten sagt daher eher etwas über die tatsächliche Verrechnung der Kostenarten und nichts über deren Verursachung aus. Werden z. B. unechte Gemeinkosten indirekt verrechnet, ändert dies nichts an ihrer Eigenschaft als Einzelkosten. Werden hingegen echte Gemeinkosten – wie z. B. Fertigungslöhne – direkt verrechnet, werden den Leistungen Kosten zugerechnet, deren Verursachung durch die Leistungen nicht belegt werden kann. Auf dieses Problem ist nochmals bei der Verrechnung von **Grenzkosten** auf die Leistungen einzugehen. Die Begriffe direkte und indirekte Kosten sollten daher für eine Klassifizierung bezüglich einer verursachungsgerechten Kostenzurechnung vermieden werden.

4.4 Leistungseinzelkosten und leistungsvariable Gemeinkosten

Grenzkosten im Sinne von Leistungs- bzw. Produkteinzelkosten sind stets zugleich **LEISTUNGSVARIABLE KOSTEN** → GLOSSAR. Bei Geltung des strengen Verursachungsprinzips sind die drei Begriffe daher synonym verwendbar. Offen bleibt aber zunächst die Frage, ob Produktgemeinkosten ebenfalls leistungsvariable Kosten in diesem Sinne sein können. Produktgemeinkosten werden nicht von einzelnen Leistungseinheiten, sondern von bestimmten Gruppen von Leistungseinheiten, im Grenzfall von allen Leistungseinheiten einer Abrechnungsperiode verursacht. Ändert sich z. B. die Kostenhöhe jeweils bei Erreichen einer bestimmten Stückzahl, verursachen z. B. jeweils 10 Stck. eines Produktes zusätzliche Kosten, so gilt Folgendes:

In Bezug auf 1 Stck. handelt es sich bei den betreffenden Produkten um Gemeinkosten, in Bezug auf jeweils 10 Stck. handelt es sich dagegen um Einzelkosten. Wird z. B. über Chargen von jeweils 10 Stck. entschieden, handelt es sich um Chargeneinzelkosten, die in Bezug auf die Leistung „10 Stck." zugleich leistungsvariable Kosten darstellen. In Bezug auf 1 Stck. der Charge liegen Leistungsgemeinkosten vor. Fraglich ist jetzt, ob man zugleich von **leistungsvariablen Gemeinkosten** sprechen darf. Mit anderen Worten: Gibt es überhaupt leistungsvariable oder vereinfacht **variable Gemeinkosten** oder sind Gemeinkosten immer **LEISTUNGSFIXE KOSTEN** → GLOSSAR? Entscheidend ist dabei die zusätzliche Überlegung, dass die jeweils betrachteten Kosten durch die Leistung einer Abrechnungsperiode und nicht durch die Aufrechterhaltung der Betriebsbereitschaft in einer Abrechnungsperiode verursacht werden.

Die damit angesprochene Problematik illustriert folgendes Beispiel:

Beispiel

Ein Fahrzeug, das für Schwertransporte eingesetzt wird, soll eine Gesamtfahrleistung von 10 km/Werktag erbringen. Der Treibstoffverbrauch für 10 km beträgt 20 Liter. Der Preis pro Liter beträgt 2,00 € ohne Umsatzsteuer. Wird als Ausbringungsleistung die Gesamtfahrleistung von 10 km definiert, sind als Leistungseinzelkosten 20 l · 2,00 €/l = 40,00 € zu erfassen und zu verrechnen. Die Treibstoffkosten pro Fahrkilometer sind dagegen als Leistungsgemeinkosten einzustufen.

Soll trotz dieser eindeutigen Abgrenzung der Leistung dennoch pro Einzelkilometer abgerechnet werden oder soll kontrolliert werden, ob pro Einzelkilometer die minimalen Treibstoffkosten realisiert werden, kann dafür auf den Einzelverbrauch pro Fahrkilometer zurückgegriffen werden. Angenommen, der Treibstoffverbrauch pro Fahrkilometer sei exakt messbar. Die Verbrauchsmengen der gefahrenen Kilometer zeigt die nachfolgende Tabelle:

km	1	2	3	4	5	6	7	8	9	10
exakter Verbrauch in l	2,50	2,30	2,20	2,10	2,00	1,80	2,10	1,70	1,60	1,70

In den pro Fahrkilometer unterschiedlichen Beträgen bilden sich die unterschiedlichen Fahrbedingungen ab: die Anfangskilometer werden noch nicht mit der optimalen Betriebstemperatur gefahren, daher ist der Treibstoffverbrauch für diese Fahrstrecke etwas höher. Die pro Fahrkilometer unterschiedlichen Verbrauchsmengen werden weiterhin durch intensitätsmäßige Anpassungen an die Verkehrssituation, durch Witterungsverhältnisse, Verkehrsaufkommen und Straßenzustand sowie durch die Geländeführung der Wegstrecke beeinflusst. Entsprechend der exakten Verbrauchsmessung/km können den einzelnen Fahrkilometern die Treibstoffkosten direkt zugerechnet werden. Die direkte Zurechung der Treibstoffkosten zeigt nachfolgende Tabelle:

km	1	2	3	4	5	6	7	8	9	10
exakter Verbrauch in l	2,50	2,30	2,20	2,10	2,00	1,80	2,10	1,70	1,60	1,70
Kosten/km exakter Verbrauch in €	5,00	4,60	4,40	4,20	4,00	3,60	4,20	3,40	3,20	3,40

Die Frage ist aber: Sind die exakt berechneten und direkt auf die Kilometer verrechneten Treibstoffkosten jetzt Einzelkosten/Fahrkilometer oder sind sie nach wie vor als Gemeinkosten einzustufen, da die Leistung nicht in gefahrenen Einzelkilometern, sondern als Gesamtfahrleistung zu erfassen ist. Dazu ist zu sagen, dass die exakte Berechnung eine exakte Verursachung lediglich vortäuscht. Die gesamte Leistung ist eine Verbundleistung, die nicht durch mehr oder weniger willkürliche Verrechnung in Teilleistungen und damit in Teilverbrauchsmengen zerlegt werden kann. So könnte z. B. eingewandt werden, dass die höheren Treibstoffkosten zu Beginn der Produktion durch die noch nicht erreichte Betriebstemperatur verursacht werden. Die niedrigen Treibstoffkosten der nachfolgend „produzierten" Kilometer sind also nur deshalb möglich, weil bereits einige Fahrkilometer mit höheren Treibstoffkosten produziert wurden. Entsprechende Effekte ergeben sich aus oben zitierten Verkehrs- und Geländebedingungen.

Damit steht fest, die obige exakte Verrechnung führt zum Ansatz von „Scheineinzelkosten". Auch nach einer Verrechnung der Kosten pro Kilometer bleiben die Treibstoffkosten aufgrund der Verbundeffekte zwischen den einzelnen Fahrkilometern Gemeinkosten/Fahrkilometer; lediglich in Bezug auf die Gesamtfahrleistung werden Einzelkosten verursacht. Insoweit ist es auch betriebswirtschaftlich unzutreffend zu behaupten, die durch den neunten Fahrkilometer verursachten Treibstoffkosten in Höhe von 3,20 €/km seien zugleich die Minimalkosten/LE. Diese Behauptung stimmt zwar rein rechnerisch. Inhaltlich wurde der minimale Verbrauch von 1,6 l/km nicht von diesem Einzelkilometer, sondern gemeinsam von allen bis dahin gefahrenen Kilometern verursacht.

Daraus folgt allgemein

Produktgemeinkosten können weder durch Messung oder Berechnung noch durch künstliche Proportionalisierung in Produkteinzelkosten umgewandelt werden. Produktgemeinkosten können damit niemals verursachungsgerecht auf Produkte verrechnet werden. Soll dennoch eine Verrechnung von Produktgemeinkosten auf einzelne Produkte erfolgen, ist dies nur durch Schätzungen möglich. Die Güte der Schätzung könnte aber nur hinreichend genau bestimmt werden, wenn die Verrechnung als Einzelkosten (im Vorhinein) bekannt wäre. Wäre sie bekannt, bräuchte aber nicht mehr geschätzt zu werden, das Gemeinkostenproblem wäre dann aber auch nicht existent.

Was könnte trotz dieser eindeutigen Abgrenzung dennoch für eine Verrechnung von Produktgemeinkosten auf Teilleistungen sprechen?

Tatsache ist, dass der Treibstoffverbrauch bereits mit Beginn der Fahrleistung verursacht wird. Tatsache ist weiterhin, dass bei Nichterreichen der Gesamtleistung – z. B. bei Abbruch der Fahrt nach 7 km – ein Treibstoffverbrauch von 15 l verursacht wird. Der Treibstoffverbrauch ist also in Bezug auf die einzelnen gefahren Kilometer veränderlich, er nimmt ständig in abwechselnder Höhe zu. Der Treibstoffverbrauch ist also, obwohl er den einzelnen Fahrkilometern nicht verursachungsgerecht zugerechnet werden kann, **produktionsvariabel**. In diesem Sinne kann man von produktionsvariablen Gemeinkosten oder vereinfacht von **variablen Gemeinkosten** sprechen. Wenn es aber variable Gemeinkosten gibt, können diese nicht ohne Einfluss auf die operativen Entscheidungen und auf die **WIRTSCHAFTLICHKEITSKONTROLLE** → GLOSSAR sein.

Variable Gemeinkosten entstehen also nur, wenn produziert wird. Wird nicht produziert fallen solche Kosten restlos weg. Dennoch sind variable Gemeinkosten **keine GRENZKOSTEN** → GLOSSAR, wenn das Verursachungsprinzip im strengen Sinne angewendet wird, da eine verursachungsgerechte Zurechung von Gemeinkosten auf Teilleistungen nicht möglich ist. Will man aus oben genannten Gründen dennoch die Veränderlichkeit von Gemeinkosten auf Teilleistungen beziehen, taucht das Problem auf, ob man die exakt gemessenen Verbrauchsmengen oder z. B. durchschnittliche Verbrauchsmengen für die Berechnung zugrunde legt. Da weder die exakte Messung noch eine Berechnung von durchschnittlichen Verbrauchsmengen beweisbar verursachungsgerecht ist, kann der einfacher zu bestimmenden durchschnittlichen Berechnung von variablen Gemeinkosten der Vorzug gegeben werden. Variable Gemeinkosten werden also proportionalisiert und damit auf künstlichem Weg wie **proportionale** Produkteinzelkosten verrechnet. Proportionale Produkteinzelkosten bilden in der Praxis sicherlich den Regelfall, da diese Kosten durch Stücklisten, Rezepturen, Zeichnungen und ähnliche Vorgaben eindeutig für alle zu produzierenden Produkte vorbestimmt sind.

Die Proportionalisierung der variablen Gemeinkosten führt für das obige Beispiel zu folgender Verteilung:

km	1	2	3	4	5	6	7	8	9	10
proportionaler Verbrauch in l	2,00	2,00	2,00	2,00	2,00	2,00	2,00	2,00	2,00	2,00
Kosten/km proportionaler Verbrauch in €	4,00	4,00	4,00	4,00	4,00	4,00	4,00	4,00	4,00	4,00

Den Verlauf und die Entwicklung der Verbrauchsmengen und der „zugehörigen" Kosten bei exakter Messung und bei durchschnittlicher Berechnung illustriert auch nochmals folgende Grafik (die gestrichelte Linie zeigt den Kostenverlauf, die durchgezogene Linie zeigt den Verbrauchsmengenverlauf):

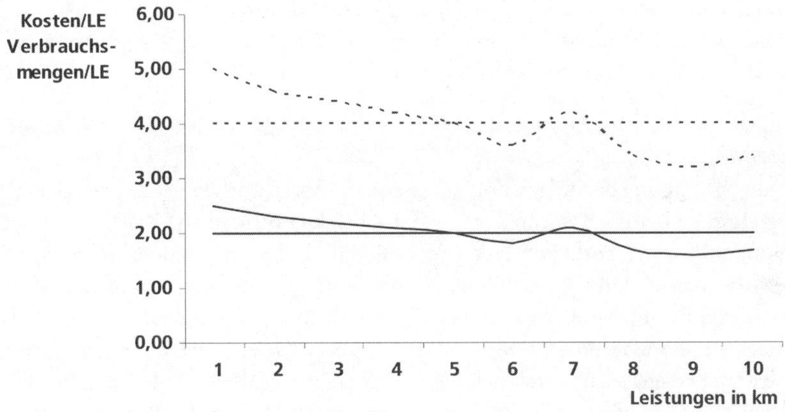

Abbildung 4.3: Mögliche Verläufe variabler Gemeinkosten

Die oben vorgetragenen Überlegungen können für sämtliche Produktionsvorgänge und Produktionsprozesse verallgemeinert werden. Was hier beispielhaft für den Treibstoffverbrauch dargestellt wurde, gilt in analoger Weise für Verbrauchsmengen von Maschinen, Robotern und anderen abnutzbaren Anlagegegenständen, wenn sie in der Produktion eingesetzt werden. Sie gelten regelmäßig für den produktionsverursachten Betriebsstoffverbrauch und für den sonstigen produktionsverursachten Energieverbrauch. Beim Verbrauch von Hilfsstoffen werden grundsätzlich Produkteinzelkosten verwirklicht. Kann die Verbrauchsmenge pro Leistungseinheit nicht gemessen werden, obwohl die Menge körperlich im Produkt enthalten ist, oder soll die Verbrauchsmenge aus dispositiven Gründen nicht gemessen werden, werden sog. „unechte Produktgemeinkosten“ erfasst und verrechnet. **UNECHTE PRODUKTGEMEINKOSTEN** → GLOSSAR sind stets zugleich leistungsvariable Kosten, sie werden wie andere („echte“) leistungsvariable Gemeinkosten künstlich proportionalisiert.

4.5 Leistungsfixe Kosten

Bei streng leistungsbezogener Definition des allgemeinen Kostenbegriffes sind Werteverzehre, die auch entstehen, wenn nicht produziert wird, keine Kosten. Danach wären alle Gemeinkosten im obigen Sinne leistungsveränderlich bzw. leistungsvariabel. Werteverzehre, die lediglich durch die Aufrechterhaltung der Betriebsbereitschaft verursacht werden, die also auch entstehen, wenn nicht produziert wird, wären danach keine Kosten. Solche Werteverzehre wären zwar als Aufwand zu buchen, wären aber als neutrale Aufwendungen niemals zugleich als Kosten zu erfassen. Leistungsabhängige bzw. fixe Wertverzehre wären danach Aufwand, aber niemals Kosten.

Die theoretische Frage müsste also z. B. nicht lauten „Wie fix sind fixe Kosten?“, sondern „Sind fixe Kosten überhaupt Kosten?“.

Beispiel

Für die Berechnung des obigen Zahlenbeispiels könnten noch folgende Ausgaben (Werteverzehre) zu berücksichtigen sein: eine jährlich zu entrichtende Kfz-Steuer in Höhe von 600,00 €, eine jährliche Kfz-Versicherung in Höhe von 720,00 €, einmalige Wartungsausgaben in Höhe von 480,00 € ohne Umsatzsteuer und ein Monatslohn des Fahrers von brutto 2.400,00 €, Arbeitgeberbeiträge zur Sozialversicherung 320,00 €; Beiträge zur Berufsgenossenschaft 240,00 €/Jahr. Zusätzlich wäre die Jahresabschreibung des Fahrzeuges zu berücksichtigen, die sich auf 12.000,00 € beläuft. Für die Berechnung der kalkulatorischen Zinsen ist der Anfangsbestand des Fahrzeuges in Höhe von 120.000,00 € mit 10 % pro Jahr zu verzinsen. Alle diese Ausgaben bzw. Werteverzehre entstehen grundsätzlich auch, wenn in der betreffenden Abrechnungsperiode, z. B. in einem Kalendermonat, keine Fahrleistungen erbracht werden. Allenfalls bei den Abschreibungen wäre zu überlegen, ob für die Berechnung der Abschreibung/Jahr eine bestimmte Jahresfahrleistung zugrunde gelegt wurde. Für die Abwicklung der Schwertransporte werden pro Fahrkilometer 20,00 € in Rechnung gestellt.

Die Ausgaben werden also ausnahmslos durch die Aufrechterhaltung der Betriebsbereitschaft verursacht, sind folglich keine leistungsabhängigen Kosten. Soweit solche Ausgaben aufgrund des erweiterten allgemeinen Kostenbegriffes überhaupt als Kosten erfasst werden, sind sie in Bezug auf die in der Abrechnungsperiode produzierten Leistungen stets zugleich **LEISTUNGSFIXE KOSTEN** → GLOSSAR.

Leistungsfixe oder **allgemein fixe Kosten** können also niemals verursachungsgerecht auf die in der Abrechnungsperiode produzierten Leistungen zugerechnet werden. Verrechnet man fixe Kosten z. B. durchschnittlich auf die Periodenleistungen ist eine solche Zurechnung ebenso willkürlich wie eine Zurechnung nach komplexen Bezugs- oder Verrechnungs- bzw. Schlüsselgrößen.

Deshalb sind Aussagen, dass aus ursprünglich variablen Kosten z. B. durch Eigenerzeugung von innerbetrieblichen Leistungen auf der empfangenden Stelle fixe Kosten verursacht werden [so z. B. KILGER, 1993, S. 106], eher bedenklich und kaum nachzuvollziehen.

Wird z. B. eigen erzeugter Strom in der Verwaltung verbraucht, so ist der Stromverbrauch sicherlich in Abhängigkeit von den dort erbrachten Leistungen **variabel**. In Bezug auf die eigentliche Produktion ist dieser veränderliche Stromverbrauch hingegen leistungsfix und kann diesen Leistungen nicht verursachungsgerecht zugerechnet werden. Dies gilt auch für sog. „leistungsmengeninduzierte Kosten" der Prozesskostenrechnung soweit andere Leistungsmengen als die Mengen der Zweckleistung gemeint sind. Änderungen von Leistungsmengen in der Verwaltung oder bei der Gebäudereinigung bleiben in Bezug auf die Zweckleistung fixe Kosten und können der Zweckleistung trotz ihrer „Variabilität" nicht verursachungsgerecht zugerechnet werden.

Werden umgekehrt z. B. die Kosten einer innerbetrieblichen Stromerzeugung von vornherein ausschließlich der Zweckleistung zugerechnet und damit vollständig proportionalisiert, und werden anschließend sekundäre Stromkosten als fixe Kosten verrechnet, weil der Strom in den empfangenden Kostenstellen, z. B. in der Verwaltung oder beim Gebäudeunterhalt, als Beleuchtungsstrom verbraucht wird, entstehen aus variablen keine fixen Kosten. Insoweit liegt allenfalls ein Planungsfehler vor, wenn a priori alle sekundäre Stromkosten als proportionale Kosten verrechnet werden.

Welche Gründe könnten daher für eine Verrechnung von Fixkosten in der KLR sprechen?

4.5.1 Entscheidungsrelevante fixe Kosten

Unter gewissen Voraussetzungen wird die Verrechnung von Fixkosten als entscheidungsrelevant für operative Entscheidungen angesehen. Führen die vorangegangenen Investitionsentscheidungen zu knappen Kapazitäten, können die aus diesen Kapazitätsentscheidungen resultierenden Fixkosten z. B. indirekt über den expliziten Ansatz von restriktiven Nebenbedingungen in der Zielfunktion berücksichtigt werden. Stattdessen könnten aber auch die Fixkosten als Opportunitätskosten als entscheidungsrelevante Kosten in die Gewinnmessungsfunktion einbezogen werden [vgl. dazu im Einzelnen Kloock, 1997 S. 66 ff.].

4.5.2 Fixe Kosten als operative Hilfsmittel zur Erfüllung strategischer Entscheidungen

In der modernen Fachliteratur wird in der Verrechnung von Fixkosten die Möglichkeit gesehen, strategische Ziele durch operative Entscheidungen zu erfüllen. Um sicher zu stellen, dass die Kapitalwerte von Investitionsobjekten durch operative Planungsansätze innerhalb der KLR maximiert werden, müssen neben den kalkulatorischen Abschreibungen auch kalkulatorische Zinsen verrechnet werden [vgl. Kloock, 1997, S. 60 ff.]. Dies gilt grundsätzlich auch bei Fremdfinanzierung, wenn man berücksichtigt, dass die Zahlungsfälligkeit der Fremdkapitalzinsen regelmäßig nicht mit den Abrechnungsperioden der KLR übereinstimmen. Ungeachtet, ob die Verzinsung von eigen- oder fremdfinanziertem Betriebsvermögen erfasst wird, gilt, dass kalkulatorische Zinskosten grundsätzlich leistungsfixe Kosten sind. Ob sich die für die Investitionsentscheidung zugrunde gelegten Plandaten wirklich in der erwarteten Weise realisieren, kann angesichts der ansonsten diesbezüglich wenig aussagekräftigen Periodenergebnisse nur durch Vergleich der operativen Plan-Periodenergebnisse mit den Ist-Ergebnissen festgestellt werden.

Beispiel

Eine vollständig eigenfinanzierte Maschine mit Anschaffungskosten von 300.000,00 € hat eine wirtschaftliche Nutzungsdauer von 3 Jahren. Dabei werden ohne Berücksichtigung von Steuerzahlungen folgende Zahlungen erwartet:

Periode	1	2	3
Einzahlungen	130.000,00	133.000,00	136.300,00
Auszahlungen	0,00	0,00	0,00
Einzahlungsüberschüsse	130.000,00	133.000,00	136.300,00

Der für die Bewertung der Einzahlungsüberschüsse maßgebende Zinssatz ist 10 %. Daraus errechnen sich die Ergebnisse in Abbildung 4.4.

Durch eine zweckentsprechende Verrechnung von (fixen) kalkulatorischen Zinsen auf den Maschinenbestand errechnet sich ein um diese Zinsen gegenüber dem handelsrechtlichen Gewinn verminderter operativer Gewinn I. Die Abzinsung dieses operativen Gewinns führt zu einem diskontierten operativen Gewinn, der genau so hoch ist wie der für diese Investition errechnete Kapitalwert. Würde neben der Maschine auch der Bankbestand verzinst, errechnen sich zusätzliche kalkulatorische Zinsen von insgesamt

	t_{01}	t_1	t_2	t_3	
Einzahlungen		130.000,00	133.000,00	136.300,00	
Auszahlungen		0	0	0	
Einzahlungsüberschüsse		130.000,00	133.000,00	136.300,00	399.300,00
Einzahlungsüberschüsse abgezinst		118.181,82	109.917,36	102.404,21	
Kapitalwert		11.818,18	23.082,64	33.895,79	**30.503,38**
Maschine Anfangsbestand		300.000,00	200.000,00	100.000,00	
Abschreibungen		100.000,00	100.000,00	100.000,00	
handelsrechtlicher Gewinn		**30.000,00**	**33.000,00**	**36.300,00**	99.300,00
Bank Anfangsbestand		0,00	130.000,00	263.000,00	
kalkulatorische Zinsen auf:					
Bankbestand		0,00	13.000,00	26.300,00	39.300,00
Maschinenbestand		30.000,00	20.000,00	10.000,00	60.000,00
kalk. Zinsen gesamt		30.000,00	33.000,00	36.300,00	
operativer Gewinn I (Residualgewinn)		**0,00**	**13.000,00**	**26.300,00**	39.300,00
diskontierter operativer Gewinn I		0,00	10.743,80	19.759,58	**30.503,38**
operativer Gewinn II		**0,00**	**0,00**	**0,00**	0,00

Abbildung 4.4: Zusammenhang zwischen Kapitalwertermittlung, handelsrechtlicher und operativer Ergebnisermittlung

39.300,00 €. Die Verrechnung dieser kalkulatorischer Zinsen würde für alle drei Perioden ein **OPERATIVES ERGEBNIS** → GLOSSAR von jeweils 0,00 € bewirken. Das Ergebnis bringt zum Ausdruck, dass die jeweils zu Periodenbeginn vorhandenen Bankbestände mit 10 % verzinst werden müssten. Bleiben die Bankbestände unverzinst, ist das Periodenergebnis um diese Beträge niedriger.

Der handelsrechtliche Gewinn in Höhe von 99.300,00 € zeigt also explizit an, dass die Verzinsung erwirtschaftet worden ist. Die gleiche Aussage beinhaltet das operative Ergebnis von 0,00 € unter der expliziten Verrechnung der gewünschten kalkulatorischen Zinsen. Würden diese Zinsen nicht durch die Erträge (Leistungen) gedeckt, würde sich ein Verlust errechnen. Handelsrechtlich würden allerdings nach wie vor Gewinne ausgewiesen.

Die Ergebnisse der dynamischen Kapitalwertrechnung, die zu einer konkreten Investitionsentscheidung geführt haben, können also bei entsprechender Verrechnung kalkulatorischer Zinsen in der operativen Erfolgsrechnung kontrolliert und überwacht werden. Zur Ergebnisüberwachung und -kontrolle müssten die Planergebnisse mit den Istergebnissen verglichen werden. Soweit keine Abweichungen errechnet werden, werden die bei der Investitionsentscheidung gegebenen Erwartungen genau realisiert.

Perioden	1	2	3
operativer Gewinn I	0,00	13.000,00	26.300,00
handelsrechtlicher Gewinn	30.000,00	33.000,00	36.300,00
Differenzen	30.000,00	20.000,00	10.000,00

Die Ergebnisdifferenzen sind genau die kalkulatorischen Zinsen auf die (Rest-) Buchwerte der Maschine. Dass diese Ergebnisdifferenzen innerhalb der einzelnen Perioden operative Fehlsteuerungen induzieren können, ist zwar bei entsprechendem Fachwissen kaum wahrscheinlich, kann aber bei nur oberflächlichem Wissen über die Hintergründe nicht ausgeschlossen werden. Vor allem in der Periode 1 dürften sich Irritationen ergeben. Dieser Effekt könnte sich verstärken, wenn auch für die Bankbestände kalkulatorische Zinsen verrechnet werden.

Perioden	1	2	3
operativer Gewinn II	0,00	0,00	0,00
handelsrechtlicher Gewinn	30.000,00	33.000,00	36.300,00
Differenzen	30.000,00	33.000,00	36.300,00

Bei einer Vielzahl von Investitionsobjekten werden die sich die Einzeleffekte häufig nur schwer isolieren und operativ erklären lassen. Dennoch könnte die Verrechnung leistungsfixer Zinskosten in der KLR aber tatsächlich ein Weg sein, strategische Unternehmensziele in den operativen Ergebnissen implizit zu berücksichtigen.

4.5.3 Fixe Kosten als Bestandteil der periodischen Ergebniskontrolle

Entgegen den Folgerungen des strengen Verursachungsprinzips kann die leistungsbezogene, z. B. stückweise Berechnung fixer Kosten durchaus entscheidungsrelevante Einsichten vermitteln. Da leistungsfixe Kosten bei zunehmender Ausbringung (Beschäftigung) innerhalb gegebener Kapazitäten nicht zunehmen, nimmt der pro Stück berechnete Fixkostenbetrag mit zunehmender Ausbringung ab. Aufgrund der Unveränderlichkeit der Fixkosten ist die Abnahme nicht proportional, sondern degressiv, d. h. der pro Stück verrechenbare Fixkostenbetrag nimmt abnehmend ab.

Geht man realistisch davon aus, dass auch die Fixkosten durch Verkaufserlöse einer Abrechnungsperiode gedeckt werden müssen, könnte man daher folgern, dass bei zunehmender Auslastung der Kapazität pro Stück weniger Erlösbeitrag erzielt werden muss, um die Fixkosten wieder zu erwirtschaften. Für eine endgültige Entscheidung müssen selbstverständlich die hier nicht näher zu erörternden korrespondierenden bzw. gegenläufigen Marktwirkungen mitberücksichtigt werden.

Geht man von den Daten des obigen Beispiels aus, zeigt sich z. B. für die Berechnung des operativen Ergebnisses eines Abrechnungsmonates mit 30 Einsatztagen für das Fahrzeug Folgendes:

	Verbrauchs-mengen/Preise	variable Kosten	fixe Kosten
Fahrkilometer/Monat	300 km		
Verbrauch Treibstoff/Monat	600 l		
Preis/l	2,00		
Treibstoffkosten/Monat		1.200,00	
Kfz-Steuer/Monat			50,00
Versicherung/Monat			60,00
Wartung/Monat			40,00
Monatslohn			2.400,00
Arbeitgeberanteil			320,00
Berufsgenossenschaft			20,00
Abschreibung			1.000,00
kalkulatorische Zinsen			1.000,00
Summe variable Kosten		1.200,00	
Summe fixe Kosten			4.890,00
Umsatzkosten		1.200,00	
fixe Kosten			4.890,00
durchschnittliche Umsatzkosten		4,00	
durchschnittliche Fixkosten			16,30
durchschnittliche Gesamtkosten			20,30

	Verbrauchs-mengen/Preise	variable Kosten	fixe Kosten
Preis/Fahrkilometer			25,00
Deckungsbeitrag/Fahrkilometer			21,00
Umsatzerlöse Abrechnungsperiode			7.500,00
Gesamtkosten der Periode			6.090,00
operativer Gewinn			1.410,00
Break-even-point in Fahrkilometern			232,86

Grundsätzlich gilt, dass eine Proportionalisierung von Fixkosten rechnerisch einfach möglich ist und bei einer KLR, die alle Kosten, also die sogenannten **VOLLKOSTEN** → GLOSSAR, auf die Leistungen verrechnet, sogar unvermeidlich ist. Eine proportionale Verrechnung von leistungsfixen Kosten auf Leistungen bildet aber die Realität unzutreffend ab, da bewusst oder unbewusst unterstellt wird, dass die fixen Kosten sich mit der Leistung ändern. In Wirklichkeit bleiben die leistungsfixen Kosten unabhängig von der Entwicklung der Leistungen über die gesamte Abrechnungsperiode unverändert. Im Beispiel bleiben also die Fixkosten unabhängig von den gefahrenen Kilometern in unveränderlicher Höhe von 4.890,00 € bestehen. Die Proportionalisierung von Fixkosten, die sich im Beispiel als Fixkosten/Fahrkilometer in einer Spanne von 489,00 € bis 16,30 € bewegen, vermittelt den Eindruck einer **Fixkostendegression**, die in dieser Weise nicht stattfindet. Vor allen Dingen darf beim Entscheidenden nicht der Eindruck hervorgerufen werden, dass aufgrund der Fixkostendegression bei Produktion von größeren Stückzahlen eine Senkung des Erlösbeitrages möglich wäre. Im Beispiel bleiben die **Umsatzerlöse** pro Tag mit 250,00 € jeweils gleich hoch. Dies hat zur Folge, dass die **Gewinnbeiträge** bei sinkenden durchschnittlichen Fixkosten steigen. Würden aufgrund sinkender Durchschnittskosten wegen des Fixkostendegressionseffektes bei Preisverhandlungen Preissenkungen in Kauf genommen, würde der operative Gewinn sinken. Würden z. B. innerhalb der Abrechnungsperiode Preisverhandlungen einsetzen und z. B. Preisminderungen in Höhe der abnehmenden Fixkostendegressionseffekte oder der in gleicher Höhe errechneten Gewinnprogressionseffekte akzeptiert werden, würde das Periodenergebnis c.p. nicht unverändert bleiben, sondern sich z. B. bei einer Preisänderung ab dem 25. Tag um 40,75 € verschlechtern. Dieser Betrag entspricht genau der **rechnerischen** Zunahme des Stückgewinnes verursacht durch die **scheinbare** Verminderung der Fixkosten/Stck. der bis zum Monatsende noch produzierten Stückzahl:

0,8150 €/Stck. · 10 Stck. + 0,7523 €/Stck. · 10 Stck. + 0,6966 €/Stck. · 10 Stck. + 0,6468 €/Stck. · 10 Stck. + 0,6022 €/Stck. · 10 Stck. + 0,5621 €/Stck. · 10 Stck. = 40,75 €

Solche und andere Fehlinformationen können grundsätzlich vermieden werden, wenn auf die Proportionalisierung fixer Kosten der Abrechnungsperiode verzichtet wird. Für die Zwecke der leistungsbezogenen Ergebnisberechnung dürfen also keine Gewinnbeiträge, sondern nur Deckungsbeiträge errechnet werden. Deckungsbeiträge sind die (positiven) Unterschiedsbeträge zwischen dem Absatzpreis und den Grenzselbstkosten eines absatzreifen Produktes. Diese Differenzbeträge liefern einen Beitrag zur Deckung der Fixkosten einer Abrechnungsperiode. Deckungsbeiträge in diesem Sinne werden erst zu Gewinnbeiträgen, wenn der sog. **Break-even-point** → Glossar überschritten wird, das Produkt also durch die Verkaufsgeschäfte in die Gewinnzone eintritt. Dies ist dann der Fall, wenn die Summe der Deckungsbeiträge die Fixkosten im Grenzfall um 1 Cent überschreitet. Die Verkaufsmenge, die den Eintritt in die Gewinnzone ermöglicht, kann durch Division der gesamten Fixkosten einer Abrechnungsperiode durch den Deckungsbeitrag/Leistungseinheit ermittelt werden. Für das Beispiel gilt also:

$$\text{Break-even-point} = \frac{\text{Fixkosten der Abrechnungsperiode}}{\text{Deckungsbeitrag/Fahrtagkilometer}}$$

$$= \frac{4.890{,}00\,€ \cdot 10\,\text{km}}{210{,}00\,€}$$

$$= 232{,}86\,\text{km}$$

Nach ca. 233 gefahrenen Kilometern wird innerhalb der betrachteten Abrechnungsperiode die Gewinnzone erreicht. Den Eintritt in die Gewinnzone bildet allerdings auch die Gewinnberechnung auf der Basis durchschnittlicher Gesamtkosten zutreffend ab. Auch das operative Periodengesamtergebnis wird in gleicher Höhe ausgewiesen, da insgesamt dieselben Umsatzerlöse und Gesamtkosten verrechnet werden. Die Zurechung der Gesamtkosten auf die in der Abrechnungsperiode verkauften Leistungen kann Fehlentscheidungen zur Folge haben. Diese Gefahr wird umso größer je zahlreicher die Produktarten bzw. die Produktvarianten sind. Unzutreffende Abbildungen der tatsächlichen Unternehmensverläufe gewährleisten allenfalls zufällig richtige operative Entscheidungen.

Obige Aussagen gelten auch, wenn die Tagesfahrleistung des Fahrzeuges variiert wird. Die Verbundeffekte zwischen den pro Tag oder innerhalb der betrachteten Abrechnungsperioden erbrachten Leistungen bleiben bestehen. Dies gilt grundsätzlich auch für die Leistungen des Fahrzeuges über dessen gesamte Nutzungsdauer.

4.5.4 Fixe Kosten zur Leer- bzw. Nutzkostenanalyse von Kapazitäten

Im Zusammenhang mit Auslastung der Kapazität hat vor allem GUTENBERG die Unterteilung der Fixkosten in Nutz- und Leerkosten genauer untersucht [vgl. GUTENBERG, 1968, S. 336ff.]. Bei Vollbeschäftigung sind alle Fixkosten zugleich Nutzkosten, bei rückläufiger Beschäftigung nimmt der Anteil der Leerkosten innerhalb des Fixkostenblockes zu. Als Nutz- oder Leerkosten variieren die intervallfixen Kosten somit mit der Beschäftigung. GUTENBERG spricht in diesem Fall sogar von Grenz-Leerkosten [vgl. GUTENBERG, 1968, S. 337]. Im Gegensatz zur leistungsbezogenen Fixkostendegression sind die leistungs- bzw. stückbezogenen Grenz-Leerkosten konstant und negativ.

Die Nutzkostenanalyse kann für die Vorbereitung oder Kontrolle strategischer Entscheidungen von Bedeutung sein. So können z. B. Aussagen wie „bei einer Auslastung der Kapazität von 80 % werden für eine Maschine 4.000,00 € Nutzkosten und 1.000,00 € Leerkosten verursacht“ oder „durch eine weitere Erhöhung der Nutzkosten erreichen wir eine Verbesserung unserer Stückkostenstruktur“ evtl. Bedeutung für die Kontrolle vergangener Investitionsentscheidungen besitzen. Allerdings sollten aus Analysen über Beschäftigungsschwankungen und daraus resultierenden Aussagen über die Höhe der Änderungen von Nutz- und Leerkosten nicht der Eindruck erweckt werden, dass insoweit veränderliche Kosten, z. B. in Form von „Grenzkosten“, verursacht werden. Ungeachtet der Kapazitätsauslastung bleiben die einer Nutzkostenanalyse unterzogenen Fixkosten stets gleich hoch und müssen durch die aus Verkaufsgeschäften erzielten Deckungsbeiträge operativ in unveränderter Höhe abgedeckt werden → vgl. Abbildung. 4.5.

4.5.5 Exakte Aufteilung von Mischkosten als unlösbares Problem der Kosten- und Leistungsrechnung

Bei Beachtung des strengen Verursachungsprinzips dürften den erbrachten Leistungen nur die durch sie verursachten Einzelkosten zugerechnet werden. Diese rigide Interpretation des Verursachungsprinzips würde für eine Vielzahl von in der Praxis erforderlichen operativen Entscheidungen kaum nützlich sein. Daher wird versucht, variable Gemeinkosten im Schätzwege auf einzelne Leistungen zu verrechnen. Hilfsmittel dafür sind Verrechnungsgrößen, Gewichtsgrößen, Bezugsgrößen oder Verteilungsgrößen. Früher war für diese Verrechnungsgrößen zusammenfassend der Ausdruck **Schlüsselgrößen** üblich. Selbst bei dieser „abgemilderten“ Interpretation des Verursachungsprinzips kann die Ansicht vertreten werden, dass Gemeinkosten immer zugleich variable Kosten sein müssen, da die Bezugsgröße für die Verwendung des Begriffes Gemeinkosten bei operativer Betrachtung die gesamte Leistungserstellung einer Abrechnungsperiode sein muss. Gemeinkosten entstehen also nur, wenn produziert wird, sind der gesamten Leistungserstellung oder Teilen davon folglich nur gemein-

Arbeitstage	1	2	3	…	22	23	24	25	…	28	29	30
Fahrkilometer/Tag	10	10	10	…	10	10	10	10	…	10	10	10
summierte Fahrkilometer	10	20	30		220	230	240	250		280	290	300
Preis/km	25	25	25	…	25	25	25	25	…	25	25	25
Umsatzerlöse	250	250	250	…	250	250	250	250	…	250	250	250
summierte Umsatzerlöse	250	500	750	…	5.500	5.750	6.000	6.250	…	7.000	7.250	7.500
Umsatzkosten/Fahrtag	40	40	40	…	40	40	40	40	…	40	40	40
Deckungsbeitrag/Fahrtag	210	210	210	…	210	210	210	210	…	210	210	210
Summierte Deckungsbeiträge	210	420	630	…	4.620	4.830	5.040	5.250	…	5.880	6.090	6.300
Fixkosten/Monat	4.890	4.890	4.890	…	4.890	4.890	4.890	4.890	…	4.890	4.890	4.890
operatives Ergebnis summiert	-4.680	-4.470	-4.260	…	-270	-60	150	360	…	990	1.200	1.410
Break-even-point km							232,86					
durchschnittliche Fixkosten	489,00	244,50	163,00	…	22,23	21,26	20,38	19,56	…	17,46	16,86	16,30
Fixkostendegressionsbetrag		-244,50	-81,50	…	…	-0,97	-0,89	-0,82		-0,65	-0,60	-0,56
Gesamtkosten summiert	4930	4970	5010	…	5.770	5.810	5.850	5.890	…	6.010	6.050	6.090
durchschnittliche Gesamtkosten	493,00	248,50	167,00	…	26,23	25,26	24,38	23,56	…	21,46	20,86	20,30
Gewinnbeitrag/Fahrkilometer	-468,00	-223,50	-142,00	…	-1,23	-0,26	0,63	1,44	…	3,54	4,14	4,70
Gewinnprogressionsbetrag		244,50	81,50	…	…	0,97	0,89	0,82	…	0,65	0,60	0,56
operatives Ergebnis summiert	-4.680	-4470	-4260	…	-270	-60	150	360	…	990	1.200	1.410

Abbildung 4.5: Deckungsbeitragsrechnung und Ergebnisermittlung für ein „Ein-Produkt-Unternehmen“

sam zurechenbar. Werteverzehre, die auch entstehen, wenn in der Abrechnungsperiode nicht (oder nicht in voller Auslastung) produziert wird, sind nicht leistungsverursacht, sondern in aller Regel zeitverursacht. Will man solche Werteverzehre z. B. aus oben genannten Gründen dennoch in einer operativen KLR berücksichtigen, kann man von **FIXEN KOSTEN** → GLOSSAR sprechen. Fixe Kosten sind aber keine Gemeinkosten, wenn man das Verursachungsprinzip in der erwähnten Weise interpretiert. Bei strenger oder abgemildeter Betrachtung des Verursachungsprinzips dürfen daher fixe Kosten nicht auf die Leistungen verrechnet werden bzw. werden von vornherein nicht als Kosten erfasst.

Soll diese Grundregel innerhalb der KLR beachtet werden, sieht man sich allerdings mit dem sog. „Mischkostenproblem“ konfrontiert.

MISCHKOSTEN → GLOSSAR sind Primärkostenarten die teilweise leistungsabhängig verursacht werden, ohne dass eine eindeutige Abgrenzung der leistungsabhängigen Werteverzehre möglich wäre. Mischkostenarten enthalten also stets zugleich leistungs- und zeitabhängige Werteverzehre. Eine für eine verursachungsgerechte Kostenzurechnung unbedingt erforderliche Ermittlung aller variablen Kosten ist daher nur durch Schätzung möglich.

Typische Beispiele von Mischkosten sind kalkulatorische Abschreibungen für Anlagegegenstände im Fertigungsbereich, da sich regelmäßig verschleißbedingte Abschreibungsursachen mit witterungsbedingten und wirtschaftlichen Ursachen überlagern. Abschreibungen im Verwaltungsbereich sind hingegen mangels Produktionsbezug in voller Höhe fixe Kosten. Weiterhin sind alle Kostenarten, für die Anschlussgebühren entrichtet werden müssen, grundsätzlich Mischkosten. Ohne die Zahlung von zeitabhängigen Anschlussgebühren wäre der an sich leistungsbezogene Verbrauch nicht möglich. Solche Mischkosten treten insbesondere bei fremdbezogenen Energien, also Strom, Gas und Wasser auf. Im Bereich der Personalkosten tritt bei Akkordlohnkosten das Mischkostenproblem auf. Während Lohn- und Gehaltskosten regelmäßig leistungsfixe Kosten darstellen, errechnen sich Akkordlohnzahlungen aus einem rein zeitabhängigen und einem leistungsabhängigen Anteil, stellen also keine Leistungseinzelkosten, sondern bezüglich ihres leistungsabhängigen Anteils variable Gemeinkosten dar.

Für die Aufspaltung von Mischkosten werden in der Literatur eine Reihe von Verfahren angeboten, z. B. buchtechnische, statistische oder mathematische Verfahren der Kostenauflösung [vgl. dazu stellvertretend z. B. COENENBERG, 2003, S. 36 ff.]. Für die Zwecke der Kostenplanung wird aber allein die **planmäßige Kostenauflösung** als geeignet angesehen [vgl. dazu KILGER, 1993, S. 352], die weniger mit induktiven, sondern mehr mit deduktiven Verfahren arbeitet. Dennoch bietet sich auch für diese Fälle die Verwendung von sog. **Variatoren** an, damit der Schätzcharakter der planmäßig errechneten variablen Gemeinkosten nicht verdeckt wird, da auch durch planmäßige Kostenaufteilung keine exakte Spaltung von Mischkosten in variable Gemeinkosten und Fixkosten möglich ist. Die Variatoren können als Prozentzahl oder als absolute Werte vorgegeben werden. Ein Variator von 60 % bedeutet z. B., dass 60 % der erfassten Mischkosten in der Abrechnungsperiode als variable Gemeinkosten verrechnet werden.

Das Dilemma der Existenz von Mischkosten führt also dazu, dass selbst die variablen Gemeinkosten nicht exakt berechnet werden können. Nach einer Aufspaltung von Mischkosten können – ohne dass dies belegt bzw. überprüft werden kann – in den variablen Gemeinkosten **latente Fixkosten** bzw. in den Fixkosten **latente variable Kosten** enthalten sein.

Was bedeutet diese Erkenntnis für die Berechnung von leistungsbezogenen Preisuntergrenzen in Form von Grenzselbstkosten für einzelne Produkte?

1. Die Grenzselbstkosten können als Preisuntergrenze exakt ermittelt werden, wenn den Produkten aus der Gruppe der variablen Kosten nur die Produkteinzelkosten zugerechnet werden.
2. Werden in den Grenzselbstkosten aus der Gruppe der variablen Kosten nur die Gemeinkosten verrechnet, die nicht zugleich Mischkosten sind, ist eine Aufteilung nur im Schätzwege möglich. Eine eindeutige Preisuntergrenze kann nicht berechnet werden. Bereits unter diesen Voraussetzungen ist es wohl zweckmäßiger, für Entscheidungen auf der Basis von Preisuntergrenzen mit Intervallen zu rechnen.
3. Werden überdies in die Grenzselbstkosten „variable" Gemeinkostenanteile aus aufgespaltenen Mischkostenarten eingerechnet, droht die Verrechnung latenter Fixkosten in den Grenzselbstkosten. Werden nicht alle variablen Anteile durch die Aufspaltung erfasst, werden nicht alle variablen Kosten auf dem Schätzwege in die Grenzselbstkosten der Leistungen eingerechnet.

Fazit: Aufgrund der Existenz von Gemeinkosten können keine exakten Grenzselbstkosten berechnet werden. Aufgrund der Existenz von Mischkosten besteht grundsätzlich die Gefahr, dass in entscheidungsrelevanten Preisuntergrenzen nicht entscheidungsrelevante latente Fixkosten enthalten sind. Die in der Grundrichtung an sich zutreffende These:

> „... Einzelkosten und von der Beschäftigung abhängige Gemeinkosten (variable Gemeinkostenanteile) sind bei Entscheidungen über das Produktions- und Absatzprogramm, also über das Beschäftigungsprogramm, stets entscheidungsrelevant." [Kloock, 1997, S. 77],

muss insoweit eingeschränkt werden.

4.6 Zusammenfassende Darstellung der Zusammenhänge zwischen Einzel- und Gemeinkosten, fixen und variablen Kosten sowie Mischkosten

Die Unterscheidung von leistungsbezogenen Einzel- und Gemeinkosten folgt aus der Beachtung des Verursachungsprinzips. Bei streng aufgefasstem Verursachungsprinzip werden auf die Leistungen nur die von einzelnen Leistungen verursachten Kosten zugerechnet. Eine solche Berechnung der Grenzselbstkosten erfolgt in Kosten- und Leistungsrechnungssystemen, die als **Einzelkostenrechnungen** bezeichnet werden. Bei weniger strenger Interpretation des Verursachungsprinzips werden auf die einzelnen Leistungen zur Berechnung der Grenzselbstkosten neben den Einzelkosten auch die variablen Gemeinkosten ohne Mischkostenanteile (Stufe I) oder mit Mischkostenanteilen (Stufe II) verrechnet. Kosten- und Leistungsrechnungssysteme, in denen die Grenzselbstkosten in dieser Weise ermitteln werden, werden als **Grenzkostenrechnungen** bezeichnet, wobei in der Fachbezeichnung die unterschiedlichen Berechnungsmethoden der Grenzselbstkosten nicht zum Ausdruck kommen. Werden keine Grenzselbstkosten im hier verstandenen Sinne ermittelt, sondern werden auf alle Leistungen einer Abrechnungsperiode alle Kosten einer Abrechnungsperiode und zwar unabhängig davon, ob sie von diesen Leistungen verursacht wurden, verrechnet, spricht man von **Vollselbstkosten**. Kosten- und Leistungsrechnungssysteme, die die Vollselbstkosten in dieser Weise ermitteln, werden als **Vollkostenrechnungen** bezeichnet. Einzelkostenrechnungen und Grenzkostenrechnungen werden im Unterschied zu Vollkostenrechnungen oft auch als **Teilkostenrechnungen** bezeichnet. Alle Kostenrechnungssysteme müssen grundsätzlich mit Planwerten und mit Istwerten geführt werden. Aus der Kombination dieser Merkmale leiten sich dann die Fachbezeichnungen Grenz-Plankostenrechnung oder Voll-Plankostenrechnung. Dabei ist aber zu beachten, dass z. B. Grenz-Plankostenrechnungen wie schon früher angesprochen stets auch ein Istkostenrechnungssystem in gleicher Ausbaustufe enthalten müssen, da andernfalls keine sinnvolle **WIRTSCHAFTLICHKEITSKONTROLLE** → GLOSSAR durchgeführt werden kann → vgl. Abbildung 4.6.

Alle Produkteinzelkosten sind stets zugleich variable Kosten. In einer Grenzkostenrechnung sind die Gemeinkosten zugleich variable Kosten, wenn in den Mischkosten keine fixen Anteile enthalten sind. Fixe Kosten sind als periodenverursachte Kosten in einer Grenzkostenrechnung keine Gemeinkosten der in der Abrechnungsperiode produzierten Leistungseinheiten. In einer Vollkostenrechnung kann zwischen Einzel- und Gemeinkosten unterschieden werden. Eine Aufspaltung von variablen und fixen Kosten erfolgt zumindest für die Verrechnung auf die Leistungseinheiten nicht. In einer Vollkostenrechnung sind also auch fixe Kosten Produktgemeinkosten → vgl. Abbildung 4.7.

Die verschiedenen Zusammenhänge werden nachfolgend an einem weiteren Zahlenbeispiel sowie grafisch verdeutlicht.

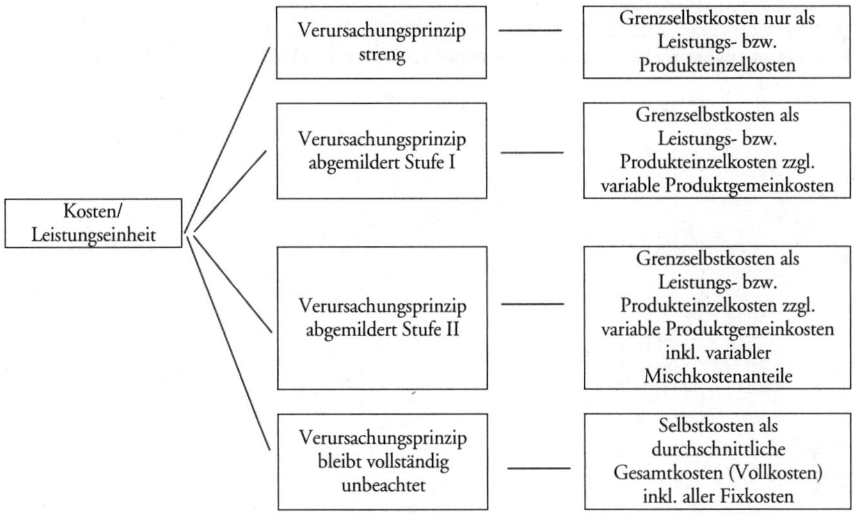

Abbildung 4.6: Berechnung der Kosten/Leistungseinheit bei unterschiedlicher Interpretation des Verursachungsprinzips

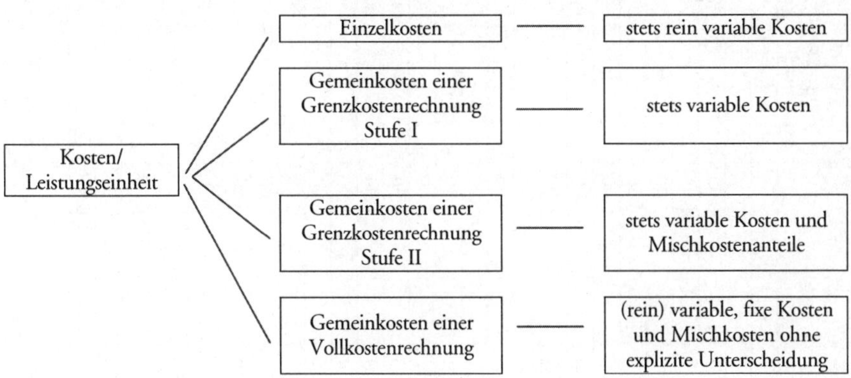

Abbildung 4.7: Berechnung der Kosten/Leistungseinheit unter Beachtung von Einzel- und Gemeinkosten bzw. rein variablen und rein fixen Kosten sowie Mischkosten

Beschäftigung	Stck.	Einzelkosten	variable Gemeinkosten ohne Mischkosten	Grenzselbstkosten Stufe I	durchschnittliche variable Selbstkosten	Fixe Kosten	Vollselbstkosten
		k_{ek}	k_{var}	k_{grenz}	k_v	K_F	k_{voll}
0 %	0			0,00	0,00	100,00	
4 %	1	6,00	4,00	10,00	10,00	100,00	110,00
8 %	2	6,00	4,00	10,00	10,00	100,00	60,00
12 %	3	6,00	4,00	10,00	10,00	100,00	43,33
16 %	4	6,00	4,00	10,00	10,00	100,00	35,00
20 %	5	6,00	4,00	10,00	10,00	100,00	30,00
24 %	6	6,00	4,00	10,00	10,00	100,00	26,67
28 %	7	6,00	4,00	10,00	10,00	100,00	24,29
32 %	8	6,00	4,00	10,00	10,00	100,00	22,50
36 %	9	6,00	4,00	10,00	10,00	100,00	21,11
40 %	10	6,00	4,00	10,00	10,00	100,00	20,00
44 %	11	6,00	4,00	10,00	10,00	100,00	19,09
48 %	12	6,00	4,00	10,00	10,00	100,00	18,33
52 %	13	6,00	4,00	10,00	10,00	100,00	17,69
56 %	14	6,00	4,00	10,00	10,00	100,00	17,14
60 %	15	6,00	4,00	10,00	10,00	100,00	16,67
64 %	16	6,00	4,00	10,00	10,00	100,00	16,25
68 %	17	6,00	4,00	10,00	10,00	100,00	15,88
72 %	18	6,00	4,00	10,00	10,00	100,00	15,56
76 %	19	6,00	4,00	10,00	10,00	100,00	15,26
80 %	20	6,00	4,00	10,00	10,00	100,00	15,00
84 %	21	6,00	4,00	10,00	10,00	100,00	14,76
88 %	22	6,00	4,00	10,00	10,00	100,00	14,55
92 %	23	6,00	4,00	10,00	10,00	100,00	14,35
96 %	24	6,00	4,00	10,00	10,00	100,00	14,17
100 %	25	6,00	4,00	10,00	10,00	100,00	14,00

Abbildung 4.8: Kostenänderungen bei Beschäftigungsänderungen

Beschäftigung	Stck.	Fixe Kosten	Gesamte variable Kosten	Vollkosten	Nutzkosten	Leerkosten
		K_{fix}	K_{var}	K_{voll}	K_{nutz}	K_{leer}
0 %	0	100,00	0,00	100,00	0,00	100,00
4 %	1	100,00	10,00	110,00	4,00	96,00
8 %	2	100,00	20,00	120,00	8,00	92,00
12 %	3	100,00	30,00	130,00	12,00	88,00
16 %	4	100,00	40,00	140,00	16,00	84,00
20 %	5	100,00	50,00	150,00	20,00	80,00
24 %	6	100,00	60,00	160,00	24,00	76,00
28 %	7	100,00	70,00	170,00	28,00	72,00
32 %	8	100,00	80,00	180,00	32,00	68,00
36 %	9	100,00	90,00	190,00	36,00	64,00
40 %	10	100,00	100,00	200,00	40,00	60,00
44 %	11	100,00	110,00	210,00	44,00	56,00
48 %	12	100,00	120,00	220,00	48,00	52,00
52 %	13	100,00	130,00	230,00	52,00	48,00
56 %	14	100,00	140,00	240,00	56,00	44,00
60 %	15	100,00	150,00	250,00	60,00	40,00
64 %	16	100,00	160,00	260,00	64,00	36,00
68 %	17	100,00	170,00	270,00	68,00	32,00
72 %	18	100,00	180,00	280,00	72,00	28,00
76 %	19	100,00	190,00	290,00	76,00	24,00
80 %	20	100,00	200,00	300,00	80,00	20,00
84 %	21	100,00	210,00	310,00	84,00	16,00
88 %	22	100,00	220,00	320,00	88,00	12,00
92 %	23	100,00	230,00	330,00	92,00	8,00
96 %	24	100,00	240,00	340,00	96,00	4,00
100 %	25	100,00	250,00	350,00	100,00	0,00

Abbildung 4.8: Fortsetzung

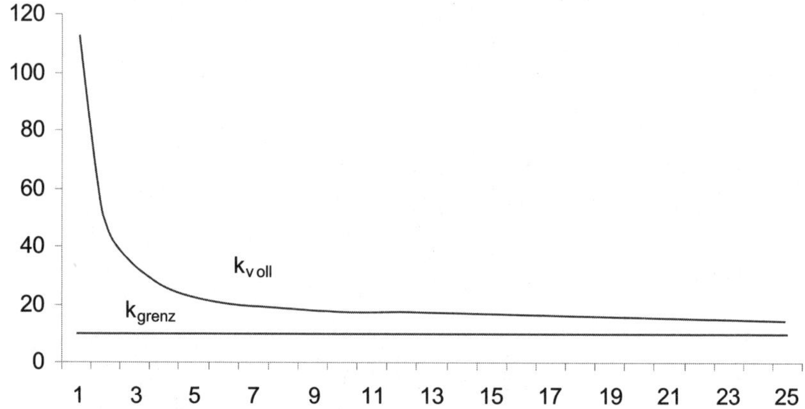

Abbildung 4.9: Kostenverläufe bei Zurechnung auf einzelne Leistungseinheiten

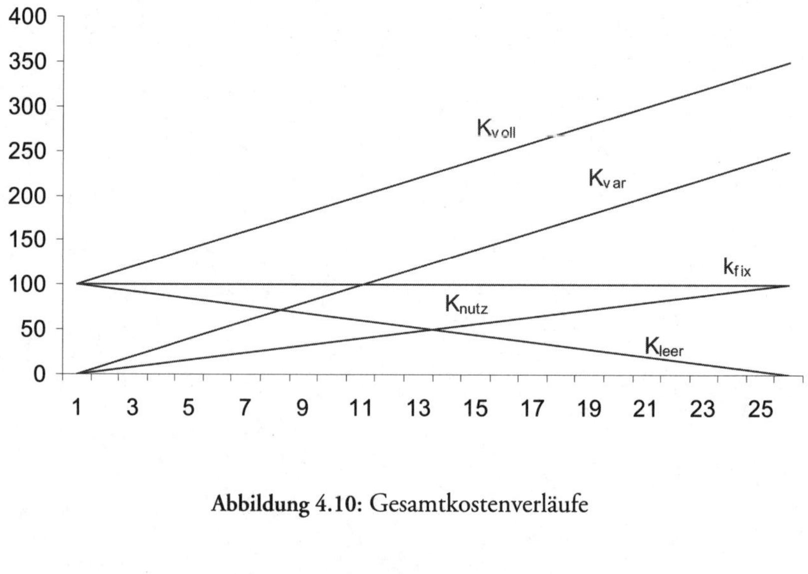

Abbildung 4.10: Gesamtkostenverläufe

Grundsätzlich wäre schließlich noch anzumerken, dass die Begriffe Einzel- und Gemeinkosten in der Literatur nicht nur leistungsbezogen, sondern auch auf andere Zurechnungseinheiten bezogen werden. Dementsprechend unterscheidet man z. B. zwischen Kostenstelleneinzel- und **KOSTENSTELLENGEMEINKOSTEN** → GLOSSAR. Damit soll ausgedrückt werden, dass Produktgemeinkosten zwar nicht den Produkten, wohl aber den Orten der Kostenverursachung, also den **KOSTENSTELLEN** → GLOSSAR exakt und gesondert zugerechnet werden können. Kostenstelleneinzelkosten können aber auch Mischkosten oder fixe Kosten sein. So können z. B. die Gehaltskosten von Angestellten den Verwaltungsbereichen, denen sie organisatorisch zugeordnet sind, eindeutig zugerechnet werden. In Bezug auf die Zweckleistung liegen aber eindeutig fixe Kosten vor, die den Leistungseinheiten generell nicht verursachungsgerecht zugerechnet werden können.

Leistungseinzelkosten bzw. Produkteinzelkosten werden in traditionellen Kosten- und Leistungsrechnungssystemen den Kostenstellen niemals zugerechnet. Eine solche Zurechnung würde eine gegenüber der traditionellen Vorgehensweise anders geartete Vorgehensweise erforderlich machen. Die KLR wäre dann als wertschöpfungsbegleitende Rechnung zu gestalten. Streng genommen müssten dann z. B. die Rohstoffkosten nicht mehr den Produkten als Einzelkosten zugerechnet werden. Sie wären vielmehr den Verbrauchsorten z. B. als Kostenstelleneinzelkosten zuzurechnen. Den Produkten würden dann als letzten Wertschöpfungsträger (nahezu) ausnahmslos nur noch Sekundärkosten, aber keine Primärkosten zugerechnet werden. Zweifellos liegt diese Art der zahlenmäßigen Abbildung der Realität näher an den wirklichen Abläufen, hat sich aber in der Praxis eher noch selten durchgesetzt. Im Weiteren werden folglich die traditionellen Abrechnungsmethoden im Vordergrund stehen.

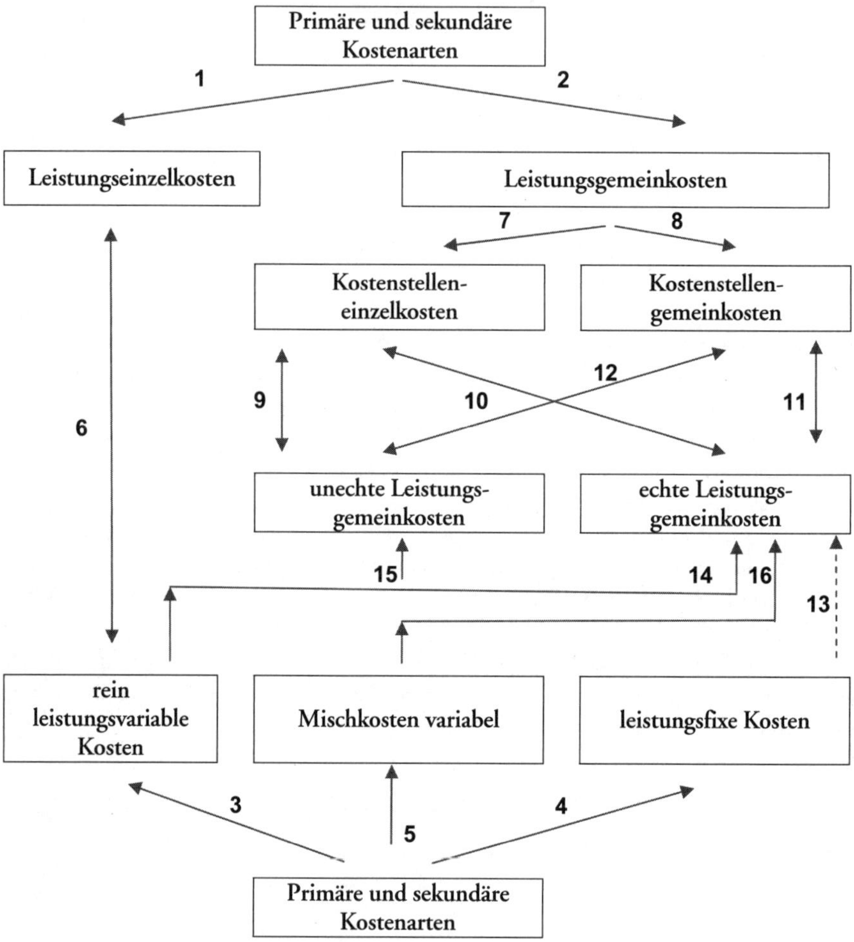

Abbildung 4.11: Begriffliche Zusammenhänge zwischen Einzelkosten, Gemeinkosten, leistungsvariablen und leistungsfixen Kosten

Legende zu Abbildung 4.11:

1. Leistungseinzelkosten: den Leistungen, z. B. Produkten, eindeutig verursachungsgerecht zurechenbare Kosten, z. B. Rohstoffkosten, Sondereinzelkosten der Fertigung oder des Vertriebs.
2. Leistungsgemeinkosten: tatsächlich nicht gesondert pro Leistung erfasste oder erfassbare Kosten, z. B. Gehaltskosten, kalkulatorische Abschreibungen, Hilfs- oder Betriebsstoffkosten, Stromkosten.
3. rein leistungsvariable Kosten: entweder Leistungseinzelkosten gemäß 1. oder unechte Leistungsgemeinkosten, z. B. Hilfsstoffkosten oder Energiekosten ohne Anschlussbeiträge.
4. Rein leistungsfixe Kosten (immer zugleich echte Leistungsgemeinkosten): z. B. Miet-, Gehalts-, Steuer- oder bestimmte Zinskosten.
5. Mischkosten (immer zugleich echte Leistungsgemeinkosten, da keine exakte Trennung in rein leistungsvariable und rein leistungsfixe Kosten möglich ist): z. B. kalkulatorische Abschreibungen im Fertigungsbereich, Akkordlohnkosten, Energiekosten mit festen Anschlussgebühren.
6. Leistungsvariable Leistungseinzelkosten: → vgl. 1.
7. Leistungsgemeinkosten, zugleich Kostenstelleneinzelkosten: z. B. Gehaltskosten, kalkulatorische Maschinenabschreibungen, Hilfsstoff- und Betriebsstoffkosten.
8. Leistungsgemeinkosten zugleich Kostenstellengemeinkosten: z. B. Mietkosten, Substanzsteuerkosten, kalkulatorische Gebäudeabschreibung.
9. Kostenstelleneinzelkosten, zugleich unechte Leistungsgemeinkosten: z. B. produktionsbedingte Energiekosten soweit durch Zähleinrichtungen pro Kostenstelle messbar, Hilfsstoffkosten.
10. Kostenstelleneinzelkosten, zugleich echte Leistungsgemeinkosten: z. B. Gehaltskosten, bestimmte Betriebsstoffkosten, z. B. im Verwaltungsbereich, nicht einzeln zurechenbare produktionsbedingte Energiekosten, z. B. Beleuchtungskosten.
11. Kostenstellengemeinkosten, zugleich echte Leistungsgemeinkosten: z. B. Mietkosten, Substanzsteuerkosten, kalkulatorischer Unternehmerlohn, kalkulatorische Gebäudeabschreibung.
12. Kostenstellengemeinkosten, zugleich unechte Leistungsgemeinkosten: z. B. produktionsabhängige innerbetriebliche Transportkosten als unechte Kostenstellengemeinkosten, (aber evtl. Sekundärkostenberechnung erforderlich!).
13. Echte Leistungsgemeinkosten, zugleich leistungsfixe Kosten: z. B. Mietkosten, Substanzsteuerkosten, Gehaltskosten, kalkulatorischer Unternehmerlohn. Anm.: Die Linie wurde gestrichelt gezeichnet, da in einer Grenzkostenrechnung leistungsfixe Kosten streng genommen keine Gemeinkosten sind.
14. Echte Leistungsgemeinkosten, zugleich leistungsvariable Kosten: z. B. bestimmte Betriebsstoffkosten, z. B. Schmierkosten, Kosten der Kuppelproduktion.
15. Unechte Leistungsgemeinkosten, zugleich leistungsvariable Kosten: z. B. Hilfsstoffkosten, bestimmte Energiekosten, soweit keine Mischkosten.
16. Mischkosten sind immer zugleich echte Leistungsgemeinkosten, dies kann auch die vorherige Aufspaltung in einen leistungsvariablen und einen leistungsfixen Anteil nicht vermieden bzw. verdeckt werden: z. B. kalkulatorische Abschreibungen oder Akkordlohnkosten, Energiekosten mit Anschlussgebühren, Kommunikationskosten mit Anschlussgebühren.

Zusammenfassung

Die Gliederung von Primär- und Sekundärkostenarten nach ihrer verursachungsgerechten Verrechnungsmöglichkeit auf die Leistungseinheiten führt zur Unterscheidung von Einzel- und Gemeinkosten. Bei strenger Interpretation des Verursachungsprinzips dürften danach nur Einzelkosten auf die Produktions- bzw. Absatzleistungen verrechnet werden. Eine derart rigide Interpretation des Verursachungsprinzips würde aber vielen praktischen Fragestellungen nicht gerecht, da es innerhalb der Gemeinkosten solche Kostenarten gibt, die nur entstehen, wenn produziert wird und solche, die auch entstehen, wenn in der Abrechnungsperiode nicht produziert wird. Für viele praktische Fragestellungen ist neben der Unterscheidung von Einzel- und Gemeinkosten daher auch eine Unterscheidung von leistungsvariablen und leistungsfixen Kosten erforderlich. Dabei gilt, dass Leistungseinzelkosten stets zugleich leistungsvariable Kosten sind. Bei strenger Interpretation könnte die Auffassung vertreten werden, dass leistungsfixe Kosten keine Gemeinkosten sind, da sie von der Leistungserstellung der Abrechnungsperiode nicht gemeinsam verursacht werden, sondern als Bereitschaftskosten auch entstehen, wenn diese Leistungen nicht produziert werden. Leider ist wegen ihres Mischkostencharakters für eine Vielzahl von Primärkostenarten keine eindeutige Trennung von leistungsvariablen und leistungsfixen Kosten möglich. Der Versuch, die exakten Grenzkosten auf die Leistungen zu verrechnen, also die Kosten verursachungsgerecht zu verrechnen, die zusätzlich entstehen, wenn eine Leistungseinheit zusätzlich produziert wird, scheitert mindestens an zwei Phänomenen:

1. Neben Leistungseinzelkosten gibt es auch echte variable Leistungsgemeinkosten, die niemals verursachungsgerecht als Leistungseinzelkosten verrechnet werden können.
2. Innerhalb der variablen Leistungsgemeinkosten gibt es Mischkosten, deren variabler Anteil nicht exakt festgestellt werden kann. Damit ist auch die Summe der pro Leistungseinheit oder insgesamt errechneten variablen Gemeinkosten einer Abrechnungsperiode keine eindeutige Größe.

Kontrollfragen

1. Was besagt das Kostenverursachungsprinzip und wie lässt sich seine Beachtung für die Verrechnung von Primär- oder Sekundärkosten auf produktions- und Absatzleistungen einer Abrechnungsperiode begründen?
2. Wie sind Einzel- und Gemeinkosten definiert? Was versteht man unter unechten Gemeinkosten?

3. Warum benötigt man neben der Unterteilung nach Einzel - und Gemeinkosten eine Gliederung von variablen und fixen Kosten?
4. Wie sind Grenzkosten definiert?
5. Was versteht man unter Mischkosten?
6. Kann durch die Unterscheidung von fixen und variablen Kosten das Dilemma der Gemeinkostenverrechnung gelöst werden?
7. Wann erscheint es zweckmäßig, fixe Kosten nicht als Gemeinkosten zu definieren?
8. Welchem Zweck dient die Unterscheidung von Einzel- und Gemeinkosten auf andere Zurechnungsgrößen, z. B. auf Kostenstellen? Können z. B. Kostenstelleneinzelkosten verursachungsgerecht auf die Leistungen der Abrechnungsperiode verrechnet werden?
9. Der Block der fixen Kosten kann in Nutz- und Leerkosten aufgeteilt werden. Welcher Zusammenhang besteht zwischen Änderungen der Nutz- und Leerkostenanteile bei rückläufiger Beschäftigung mit den leistungsvariablen Kosten der Abrechnungsperiode?
10. Sind veränderliche Kosten der Abrechnungsperiode stets zugleich leistungsvariable Kosten? Wie lassen sich evtl. Unterschiede erklären?
11. Können veränderliche Kosten der Abrechnungsperiode zugleich fixe Kosten sein?

Zweiter Teil: Praktische Verwirklichung einer Kosten- und Leistungsrechnung

5 Abrechnungsbereiche und organisatorischer Aufbau einer Kosten- und Leistungsrechnung

5.1 Einrichtung einer Leistungsartenrechnung

Da ohne Leistungen keine Kosten verursacht werden, müssen bei Einrichtung einer KLR oder bei der Entwicklung neuer Absatzleistungen zuerst die Leistungen eines Unternehmens definiert werden. Dazu ist eine **LEISTUNGSARTENRECHNUNG** → GLOSSAR einzurichten.

Für die Erfassung von Absatzleistungen hat die Leistungsartenrechnung folgende **Teilaufgaben** zu erfüllen:

Teilaufgaben zur Erfassung der Leistungsarten

- Definition des anzuwendenden Leistungsbegriffes z. B. Abgrenzung von pagatorischen und/oder wertmäßigen Leistungen auf der Grundlage des allgemeinen Leistungsbegriffes
- genaue Abgrenzung der betrieblichen Leistungsarten. Fehler bei der Abgrenzung von Leistungsarten hätten unweigerlich Fehler bei der verursachungsgerechten Kostenzurechnung zur Folge.
- Übernahme der Grundleistungen aus den Umsatzerlösen der Finanzbuchführung oder anderen organisatorischen Vorsystemen, z. B. aus der Debitorenbuchhaltung
- Erfassung von kalkulatorischen zeitverschiedenen und wertverschiedenen Andersleistungen
- evtl. Erfassung von Zusatzleistungen

Teilaufgaben zur **Bewertung** der **Außenleistungen:**

Im Regelfall werden als Außenleistungen die in der Finanzbuchführung verbuchten Umsatzerlöse angesetzt. Je nach Abrechnungszweck können zukünftige Absatzpreisänderungen als wertverschiedene Andersleistungen erfasst werden. Bei Exportumsätzen kann überdies ein evtl. Wechselkursrisiko explizit berücksichtigt werden.

5.2 Einrichtung einer Kostenartenrechnung

Nach der Abgrenzung der Leistungen einer Abrechnungsperiode werden die durch diese Leistungen verursachten Kosten pro (Produktions- oder Absatz-) Leistung (z. B. Stck.) erfasst. Dazu müssen zunächst die gesamten **primären** Kosten einer Abrechnungsperiode erfasst werden. Diese Aufgabe wird von der **KOSTENARTENRECHNUNG** → GLOSSAR übernommen, die am besten tabellarisch durchgeführt wird. Die Kostenartenrechnung geht also

- erstens der Frage nach, welche Kosten bei Anwendung des für die Erfassung geltenden Kostenbegriffes zu erfassen sind und
- zweitens hat die Kostenartenrechnung zu klären, wie diese Kosten unter Beachtung des Verursachungsprinzips zu verrechnen sind.

Grundsätzliche Fragen zur Verrechenbarkeit der Primärkosten als Einzel- oder Gemeinkosten sowie als fixe oder variable Kosten sind also von der Kostenartenrechnung zu beantworten.

Im Einzelnen hat die Kostenartenrechnung folgende **Teilaufgaben** zu erfüllen:

1. Teilaufgaben zur **Erfassung** der Kostenarten
   - Definition des anzuwendenden Kostenbegriffes z. B. Abgrenzung von pagatorischen und/oder wertmäßigen Kosten auf der Grundlage des allgemeinen Kostenbegriffes
   - Definition und Abgrenzung der verschiedenen primären Kostenarten
   - Übernahme der Grundkostenbeträge pro Kostenart aus den Zweckaufwendungen der Finanzbuchführung oder anderen organisatorischen Vorsystemen, z. B. aus der Materialwirtschaft oder einem Produktionsplanungssystem
   - Erfassung von kalkulatorischen zeitverschiedenen und wertverschiedenen Anderskosten
   - evtl. Erfassung von Zusatzkosten
   - Abgrenzung von pagatorischen Kosten für die Kostenkontrolle und von wertmäßigen Kosten für die Vorbereitung operativer Entscheidungen
2. Teilaufgaben zur **Verrechnung** der erfassten Kostenarten auf die Leistungen (Produkte)
   2.1. Gliederung der erfassten Kostenarten nach ihrer **verursachungsgerechten Verrechnungsmöglichkeit** auf die Leistungen durch Unterscheidung von Leistungseinzelkosten und Leistungsgemeinkosten sowie
   2.2. durch Unterscheidung von leistungsvariablen bzw. von Grenzkosten und leistungsfixen Kosten sowie von Mischkosten.

5.3 Einrichtung einer Kostenstellenrechnung

Eine weitere Aufgabe der traditionellen KLR ist die Verrechnung der pro Periode erfassten primären variablen Leistungsgemeinkosten auf die **KOSTENSTELLEN** → GLOSSAR in einer **KOSTENSTELLENRECHNUNG** → GLOSSAR. Die Kostenstellenrechnung wird am besten tabellarisch durchgeführt:

Teilaufgaben der Kostenstellenrechnung

1. Einteilung des Betriebs in Haupt- und Hilfskostenstellen.
2. verursachungsgerechte Zurechnung der **Leistungsgemeinkosten** auf die Kostenstellen; dabei wird zwischen **KOSTENSTELLENEINZELKOSTEN** → GLOSSAR und **KOSTENSTELLENGEMEINKOSTEN** → GLOSSAR unterschieden. **Leistungseinzelkosten** werden nicht auf die Kostenstellen, sondern direkt auf die Leistungen (Produkte) verrechnet.
3. Berechnung der Selbstkostenpreise für die innerbetrieblichen Leistungen und anschließend Berechnung der sekundären Kosten in den leistungsempfangenden Kostenstellen mit einer innerbetrieblichen Leistungsverrechnung (ibL).
4. Durchführung der Kostenkontrolle pro Kostenart und pro Kostenstelle durch Vergleich der Plankosten mit den Istkosten.
5. Berechnung von Selbstkostenpreisen (Kalkulationssätzen) der Hauptkostenstellen für die Ermittlung der Kosten/Leistung.

5.4 Einrichtung einer Kalkulation

Um z. B. für die Ermittlung von Preisuntergrenzen die von einer Leistungseinheit verursachten Kosten zu berechnen, benötigt man eine sog. **KALKULATION** → GLOSSAR, die oft auch als **Kostenträgerstückrechnung** bezeichnet wird. Der Begriff Kostenträgerstückrechnung sollte aber – wie schon früher dargelegt – vermieden werden, da er den Ansprüchen des Verursachungsprinzips nicht gerecht wird. Die Kalkulation hat daher die Aufgabe, die pro Periode erfassten gesamten primären variablen Kosten verursachungsgerecht auf die Leistungen (Produkte) mit einer sog. **Stückkostenkalkulation** zu verrechnen. Werden Leistungen produziert, die sich nicht in Stck. erfassen lassen, sollte man allgemein nur von einer Kalkulation oder von einer Kalkulation/Leistungseinheit sprechen. Die Stückkostenkalkulation wird am besten tabellarisch durchgeführt und hat dabei folgende Teilaufgaben zu erfüllen:

Teilaufgaben der Stückkostenkalkulation

1. Direkte Übernahme der Leistungseinzelkosten aus der Kostenartenrechnung;
2. Verursachungsgerechte Verrechnung der variablen Gemeinkosten aus den Hauptkostenstellen der Kostenstellenrechnung auf die in der Abrechnungsperiode produzierten Leistungen;
3. Berechnung der Grenzselbstkosten/Leistungseinheit; die leistungsfixen Kosten dürfen nicht auf die Leistungen (Produkte) verrechnet werden. Nur in einer Vollkostenrechnung werden in die Leistungsselbstkosten auch die leistungsfixen Kosten eingerechnet.

5.5 Einrichtungen zur Berechnung des operativen Ergebnisses

Nachdem den Leistungen der Abrechnungsperiode ihre verursachten Kosten zugerechnet worden sind, kann die operative Erfolgsmessung durch Vergleich des Leistungswertes mit den durch die Leistung **verursachten** Kosten durchgeführt werden. Bei einer Erfolgsmessung pro Leistungseinheit werden die Deckungsbeiträge als Differenz zwischen dem Absatzpreis der Leistung und den Grenzselbstkosten der Leistung berechnet. Die dafür zuständige organisatorische Einrichtung heißt **DECKUNGSBEITRAGSRECHNUNG** → GLOSSAR.

Neben der Berechnung der Erfolgsbeiträge pro Leistungseinheit sollte vor allem auch zur Messung von Umsatz- oder Kapitalrentabilitäten eine Periodenerfolgsrechnung zur Ermittlung des operativen Erfolges auf der Basis einer verursachungsgerechten Erfolgsmessung durchgeführt werden. Dabei sind grundsätzlich folgende Wege zur Erfolgsberechnung möglich:

1. Die aus der Deckungsbeitragsrechnung übernommenen Deckungsbeiträge pro Leistungseinheit werden mit den Absatzmengen multipliziert. Von der Summe der Deckungsbeiträge werden die gesamten Fixkosten der Abrechnungsperiode subtrahiert. Ist die Gesamtsumme höher als die Fixkosten, entsteht ein operativer Gewinn, andernfalls ein operativer Verlust (bzw. im Grenzfall ein Nullergebnis).
2. Den Umsatzerlösen der Abrechnungsperiode werden die Grenzselbstkosten der Absatzleistung – also die Umsatzkosten – gegenübergestellt. Das so errechnete Periodenergebnis ist der Gesamtdeckungsbeitrag zur Deckung der leistungsfixen Kosten der Abrechnungsperiode. Übertrifft der Gesamtdeckungsbeitrag die Summe der leistungsfixen Kosten, entsteht ein operativer Gewinn, andernfalls ein operativer Verlust.

Werden nicht nur in der Abrechnungsperiode erzeugte Leistungen, sondern auch Leistungen aus Vorperioden verkauft, müssen entweder die Deckungsbeiträge oder die

Umsatzkosten dieser (Lager-) Leistungen in die operative Ergebnisberechnung einbezogen werden. Lagerbestandserhöhungen brauchen nicht berücksichtigt werden, da beide Verfahren als Umsatzkostenverfahren abrechnen. Die Inventurwerte der Finanzbuchführung sind allerdings für diese Berechnung nicht geeignet, da sie aufgrund der gesetzlichen Bewertungsvorschriften nicht mit den Grenzselbstkosten der absatzreifen Produkte übereinstimmen.

Die operative Erfolgsrechnung wird am besten tabellarisch durchgeführt.

Teilaufgaben der operativen Erfolgsrechnung

1. (Permanente) Errechnung von Umsatz- und Kapitalrenditen als operative Steuerungsgrößen
2. Berechnung von Break-even-point-Umsätzen sowie von operativen Preisuntergrenzen

Einen ersten Eindruck über die komplexen Datenflüsse innerhalb einer KLR auf Grenzkostenbasis vermittelt Abbildung 5.1 → vgl. S. 122.

Zusammenfassung

Die praktische Verwirklichung einer KLR setzt die Einrichtung verschiedener Abrechungsbereiche voraus. Allgemein handelt es sich dabei um Datenerfassungs- und Datenverrechnungswerkzeuge. Um die Aufgaben einer KLR erfüllen zu können, müssen im Einzelnen eine Leistungsartenrechnung, eine Kostenartenrechnung, eine Kostenstellenrechnung, eine Kalkulation sowie ein kurzfristige Erfolgsrechnung eingerichtet werden. Diese oder ähnliche Teilbereiche fehlen – mit Ausnahme der Erfolgsrechnung – in einer Finanzbuchführung oder anderen betriebswirtschaftlichen Abrechnungssystemen regelmäßig. Aber auch die Erfolgsrechnung der Finanzbuchführung liefert aufgrund ihrer andersgearteten Zielsetzung – allenfalls in Ausnahmefällen – Daten für eine verursachungsgerechte Erfolgsermittlung durch Gegenüberstellung der Absatzleistungen mit ihren verursachten Umsatzkosten.

Kontrollfragen

1. Warum braucht man eine Leistungsartenrechnung und welche Probleme sind bei der Erfassung und Verrechnung der Leistungen in einer Leistungsartenrechnung grundsätzlich zu lösen?
2. Warum braucht man eine Kostenartenrechnung und welche Probleme sind bei der Erfassung und Verrechnung der Kosten in einer Kostenartenrechnung grundsätzlich zu lösen?

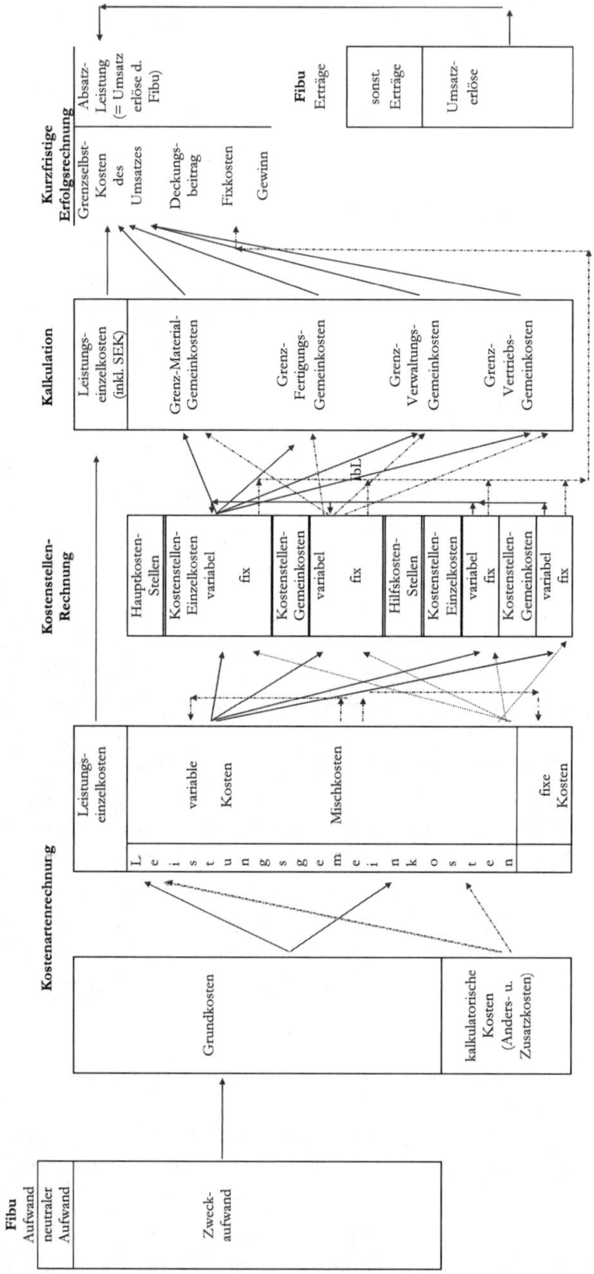

Abbildung 5.1: Datenfluss in einer Grenzkostenrechnung

3. Wofür braucht man eine Kostenstellenrechnung und was sind die wichtigsten Teilaufgaben einer Kostenstellenrechnung?
4. Wofür braucht man eine Kalkulation und was sind die wichtigsten Teilaufgaben einer Kalkulation?
5. Wofür braucht man neben der Gewinn- und Verlustrechnung der Finanzbuchführung innerhalb der KLR eine eigene kurzfristige Erfolgsrechnung und welche Erfolgsgrößen sind dabei zu berechnen?

6 Einrichtung und Durchführung einer Leistungsartenrechnung

Die Einrichtung einer **LEISTUNGSARTENRECHNUNG** → GLOSSAR ist Grundvoraussetzung für eine verursachungsgerechte Kostenzurechnung. Grundsätzlich ist dabei zwischen Produktionsleistungen und Absatzleistungen bzw. Außen- und Innenleistungen zu unterscheiden. In den traditionell gehaltenen Ausbildungen fehlt dieser organisatorische Schritt regelmäßig noch. Auch in den aktuellen Lehrbüchern wird einer Leistungsartenrechnung kaum oder keine Aufmerksamkeit gewidmet [vgl. aber GROB/BENSBERG, 2005, S. 151 ff.]. Die im SAP® R/3®-System implementierte Leistungsartenrechnung beschränkt sich auf die Erfassung von Innenleistungen, die in der traditionellen KLR als **Bezugsgrößen** bzw. **Kosteneinflussgrößen** bezeichnet werden [vgl. dazu auch SCHNEIDER, 2000, S. 162 ff.].

Primäre Aufgabe der Leistungsartenrechnung ist die Erfassung, aufgabengerechte Gliederung sowie Namensbezeichnung der in der Abrechnungsperiode insgesamt verursachten (Absatz-)Leistungen. Ihre zentrale Fragestellung lautet daher:

Welche Leistungen sind durch den Produktions- und Absatzprozess der laufenden Abrechnungsperiode verursacht worden?

Ausgangspunkt für die Abgrenzung der Absatzleistungen sind die **Umsatzerlöse** der Finanzbuchführung. Für die Zwecke der KLR genügt aber die summarische Erfassung der Finanzbuchführung regelmäßig nicht. Sind die Außenleistungen zugleich Produktleistungen (Güterleistungen), erfolgt eine weitere Gliederung nach Produktarten und Produktvarianten. In der Praxis ergeben sich dabei angesichts der dort regelmäßig anzutreffenden Varianten- und Produktvielfalt erhebliche Schwierigkeiten. Inwieweit durch Verdichtung von Erlösgrößen unter Verwendung von Produkthierarchien Informationseinbußen zu befürchten sind, die Fehlentscheidungen induzieren können, kann nicht allgemein beantwortet werden. Als Beispiel für eine mögliche Gliederung der Absatzleistungen sei die Gliederung einer Automobil- und Motorradfabrik angegeben → vgl. Abbildung 6.1, S. 126.

Im Dienstleistungsbereich wird häufig nicht eindeutig zu klären sein, was für Leistungen im Einzelnen erbracht werden und wie die Leistungen genau abzugrenzen sind. Was sind die Leistungen eines Bankbetriebes, eines Versicherungsbetriebes oder eines Handelsbetriebes? Sehr viele Leistungen lassen sich nicht standardisieren. Individuelle Leistungen müssen individuell abgegrenzt und definiert werden. Die damit verbundenen Schwierigkeiten haben zur Folge, dass in Dienstleistungsunternehmen nach wie

(1)	Produktart
(11)	Automobile
(12)	Motorräder
(13)	Teile
(14)	Service
(15)	Sonstiges
(2)	Umsatzträger
(21)	Neufahrzeuge
(22)	Werkszubehör
(23)	Originalersatzteile
(24)	Tauschteile
...	
(3)	Kundenklasse
(31)	Händler
(32)	Privatkunden
(33)	Behörden, Diplomaten
(34)	Werksangehöriger
(35)	Tochter Inland
(36)	Tochter Ausland
....	
(4)	Vertriebsweg
(41)	Agenturgeschäft
(42)	Großabnehmer
(43)	Leasinggesellschaften
(44)	Handelsorganisation
(44)	Sonderverkauf
...	
(5)	Produkttyp
(51)	A-Reihe
(52)	B-Rcihc

Abbildung 6.1: Gliederung von Absatzleistungen

vor Vollkostenrechnungssysteme verbreitet sind, bei denen eine leistungsverursachende Kostenzurechnung nicht kontrolliert wird. Vermehrt scheinen in neuerer Zeit in diesem Bereich auch Prozesskostenrechnungssysteme eingesetzt zu werden. Allerdings muss auch hier das Problem der Abgrenzung individueller Leistungen und die Bestimmung ihres jeweiligen Wertschöpfungsbeitrages gelöst werden.

Inwieweit schließlich für Großunternehmen auch die Vorschriften zur Segmentberichterstattung nach IAS 14 Einfluss auf die Gliederung der Leistungsarten einer KLR haben können, kann hier nicht vertieft werden. Zu beachten ist allerdings, dass sich zwar die Segmentierung und Definition des Berichtsformats an der internen Berichterstattung orientiert, dass aber die Daten für die Segmentberichterstattung anders als z. B. nach SFAS 131 US-GAAP auf der Basis der Bewertungen der IFRS ermittelt werden müssen. Kalkulatorische Bestandteile der Leistungsrechnung, also z. B. wertverschiedene oder verrechnungsverschiedene Andersleistungen, dürfen nicht in die externe Segmentberichterstattung übernommen werden.

Fraglich ist weiterhin, ob auch die Erfassung von Innenleistungen, insbesondere der sog. innerbetrieblichen Leistungen innerhalb der Leistungsartenrechnung durchgeführt werden soll. In der traditionellen KLR liegt der Schwerpunkt mehr auf der Kostenseite der Innenleistungen. Eine systematische Abgrenzung von Innenleistungen erfolgt dabei eher nicht. Zumal auch die Leistungen der Hauptkostenstellen eher unter dem Aspekt der Kostenverrechnungssätze als unter dem Aspekt der innerbetrieblichen Leistungsverrechnung erörtert werden. Bei genauer Betrachtung erbringen auch Hauptkostenstellen innerbetriebliche Leistungen. Die Frage ist nur, ob der Leistungsaustausch auch unter den Hauptkostenstellen stattfindet oder ob die Leistungen der Hauptkostenstellen direkt an die dort bearbeiteten und fertig gestellten Außenleistungen (Produkte) erfolgen. Entscheidend für eine Beurteilung der verschiedenen Abrechnungsmethoden ist die zutreffende Abbildung der Wirklichkeit in Zahlen. Folgt der Wertschöpfungsprozess z. B. der Anordnung der Hauptkostenstellen, könnten zwar die Wertschöpfungsbeiträge der einzelnen Kostenstellen direkt an die unfertigen Produkte verrechnet werden. In der empfangenden Hauptkostenstelle wäre aber die Wertschöpfung der vorleistenden Hauptkostenstellen als Sekundärkosten, Tertiärkosten usw. zu erfassen. Dies zeigt die nachfolgende Abbildung typisierend für die Fertigung von Broten. Die Zwischenleistungen (Vorleistungen) auf jeder Fertigungsstufe müssten wertmäßig berechnet werden. Werden die Zwischenleistungen in der jeweils nächsten Fertigungsstufe verbraucht, verursachen sie dort Sekundärkosten, Tertiärkosten usw. Die Weiterproduktion auf jeder Fertigungsstufe erfolgt dann wieder durch Verbrauch von Primärkosten, die auf der nächsten Stufe wieder zu Sekundärkosten usw. werden. Am Ende wird die gesamte Kostenhöhe aber durch die auf jeder Stufe verursachten **Primärkosten** bestimmt. Die höhere Summe der „Sekundärkosten“ wird durch die Wertschöpfung der Summe der „Sekundärleistungen“ in gleicher Höhe kompensiert.

Nach der traditionellen Verrechnung werden zwar die Wertschöpfungen der einzelnen Hauptkostenstellen ebenfalls auf die Außenleistungen (Produkte) verrechnet, der in Wirklichkeit fortlaufende Wertschöpfungsprozess wird allerdings nicht abgebildet.

In der Praxis wird die Leistungsartenrechnung für Innenleistungen systematisch der Kostenstellenrechnung zugeordnet. Dies belegt auch die Einordnung der Leistungsartenrechnung im R/3®-System von SAP® [vgl. dazu auch Schneider, 2000, S. 162 ff.].

Die Bewertung der Innenleistungen erfolgt zu Selbstkostenpreisen. In einer Grenzkostenrechnung werden ausschließlich Grenzselbstkostenpreise verrechnet. Die traditionellen Bezeichnungen Zuschlagssätze oder Kostenverrechnungssätze können als Selbstkostenpreise der jeweiligen Kostenstellen für die von ihnen erbrachten Leistungen aufgefasst werden.

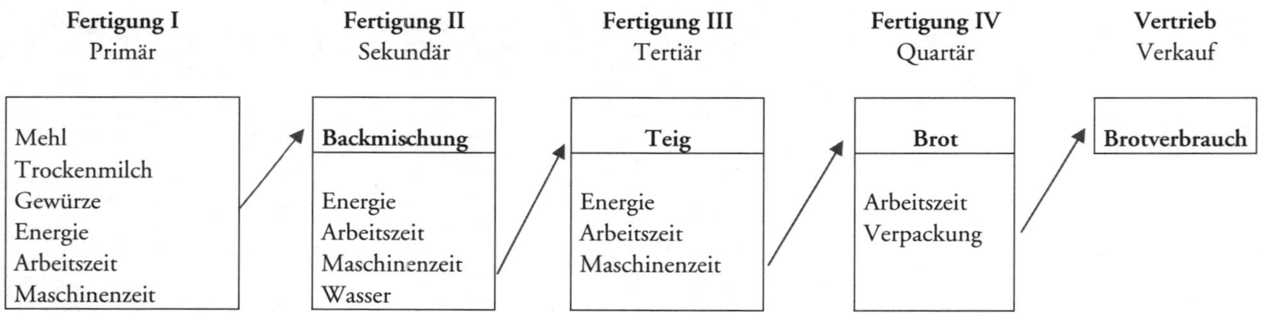

Mehl	10	Backmischung	22	Teig	31	Brot	39
Trockenmilch	3	Energie	1	Energie	2	Arbeitszeit	3
Gewürze	1	Arbeitszeit	2	Arbeitszeit	3	Verpackung	1
Energie	2	Maschinenzeit	3	Maschinenzeit	3		
Arbeitszeit	3	Wasser	3				
Maschinenzeit	3						
Primärleistung	22	Sekundärleistung	31	Tertiärleistung	39	Quartärleistung	43

Summe **Primärkosten**	43
Summe **Sekundärkosten**	135
Summe **Innenleistungen**	135

Abbildung 6.2: Entstehung und Verbrauch von Innenleistungen im Wertschöpfungsprozess

Leistungsartenrechnung						
	Produktionsbereich KLR		Absatzbereich KLR			
Produktions-leistungen Absatzleistungen	Inputleistung	Outputleistung	Inputleistung	Outputleistung		
	Sekundär-kosten ibL	Produktions-leistung Herstellkosten	Selbstkosten Absatzleistung	Absatzleistung		
				Grundleistung	verrechnungsversch. Leistungen	wertversch. Leistungen
Produkt Typ A Produkt Typ B Produkt Typ C						
		pagatorische Leistungen		Summen	Summen	
		wertmäßige Leistungen		Summen	Summen	Summen

Abbildung 6.3: Beispiel einer Leistungsartenrechnung auf Produkttypenebene

Abrechnungstechnisch kann die Leistungsartenrechnung am besten tabellarisch durchgeführt werden. Ein mögliches Beispiel auf der Ebene von Produkttypen zeigt Abbildung 6.3 → vgl. S. 129.

Zusammenfassung

Die Einrichtung einer Leistungsartenrechnung ist Grundvoraussetzung für eine verursachungsgerechte Kostenzurechnung. Dies ergibt sich aus dem ersten Teil der allgemeinen Kostendefinition, wonach Kosten stets durch Leistungen verursacht werden. Bei den Ausgaben für die Aufrechterhaltung der Betriebsbereitschaft fehlt allerdings der unmittelbare Leistungsbezug. Bei der Einrichtung einer Leistungsartenrechnung ist grundsätzlich zwischen Produktionsleistungen und Absatzleistungen bzw. Außen- und Innenleistungen zu unterscheiden. Die Abgrenzung von Leistungen ist ähnlich komplex wie die Abgrenzung der zugehörigen Kosten. Besondere Schwierigkeiten ergeben sich bei Produktionsunternehmen aus der Produktarten- und Produktvariantenvielfalt. Bei Dienstleistungsunternehmen bereitet die Individualität der Leistungen die größten Schwierigkeiten. Lassen sich Dienstleistungen standardisieren, ergeben sich ähnliche Probleme wie bei Produktionsunternehmen.

Kontrollfragen

1. Warum benötigt man neben der Kostenartenrechnung auch eine Leistungsartenrechnung?
2. Wo liegen die Schwierigkeiten bei der Einrichtung einer Leistungsartenrechnung?
3. Wie werden innerbetriebliche Leistungen bei Aufstellung einer Leistungsartenrechnung behandelt?
4. Welcher Zusammenhang besteht zwischen der Abbildung der Innenleistungen und der Abbildung des laufenden Wertschöpfungsprozesses?

7 Einrichtung und Durchführung einer Kostenartenrechnung

7.1 Grundsätzliches zur Erfassung und Verrechnung von Kostenarten

Die Kostenartenrechnung ist Werkzeug zur Erfassung der in einer KLR zu verrechnenden Inputdaten. Die Inputdaten werden entweder als normalisierte Istdaten in Form von Normalkosten oder als Plandaten in Form von Plankosten und als Istdaten in Form von Istkosten erfasst. Die Istkosten, d. h. die tatsächlich in der betrachteten Abrechnungsperiode verursachten Kosten, bilden dabei die zu kontrollierende Größe; Vergleichsgrößen sind entweder Normalkosten oder Plankosten. Damit dieser Vergleich nicht von vornherein gestört wird, ist zu beachten, dass die Erfassung und Verrechnung der Kosten umfangmäßig und abrechnungstechnisch im „Ist" und für die gewählten Vergleichsgrößen übereinstimmt (**Kongruenzprinzip**). Je nach zur Anwendung kommendem Kostenrechnungssystem hat die Kostenartenrechnung daneben auch Kostenverrechnungsaufgaben zu lösen. In erster Linie ist die Kostenartenrechnung aber ein organisatorisch abgrenzbares Teilgebiet der KLR. Zentrale Aufgabe der Kostenartenrechnung ist die Erfassung, aufgabengerechte Gliederung sowie Namensbezeichnung der in der Abrechnungsperiode insgesamt verursachten Kosten.

Zentrale Fragestellung

Welche Kosten sind durch den Produktions- und Absatzprozess der laufenden Abrechnungsperiode verursacht worden?

Maßgebend zur Beantwortung dieser Frage ist der anzuwendende Kostenbegriff bzw. sind die parallel anzuwendenden Kostenbegriffe. Die Kostenbegriffe bestimmen auch die allgemeinen Grundsätze und die praktische Detailarbeit innerhalb der Kostenartenrechnung.

Neben dem vorhin bereits dargelegten Kongruenzprinzip der Kostenerfassung hat die Kostenartenrechnung zur Lösung ihrer Aufgaben dabei zusätzlich insbesondere folgende Grundsätze und Verfahrensregeln zu beachten:

1. Grundsatz der Eindeutigkeit des Kostenbegriffes

In Übereinstimmung mit dem angestrebten Kostenrechnungszweck hat die Kostenartenrechnung eine genaue Definition des anzuwendenden Kostenbegriffes zu entwickeln. Mit der Abgrenzung des maßgeblichen Kostenbegriffes ist zugleich der Umfang der im „Ist“ und den als Vergleichsgrößen zu erfassenden Kosten bestimmt. In der Kostenrechnungspraxis vermisst man trotz zum Teil aufwendiger Kostenrechnungssysteme nicht selten klare Vorstellungen über den im Einzelfall zugrunde gelegten Kostenbegriff, insbesondere auch über den Nachweis der Zweckeignung des tatsächlich verwendeten Kostenbegriffes. Die Lösung der verschiedenen Aufgaben der KLR wird allerdings nur im Ausnahmefall mit einem einzigen Kostenbegriff zu verwirklichen sein. Grundsätzlich variiert daher der von der Kostenartenrechnung zu erfassende und für die verschiedenen Aufgaben zur Verfügung zu stellende Kostenumfang. Inwieweit die im Handel befindlichen Software-Produkte in der Lage sind, parallel für unterschiedliche Aufgabenstellungen mit unterschiedlichen Kostenbegriffen zu arbeiten, soll hier nicht diskutiert werden. Für kleinere oder mittlere Unternehmen lassen sich mit MS-Excel® gute Lösungen für den Eigenbedarf erzeugen.

2. Grundsatz der Eindeutigkeit des Verursachungsprinzips

Mit der Abgrenzung des maßgebenden Kostenbegriffes ist gleichzeitig das für die Kostenverrechnung zu beachtende Verursachungsprinzip bestimmt. Innerhalb eines gegebenen Kostenbegriffes, d. h. bei gegebenem Kostenumfang, sind aber dennoch Variationen je nach der Strenge des Verursachungsprinzips denkbar. Z. B. kann die Verrechnung von Leistungseinzelkosten als unechte Gemeinkosten in Abhängigkeit vom erforderlichen Erfassungsaufwand schwanken. Der Umfang der als entscheidungs- oder kontrollrelevant betrachteten Kosten wird dadurch nicht berührt, da Hilfsstoffkosten stets variable Kosten darstellen. Anders liegt das Problem allerdings, wenn die Aufspaltung von Mischkosten generell unterbleibt und die Kosten entweder voll als variable Gemeinkosten oder als leistungsfixe Kosten verrechnet werden.

3. Grundsatz der direkten Verbrauchsmengenerfassung

Für einen nicht geringen Teil der Kostenarten besteht grundsätzlich keine Möglichkeit zur Erfassung von Verbrauchsmengen. Das gilt namentlich für die kalkulatorischen Abschreibungen und Zinsen, die Versicherungs-, Miet- und Steuerkosten sowie für die zeitabhängigen Lohn- und Gehaltskosten. Der Grundsatz der direkten Verbrauchsmengenerfassung kann für diese Kostenarten nicht angewendet werden. Sofern jedoch produktionsbedingte Verbrauchsmengen feststellbar sind, sollen soweit als möglich unmittelbare Erfassungsmethoden, insbesondere also **Zählen**, **Messen** oder **Wiegen** der Verbrauchsmengen, zur Anwendung kommen. Auf indirekte Verbrauchsmengenerfassung, d. h. vor allem auf eine Berechnung des Verbrauchs, soll weitgehend verzichtet werden. Bei lagerfähigen Produktionsfaktoren kann für eine periodische Verbrauchs**berechnung** vor allem die sog. Inventurmethode in Betracht kommen, wobei der (Soll-) Produktionsverbrauch für einen bestimmten Produktionsfaktor bezogen auf eine Abrechnungsperiode wie folgt berechnet wird:

mengenmäßiger Lageranfangsbestand
\+ mengenmäßiger Zugang
\- mengenmäßiger Inventurbestand
= mengenmäßiger (Soll-) Produktionsverbrauch

Der so für die Produktion ermittelte Istverbrauch wird zwar in der Regel der tatsächliche Produktionsverbrauch sein, im Grenzfall können aber andere Verbrauchsmengenminderungen, z. B. durch Diebstahl oder nicht gemeldete Verschwendung stattgefunden haben, die nach dieser Methode dann als Produktionsistverbrauch ausgewiesen werden. Werden bei Wirtschaftlichkeitskontrollen Plan-Istabweichungen aufgedeckt, werden nur noch in Ausnahmefällen die Ursachen für die Mengenverluste aufgedeckt werden können.

Daneben kommen noch andere Berechnungsverfahren in Frage, z. B. aufgrund von normierten Verbrauchsvorgaben der Produktentwicklung. Für nicht lagerfähige Produktionsfaktoren werden häufig Verbrauchsmengen aufgrund im Unternehmen installierter Verbrauchseinheiten, z. B. installierter kW-Werte, Liter-Fassungsvermögen bzw. m^3-Rauminhalt, errechnet. Solche Berechnungen können aber Istaufnahmen der Verbrauchsmengen regelmäßig nur unzureichend ersetzen. Moderne Verfahren der Betriebsdatenerfassung bieten hier Verbesserungen, können aber die betriebswirtschaftlich notwendigen Zurechnungsprobleme vielfach auch nicht eindeutig lösen.

4. Grundsatz der zweckadäquaten Kostenbewertung

Der mengenmäßige Produktionsfaktorverbrauch wird erst durch eine zweckentsprechende Bewertung zu verrechenbaren Kosten. Das Bewertungsproblem beschränkt sich aber nicht auf Verbrauchsmengen, Bewertungsfragen sind daneben vielmehr für von vornherein nur in verbrauchten Geldgrößen erfassbaren Kosten zu lösen, insbesondere bei der Erfassung kalkulatorischer Zinsen und Abschreibungen.

Je nach verfolgtem Abrechnungszweck sind unterschiedliche Wertmaßstäbe für die Kostenerfassung anzuwenden. Nach Ansicht der Praxis sind für die **WIRTSCHAFTLICHKEITSKONTROLLE** → GLOSSAR vor allem Verrechnungspreise anzusetzen [vgl. z. B. auch BDI, 1988, S. 31]. Der i. d. R. für längere Zeit unveränderliche Verrechnungspreis wird dabei gewöhnlich als in nächster Zukunft erwarteter durchschnittlicher (Beschaffungs-) Marktpreis angesetzt. Für bestimmte Abrechnungszwecke kann der Verrechnungspreis aber auch als (nicht unmittelbar marktorientierter) Lenkpreis ausgestaltet sein.

Neben dem Verrechnungspreis kommt als Bewertungsmaßstab auch der direkt bzw. nach dem Fifo-Prinzip oder einer ähnlichen Verbrauchsfolgefiktion ermittelte Einstandspreis (inkl. Anschaffungsnebenkosten) in Frage.

Schließlich kann auch der Wiederbeschaffungspreis (inkl. Anschaffungsnebenkosten), der zum Zeitpunkt der Herstellung oder des Verkaufs der Fertigerzeugnisse für die Wiederbeschaffung der für die Produktion verbrauchten Einsatzgüter zu zahlen wäre, für manche Entscheidungsprobleme eine zweckentsprechende Bewertungsalternative darstellen.

5. Grundsatz der Kostenreinheit

Nach dem Grundsatz der Kostenreinheit sind Kostenartenvermischungen bei der Erfassung primärer Kosten zu vermeiden. Ein Beispiel für einen Verstoß gegen den Grundsatz der Kostenreinheit stellt die Erfassung von Bürokosten dar. Die Kostenart „Bürokosten" resultiert aus einer Vermischung unterschiedlicher primärer Kostenarten, z. B. Gehaltskosten, Abschreibungskosten, Stromkosten, Betriebsstoffkosten usw. Die gesonderte Erfassung und Verrechnung von Bürokosten wäre allenfalls als sekundäre Kosten sinnvoll. Ähnliche Kostenvermischungen wären Fuhrparkkosten, Qualitätskosten, EDV-Kosten, allgemeine Verwaltungskosten u. a.

6. Grundsatz der eindeutigen Kostenbezeichnung

Während der Grundsatz der Kostenreinheit verhindern soll, dass verschiedene primäre Kostenarten bei der Kostenerfassung vermischt werden, stellt der Grundsatz der einheitlichen Bezeichnung der Kostenarten sicher, dass unter der betreffenden Kostenart stets derselbe Werteverzehr verrechnet wird. Ergebnis des Grundsatzes der eindeutigen Kostenbezeichnung sind eindeutige Definitionen der in der Kostenartenrechnung als primäre Kostenarten zu erfassenden Werteverzehre.

Der Zusammenhang zwischen Kostenreinheit und einheitlicher Kostenbezeichnung kann am Beispiel der Materialkosten verdeutlicht werden. Materialkosten stellen eine Kostenvermischung dar, die in der Kostenartenrechnung die Summe der Rohstoff-, Hilfsstoff- und Betriebsstoffkosten umfassen. In der Kalkulation bezeichnet die Summe der Materialkosten dagegen den Betrag der Rohstoffkosten bzw. der insgesamt als Leistungseinzelkosten zu verrechnenden Werkstoffkosten zuzüglich der im Materiallagerbereich verursachten Leistungsgemeinkosten, die üblicherweise als **Materialgemeinkosten** bezeichnet werden. Die Materialgemeinkosten wiederum dürfen nicht mit dem **Gemeinkostenmaterial** der Kostenartenrechnung verwechselt werden, das die Summe der als(unechte) Gemeinkosten verrechneten Hilfsstoffkosten sowie die Betriebsstoffkosten umfasst.

Obwohl sich Kostenvermischungen für bestimmte Auswertungen nicht vermeiden lassen, soll durch den Grundsatz der Kostenreinheit vor allem bei der Kostenerfassung eine Vermischung primärer Kostenarten, z. B. von Rohstoff-, Hilfsstoff- und Betriebsstoffkosten zu Materialkosten bzw. Teilen davon zu Gemeinkostenmaterial, vermieden werden. Durch den Grundsatz der einheitlichen Kostenbezeichnung soll hingegen sichergestellt werden, dass jeder Werteverzehr einer bestimmten Kostenart zugerechnet wird. So hängt es z. B. weitgehend von den betriebsindividuellen Gegebenheiten ab, welche Werteverzehre aus dem Werkstoffbereich als Rohstoff- bzw. Hilfsstoffkosten verrechnet werden. Es besteht daher die Möglichkeit, dass bei verschiedenen Unternehmen, die ein vergleichbares Produkt produzieren, unterschiedliche Aufteilungen des Werkstoffverzehrs in Rohstoff- und Hilfsstoffkosten beobachtbar sind. Innerhalb der Hilfsstoffkosten wiederum bestehen unterschiedliche Erfassungsmöglichkeiten, um anschließend eine Verrechnung entweder als Leistungseinzelkosten oder als (unechte) Leistungsgemeinkosten zu ermöglichen.

7. Grundsatz der Kosteneinheitlichkeit

Nach dem Grundsatz der Kosteneinheitlichkeit ist durch eindeutige Kontierungsvorschriften sicherzustellen, dass die Zurechnung der Kostenarten aufgrund der vorliegenden Belege und der eindeutigen Definitionen der primären Kostenarten einheitlich und schnell erfolgen kann. Insoweit dient die Beachtung dieses Grundsatzes zugleich der Vermeidung unbeabsichtigter Kostenvermischungen und Kostenabweichungen, die lediglich auf falsche Kontierungen zurückzuführen sind. Durch geeignete Kontierungsanweisungen bzw. -vorrichtungen ist somit sicherzustellen, dass durch die Produktion verursachte Werteverzehre nach ihrer Identifikation als Rohstoffkosten, Hilfsstoffkosten, Lohnkosten usw., tatsächlich als Rohstoffkosten, Hilfsstoffkosten, Lohnkosten, usw. verrechnet bzw. verbucht werden. In der Praxis versucht man, den Grundsatz der Kosteneinheitlichkeit vor allem durch die Anwendung eines eindeutigen Kostenartenplanes, der Kostenvermischungen soweit als möglich vermeidet, sicherzustellen [vgl. z. B. BDI, 1986].

Ausgangspunkt für die Kontierung sind entweder externe oder interne Belege, wobei bei der Erstellung interner Belege, z. B. von Materialentnahmescheinen, Auftragsscheinen oder Lohnscheinen, regelmäßig nur reine Mengen- oder Zeitangaben berücksichtigt werden. Neben der direkten Verwendung externer oder interner Belege muss die Kostenartenrechnung für die Kontierung vielfach auf selbsterstellte Belege zurückgreifen, die vor allem durch Auswertung von Sammelbuchungsbelegen gewonnen werden. Auswertungsfähige Sammelbelege liefern vor allem die Material-, Anlagen- und Lohnbuchhaltung.

8. Grundsatz der zweckentsprechenden Kostengliederung

Voraussetzung für eine einheitliche Kontierung ist eine zweckentsprechende Gliederung der Kostenarten. Grundlegende Kriterien für die Kostengliederung innerhalb der Kostenartenrechnung sind die Kostenerfassung und die Kostenverrechnung.

Hauptgliederungskriterium für die Kostenerfassung ist die Gliederung nach den für die Produktion verbrauchten Produktionsfaktoren. Danach lässt sich eine allgemeine Gliederung der Kostenarten in **Materialkosten**, **Personalkosten** und **Kapitalkosten** vornehmen, ergänzt um die Kosten für Dienstleistungen Dritter sowie Wagnis- und Steuerkosten. Wie schon angesprochen, wird eine Kostenart zusätzlich als „kalkulatorisch" bezeichnet, wenn die Erfassung von der Kostenartenrechnung autonom bzw.

durch entsprechende Abänderung von ursprünglich von der Finanzbuchführung oder anderen Vorsystemen erfassten Daten vorgenommen wird. Um vor allem dem Anfänger einen Überblick über mögliche primäre Kostenarten zu vermitteln, wird nachfolgend ein Primärkostenartenplan ausführlich wiedergegeben:

---

a) **Materialkosten**

- Rohstoffkosten
- Kosten selbst erstellter Vorprodukte
- Kosten fremdbezogener Einbauteile
- Hilfsstoffkosten
- Betriebsstoffkosten
- Verschleißwerkzeugkosten
- Verpackungsmaterialkosten
- Kosten fester Energiestoffe (Heizöl, Wasser, Gas, Treibstoffe)
- Reparaturmaterialkosten
- Büromaterialkosten und Kosten nicht zum Anlagebereich gehörender Printmedien

b) **Personalkosten**

1. Lohnkosten
   - Fertigungslohnkosten (Akkordlohn- oder Zeitlohnkosten)
   - nicht direkt fertigungsbezogene Lohnkosten („Gemeinkostenlöhne")
   - Kosten für Ausbildungsbeihilfen, Verbesserungsvorschläge und Erfindervergütungen
   - Kosten aufgrund sonstiger tariflicher, vertraglicher und freiwilliger Vergütungen an Lohnempfänger
2. Gehaltskosten
   - Gehaltskosten im Fertigungsbereich
   - Gehaltskosten in anderen Bereichen, insbesondere in der Verwaltung, im Vertrieb und in Hilfsbereichen
   - Kosten für Ausbildungsbeihilfen, Verbesserungsvorschläge und Erfindervergütungen
   - Kosten aufgrund sonstiger tariflicher, vertraglicher und freiwilliger Vergütungen an Gehaltsempfänger
3. Sozialkosten für Lohn- und Gehaltsempfänger
   - Kosten aufgrund von Arbeitgeberanteilen zur Sozialversicherung und Beiträgen zur Berufsgenossenschaft
   - Kosten der freiwilligen Altersversorgung und Unterstützung sowie sonstige freiwillige Sozialkosten

4. Kalkulatorische Unternehmerlohnkosten

c) **Kapitalkosten**

1. Kalkulatorische Abschreibungskosten
   - kalkulatorische Gebäudeabschreibungskosten
   - kalkulatorische Abschreibungskosten für technische Anlagen und Maschinen
   - kalkulatorische Abschreibungskosten für Betriebs- und Geschäftsausstattung
   - kalkulatorische Abschreibungskosten für immaterielle Vermögensgegenstände
2. Kalkulatorische Zinskosten für das betriebsnotwendige Kapital

d) **Kosten für Dienstleistungen und Nutzungen Dritter**

1. Kosten für bezogenen Dienstleistungen
   - Fremdkosten für eigene Erzeugnisse
   - Kosten für fremde Entwicklungsleistungen
   - Fracht- und Fremdlagerkosten
   - Provisionskosten
   - Fremdreparaturkosten
   - Kosten nicht „fester" Energie, z. B. Stromkosten
   - Kosten für Leiharbeitskräfte
   - Kosten für Post- und Telekomdienstleistungen
   - Kosten für Bankdienstleistungen
   - Kosten für Versicherungsdienstleistungen
   - Kosten für Behörden- und Verbandsdienstleistungen
   - Kosten für Werbedienstleistungen
   - Kosten für Beratungs- und Prüfungsleistungen
   - Kosten für Geschäftsreisedienstleistungen
2. Kosten für bezogene Nutzungen
   - Miet- und Pachtkosten
   - Leasingkosten
   - Lizenz-, Franchise- und Konzessionskosten

e) **Wagnis- und Steuerkosten**

- kalkulatorische Wagniskosten
- Verkehrs- und Verbrauchs- und Besitzsteuerkosten

Abbildung 7.1: Primärkostenartenplan

Für die Verrechnung kommt zum einen eine Gliederung nach der Verrechnungsmöglichkeit entsprechend dem geltenden Verursachungsprinzip in Einzelkosten und Gemeinkosten und zum anderen bezüglich der Abhängigkeit von der Beschäftigung in fixe und variable Kosten in Frage. Für die Verrechnung auf die Kostenstellen kommt bei traditioneller funktionaler Kostenstellengliederung schließlich auch noch eine Unterteilung in Beschaffungs- bzw. Materiallagerkosten, Fertigungskosten, Vertriebs- und Verwaltungskosten in Betracht.

Die verschiedenen Gliederungsmöglichkeiten einer einzelnen Kostenart sollen am Beispiel von Stromkosten nochmals erläutert werden:

Beispiel

Für den Stromverbrauch werden zweimonatlich Abschlagszahlungen in Höhe von 1.200,00 € geleistet. An der räumlich abgegrenzten Kostenstelle Dreherei III, in der sich vier Drehbänke befinden, ist ein Stromzähler angebracht. Die Ablesung des Stromverbrauchs für den Abrechnungsmonat Mai beträgt 1.600 kWh, der interne Verrechnungspreis beträgt 0,15 €/kWh. Daraus ergibt sich folgende Kosteneinteilung:

Durch den Stromverbrauch entstehen primäre zu Verrechnungspreisen bewertete Ist-Stromkosten der Kostenstelle Dreherei III in Höhe von 240,00 €. Diese Kosten sind erfassungstechnisch nicht nur Primärkosten, sondern zugleich kalkulatorische Anderskosten, da der Werteverzehr (Stromaufwand) in der Finanzbuchführung in einer anderen Periode als in der KLR verbucht (erfasst) wird. Verrechnungstechnisch sind die kalkulatorischen Stromkosten Leistungsgemeinkosten, zugleich Kostenstelleneinzelkosten der Kostenstelle Dreherei III. Bezüglich der Beschäftigungsabhängigkeit lassen sich keine genaue Angaben machen. Grundsätzlich ist wohl davon auszugehen, dass der größere Kostenanteil variabel ist. Ein fixer Stromkostenanteil, z. B. für Beleuchtung, der allerdings aufgrund fehlender Zähler nicht ermittelt werden kann, ist nicht auszuschließen. Insoweit könnten die Stromkosten weiterhin als „unechte" Mischkosten qualifiziert werden. Da die Stromkosten im Fertigungsbereich verursacht worden sind, liegen schließlich zugleich Fertigungskosten vor. Zusammenfassend könnten die betreffenden Stromkosten folglich als „kalkulatorische primäre variable bzw. fixe Leistungsgemeinkosten bzw. Kostenstelleneinzelkosten der Fertigung" klassifiziert werden.

Das Beispiel lässt sich dahingehend abwandeln, dass der Strom nicht fremdbezogen, sondern eigenerzeugt wird. In diesem Fall entfällt das Beschreibungsmerkmal „kalkulatorische Anderskosten" , da in der Finanzbuchführung innerbetriebliche Leistungen nicht verbucht werden. Die Erfassung erfolgt innerhalb der KLR originär. Die Stromkosten sind keine primären, sondern sekundäre Kosten. Die übrigen Merkmale bleiben gleich. Unter diesen Voraussetzungen können die Stromkosten folglich als „sekundäre variable bzw. fixe Leistungsgemeinkosten bzw. Kostenstelleneinzelkosten der Fertigung" klassifiziert werden.

Werden die eigenerzeugten Stromkosten abweichend von obigem Beispiel durch eigenen Zähler für die räumlich abgetrennte Verwaltung erfasst, liegen dagegen „sekundäre fixe Leistungsgemeinkosten bzw. Kostenstelleneinzelkosten des Verwaltungsbereichs“ vor.

Ergänzend sei angefügt, dass beim Einsatz von EDV-gestützten Lösungen die genannten Gliederungskriterien als Deskriptoren zur „Kontierung“ und Abspeicherung der jeweiligen Kostenpositionen dienen. Üblicherweise wird dabei zwischen Kostenzurechnungsobjekten, z. B. Kostenstellen, Produkten, Sorten, Aufträgen, Kunden, und beschreibenden Einzelmerkmalen, z. B. Kostenart, Beschäftigungsabhängigkeit, Einzel- bzw. Gemeinkostenverrechnungsfähigkeit, kalkulatorische Kostenart, Liquiditätswirkung und Bindungsdauer, unterschieden [vgl. z. B. SCHEER, 1988, S. 185 ff.).

7.2 Erfassung und Verrechnung der Materialkosten

7.2.1 Allgemeines

In mittleren und großen Unternehmen wird die Erfassung der Materialkosten wegen ihrer besonderen Bedeutung regelmäßig vollständig oder teilweise mit einem eigenen Materialwirtschaftssystem durchgeführt. Das Materialwirtschaftssystem ist als Vorsystem der Kostenartenrechnung für die geordnete Verbrauchsmengenerfassung, die zweckentsprechende Bewertung und Bezeichnung der Materialkostenarten verantwortlich. Sie übernimmt überdies eine Reihe von Kostenverrechnungsaufgaben für die Kostenstellenrechnung und Kalkulation.

Unter dem Begriff der von der Materialbuchhaltung zu erfassenden Materialkosten fasst man die Rohstoff-, Hilfsstoff- und Betriebsstoffkosten sowie die Kosten für Vorprodukte zusammen. Nach den handelsrechtlichen Rechnungslegungsvorschriften gehören zu den Betriebsstoffkosten auch die Kosten für Verbrauchswerkzeuge, feste Energie und Reparaturmaterialien. Für die Zwecke der KLR kann es allerdings sinnvoll sein, diese Kosten getrennt von den allgemeinen Betriebsstoffkosten zu erfassen.

Schwierigkeiten bereitet häufig die Abgrenzung zwischen Roh- und Hilfsstoffkosten, während die Abgrenzung von Betriebsstoffkosten i.d.R. zweifelsfrei möglich ist. Allgemein gilt, dass die Abgrenzung der verschiedenen Kostenarten und damit auch die Abgrenzung zwischen Roh- und Hilfsstoffkosten zweckbedingt ist. Gemeinsames Merkmal beider Werkstoffkostenarten ist, dass sie körperlich im Fertigerzeugnis enthalten sind; sie stellen daher verrechnungstechnisch grundsätzlich Leistungseinzelkosten dar. Häufig wird als Unterscheidungskriterium für die Abgrenzung von Roh- und Hilfsstoffkosten die Qualifikation des verbrauchten Werkstoffes als Haupt- oder Nebenbestandteil gewählt. Offen bleibt dabei aber, ob für diese Abgrenzung die Funktion, die

Menge oder der Wert oder ein sonstiges Kriterium der jeweiligen Stoffart maßgebend sein soll. Funktion und Menge scheiden als Abgrenzungsmerkmal allerdings regelmäßig aus. Aus der Sicht der KLR ist vor allem die wertmäßige Differenzierung in Rohstoff- und Hilfsstoffkosten von Bedeutung. Dem entspricht auch die Übung, Hilfsstoffkosten wegen ihres geringen Wertes regelmäßig nicht als Leistungseinzel-, sondern als unechte Leistungsgemeinkosten zu verrechnen. Problematisch ist häufig die Zuordnung von Verpackungsmaterialkosten. Während eine Zurechnung zu den Betriebsstoffkosten ausscheidet, richtet sich die Zuordnung zu den Rohstoff- oder Hilfsstoffkosten nach dem Wert der Verpackung. I.d.R. wird dabei eine Erfassung als Hilfsstoffkosten erfolgen.

Fließend ist auch die Abgrenzung von Rohstoff- und Hilfsstoffkosten zu den Kosten für Vorprodukte bzw. Fremdbauteile. Anders als bei Roh- und Hilfsstoffen sind bei Vorprodukten bereits produktspezifische Bearbeitungsstufen im eigenen Haus ausgeführt, z. B. die Fertigung von Motoren für die Fahrzeugproduktion. Im Übrigen besteht kein wesentlicher Unterschied zwischen diesen Kostenarten. Das bedeutet auch, dass Vorproduktkosten ebenso wie Hilfsstoffkosten entweder als Leistungseinzelkosten oder als unechte Leistungsgemeinkosten verrechnet werden können.

Während der als Rohstoffkosten, Vorproduktkosten und Hilfsstoffkosten verrechnete Werteverzehr körperlich im Produkt enthalten ist, sind durch den Verbrauch von Betriebsstoffen verursachte Werteverzehre entweder durch die laufende Leistungserstellung verursacht oder sie entstehen unabhängig von der laufenden Produktion. Im ersten Fall handelt es sich um leistungsvariable, im zweiten Fall um leistungsfixe Kosten. Beispiele für leistungsvariable Kosten sind z. B. leistungsabhängige Energiekosten, leistungsabhängige Wartungs- oder Kühlmittelkosten, Beispiele für leistungsfixe Kosten sind z. B. der Verbrauch von Büromaterial oder der Verbrauch von Treibstoff für Fahrten der Verwaltung. Betriebsstoffkosten sind also grundsätzlich Leistungsgemeinkosten. Bei strengerer Betrachtung des Verursachungsprinzips trifft dies aber nur für die leistungsvariablen Werteverzehre zu. Bei einer Produktion von Sakkos verursacht also das verwendete Tuch zugleich Rohstoffkosten, der Verbrauch von Knöpfen und Zwirn grundsätzlich Hilfsstoffkosten und der Verbrauch des bereits im Hause zugeschnittenen Innenfutters für Vorproduktkosten. Die beim Zuschneiden des Stoffes verbrauchte Kreide verursacht dagegen ebenso wie das beim Dämpfen verbrauchte Wasser Betriebsstoffkosten. Diese Betriebsstoffkosten werden als leistungsvariable Gemeinkosten auf die fertigen Kleidungsstücke verrechnet.

7.2.2 Mengenmäßige Verbrauchserfassung

Für die mengenmäßige Verbrauchserfassung ist zunächst zu unterscheiden, ob es sich um mit der Anlieferung sofort – Just-in-time – verbrauchte Materialien oder um Werkstoffe handelt, die vor ihrem Produktionseinsatz zunächst gelagert werden. Bei den zuerst genannten Gütern, die häufig als Werkmaterial bezeichnet werden, erfolgt die Verbrauchsmengenerfassung unmittelbar anhand der Lieferscheine bzw. Eingangsrechnungen oder über ein elektronischen Betriebsdatenerfassungssystem, das gemeinsam mit den Zulieferunternehmen betrieben wird. Für die Kostenerfassung gilt in diesen Fällen die Annahme „Übergang des wirtschaftlichen Eigentums = Produktionsverbrauch“. Daraus folgt zugleich, dass für Werkmaterialien unter diesen Voraussetzungen keine Bestandsführung erfolgt. In der Finanzbuchführung werden die am Jahresende noch vorhandenen Bestände als Inventurdifferenzen durch Aufwandsstorno als Roh-, Hilfs- oder Betriebsstoffe aktiviert bzw. den unfertigen Erzeugnissen zugerechnet.

Für vor ihrem Produktionsverbrauch zunächst eingelagerte Materialien, die im Unterschied zu Werkmaterialien häufig als Lagermaterialien bezeichnet werden [vgl. dazu z. B. Kilger, 1976, S. 79], gibt es hingegen verschiedene Verfahren zur Erfassung des mengenmäßigen Produktionsverbrauchs:

7.2.2.1 Direkte Erfassung der Verbrauchsmengen

Die direkte Erfassung erfolgt durch Messen, Zählen oder Wiegen der Produktionsverbrauchsmengen. Entscheidend ist dabei, wann der Verbrauchszeitpunkt anzunehmen ist. Grundsätzlich ist davon auszugehen, dass z. B. ein bestimmter Rohstoff, nachdem er aus dem Materiallager entnommen wurde, auch ohne sichtbare Weiterverarbeitung aufgrund der innerbetrieblichen Transport- und Verwaltungsleistung nicht mehr als Rohstoff, sondern als unfertiges Erzeugnis einzustufen ist. Setzt man den Zeitpunkt der Materialausgabe mit dem Produktionsbeginn gleich, ist zu diesem Zeitpunkt zweckmäßigerweise auch die direkte Verbrauchsmengenerfassung vorzunehmen. Als schriftlicher Nachweis für die Verbrauchsmengenerfassung dient der sog. **Materialentnahmeschein**, der als Mindestbestandteile folgende Positionen enthalten sollte:

- die Bezeichnung der Materialart,
- die Materialnummer, z. B. in der Form 4 18 121 mit 4 = Werkteile, 18 = Messingplatten, 121 = Messingplatten 380 mm · 420 mm der Güteklasse 1 [zur Bildung von Materialnummernschlüssel vgl. auch Kilger, 1993, S. 213 f.],
- Mengeneinheiten der Verbrauchsmenge,
- die Verbrauchsmenge,
- den Preis pro Mengeneinheit,
- die durch den Materialverbrauch verursachten Kosten und
- verschiedene Kontierungsangaben, Ausgabe- und Buchungsvermerke.

Eine mögliche Gestaltung eines Materialentnahmescheins zeigt nachfolgende Abbildung (eine Kontierung auf eine Kostenstelle kommt nur bei sog. Gemeinkostenmaterialien in Betracht):

<table>
<tr><td colspan="2" rowspan="2">Erga-GmbH
Regensburg
Materialentnahme
Lager-Nr.: 8</td><td colspan="2">Ausstellung</td><td colspan="3" rowspan="2">Kostenstellen-Nr. 14
Kostenarten-Nr. 2020
(Werk-) Auftrags-Nr.
Artikel-Nr. 11</td></tr>
<tr><td>Datum
9.11.</td><td>Name
Grosser</td></tr>
<tr><td>Nr.</td><td>Materialart</td><td>Material-Nr.</td><td>Mengeneinheit</td><td>Menge</td><td>Preis/ME</td><td>Kosten</td></tr>
<tr><td>1
2
3
4
5
6</td><td>Zahnräder
Ritzel
Wellen</td><td>412343
413383
414453</td><td>Stck.
Stck.
Stck.</td><td>400
400
400</td><td>1,45
0,85
0,50</td><td>580,00
340,00
200,00</td></tr>
<tr><td colspan="2">Ausgabe</td><td colspan="2" rowspan="2">Empfänger

Schmidt</td><td colspan="3">Buchung Materialwirtschaft</td></tr>
<tr><td>Datum

10.11.</td><td>Name:

Huber</td><td colspan="3">Datum: 30.11. | Name Held
Kontierung Fibu: 1000
Kontierung KLR: 1000
Kontierung Kostenstelle:</td></tr>
</table>

Abbildung 7.2: Materialentnahmeschein

Die direkte Erfassung der Produktionsverbrauchsmengen wird regelmäßig mit einer laufenden Abrechnung durch Fortschreibung des Materialbestandes verknüpft, die man auch als **Skontration** bezeichnet. Nach jeder Materialentnahme wird ein neuer Soll-Materialbestand errechnet. Bei zutreffender Abrechnung der Materialentnahme sind mögliche Inventurdifferenzen zum periodisch ermittelten Ist-Materialbestand auf nicht produktionsbedingte Ursachen zurückzuführen. Allgemein lässt sich das Abrechnungsverfahren der Skontration unter Berücksichtigung möglicher Inventurdifferenzen wie folgt darstellen:

mengen- und wertmäßiger Istbestand der Vorperiode
\+ mengen- und wertmäßige Zugänge der laufenden Periode
– mengen- und wertmäßiger Ist-**Produktions**verbrauch der laufenden Periode berechnet aufgrund von Materialentnahmescheinen

= mengen- und wertmäßiger Sollendbestand der laufenden Periode
– mengen- und wertmäßiger Inventurendbestand der laufenden Periode

= nicht produktionsverursachte Inventurdifferenz der laufenden Periode

Ergänzend sei darauf hingewiesen, dass der durch Auswertung von Materialentnahmescheinen ermittelte mengen- und wertmäßige Ist-Produktionsverbrauch grundsätzlich zwar Materialrückgaben, aber noch keine Materialausschusszahlen berücksichtigt. Die Ausschussberechnung muss vielmehr gesondert durchgeführt werden und je nach Ausschussart mit Hilfe gesonderter Ausschussbelege erfasst werden [vgl. dazu Kilger, 1976, S. 144 f.]. Weiterhin ist zu beachten, dass in der KLR – anders als in der Finanzbuchführung – nicht die Ermittlung der Endbestände, sondern die Erfassung der Verbrauchsmengen im Vordergrund steht. Die Endbestände der Materialarten werden allerdings für die Berechnung kalkulatorischer Zinsen benötigt.

7.2.2.2 Indirekte Erfassung der Verbrauchsmengen

Statt einer direkten Erfassung der Produktionsverbrauchsmengen durch Messen, Zählen oder Wiegen kommt grundsätzlich auch eine indirekte Erfassung durch Berechnung des Verbrauchs in Frage. In der Praxis sind im Wesentlichen zwei Berechnungsverfahren verbreitet: die sog. Rückrechnung bzw. **retrograde Methode** und die Befundrechnung bzw. **Inventurmethode.**

Grundlage für die retrograde Verbrauchserfassung sind festgelegte Verbrauchsstandards, die aus **Stücklisten** (Konstruktionslisten) oder Rezepturen der Fertigerzeugnisse abgeleitet werden. Unter einer Stückliste versteht man eine Auflistung aller Materialverbrauchsmengen pro Einheit eines fertig gestellten Produktes. Stücklisten werden vielfach von den Konstruktions- und Entwicklungsabteilungen erstellt und können je nach Komplexität des Produktes sehr umfangreich sein. Ein einfaches Beispiel einer Stückliste zeigt untenstehende Abbildung:

Stückliste		Produkt			Zeichnungs-Nr. 144	
Nr.	Bezeichnung	Stck.	Zeichnungs-Detail		Werkstoff	Abmessungen
1	Zahnräder	412343	Stck.	400	1,45	580,00
2	Ritzel	413383	Stck.	400	0,85	340,00
3	Wellen	414453	Stck.	400	0,50	200,00
4						
5						
6						

Abbildung 7.3: Stückliste

Ist die Zahl der in der Abrechnungsperiode produzierten Fertigerzeugnisse bekannt, kann durch Multiplikation mit den Standard-Verbrauchsmengen ein produktionsbedingter **Soll-Materialverbrauch** errechnet werden. Wichtig ist, dass Materialeinbußen durch Ausschuss oder Verschnitt in den Standard-Verbrauchsmengen mitberücksichtigt werden. Wird die Rückrechnung mit einer fortlaufenden Bestandsführung kombiniert, verfährt die Lagerbuchhaltung allgemein unter Berücksichtigung möglicher Inventurdifferenzen nach folgendem Abrechnungsverfahren:

	mengen- und wertmäßiger Istbestand der Vorperiode
+	mengen- und wertmäßige Zugänge der laufenden Periode
–	mengen- und wertmäßiger Soll-Produktionsverbrauch der laufenden Periode berechnet aufgrund von Stücklisten
=	mengen- und wertmäßiger Sollendbestand der laufenden Periode
–	mengen- und wertmäßiger Inventurendbestand der laufenden Periode
=	produktions- bzw. nicht produktionsverursachte Inventurdifferenz der laufenden Periode

Die Rückrechnung ist kein genaues, aber unter gewissen Fertigungsvoraussetzungen einfaches und zugleich wirtschaftliches Verfahren. Soweit erprobte Erfahrungssätze für die Verbrauchsmengen vorliegen, eignet sich dieses Verfahren vor allem für Massen- und Serienfertigung sowie bei chemischen Produktionsprozessen. Probleme ergeben sich allerdings durch häufige Inventurmaßnahmen im Bereich der fertigen und unfertigen Erzeugnisse. Vor allem bei stark schwankenden Beständen an unfertigen Erzeugnissen ist sicherzustellen, dass Kosten nicht mehrfach verrechnet werden.

Beispiel

In Periode 1 wurden lt. Fertigstellungsliste 1.000 Stück Fertigerzeugnisse mit einem Standard-Verbrauch von 10 kg Messing pro Stück fertig gestellt. Am Ende der Abrechnungsperiode befinden sich überdies eine Reihe unfertiger Erzeugnisse mit unterschiedlichen Reifegraden in Produktion, lt. Zwischeninventur 1.600 Stück. Da der Messingverbrauch nicht punktuell, sondern während des gesamten Produktionsprozesses stattfindet, werden die unfertigen Erzeugnisse zur Vereinfachung mit einem durchschnittlichen Messingverbrauch von 5 kg pro Stück angesetzt. In der zweiten Abrechnungsperiode werden die unfertigen Produkte der Periode 1 vollständig fertig gestellt, zusätzlich 500 Stück vollständig neu produziert sowie 1.400 Stück unfertige Erzeugnisse durch Zwischeninventur nachgewiesen. Daraus ergeben sich folgende Perioden-Standard- bzw. Norm-Verbrauchsmengen für Messing:

Abrechnungsperiode 1:

1.000 Stck. Fertigerzeugnisse · 10 kg/Stck.	=	10.000 kg
1.600 Stck. unfertige Erzeugnisse · 5 kg/Stck.	=	8.000 kg
Standard-Verbrauchsmenge der Periode 1	=	18.000 kg

Abrechnungsperiode 2:

1.600 Stck. Fertigerzeugnisse · 10 kg/Stck.	=	16.000 kg
500 Stck. Fertigerzeugnisse · 10 kg/Stck.	=	5.000 kg
1.400 Stck. unfertige Erzeugnisse · 5 kg/Stck.	=	7.000 kg
vorläufige Standard-Verbrauchsmenge der Periode 2		28.000 kg
– 1.600 Stck. unfertige Erzeugnisse Periode 1 · 5 kg/Stck.		8.000 kg
endgültige Standard-Verbrauchsmenge der Periode 2		20.000 kg

Eine weitere Möglichkeit zur indirekten Verbrauchsmengenerfassung bietet die sog. Befundrechnung bzw. Inventurmethode. Voraussetzung für die Durchführung ist eine körperliche Aufnahme des betreffenden Materialbestandes. Errechnet wird anschließend ein Soll-Produktionsverbrauch, der allerdings anders als bei der retrograden Methode kein Standard- bzw. Normverbrauch ist. Allgemein erfolgt die Verbrauchsberechnung bei der Inventurmethode auf folgende Weise:

	mengen- und wertmäßiger Istbestand der Vorperiode
+	mengen- und wertmäßige Zugänge der laufenden Periode
–	mengen- und wertmäßiger Inventurbestand der laufenden Periode
=	Soll-Produktionsverbrauch der laufenden Periode

Nachteil der Inventurmethode sind die häufigen Inventuren, verbunden mit der Tatsache, dass dennoch kein Ist-Produktionsverbrauch festgestellt werden kann. Die Materialverbrauchsmengen lassen sich überdies i.d.R. nicht ohne Schwierigkeiten den Kostenstellen und Leistungen zuordnen. Verstöße gegen das Verursachungsprinzips und Fehler bei der Feststellung von Unwirtschaftlichkeiten sind daher nicht auszuschließen.

Zusammenfassend kann festgehalten werden, dass sowohl die retrograde Methode als auch die Inventurmethode in den meisten Betrieben nicht den Anforderungen einer abbildungsgenauen KLR entsprechen. Trotz einiger Vorteile im Hinblick auf die Wirtschaftlichkeit der Kostenerfassung sind die möglichen Verstöße gegen das **KOSTENVERURSACHUNGSPRINZIP** →GLOSSAR in der Regel nicht zu tolerieren. Soweit als möglich sollte daher stets eine direkte Verbrauchsmengenerfassung mit Materialentnahmescheinen durchgeführt werden. Ob für weniger wertvolle Materialien, auch soweit es sich um Lagermaterial handelt, eine Kostenerfassung nach der Fiktion „Übergang des wirtschaftlichen Eigentums an den Materialien = Verbrauch" genügt, kann nicht generell beantwortet werden. Wenn ein Kosten- und Leistungsrechnungssystem ernsthaft betrieben wird, sollen alle Vereinfachungen und Pauschalierungen – insbesondere, wenn es sich um die Erfassung und Verrechnung von Leistungseinzelkosten handelt – soweit als möglich vermieden werden.

7.2.3 Bewertung der Produktionsverbrauchsmengen

Die zur Ermittlung der Materialkosten erforderliche Bewertung der Produktionsverbrauchsmengen wäre grundsätzlich unproblematisch, wenn keine Marktpreisschwankungen stattfänden und auch keine Änderungen im Bereich der Anschaffungskosten zu beachten wären. Dies entspricht allerdings nur in seltenen Ausnahmefällen der Realität. Soweit allerdings Marktpreisschwankungen auftreten, ist vor allem auch im Hinblick auf die mit einer KLR zu erfüllenden Aufgaben zu prüfen, welche Werte (Preise) für die Bewertung der Materialkosten heranzuziehen sind.

1. Als Wertansatz kommen zunächst durchschnittliche oder tatsächliche **Ist-Anschaffungskosten** in Betracht. Die Ist-Anschaffungskosten errechnen sich dabei wie folgt:

	Einkaufspreis pro Mengeneinheit
+	Anschaffungsnebenkosten (z. B. fremde Transport- und Versicherungskosten)
=	Ist-Anschaffungskosten bzw. Einstandspreis frei Lager

Probleme bereiten dabei zunächst die Anschaffungsnebenkosten, da diese Beträge regelmäßig nicht durch einzelne Einheiten der Materiallieferung, sondern durch die gesamte Lieferung verursacht werden. Die auch von § 255 Abs. 1 HGB geforderte Einzelzurechnung wird nur in Ausnahmefällen erfüllt sein. Eine durchschnittliche Zurechnung ist eher abzulehnen [Kilger spricht insoweit ohne zusätzliche Erläuterung von „Umrechnungen". Vgl. Kilger, 1993, S. 205]. Ist keine Einzelverursachung gegeben, müssen die Primärkosten für die damit beschafften Dienstleistungen als Leistungsgemeinkosten verrechnet werden. Zusätzlich wäre dann zu prüfen, ob in jedem Fall variable Leistungsgemeinkosten anzunehmen sind. Die für die Materialeinkaufsgeschäfte zu entrichtende Umsatzsteuer ist als abzugsfähige Vorsteuer nicht in die primären Materialkosten einzurechnen.

Umstritten ist die Behandlung eines sofort oder nachträglich gewährten Skontoabzuges. Das Problem muss auch im Zusammenhang mit der Errechnung kalkulatorischer Zinsen gesehen werden. Werden in Anspruch genommene oder nicht ausgenutzte Skontobeträge generell nicht aus den Materialeinstandspreisen eliminiert, hat dies zur Folge, dass bei Verbrauch der Materialien höhere Materialkosten und bei Nichtverbrauch höhere kalkulatorische Zinsen auf das Vorratsvermögen errechnet werden. Soweit daher die Materialien zum Zeitpunkt der Ermittlung kalkulatorischer Zinsen nicht verbraucht sind, sind sie als sog. **Abzugskapital** aus der Bemessungsgrundlage herauszurechnen, um eine Doppelerfassung einmal als Zinskosten und zum anderen als Materialkosten zu vermeiden. Die entsprechenden Kosten werden daher stets als Materialkosten verrechnet, und zwar unabhängig davon, ob Skonto bei der Beschaffung in Anspruch genommen worden ist oder nicht. Eine Eliminierung der in Anspruch genommenen Skontobeträge hätte dagegen zunächst zur Folge, dass die Ist-Einstandszahlungen verrechnet würden. Würde die Sofortzahlung fremdfinanziert, müssten die dadurch verursachten Zinskosten bei der Berechnung der kalkulatorischen Zinsen berücksichtigt werden. Eine Erfassung von Zinsaufwendungen als Grundkosten kommt wie schon früher angesprochen aus verrechnungstechnischen Grundsätzen grundsätzlich nicht in Betracht. Soweit hingegen mit Eigenmitteln vorfinanziert wurde, hängt die Berücksichtigung von kalkulatorischen Eigenkapitalzinsen von den im Einzelfall angestrebten Problemlösungen ab.

2. Als weiterer Wertansatz kommt grundsätzlich der Einstandspreis inkl. Anschaffungsnebenkosten am Verbrauchstag der betreffenden Materialien, der sog. „**Tagespreis**“, in Frage. Dieser Tagespreis kann z. B. von den täglich an den internationalen Rohstoffbörsen ermittelten Börsenpreisen abgeleitet und an die Anschaffungskosten angepasst werden. Für die Erfassung von Grundkosten ist der Tagespreis nicht geeignet.
3. Für eine Reihe von Entscheidungen ist weniger der Einstandspreis am Verbrauchstag, sondern der erwartete Einstandspreis am Wiederbeschaffungstag, der sog. „**Wiederbeschaffungspreis**“ am Wiederbeschaffungstag, von Bedeutung. Voraussetzung ist, dass das betreffende Material tatsächlich wiederbeschafft wird. Auch der erwartete Wiederbeschaffungspreis sollte nach den oben für die Ist-Einstandspreise genannten Regeln auf die **Wiederbeschaffungskosten** modifiziert werden. Die Wiederbeschaffungskosten am Wiederbeschaffungstag entsprechen den Planpreisen. Planpreise dürfen nicht mit Verrechnungspreisen der Plankostenrechnung verwechselt werden. Mit Planpreisen sollen die realistischen Wertverhältnisse im Wiederbeschaffungszeitpunkt repräsentiert werden.
4. Wie schon angedeutet, ist für bestimmte Aufgaben der KLR – vor allem für die Wirtschaftlichkeitskontrolle – eine Bewertung zu tatsächlichen Preisen nicht zweckmäßig. Für solche Fälle ist der mengenmäßige Verbrauch mit festen **Verrechnungspreisen** zu bewerten.

Allgemein stellt sich für die KLR die Frage, ob Preisschwankungen auf dem Beschaffungsmarkt in die Kostenerfassung eingehen sollen. Eine generelle Antwort auf diese Frage ist nicht möglich. Je nach angestrebtem Abrechnungszweck sind grundsätzlich unterschiedliche Bewertungen erforderlich. Für möglichst genaue Kalkulationsunterlagen ist eine Rechnung mit Ist- bzw. Plan-Einstandspreisen, für die innerbetriebliche Wirtschaftlichkeitskontrolle dagegen eine Bewertung zu Ist- bzw. Plan-Verrechnungspreisen vorzuziehen.

Eine moderne EDV-Lösung sollte in der Lage sein, die verschiedenen Anforderungen an die Bewertung getrennt von den handels- und steuerrechtlichen Anforderungen der Finanzbuchführung zu realisieren. Die früher oft diskutierte und auch praktizierte Verbuchung von Preisabweichungen in der Finanzbuchführung sollte vermieden werden.

Sie sollte weiterhin in der Lage sein, die Materialkosten „zweigleisig" aufzubereiten: parallel also die Materialkosten für die Wirtschaftlichkeitskontrolle und die operative Entscheidungsvorbereitung zu liefern. Die KLR erhält unter diesen Voraussetzungen sowohl die Plan- als auch die Ist-Verbrauchsmengen von den zuständigen Vorsystemen, z. B. aus der Materialwirtschaft. Für die Zwecke der Wirtschaftlichkeitskontrolle auf der Basis des pagatorischen Kostenbegriffes sind die Planverbrauchsmengen und die Ist-Verbrauchsmengen mit festen Verrechnungspreisen zu bewerten. Auf diese Weise werden Preisschwankungen auf dem Beschaffungsmarkt aus der Wirtschaftlichkeitskontrolle ferngehalten:

> Planverbrauchsmenge · Verrechnungspreis – Istverbrauchsmenge · Verrechnungspreis = Materialkostenabweichung für Zwecke der Wirtschaftlichkeitskontrolle

Für die Zwecke der operativen Entscheidungsvorbereitung werden die Verbrauchsmengen mit geplanten Wiederbeschaffungskosten bewertet:

> Planverbrauchsmenge · Plan-Wiederbeschaffungskosten/ME – Istverbrauchsmenge · Anschaffungskosten/ME = Materialkostenabweichung für Zwecke der operativen Erfolgsmessung

Beispiel

In einer Abrechnungsperiode ergeben sich für die Erfassung von Rohstoffkosten folgende Daten:

	Planmenge	Istmenge	Verrechnungspreis	Plankosten pagatorisch	Istkosten pagatorisch	Kostenabweichung
Rohstoff 5005	700	710	70,00	49.000,00	49.700,00	-700,00
Rohstoff 5006	850	850	62,00	52.700,00	52.700,00	0,00
Rohstoff 5007	690	700	65,00	44.850,00	45.500,00	-650,00

Die Planmenge wurde in einer früheren Periode für die laufende Periode geplant und wird mit der Istmenge der laufenden Periode verglichen. Die auf der Basis von Verrechnungspreisen errechneten Kostenabweichungen sind unter der Voraussetzung, dass die Planproduktionsmenge der Ist-Produktionsmenge entspricht, echte Mengenabweichungen. Bei einer Bewertung zu Verrechnungspreisen ergeben sich keine Sekundärabweichungen, da Marktpreisschwankungen nicht in das Kontrollsystem einbezogen werden. Die umfangreiche Diskussion in der Literatur zu den Problemen der Sekundärabweichungen bei gleichzeitigen Mengen- und Preisänderungen [vgl. dazu z. B. KILGER, 1993, S. 171 ff.] sind für die Zwecke der Wirtschaftlichkeitskontrolle auf der Basis von Verrechnungspreisen eigentlich überflüssig.

Für die Wirtschaftlichkeitskontrolle wäre an sich die Kenntnis der Mengenabweichungen ausreichend; eine Kontrolle des Primärverbrauchs würde insoweit genügen. Da in einer KLR aus früher genannten Gründen Mengen nicht verrechnet werden, ist auch für Zwecke der Wirtschaftlichkeitskontrolle eine Bewertung der Verbrauchsmengen vorzunehmen.

Für die Berechnung von wertmäßigen Kosten für eine operative Erfolgsmessung und Erfolgsüberwachung sind anders als bei der Wirtschaftlichkeitskontrolle die Planverbrauchsmengen mit den geplanten Wiederbeschaffungskosten (WBK) im zukünftigen Beschaffungszeitpunkt und die Istverbrauchsmengen mit (historischen) Anschaffungskosten (AK) zu bewerten.

	Istmenge	Planmenge	AK	WBK	Istkosten	Plankosten
Spalte	1	2	3	4	5	6
Rohstoff 5005	710	710	72,00	73,00	51.120,00	51.830,00
Rohstoff 5006	850	850	65,00	66,00	55.250,00	56.100,00
Rohstoff 5007	700	700	65,00	67,00	45.500,00	46.900,00
Summen					151.870,00	154.830,00

Die Ist-Menge ist die Verbrauchsmenge der laufenden Periode. Sie wird nach einer Bewertung zu Anschaffungskosten zur Beschaffung derselben Menge im Wiederbeschaffungszeitpunkt bewertet zu den geplanten Wiederbeschaffungskosten in Beziehung gestellt.

	Preisabweichung (Sp. 5 – Sp. 6)
Spalte	7
Rohstoff 5005	710,00
Rohstoff 5006	850,00
Rohstoff 5007	1.400,00
Summen	2.960,00

Wie lässt sich die Erfassung der Materialkosten in die systematische Gliederung der Kostenerfassung nach Grundkosten und kalkulatorischen Kosten einordnen?

1. Für die Berechnung pagatorischer Kosten auf der Basis von Planverrechnungspreisen wäre zunächst zu klären, was dabei unter Grundkosten zu verstehen ist. Wie schon bei der Abgrenzung kalkulatorischer Kosten angedeutet wurde, macht es kaum Sinn, die pagatorischen Kosten durch Umbewertung aus den Grundkosten abzuleiten. Für die Wirtschaftlichkeitskontrolle werden sowohl die Planverbrauchsmengen als auch die Istverbrauchsmengen mit festen Verrechnungspreisen bewertet. Die in der

handelrechtlichen Finanzbuchführung verbuchten Zweckaufwendungen werden für diese Kontrollaufgaben nicht benötigt. In einer EDV-Lösung, die parallel mehrere Aufgaben einer KLR erfüllen kann, sollten aber die Zweckaufwendungen auf jeden Fall als Grundkosten übernommen werden.

2. Bei der Erfassung von Materialkosten zur Berechnung wertmäßiger Kosten kann wie folgt gegliedert werden:

Primärkostenart	Grundkosten	Anderskosten wert-verschieden	pagatorische Kosten	wertmäßige Kosten
Rohstoffkosten 5005	51.120,00	710,00	51.120,00	51.830,00
Rohstoffkosten 5006	55.250,00	850,00	55.250,00	56.100,00
Rohstoffkosten 5007	45.500,00	1.400,00	45.500,00	46.900,00
Summen	151.870,00	2.960,00	151.870,00	154.830,00

Die wertverschiedenen Anderskosten sind zugleich kalkulatorische Kosten, die aus den genannten Gründen zwar für operative Entscheidungen, nicht aber für die Wirtschaftlichkeitskontrolle verwendet werden. Sollen im Nachhinein die Ergebnisse operativer Entscheidungen kontrolliert werden, gibt es bei Abweichungen zwischen den Istkosten im Wiederbeschaffungszeitpunkt und den für diesen Zeitpunkt geplanten Wiederbeschaffungskosten grundsätzlich folgende Möglichkeiten:

1. Die Ist-Verbrauchsmengen unterscheiden sich von den geplanten Verbrauchsmengen. Die Ist-Verbrauchsmengen werden dann zu festen Verrechnungspreisen bewertet und mit den ebenfalls zu festen Verrechnungspreisen bewerteten Planverbrauchsmengen verglichen; die Ursachen für die dann auf Verrechnungspreisbasis durch Mehr- oder Minderverbrauch errechneten Differenzkosten sind aufzuklären. Sind die Differenzkosten zugleich Mehrkosten, liegen vermutlich Unwirtschaftlichkeiten vor. Wie schon dargelegt, könnten die Unwirtschaftlichkeiten allein auf der Mengenebene kontrolliert und aufgeklärt werden.
2. Die Ist-Verbrauchsmengen stimmen mit den geplanten Verbrauchsmengen überein. Der Unterschied zwischen Ist- und Plankosten resultiert ausschließlich aus Preisabweichungen. Aus diesen Fehleinschätzungen über zukünftige Beschaffungspreisentwicklungen ergeben sich keine Konsequenzen für die Wirtschaftlichkeitskontrolle. Die Preisdifferenzen sind ausschließlich der periodischen Erfolgsmessung anzulasten.
3. Bei gleicher Ausbringung unterscheiden sich die Ist-Verbrauchsmengen von den geplanten Verbrauchsmengen; zugleich unterscheiden sich auch die für die laufende Periode geplanten Wiederbeschaffungskosten und die Ist-Anschaffungskosten. Dabei könnte sich z. B. folgende Gestaltung ergeben:

	Plan-menge	Ist-menge	WBK	AK	Plankosten	Istkosten
Spalte	1	2	3	4	5	6
Rohstoff 5005	710	720	72,00	73,00	51.120,00	52.560,00
Rohstoff 5006	850	860	65,00	66,00	55.250,00	56.760,00
Rohstoff 5007	700	700	65,00	67,00	45.500,00	46.900,00
Summen					151.870,00	156.220,00

	Gesamt-abweichung	Mengen-abweichung	Preis-abweichung	Sekundär-abweichung
Spalte	7	8	9	10
Rohstoff 5005	1.440,00	720,00	710,00	10,00
Rohstoff 5006	1.510,00	650,00	850,00	10,00
Rohstoff 5007	1.400,00	0,00	1.400,00	0,00
Summen	4.350,00	1.370,00	2.960,00	20,00

Die kombinierte Abweichung oder Sekundärabweichung errechnet sich wie folgt (ME = Mengeneinheiten):

(Istverbrauchsmenge – Planverbrauchsmenge) · (AK – WBK) = (720 ME – 710 ME) · (73,00 €/ME – 72,00 €/ME) + (860 ME – 850 ME) · (66,00 €/ME – 65,00 €/ME) + (700 ME – 700 ME) · (67,00 €/ME – 65,00 €/ME) = 10 ME · 1,00 €/ME + 10 ME · 1,00 €/ME + 0 = 10,00 € + 10,00 € = 20,00 €

Kosten errechnen sich allgemein durch Multiplikation von Verbrauchsmengen und Wertansätzen bzw. Preisen/ME. Ändern sich sowohl die Mengenverbräuche als auch die Wertansätze für die Mengenverbräuche, entsteht eine kombinierte Abweichung, die zwar allein der Primärkostenart zugerechnet werden kann, deren Ursache aber nicht mehr aufgelöst werden kann. Die Abweichung ist weder rein wert- noch rein mengenverursacht. Soll die Abweichung verursachungsgerecht verrechnet werden, taucht ein mit der Mischkostenverrechnung verwandtes Problem auf. Zwar wird eine Vielzahl von Methoden der Verrechnung von Sekundärabweichungen diskutiert [vgl. dazu z. B. Coenenberg, 2003, S. 361 ff.], eine exakte Aufteilung der Sekundärabweichungen im Sinne des Verursachungsprinzips ist jedoch nicht möglich [vgl. dazu auch Schweitzer/Küpper, 1998, S. 648].

Für eine Überwachung des operativen Ergebnisses könnte bei Umsatzerlösen in der Abrechnungsperiode von 400.000,00 € z. B. folgende Gliederung der Erfolgskomponenten vorgenommen werden:

Kosten	operative	Ergebnisrechnung	Leistungen
Plan-Rohstoffkosten	151.870,00	Umsatzerlöse	400.000,00
Ist-Preisabweichung	2.960,00		
Ist-Mengenabweichung	1.370,00		
Ist- Sekundärabweichung	20,00		
Beitrag zum Periodenergebnis	243.780,00		

Im R/3®-System von SAP® wird die Sekundärabweichung vollständig der Preisabweichung zugerechnet [vgl. auch GROB/BENSBERG, 2005, S. 313]. Die Preisabweichung wäre dann im obigen Beispiel 2.980,00 €.

7.2.4 Verrechnung der Materialkosten

Für die Verrechnung der Materialkosten ist zu unterscheiden, ob es sich um Leistungseinzelkosten oder Leistungsgemeinkosten handelt. Materialkosten, die als Leistungseinzelkosten verrechnet werden können, im Wesentlichen also Rohstoffkosten, Vorprodukt- und Verpackungsmaterialkosten, werden nicht auf die Kostenstellen, sondern direkt auf die Leistungen (Produkte) zugerechnet. Dies dient zum einen der Vereinfachung der Kalkulation, zum anderen würde die Verrechnung der Rohstoffkosten über die Kostenstellen bei den meisten Fertigungsverfahren eine grundlegend andere Abrechnungsmethode erfordern, da auf die Kostenstellen nicht die Rohstoffkosten, sondern unfertige Erzeugnisse mit unterschiedlichen Reifegraden als Wertschöpfungsbeiträge zu verrechnen wären. Obwohl die Rohstoffkosten bei traditioneller Verrechnung direkt auf die Leistungen verrechnet werden, ist soweit als möglich eine verantwortungsbezogene, d. h. kostenstellenweise, Ausschusskontrolle für die Einzelkostenmaterialien durchzuführen. Soweit für diese Kontrollzwecke der Rohstoff- und Vorproduktverbrauch mit Verrechnungspreisen bewertet wird, muss festgelegt werden, wie die Unter- bzw. Überdeckungen zwischen Plan- und Istkosten sowie die Preisabweichungen weiterverrechnet werden. In einfacher strukturierten Kostenrechnungssystemen werden sämtliche Abweichungen über das kurzfristige Periodenergebnis verrechnet, in der Plankostenrechnung verrechnet man die Abweichungen in Abhängigkeit von der Fertigungsstruktur entweder nachträglich auf die Aufträge (Auftrags- oder Einzelfertigung) oder auf die einzelnen Produktarten bzw. Produktgruppen (standardisierte Fertigung).

Materialkosten, die zugleich echte oder unechte Leistungsgemeinkosten sind, insbesondere also Hilfsstoff- und Betriebsstoffkosten, werden stets über die Kostenstellen verrechnet. Wie das nachfolgende Zahlenbeispiel zeigt, ist häufig eine direkte Zurechnung auf die verbrauchenden Kostenstellen möglich.

7.2.5 Beispiel zur direkten Stoffkostenerfassung und -verrechnung

In einem kleineren Industriebetrieb werden verschiedene Hilfsstoffkosten über Materialentnahmescheine erfasst. Auf diese Weise ist es möglich, die Kosten den verbrauchenden Kostenstellen direkt als Kostenstelleneinzelkosten zuzurechen. Eine direkte Zurechnung auf die Produkte erfolgt nicht. Die Hilfsstoffkosten werden also als unechte Leistungsgemeinkosten behandelt. Die Erfassung der Zugangs- und Verbrauchsmengen wird im Materiallager mit Hilfe einer EDV-Lagerbuchhaltung durch Skontration durchgeführt. Dabei wird wie folgt gerechnet:

Die Zugangsmengen werden mit den aktuellen Anschaffungskosten bewertet. Die Abgangsmengen werden für die Zwecke der Finanzbuchführung mit gleitenden Ist-Durchschnitts-Anschaffungskosten bewertet, die nach jedem Zugang neu berechnet werden. Damit wird auch der Perioden-Endbestand mit durchschnittlichen Anschaffungskosten bewertet und jeder Lagerabgang wird ebenfalls stets zu aktuellen durchschnittlichen Anschaffungskosten berechnet, ein Verfahren, das zugleich den Anforderungen der steuerlichen Rechnungslegung entspricht. Das Argument KILGERS, dieses Verfahren sei arbeitsaufwändig [vgl. KILGER, 1976, S. 85], gilt für das hier verwendete Modell, das die Werte nach jedem Vorgang selbständig neu berechnet, nicht. Für die die Erfassung der pagatorischen Kosten wird nicht mit aktuellen Anschaffungskosten bewertet. Um Marktpreisschwankungen aus der Kostenkontrolle zu eliminieren, werden für die produktionsbezogenen Verbrauchsmengen feste Verrechnungspreise gewählt, im Beispiel 4,00 €/Stck. Auf diese Weise haben auch nachträglich in Rechnung gestellte Anschaffungsnebenkosten sowie nachträglich gewährte Boni keinen Einfluss auf die Kontrollfunktion der KLR. Durch die unterschiedliche Verbrauchsbewertung entstehen zwischen der Aufwandsverbuchung in der Finanzbuchführung und der Kostenverrechnung positive bzw. negative Wertdifferenzen, die nicht als kalkulatorische Kosten einzustufen sind. Die „Preisdifferenzen" werden buchungstechnisch innerhalb der KLR auf ein gesondertes Preisdifferenzenkonto verrechnet oder unmittelbar in die kurzfristige Erfolgsrechnung übernommen. Auf diese Weise ist am Ende der Abrechnungsperiode eine Abstimmung zwischen dem Periodenergebnis der Finanzbuchführung und der KLR möglich. Da die Abgänge einzeln durch Materialentnahmescheine erfasst werden, ist eine Einzelzuordnung zu den verbrauchenden Kostenstellen möglich. In der Abrechnungsperiode werden von den Fertigungskostenstellen 1–3 Kleinschrauben verbraucht, die als Hilfsstoffe eingestuft werden. Durch den durch Materialentnahmescheine festgestellten Verbrauch errechnen sich primäre Hilfsstoffkosten der Abrechnungsperiode. Aufgrund der Nachweise auf den Materialentnahmescheinen können die Hilfsstoffkosten den verursachenden Fertigungskostenstellen als unechte variable Leistungsgemeinkosten exakt zugerechnet werden. Sie sind also zugleich Kostenstelleneinzelkosten. Durch die Bewertung mit Verrechnungspreisen werden in diesem Fall ausschließlich pagatorische Kosten verrechnet.

Materialbuchhaltung								Fibu	KLR			
									KA	Kostenstellen		
Datum	Menge	AK	Zugang	Menge Bestand	Wert Bestand	ØAK	VP	ZA=GK	Hilfsstoff-kosten	1	2	3
1.6.	+100	3,50	350,00	100	350,00	3,50						
2.6.	-40			60	210,00	3,50	4,00	140,00	160,00			160,00
2.6.	-10			50	175,00	3,50	4,00	35,00	40,00		40,00	
5.6.	+70	6,00	420,00	120	595,00	4,96						
9.6.	-80			40	198,33	4,96	4,00	396,67	320,00	320,00		
13.6.	+125	5,50	687,50	165	885,83	5,37						
15.6.	-140			25	134,22	5,37	4,00	751,62	560,00			560,00
17.6.	+80	5,80	464,00	105	598,22	5,70						
18.6.	-75			30	170,92	5,70	4,00	427,30	300,00		300,00	
20.6.	+120	5,50	660,00	150	830,92	5,54						
22.6.	+200	5,00	1.000,00	350	1.830,92	5,23						
24.6.	-150			200	1.046,24	5,23	4,00	784,68	600,00	600,00		
25.6.	-120			80	418,50	5,23	4,00	627,74	480,00		480,00	
27.6.	+250	5,10	1.275,00	330	1.693,50	5,13						
29.6.	-200			130	667,13	5,13	4,00	1026,36	800,00			800,00
30.6.	-80			50	256,59	5,13	4,00	410,54	320,00	320,00		
30.6.			4.856,50		256,59			4.599,91	3.580,00	1.240,00	820,00	1.520,00
Zugänge – Bestand =					4.599,91	Summe Preisdifferenz			1.019,91			
						Zweckaufwand			4.599,91			

ZA = Zweckaufwand; GK = Grundkosten, VP = Verrechnungspreis; AK = Anschaffungskosten; KA = Kostenartenrechnung.

Abbildung 7.4: Zusammenwirken von Materialbuchhaltung, Finanzbuchführung und KLR bei der Erfassung von Materialkosten

7.3 Erfassung und Verrechnung der Personalkosten

7.3.1 Erfassung der Lohn- und Gehaltskosten

Unter Personalkosten („Arbeitnehmerkosten") versteht man alle Kosten, die durch den Produktionsfaktor „Arbeit" direkt oder indirekt bei der Leistungserstellung verursacht werden. Dabei wird u. a. auch, um den Anforderungen der Sozialgesetzgebung gerecht zu werden, zwischen **Lohnkosten** der Arbeiter, **Gehaltskosten** der Angestellten und **Ausbildungsvergütungen** für die Auszubildenden unterschieden. Hinzu kommen Kosten aufgrund von Sonderzahlungen, z. B. Urlaubs- und Feiertagslöhne, sowie die gesetzlichen und freiwilligen **Sozialkosten**. Die gesetzlichen und freiwilligen Sozialkosten werden zusammen oft als Personalzusatzkosten oder etwas unscharf als Lohn- und Gehaltsnebenkosten bezeichnet. Personalzusatzkosten in diesem Sinne sind allerdings keine Zusatzkosten im Sinne der Abgrenzung kalkulatorischer Kosten. Nicht zu den Personalkosten gehören sekundäre Sozialkosten, z. B. Kosten betriebseigener Krankenstationen, Kindergärten, Erholungsheime oder Kantinen. Fraglich ist z. B., wie Abfindungen an ausscheidende Mitarbeiter, bzw. alle Ausgaben, die mit der Einstellung neuer Mitarbeiter zusammenhängen, in das System der Personalkosten einzuordnen sind. Insgesamt handelt es sich dabei um Ausgaben zur Verwirklichung kapazitätsverändernder oder kapazitätserhaltender Entscheidungen. Da Mitarbeiter zwar keine Investitionsobjekte sind, aber dennoch die Kapazität des Unternehmens bestimmen, verursachen solche Ausgaben grundsätzlich fixe Kosten, wenn der erweiterte Kostenbegriff gilt. Sie sind dann der Gruppe der **sonstigen Personalkosten** zuzuordnen:

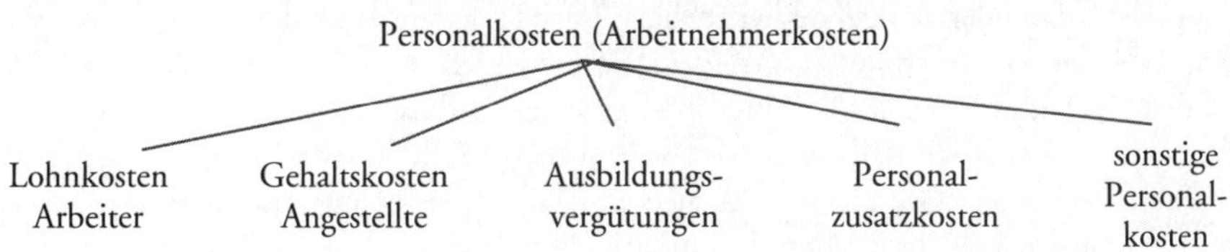

Abbildung 7.5: Gliederung der Personalkosten

Für die Kostenerfassung sind jeweils die Bruttoentgelte maßgebend, also die Brutto-Arbeitslöhne und die Brutto-Gehälter [zur Unterscheidung von Brutto-Arbeitslöhnen und Netto-Arbeitslöhnen vgl. z. B. Schneider, 2005, S. 172 ff.]. Für die Berechnung der Bruttolohnkosten sind z. B. grundsätzlich folgende Lohnarten zu berücksichtigen:

	Tariflohn
+	gesetzlicher Soziallohn
+	übertarifliche Lohnzulagen
+	Prämienlöhne
+	Zusatzlöhne
+	Lohnzuschläge für Überstunden Feiertags- u. Nachtarbeit
=	**Bruttolohn**

Tariflöhne und **Tarifgehälter** werden auf der Basis geltender Tarifverträge bezahlt. In Lohn-, Gehalts- und Entgelttarifverträgen wird die Höhe der tariflichen Grundvergütung in Form von Lohn-, Gehalts- bzw. Entgelttabellen festgelegt (Tabellenvergütung). Die Verträge enthalten in der Regel auch die Ausbildungsvergütungen. Die Laufzeit der Vergütungstarifverträge beträgt überwiegend ein Jahr.

Gesetzliche **Soziallöhne** sind z. B. Urlaubs- und Feiertagslöhne. **Lohnzulagen** werden im Gegensatz zu Prämienlöhnen nicht aufgrund von exakten Bemessungsgrundlagen, sondern mehr oder weniger individuell ermittelt und z. B. als Erschwernis-, Gefahren-, Leistungs- oder als Sozialzulagen (Ortszulagen, Kinderzulagen) bezahlt. **Prämienlöhne** werden z. B. als prozentuale Mengen-, Kostenersparnis- oder Qualitätssicherungsprämien bezahlt. **Zusatzlöhne** werden vor allem bei Akkordarbeiten für unverschuldete Wartezeiten oder außerplanmäßige Material- oder Produkteigenschaften bezahlt. Für geleistete Überstunden werden entweder auf tarifvertraglicher oder arbeitsvertraglicher Grundlage **Zuschläge** bezahlt. Zuschläge werden weiterhin aufgrund entsprechender Betriebsvereinbarungen oder bei betriebsüblichen Überstundenzuschlägen bezahlt.

Gesetzliche oder freiwillige betriebliche **Sozialabgaben** sind anders als die Sozialabgaben der Arbeitnehmer in den Bruttolöhnen nicht enthalten. Aus der Sicht der Arbeitgeber sind Bruttolöhne daher Nettogrößen, da durch die Bereitstellung des Arbeitsplatzes weitere Sozialkosten verursacht werden, z. B. Arbeitgeberanteile zur Sozialversicherung, Beiträge zur Berufsgenossenschaft, Arbeitnehmergratifikationen, Pensionszuschüsse u. a. Für die Berechnung der Wertkomponente der Lohn- und Gehaltskosten könnte man daher von „Arbeitgeber-Bruttolöhnen bzw. -gehältern" oder von „Arbeitnehmer-Bruttolöhnen bzw. -gehältern" sprechen. Für die im Folgenden zugrunde gelegte Verrechnung von Arbeitnehmer-Bruttolöhnen bzw. -gehältern spricht jedoch, dass die den Kostenstellen zugerechneten Lohn- und Gehaltskosten stets mit der Lohnabrechnung abgestimmt werden können. Verfährt man auf diese Weise, müssen für die in diesen Werten nicht berücksichtigten pflichtgemäßen und freiwilligen Sozialkosten eigene Kostenarten gebildet werden. Soweit allerdings die Abstimmung aufgrund geeigneter EDV-Lösungen anderweitig erreicht werden kann, erscheint es grundsätzlich günstiger, die gesamten Personalkosten pro Arbeitszeiteinheit zu verrechnen.

Für die mengenmäßige Erfassung der Lohnkosten ist zwischen **Akkordlohnkosten** und **Zeitlohnkosten** zu unterscheiden. Bei Akkordfertigung wird nicht die am Arbeitsplatz verbrauchte Zeit, sondern die tatsächlich erbrachte Leistungsmenge vergütet. Ausgangspunkt für die Akkordlohnberechnung ist der Akkordgrundlohn bzw. Akkordrichtsatz. Der Akkordrichtsatz errechnet sich aus dem garantierten (tariflichen) Mindestlohn, bei dem unterstellt wird, dass der Arbeitnehmer die Normalleistung i.S.d. Zeitlohnes erbringt. Zur Berechnung des Akkordrichtsatzes wird auf den garantierten Mindestlohn ein prozentualer Akkordzuschlag in Höhe von 15–25 % des Mindestlohnes verrechnet. Die Akkordlohnberechnung richtet sich danach, ob die Vergütung der vom Arbeiter erbrachten Leistungsmengen zeit- oder stückabhängig erfolgt. Wird für die Ausführung einer Arbeitsverrichtung eine Vorgabezeit festgelegt, spricht man von **Zeitakkord**. Ein Verfahren, das für eine bestimmte Arbeitsverrichtung einen Geldsatz festlegt, wird demgegenüber als **Geldakkord** bezeichnet. Beide Verfahren führen zum selben Ergebnis, der Zeitakkord ist aber bei häufigen Lohnsatzänderungen weniger korrekturbedürftig.

Für die Errechnung des Stundenverdienstes bei Zeit- bzw. Geldakkord ist zunächst die Vorgabezeit zu schätzen. Grundlage für diese Schätzung ist die Feststellung individueller Leistungsgrade durch Bildung des Quotienten aus einer gemessenen Istleistung und einer durch Erfahrung nach REFA-Grundsätzen [vgl. REFA, 1978, S. 136] gewonnenen **Normalleistung**:

$$\text{Leistungsgrad in Prozent} = \frac{\text{beobachtete Istleistung}}{\text{REFA-Normalleistung}} \cdot 100$$

Durch Arbeitszeitmessungen werden die individuellen Istzeiten gemessen. Durch Umrechnung der gemessenen durchschnittlichen Istzeiten mit den durchschnittlichen Leistungsgraden erhält man die Normalzeiten:

$$\text{Normalzeit} = \frac{\text{Istzeit} \cdot \text{Leistungsgrad}}{100}$$

Die individuellen Normalzeiten entsprechen noch nicht den Vorgabezeiten. Für die Ermittlung der Vorgabezeiten sind vielmehr weitere Arbeitszeitkomponenten zu berücksichtigen. Nach dem in der Praxis verbreiteten REFA-Verfahren zur Ermittlung der Vorgabezeiten für bestimmte Aufträge [vgl. REFA, 1978, S. 136] sind neben der Grundzeit, durch die die planmäßigen Tätigkeits- und Wartezeiten repräsentiert werden, Erholungszeiten und Verteilzeiten für persönliche oder störungsbedingte Unterbrechungen zu erfassen.

Die auf diese Weise ermittelte Vorgabezeit pro Arbeitsverrichtung bzw. Stück ist mit dem sog. Minutenfaktor zu multiplizieren, der sich durch Division des Akkordrichtsatzes durch 60 Minuten errechnet. Das Ergebnis entspricht dem Stücklohn in €/Stck. bzw. in Stückminuten multipliziert mit dem Minutenfaktor. Der formale Zusammenhang zwischen Geld- und Zeitakkord lässt sich wie folgt zusammenfassen:

€/Stck. (= Geldakkord) = Vorgabezeit (min)/Stck.· €/Vorgabezeit (min)
(= Zeitakkord)

Daraus wird nochmals deutlich, warum Geldakkord und Zeitakkord zum selben Ergebnis führen.

Beispiel

Unter Berücksichtigung der Normalleistung sowie von Grund-, Erholungs- und Verteilzeiten ermittelt sich die Vorgabezeit für das Abpacken technischer Kleinteile in Versandkartons von 4 Minuten pro gepacktem Karton bzw. 15 Stück pro Fertigungsstunde. Bei einem tariflichen Mindestlohn von 19,00 € und einem Akkordzuschlag von 20 % errechnet sich ein Akkordrichtsatz von

Tariflicher Mindestlohn	19,00 €
+ Akkordzuschlag 20 %	3,80 €
= Akkordrichtsatz	22,80 €

Der Minutenfaktor beträgt 22,80 € : 60 Minuten = 0,38 €/min. Der Geldakkord beträgt 0,38 €/min · 4 min/Stck. = 1,52 €/Stck. Der Stundenverdienst beträgt bei einer der Vorgabezeit entsprechenden Istleistung 1,52 €/Stck. · 15 Stck./Std. = 22,80 €/Std. Dabei errechnet sich die Vorgabeleistung aus 60 min : 4 min/Stck. = 15 Stck./Std. Beträgt die Istleistung 20 Stück pro Fertigungsstunde, errechnet sich ein Stundenverdienst von 30,40 €.

Der Zeitakkord errechnet sich als Stundenverdienst bei einer die Vorgabezeit übersteigenden Istleistung von 20 Stück entsprechend aus 20 Stck. · 4 min/Stck. · 0,38 €/min = 30,40 €. Die Lohnkosten pro Stück sind bei Geld- oder Zeitakkord jeweils 1,52 €. Sie sind stückproportional, d. h. in ihrer Höhe unabhängig davon, wieviel Stück ein Arbeitnehmer in einer bestimmten Zeit herstellt.

Es stellt sich daher die Frage, inwieweit bei Akkordentlohnung überhaupt eine Wirtschaftlichkeitskontrolle möglich ist und wie eine mengenmäßige Verbrauchserfassung im Einzelfall durchgeführt werden kann.

Bei Akkordentlohnung stellen die geplanten Lohnkosten zugleich die Istkosten dar, eine gesonderte Bewertung zu Verrechnungspreisen zur Berücksichtigung von Tariflohnänderungen entfällt daher grundsätzlich. Kostenabweichungen, die Unwirtschaftlichkeiten indizieren, können daher unter diesen Voraussetzungen nicht aus Zeitabweichungen („Mengenabweichungen"), sondern lediglich aus Lohnerhöhungen resultieren. Eine Kontrolle mengenmäßiger Unwirtschaftlichkeiten ist daher nicht möglich. An ihre Stelle tritt die Kontrolle der Leistungsgrade der Arbeitnehmer einer Kostenstelle [vgl. dazu Kilger, 1993, S. 265].

Die Erfassung der Akkordlohnkosten erfolgt mit Akkordlohnscheinen. Ein Beispiel für einen Akkordlohnschein, mit dessen Hilfe in der Lohnbuchhaltung die Lohnkosten errechnet werden, zeigt Abbildung 7.6.

Erga-GmbH Regensburg AKKORDSCHEIN Rückplatinen	Ausstell- datum 17.11. Los-Nr. 1	Termin- datum 24.11. Los-Größe: 230	**Auftrags-Nr. 112** Kostenarten-Nr. 6000 (Werk-) Auftrags-Nr..: 121 Teil-Nr. 11		
Arbeitsgang	Lohngruppe	Zeitvorgabe Rüsten	 Stck./min	Gesamt. minuten	Lohn- betrag
Polieren	1	20	10	260	72,00
Name des Arbeiters: Geinzer Stamm-Kontroll-Nr. 2324	Kontrolle: Schweikl Ausschuss: 0	 Gut-Stück 24	Lohnbuchhaltung: Datum: 30.11. | Name Hilz Kontierung Fibu: 6010 Kontierung KLR: 6010 Kontierung Kostenstelle: 2000		

Abbildung 7.6: Akkordlohnschein

Bei Zeitlohnvergütung wird die effektiv geleistete Arbeitszeit vergütet, die mit Zeitlohnscheinen oder Werksaufträgen erfaßt werden, die ähnlich strukturiert sind, wie der gezeigte Akkordschein.

Ein eindeutiger mengenmäßiger Zusammenhang zwischen effektiver Arbeitszeit und Produktionsoutput besteht aber nur für die Planung. Die Ist-Produktionsleistung kann durch Erfassung der Arbeitszeiten bei Zeitlohnvergütung daher regelmäßig nur indirekt gemessen werden. Die Kontrolle beschränkt sich bei Zeitlohnkosten somit auf Abweichungen zwischen den jeweiligen Lohnkosten bei Plan- und Istarbeitszeiten. Dabei gehen in die im Einzelfall errechneten Abweichungen vom Arbeiter zu vertretende und nicht zu vertretende Überschreitungen der Planarbeitszeiten ein. Da aber eine Isolierung der vom Arbeiter zu vertretenden Überschreitungen nicht möglich ist, wird die Kontrolle der Lohnkosten bei Zeitentlohnung beeinträchtigt.

Die Erfassung der Gehaltskosten ist – abgesehen von Geheimhaltungsfragen – vergleichsweise unproblematisch. Die tariflich oder vertraglich vereinbarten Bruttogehälter werden den Personalstammkarten der Angestellten entnommen, abhängige Daten brauchen hierbei nicht beachtet werden. Betriebliche Sozialabgaben werden auch bei der Gehaltskostenberechnung nicht berücksichtigt.

7.3.2 Erfassung der Sozialkosten

Wie schon angedeutet, ist bei Bewertung der Lohn- und Gehaltskosten mit arbeitnehmerorientierten Bruttogrößen eine gesonderte Erfassung und Verrechnung der vom Arbeitgeber zusätzlich zu berücksichtigenden Sozialabgaben der einzelnen Arbeitsplätze erforderlich. Betriebliche Sozialkosten resultieren aus **gesetzlichen** und **tarifvertrag-**

lichen sowie **freiwilligen** Sozialabgaben. Die freiwilligen Sozialabgaben verursachen primäre oder sekundäre Kostenarten. Zu den gesetzlichen und tarifvertraglich bedingten Sozialkosten gehören die Arbeitgeberanteile zur **Kranken**-, **Renten**-, **Arbeitslosen**- und **Pflegeversicherung**, die Beiträge zur Berufsgenossenschaft, die Urlaubs- und Feiertagslöhne, die Ablösungsbeträge bei Nichtbesetzung von Schwerbehinderten-Arbeitsplätzen, die Lohnfortzahlung im Krankheitsfall, alle tariflich vereinbarten Urlaubsgelder, Weihnachtsgelder, Jahresabschlussvergütungen, vermögenswirksame Leistungen u. a.

Zu den freiwilligen Sozialkosten zählen die nicht durch Gesetz oder Tarifvertrag festgelegten Urlaubs- oder Weihnachtsgelder, Gewinnbeteiligungen, Ausbildungsbeihilfen, Zuweisungen zu Pensionsrückstellungen, Beiträge an den Pensionsversicherungsverein u. a.

Zwar lassen sich die Sozialversicherungsbeiträge vergleichsweise einfach aus den monatlichen Lohn- und Gehaltslisten ermitteln, die meisten übrigen Sozialkosten bereiten jedoch wegen ihrer periodischen Schwankungen Probleme. Dies gilt namentlich für Urlaubs- und Feiertagslöhne sowie für die Weihnachtsgratifikationen. Um das Problem der periodischen Schwankungen abzuschwächen, errechnet man für Löhne und Gehälter normalisierte Sozialkostenverrechnungs- bzw. -zuschlagssätze aufgrund von Jahresdurchschnittsplanungen. Die monatlich zu verrechnenden Sozialkosten ergeben sich aus der Multiplikation der monatlich zu verrechnenden Bruttolohn- bzw. Bruttogehaltskosten mit dem normalisierten Sozialkostenverrechnungssatz. Welche Sozialkosten im Einzelfall in die Verrechnungssätze einzubeziehen sind, hängt überwiegend von den individuellen betrieblichen Anforderungen ab. Die nachfolgende Übersicht zeigt ein mögliches Beispiel für die Errechnung von jährlich grundsätzlich gleich bleibenden lohn- bzw. gehaltsbezogenen Sozialkostenzuschlagssätzen, wobei die Soziallöhne nicht in die Bruttolohnsumme miteinbezogen wurden:

	€/Jahr	%
Geplante **Brutto-Gesamtlohnkosten** für 20..	15.750.000,00	
Geplante **Brutto-Gesamtgehaltskosten** für 20..	7.450.000,00	
1. **Lohnbezogene Sozialkosten**		
Urlaubs- und Feiertagslöhne	1.260.000,00	8
Krankheits- und sonstige Soziallöhne	1.417.500,00	9
Sozialversicherungs- u. Berufsgenossenschaftsbeiträge (Arbeitgeberanteil)	3.307.500,00	21
Urlaubs-, Weihnachtsgeld, Vermögensbildung	315.000,00	2
Sonstige freiwillige Sozialleistungen	630.000,00	4
	6.930.000,00	44

2. **Gehaltsbezogene Sozialkosten**		
Krankheitsgehälter	372.500,00	5
Sozialversicherungs- u. Berufsgenossenschaftsbeiträge (Arbeitgeberanteil)	1.490.000,00	20
Urlaubs-, Weihnachtsgeld, Vermögensbildung	596.000,00	8
Sonstige freiwillige Sozialleistungen	298.000,00	4
	2.756.500,00	37
3. **Sozialkostenzuschlagssätze** 20..		
Lohnzuschlagssatz	44,00 %	
Gehaltszuschlagssatz	37,00 %	

Abbildung 7.7: Berechnung von Sozialkostenzuschlagssätzen

Zusammenfassend ist zu betonen, dass die Sozialkosten generell nicht mit dem Arbeitgeberanteil zur Sozialversicherung übereinstimmen. Innerhalb der freiwilligen Sozialkosten gibt es zudem solche, die lohnsteuer- und sozialversicherungspflichtig sind, z. B. Heirats- oder Geburtsbeihilfen, die den Freibetrag überschreiten, Urlaubsgelder, Weihnachtsgelder, Fahrkostenzuschüsse zu öffentlichen Verkehrsmitteln, Sachzuwendungen, wenn die Freigrenze überschritten wird, Beiträge zur Vermögensbildung u. a. Andere sind wie der Arbeitgeberanteil zur Sozialversicherung selbst lohn- und sozialversicherungsfrei, z. B. Geburtsbeihilfen, private Nutzung von betrieblichen EDV-Einrichtungen durch den Arbeitnehmer.

7.3.3 Verrechnung der Personalkosten

7.3.3.1 Verrechnung der Lohn- und Gehaltskosten

Die Lohnkosten werden für die Zwecke der Kostenverrechnung in **Fertigungslöhne**, insbesondere also Akkordlöhne bzw. Zeitlöhne für noch nicht akkordreife Fertigungstätigkeiten, und (Fertigungs-)Hilfslöhne, z. B. Löhne für Vorarbeiter und Einrichter, für Reinigungs- und Transportarbeiter u. a., unterteilt.

Fertigungslöhne werden als Akkordlöhne oder auftragsbezogene Zeitlöhne in der Praxis und auch in der Literatur überwiegend als **Leistungseinzelkosten** eingestuft. Fertigungszeitlöhne werden hingegen ebenso wie Gehaltskosten als **Leistungsgemeinkosten** verrechnet.

Dies scheint zwar insbesondere auch bei Akkordlöhnen plausibel, hält aber einer näheren Überprüfung kaum stand. Akkordlöhne sind bei Vollbeschäftigung bzw. zunehmender Beschäftigung produktvariabel. Berücksichtigt man aber andererseits die kurzfristig fehlende Abbaumöglichkeit von Personalkosten bei rückläufiger Beschäftigung (sog. **Kostenremanenz** aufgrund der tariflichen Mindestlöhne), besitzen Akkordlohnkosten und auftragsbezogene Fertigungslohnkosten allerdings Fix- bzw. Mischkostencharakter [zur Problematik der Behandlung von Personalkosten als Fixkosten vgl. auch Kilger, 1988, S. 86f.; Kilger, 1983, S. 211; Scherrer, 1983, S. 199f.].

Da Akkordlohnkosten aufgrund ihres Mischkostencharakters stets (latente) fixe Anteile enthalten, ist eine Verrechnung dieser Primärkostenarten als Produkteinzelkosten zwar rechnerisch einfach möglich, materiell handelt es sich aber für den variablen Anteil der Mischkosten um Gemeinkosten und nicht um Einzelkosten. Die direkte Zurechnung von Akkordlohnkosten auf Produkte verschleiert diesen Sachverhalt. In direkt als „**Scheineinzelkosten**" verrechneten Akkordlohnkosten sind somit ebenfalls latente Fixkosten enthalten. Wenn deren Mischkostencharakter aber zuvor durch eine Aufspaltung in variable und fixe Anteile berücksichtigt wird, ist eine anschließende exakt verursachungsgerechte Zurechnung des variablen Anteils auf die Leistungen (Produkte) konsequenterweise nicht mehr möglich. Mischkosten sind, wie bereits erläutert, stets Gemeinkosten. Zeitlohnkosten und Gehaltskosten sind dagegen grundsätzlich fixe Kosten und dürfen in einer Grenzkostenrechnung den Produkten einer Abrechnungsperiode nicht zugerechnet werden. Die Zurechnung dieser Primärkosten auf die Produkte in einer Vollkostenrechnung kann generell nicht verursachungsgerecht sein.

Zeitabhängige Lohn- und Gehaltskosten können also den Leistungen (Produkten) nicht verursachungsgerecht zugerechnet werden, eine Zurechnung auf die Kostenstellen als Kostenstelleneinzelkosten ist dagegen regelmäßig ebenso möglich wie bei den variablen Anteilen der Lohnmischkostenarten. Da die überwiegende Praxis bei Zahlung von Akkordlöhnen im Gegensatz zu der hier vertretenen Auffassung Leistungseinzelkosten verwirklicht sieht, ergibt sich die Frage, ob trotz dieser Einstufung die Akkordlohnkosten wie alle Gemeinkosten nicht unmittelbar auf die Produkte, sondern zunächst auf die Kostenstellen zu verrechnen sind. Eine Einbeziehung ist immer dann ohne Probleme möglich, wenn die für die Einzellohnberechnung zugrundegelegten Fertigungszeiten zugleich für eine beschäftigungsproportionale Verrechnung der Kostenstellengemeinkosten geeignet sind [vgl. Kilger, 1976, S. 103]. Die Verrechnung der Fertigungseinzellöhne über die Kostenstellen hat zunächst den Vorteil, dass diese Kosten in den stellenbezogenen Plan-Ist-Kostenvergleich einbezogen werden können, zudem ist eine gemeinsame Verrechnung mit den Fertigungsgemeinkosten auf die Produkte möglich. Vor allem bei rückläufiger Beschäftigung ist eine derartige Zurechnung vorzuziehen, da die Akkordlohnkosten insoweit ihren Anschein als Fertigungseinzelkosten verlieren. Anders als in Plankostenrechnungen werden in Normalkostenrechnungen häufig sog. Lohnzuschlagskalkulationen durchgeführt, d. h. die (Schein-) Lohneinzelkosten bilden die Bezugsgröße für die Verrechnung der Fertigungsgemeinkosten. In diesem Fall wird auf eine Zurechnung der Fertigungseinzellohnkosten auf die Kostenstellen regelmäßig verzichtet.

7.3.3.2 Verrechnung der Sozialkosten

Die Verrechnung der Sozialkosten folgt der Verrechnung ihrer für die Ermittlung zugrundegelegten Maßgrößen [vgl. Kilger, 1993, a.a.O., S. 374]. Dies entspricht auch der oben getroffenen Abgrenzung zwischen Bruttolohn- bzw. Bruttogehaltskosten aus der Sicht der Arbeitgeber bzw. Arbeitnehmer. Werden fachlich zutreffend sämtliche Lohn- und Gehaltskosten nicht als Produkteinzelkosten verrechnet, werden auch die im Zuschlagsverfahren verrechneten Sozialkosten ausnahmslos in den Kostenstellen verrechnet. Sie sind als verrechnungsverschiedene Anderskosten daher ebenso wie die Lohn- und Gehaltskosten produktvariable oder fixe Kostenstelleneinzelkosten. Werden die fixen Kosten den Stellen wegen fehlender Beeinflussbarkeit durch die verantwortlichen Kostenstellenleiter nicht zugerechnet, sind nur die variablen Anteile der Akkordlohnkosten und die zugehörigen Sozialkosten Kostenstelleneinzelkosten. Folgt man also der oben dargestellten Ansicht, dass Lohn- und Gehaltskosten bei kurzfristiger Betrachtung überwiegend Fixkostencharakter haben, gilt Entsprechendes für die zugehörigen Sozialkosten. Wie Lohn- und Gehaltskosten können Sozialkosten dann als fixe Kosten den Produkten nicht verursachungsgerecht zugerechnet werden.

Werden z. B. nach obiger Berechnung in einer Kostenstelle 54.250,00 € Akkordlöhne verrechnet, so ist gleichzeitig ein Betrag von 54.250,00 € · 44 % = 23.870,00 € als Sozialkosten zu verrechnen. Bei diesen Sozialkosten handelt es sich wie bei der Bezugsbasis „Akkordlohnkosten“ um variable Produktgemeinkosten. Diese Sozialkosten werden also wie auch ihre Bezugsgröße nicht unmittelbar den Leistungen (Produkten) zugerechnet.

Ähnlich wie bei der Bewertung von Materialverbrauchsmengen mit Verrechnungspreisen ergibt sich schließlich bei den pauschal verrechneten Sozialkosten das Problem, wie Abweichungen der Sozialaufwendungen von den kalkulatorisch prozentual verrechneten Sozialkosten abrechnungstechnisch zu behandeln sind. Die in einer KLR pauschal errechneten Sozialkosten werden buchungstechnisch über ein Konto „verrechnete kalkulatorische Kosten“ abgegrenzt. Der auf diesem Konto errechnete Saldo zwischen den kalkulatorischen und dem tatsächlich in der Abrechnungsperiode als Aufwand verbuchten Sozialaufwendungen wirkt sich dann über die unternehmensbezogene Abgrenzung aus.

7.4 Erfassung und Verrechnung der Kapitalkosten

7.4.1 Vorbemerkung

Die Einführung flexibler Fertigungsanlagen, z. B. CIM (computer integrated manufacturing), FFZ (Flexible Fertigungszelle) oder FFS (Flexibles Fertigungssystem), hat sicherlich zu einer Gewichtsverschiebung innerhalb der Bedeutung verschiedener Kostenarten geführt [vgl. dazu allgemein auch JOHNSON/KAPLAN, 1991, S. 209 ff.]. So ermöglicht z. B. CIM eine Senkung der Lohnkosten, der Lagerkosten sowie der Verwaltungskosten um 25–35 % und eine Reduktion der Ausschussquote um 50–75 % [vgl. SIEGWART/RAAS, 1989, S. 8). Auch die Relationen verschiedener Kostenarten veränderten sich in der Vergangenheit. Die früher vielfach vergleichsweise unbedeutenden Instandhaltungskosten erreichen bei flexiblen Fertigungssystemen und Transferstraßen Gesamtkostenanteile bis zu 10 % und erhalten damit unter solchen Fertigungsbedingungen ein ähnliches Gewicht wie die Lohnkosten. Die Fertigungslohnkosten nehmen an Bedeutung ab, während die Belastung mit sog. Kapitalkosten ständig zunimmt. Bei konventioneller Fertigung rechnet man im Durchschnitt mit 60 % Fertigungslohnkosten, 15 % „Sachkosten" und 20 % Kapitalkosten, bei verketteter Fertigung dagegen mit 25 % Fertigungslohnkosten, 20 % „Sachkosten" und 55 % Kapitalkosten. Damit verschiebt sich insbesondere auch der Anteil der fixen zu Lasten der produktvariablen Kosten. Bei einer verketteten Transferstraße ist der Fixkostenanteil bis zu 75 % der Gesamtkosten einer Abrechnungsperiode. Im Gegensatz zu konventionellen Fertigungsverfahren liegt das Hauptaugenmerk bei den neuen Fertigungstechnologien somit nicht auf den Lohnkosten, sondern auf den sog. Kapitalkosten, d. h. auf den kalkulatorischen Abschreibungen und den kalkulatorischen Zinskosten. Hinzu kommen die sog. **Vorleistungskosten**, z. B. Personalschulungskosten, verschiedene Software-Kosten und Kosten der Forschung und Entwicklung, aber auch „Nachleistungs" - bzw. „Pflegekosten" , insbesondere also erhöhte Instandhaltungskosten.

7.4.2 Erfassung der kalkulatorischen Abschreibungen

7.4.2.1 Begriff der kalkulatorischen Abschreibungen

Kalkulatorische Abschreibungen sind die in Geldgrößen ausgedrückten Wertminderungen der im wirtschaftlichen Eigentum befindlichen abnutzbaren betriebsnotwendigen Anlagegegenstände (z. B. Betriebsgebäude, Maschinen, Kraftfahrzeuge, Büroausstattung, immaterielle Anlagegegenstände). Zu den betriebsnotwendigen Anlagegegenständen gehören wegen des Merkmals „Aufrechterhaltung der Betriebsbereitschaft" im allgemeinen Kostenbegriff auch vorübergehend stillgelegte bzw. als Einsatzreserve unterhaltene Anlagegegenstände, nicht aber dauernd stillgelegte Anlagen.

Aufgrund der fehlenden gesetzlichen Bindung können die in der KLR verrechneten kalkulatorischen Abschreibungen je nach verfolgtem Abrechnungszweck dem Grunde nach, der Zeit nach oder der Höhe nach abweichen. Dem Grunde nach können sich Unterschiede ergeben, weil z. B. der Begriff des **wirtschaftlichen Eigentums** anders ausgelegt wird, oder weil in der KLR abnutzbare Wirtschaftsgüter abgeschrieben werden, die handelsrechtlich nicht aktiviert und damit nicht abgeschrieben werden dürfen, z. B. selbsterstellte Software oder Vorleistungskosten. Abweichungen der Zeit nach (verrechnungsverschiedene Anderskosten) treten aufgrund unterschiedlicher Nutzungsdauern, Abweichungen der Höhe nach (wertverschiedene Anderskosten) aufgrund unterschiedlicher Bemessungsgrundlagen auf.

Außerplanmäßige Wertminderungen, z. B. Katastrophenverschleiß oder Diebstahl, werden bei der Berechnung kalkulatorischer Abschreibungen regelmäßig nicht erfasst; die Berücksichtigung derartiger Risiken erfolgt über das kalkulatorische Anlagewagnis. Keine Rolle spielt grundsätzlich auch die Sofortabschreibung geringwertiger beweglicher Wirtschaftsgüter des abnutzbaren Anlagevermögens bis einschließlich 410,00 € Anschaffungs- oder Herstellungskosten. Die Übernahme solcher Sofortabschreibungen in die KLR ist nur dann sinnvoll, wenn dadurch der verfolgte Abrechnungszweck nicht beeinträchtigt wird.

7.4.2.2 Abschreibungsursachen

Allgemein kann man die für die Berechnung kalkulatorischer Abschreibungen zu berücksichtigenden Abschreibungsursachen wie folgt unterteilen:

Abschreibungsursachen

1. Minderung der Leistungsfähigkeit durch Verschleiß bzw. Abnutzung und zwar durch
   - Gebrauchsverschleiß infolge produktionsbedingter Nutzung,
   - Umwelteinflüsse, insbesondere Witterungseinflüsse und sonstige
   - externe Dauerschädigungen,
   - Substanzverringerung infolge von Abbau von Rohstoffvorkommen in Bergwerken, Kiesgruben, Steinbrüchen, Waldbeständen u. a.
2. Minderung der Gebrauchsfähigkeit durch Fristablauf, z. B. infolge einer zeitlichen Begrenzung durch Patente, Konzessionen, Schutzrechte.
3. Minderung der Gebrauchsfähigkeit durch technische Überholung aufgrund technischen Fortschritts und Minderung der Gebrauchsfähigkeit durch wirtschaftliche Überholung, z. B. aufgrund von Nachfrageänderungen bei den Produkteigenschaften sowie von reinen Absatzpreisminderungen, aber auch Sinkens von Wiederbeschaffungspreisen der Anlagegüter.

Die Auflistung der Abschreibungsursachen enthält produktvariable und fixe Komponenten, die sich regelmäßig nicht isolieren lassen. Kalkulatorische Abschreibungen stellen insoweit (echte) **Mischkosten** dar, vorausgesetzt, die Anlagegegenstände werden in der Abrechnungsperiode produktionsverursacht eingesetzt. Wenn daher die Absicht verfolgt würde, in der laufenden KLR lediglich den Gebrauchsverschleiß infolge produktionsbedingter Einflüsse zu verrechnen, wäre diese Aufgabe wegen des gleichzeitigen Auftretens anderer Abschreibungsursachen nicht zu bewältigen. Umgekehrt birgt aber die Verrechnung kalkulatorischer Abschreibungen in einer Grenzkostenrechnung stets die Gefahr, dass beschäftigungsfixe Kosten mitverrechnet werden, und eine „reine" Grenzkostenrechnung insoweit folglich – wie generell beim Auftreten von Mischkosten – nicht realisierbar ist.

7.4.3 Berechnungsgrundlagen kalkulatorischer Abschreibungen

Hauptproblem bei der Erfassung kalkulatorischer Abschreibungen ist zunächst, dass sich ein periodenbezogener mengenmäßiger Verschleiß **nicht messen** lässt. Soweit sich ein mengenmäßiger Werteverzehr annähernd ermitteln ließe, wäre zusätzlich die Zuordnung der Verbrauchsmengen auf produktionsbedingte und sonstige Abschreibungsursachen zu klären.

Da eine direkte Verbrauchsermittlung somit entfällt, muss der Werteverzehr indirekt, d. h. durch Berechnung, ermittelt werden. Ausgangspunkt für diese Berechnung sind zum einen die Feststellung der Bemessungsgrundlage, zum anderen die Abgrenzung des Zeitraumes, der planmäßig für die Abnutzung zugrunde gelegt wird, die sog. wirtschaftliche Nutzungsdauer.

Die Nutzungsdauer abnutzbarer Anlagegegenstände kann lediglich geschätzt werden. Hauptschwierigkeit dabei ist die zeitliche Überlagerung verschiedener Abschreibungsursachen. Diesem Problem versucht man für die Abschreibungsberechnung dadurch zu begegnen, dass man Nutzungsdauern sowohl für die produktionsbedingte als auch die sonstigen Abschreibungsursachen, insbesondere für die rein zeitlich bedingte Abnutzung, schätzt [vgl. z. B. Haberstock, 2004, S. 237 ff]. Die produktionsbedingte Nutzungsdauer kann z. B. als Summe der geplanten Fertigungsstunden festgelegt werden. In der Regel wird die produktionsbedingte Nutzungsdauer geringer sein als die zeitlich bedingte. Im umgekehrten Fall, der z. B. bei rein repräsentationsbedingtem Austausch eines Anlagegegenstandes vorstellbar ist, ist ausschließlich die kürzere nicht produktionsbedingte Nutzungsdauer maßgebend, die gesamten Abschreibungskosten sind zugleich fixe Kosten.

Bemessungsgrundlage sind je nach verfolgtem Abrechnungszweck entweder die Anschaffungs- oder Herstellungskosten auf der Grundlage pagatorischer Größen oder aufgrund entscheidungsorientierter Wertansätze. Die Anschaffungs- oder Herstellungskosten in diesem Sinne repräsentieren somit zugleich den mengenmäßigen Nutzungsvorrat der Anlagegegenstände.

Die **Anschaffungskosten** umfassen die Anschaffungsnebenkosten, z. B. fremde Transportkosten und Versicherungskosten, sowie die Installations- bzw. Fundamentierungskosten bis zur vollständigen Betriebsbereitschaft. Hierbei sind Übergänge zwischen primären Anschaffungskosten und internen Herstellungskosten möglich. Anders als derzeit in der Finanzbuchführung möglich, könnten – wiederum bedingt durch den im Einzelfall verfolgten Abrechnungszweck – auch eigene Transportkosten oder Kosten des eigenen Bestellwesens als Anschaffungskosten der betreffenden Produktionsfaktoren erfasst werden.

Für selbsterstellte abnutzbare Anlagegüter sind die **Selbstkosten** der Herstellung mit Hilfe der Kalkulation der KLR als Bemessungsgrundlage zu ermitteln. Die Kostenartenrechnung erfasst damit die kalkulatorischen Abschreibungen selbsterstellter abnutzbarer Anlagegüter aufgrund von Daten und Abrechnungsergebnissen, die sie in der Vergangenheit selbst errechnet hat. Wie die Selbstkosten der Herstellung errechnet werden, wird bei der Darstellung der Kalkulationsverfahren erörtert.

Soweit für die Ermittlung der Bemessungsgrundlage nicht von historischen Anschaffungs- oder Herstellungskosten, sondern von aktuellen oder zukünftigen **Wiederbeschaffungskosten** auszugehen ist, taucht die Frage auf, woher diese Werte zu beziehen sind, und ob sie unkorrigiert zu übernehmen sind. Die Ermittlung aktueller oder zukünftiger Wertansätze erfolgt entweder über von außen einzuholende Preisangebote oder durch Umbewertung der historischen Anschaffungskosten mit Preisindices der amtlichen Statistik.

Bei der Bewertung mit Preisindices errechnet sich die aktuelle Bemessungsgrundlage aus dem Quotienten zwischen dem aktuellen Preisindex und dem Preisindex des Anschaffungsjahres multipliziert mit den tatsächlichen Anschaffungskosten.

Für mögliche Korrekturen sind grundsätzlich zwei Effekte zu berücksichtigen:

1. Die gestiegenen aktuellen Beschaffungskosten sind nicht nur auf Preissteigerungen zurückzuführen, sondern auch auf Leistungssteigerungen. Soweit möglich, sollten Leistungssteigerungen aus der Bemessungsgrundlage eliminiert werden.
2. Die zugrunde gelegte **wirtschaftliche Nutzungsdauer** ist eine geplante Größe. Für die Berechnung der Istkosten ist zu beachten, dass die Istbeschäftigung geringer sein kann als die pro Periode geplante Beschäftigung. In diesem Fall ist der für die wirtschaftliche Nutzungsdauer geschätzte beschäftigungsproportionale Abschreibungsanteil entsprechend zu vermindern.

Für die Berechnung der Abschreibungen bleiben über- oder unterproportionale Werteverzehre außer Betracht, d. h. für die Erfassung kalkulatorischer Abschreibungen werden **lineare** Kostenverläufe unterstellt. Dies führt auch zur Ablehnung rein bilanzpolitisch bedingter **degressiver** oder **progressiver** Abschreibungen in der KLR. In idealer Weise wären die Anforderungen der KLR grundsätzlich von der Leistungsabschreibung zu erfüllen. Der mengenmäßige Leistungsvorrat eines Potentialfaktors lässt sich aber –

wie bereits angesprochen – regelmäßig nicht exakt messen. Selbst das viel zitierte Beispiel der geplanten Gesamtkilometerleistung eines Kraftfahrzeuges ist nur ein indirektes Maß, da sich z. B. 200.000 km Fahrleistung eines Fahrzeugs des Herstellers A qualitativ von 200.000 km Fahrleistung eines Fahrzeugs des Herstellers B unterscheiden. Die leistungsabhängige Abschreibung ist folglich allenfalls indirekt möglich und berücksichtigt überdies zeitbedingte Abschreibungsursachen nicht. Sie ist damit für Kostenrechnungszwecke nur ausnahmsweise geeignet.

Als Auswege verbleiben somit die oben angedeutete Aufspaltung der Gesamtabschreibung in einen beschäftigungs- und einen zeitproportionalen Anteil bzw. bei angenommener Dominanz zeitablaufbedingter Abschreibungsursachen die zeitabhängige Abschreibung, insbesondere die lineare Abschreibung. In der von Kilger beeinflussten Unternehmensberatungspraxis neigt man offenbar zur Aufspaltung der Gesamtabschreibung nach den jeweiligen Nutzungsdauern. Allgemein lässt sich dieses Verfahren wie folgt beschreiben [Haberstock, 2004, S. 237 ff., Kilger, 1976, S. 130 ff.]:

Zunächst ist die Nutzungsdauer bei reinem Zeitverschleiß, z. B. 360 Monate, und bei reinem Gebrauchsverschleiß, z. B. 144 Monate, zu schätzen. Dann ist die Summe der Abschreibungsbemessungsgrundlage einer Kostenstelle zu errechnen, auf Basis der Tagespreise z. B. 465.000,00 €. Unter der Annahme der Vollbeschäftigung ist die Bemessungsgrundlage durch die Nutzungsdauer des Gebrauchsverschleißes zu dividieren:

$$\frac{465.000{,}00\ €}{144\ \text{Monate}} = 3.229{,}00\ €/\text{Monat}$$

und anschließend zur Ermittlung des geschätzten fixen Abschreibungsanteils die Bemessungsgrundlage durch die Nutzungsdauer des Zeitverschleißes zu dividieren:

$$\frac{465.000{,}00\ €}{360\ \text{Monate}} = 1.292{,}00\ €/\text{Monat}$$

Die Differenz der monatlichen Abschreibungsbeträge, 3.229,00 € – 1.292,00 € = 1.937,00 €, entspricht dem geschätzten proportionalen Abschreibungsanteil. Ist der fixe Anteil höher als der proportionale, wird der gesamte Abschreibungsbetrag als fix behandelt. Entspricht die Istbeschäftigung nicht der Vollbeschäftigung, wird jeweils nur der entsprechende prozentuale Anteil der monatlichen proportionalen Abschreibung berechnet, der Fixkostenanteil bleibt unverändert. Beträgt die Istbeschäftigung z. B. nur 75 % der Perioden-Kapazität, reduziert sich der monatliche proportionale Abschreibungsbetrag auf 1.453,00 € mit einem fixen Anteil von 1.292,00 € und einer Gesamtabschreibung von 2.745,00 €.

7.4.4 Änderungen der Berechnungsgrundlagen

Wichtigste Änderungen sind die Verlängerung oder Verkürzung der Nutzungsdauer sowie die Änderung der Wiederbeschaffungspreise. Während die Änderungen der Wiederbeschaffungspreise über die Berücksichtigung von Preisindices und der oben genannten Korrekturen aufgrund des technischen Fortschrittes erfasst werden, sind bei Änderungen der Nutzungsdauer zusätzliche Überlegungen erforderlich. Änderungen durch Fehlschätzungen betreffen häufig die gebrauchsabhängige Nutzungsdauer. Dabei kann sich herausstellen, dass die ursprünglich geschätzte Nutzungsdauer entweder zu lang oder zu kurz war.

- Bei ursprünglich zu lang geschätzter Nutzungsdauer erhöht sich die monatliche Abschreibungsquote. Ab dem Monat des Bekanntwerdens ist die neue Abschreibung in Höhe des ab diesem Monat als richtig angesehenen Betrages zu verrechnen. Verkürzt sich in obigem Beispiel nach 60 Monaten die gebrauchsabhängige Nutzungsdauer auf 120 Monate, errechnet sich die Abschreibung ab dem 61. Monat wie folgt:

$$\frac{465.000,00}{120 \text{ Monate}} = 3.875,00 \text{ €/Monat}$$

  Der proportionale Anteil erhöht sich auf 3.875,00 € – 1.292,00 € = 2.583,00 €. Die Tatsache, dass über die gesamte neue **Restnutzungsdauer** lediglich 60 Monate · 3.875,00 € = 232.500,00 € und damit 465.000,00 € – 193.740,00 € – 232.500,00 € = 38.760,00 € zu wenig abgeschrieben werden, beeinträchtigt das kurzfristige Periodenergebnis der KLR nicht. Grundsätzlich besteht die Möglichkeit, den über die gesamte Nutzungsdauer zu wenig abgeschriebenen Betrag entweder einmalig oder pro rata temporis als kalkulatorische Wagniskosten zu verrechnen. In der Literatur stößt eine derartige Verrechnung von Minderabschreibungen jedoch teilweise auf Ablehnung [vgl. z. B. Kosiol, 1955, S. 205 f.].
- Bei ursprünglich zu kurz geschätzter Nutzungsdauer vermindert sich die monatliche Abschreibungsquote. Ab dem Monat des Bekanntwerdens ist auch in diesem Fall die neue Abschreibung in Höhe des ab diesem Monat als richtig angesehenen Betrages zu verrechnen. Verlängert sich in obigem Beispiel nach 60 Monaten die gebrauchsabhängige Nutzungsdauer auf 160 Monate, errechnet sich die Abschreibung ab dem 61. Monat wie folgt:

$$\frac{465.000,00 \text{ €}}{160 \text{ Monate}} = 2.906,00 \text{ €/Monat}$$

  Der proportionale Anteil vermindert sich auf 2.906,00 € – 1.292,00 € = 1.614,00 €. Die Tatsache, dass über die gesamte neue Restnutzungsdauer 100 Monate · 2.906,00 € = 290.600,00 € und damit 465.000,00 € · 193.740,00 € – 290.600,00 € = – 19.340,00 € zuviel abgeschrieben werden, beeinträchtigt das kurzfristige Periodenergebnis der KLR ebenso wenig wie im umgekehrten Fall. Auch bei nachträglicher Verlängerung der Nutzungsdauer versucht man durch Stornierung der kalkulatorischen Wagniskosten in den Perioden der verlängerten Nutzung einen ergebnismäßigen Ausgleich innerhalb der KLR herbeizuführen. Inwieweit eine derartige

Stornierung von Wagniskosten sinnvoll ist, richtet sich wieder nach dem im Einzelfall angestrebten Kostenrechnungszweck.

7.5 Erfassung der kalkulatorischen Zinsen

7.5.1 Begriff der kalkulatorischen Zinsen

Im handelsrechtlichen Sinne sind Zinsen das Entgelt für die zeitweise Überlassung von Geld- oder Sach**vermögen** zur Nutzung. Zinsen für sog. **Fremdkapital** sind in der Finanzbuchführung grundsätzlich als Aufwand zu verbuchen. Streng genommen sind Aufwandsbuchungen – ähnlich wie bei Miet- oder Pachtzahlungen – erst zulässig wenn die Nutzungszeit, für die das Entgelt zu entrichten ist, abgelaufen ist. Davon abweichend bucht die Praxis Zinsaufwendungen zumeist im Zahlungszeitpunkt. Dies gilt auch für die unterjährigen Zinsvorauszahlungen oder für die mehrperiodischen Vorauszahlungen in Form eines Disagios. Solche Praktiken beeinträchtigen eine periodenverursachungsgerechte Erfolgsermittlung. Nach § 246 BGB bezieht sich die Berechnung von Zinsen grundsätzlich auf ein Jahr. Eine unterjährige Zinsberechnung kommt danach grundsätzlich nicht in Betracht. Will man davon abweichend aus wirtschaftlichen Überlegungen, z. B., um zu **kontrollieren**, ob die bis zum Jahresende insgesamt zu entrichtenden Zinszahlungen durch die Verkaufserlöse gedeckt werden, dennoch Zinsen berechnen, könnte man unmittelbar an die handelsrechtlichen Aufwandsbuchungen anknüpfen. Voraussetzung dafür wäre, dass die unterjährigen Zins**vorauszahlungen** entgegen ihrer handelsrechtlichen Einstufung als Aufwand gebucht werden. Zinsvorauszahlungen werden aber zumeist nicht monatlich entrichtet. Sollen die Ergebnisse der KLR in kürzeren Zeiträumen zur Verfügung stehen, macht die Anknüpfung an mögliche handelsrechtliche Aufwandsbuchungen kaum Sinn. Im Regelfall wird man daher für die Berechnung von Zinsen niemals an die handelsrechtlichen Aufwandsbuchungen anknüpfen. Gebuchte Zinsaufwendungen sind aus der Sicht der KLR stets als **neutrale Aufwendungen** einzustufen [so bereits Schmalenbach; vgl. Schmalenbach, 1963, S. 322]. Für die in der KLR zu verrechnenden Fremdkapitalzinsen werden daher kalkulatorische Zinsen in Form von zeitlich **verrechnungsverschiedenen Anderskosten** angesetzt.

Für das in einem Unternehmen investierte **Eigenkapital** dürfen weder bei Personenunternehmen noch bei Kapitalgesellschaften Zinsen als Aufwand gebucht werden. Eine gewünschte oder geforderte Verzinsung ist im handelsrechtlichen Gewinn enthalten. Werden handelsrechtlich Verluste realisiert oder ein sog. „Nullergebnis" ausgewiesen, sind zwar mögliche Fremdkapitalzinsen gedeckt, aber im Verlustfall nicht vollständig erwirtschaftet worden. Eine Verzinsung für das Eigenkapital wird auch bei einem Nullergebnis nicht erwirtschaftet. Um unterjährig zu kontrollieren, ob eine **gewünschte** bzw. von außen stehenden Anteilseignern **geforderte Eigenkapitalverzinsung** erreicht wird, macht es Sinn, nicht nur für das im Unternehmen investierte Fremdkapital, sondern auch für das investierte Eigenkapital fiktive Zinsen in Höhe der gewünschten bzw. geforderten Eigenkapitalzinsen anzusetzen. Da für diese Zinsen in der Finanzbuchführung niemals Aufwendungen verbucht werden dürfen, handelt es sich insoweit um kalkulatorische Zinsen in Form von **Zusatzkosten**.

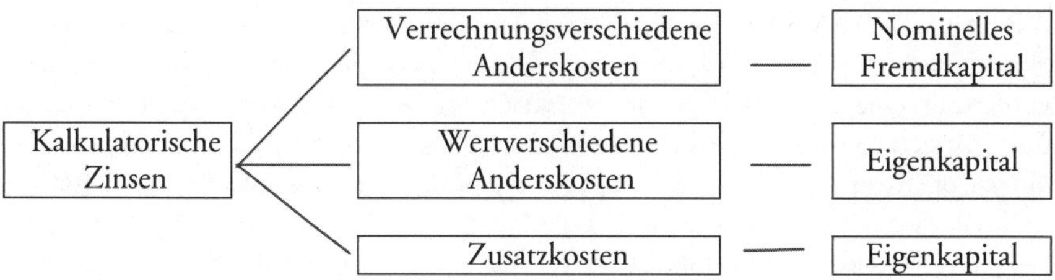

Abbildung 7.8: Gliederung der kalkulatorischen Zinsen

7.5.2 Argumente für und wider die Berechnung von kalkulatorischen Zinsen

In vielen Großunternehmen sind kalkulatorische Zinsen derzeit die einzige kalkulatorische Kostenart, die noch verrechnet wird. Was dabei mit der Verrechnung kalkulatorischer Zinsen bezweckt werden soll, demonstriert die Beschreibung der **wertorientierten Unternehmenssteuerung**durch die VW-AG deutlich. Unter der Überschrift „Bedeutung des Economic Value Added (EVA®[4]) für die Unternehmensführung" wird Folgendes ausgeführt:

„Die Wertentwicklung des investierten Vermögens bzw. ein hierdurch erzielter Economic Value Added (EVA®) ergibt sich aus der Gegenüberstellung von Ergebnis und Kapitalkosten:

a) wenn ein Ergebnis erwirtschaftet wird, das neben allen anderen Aufwendungen auch die geforderten Eigen- und Fremdkapitalkosten übersteigt, wird ein Wertzuwachs erzielt;
b) werden genau die Kapitalkosten erwirtschaftet, wird lediglich Wert erhalten;
c) werden die Kapitalkosten nicht erwirtschaftet, wird Wert verzehrt.

Die mindestens zu erwirtschaftenden Kapitalkosten ergeben sich aus den von den Kapitalgebern erwarteten Verzinsungsansprüchen und der Relation von Eigen- und

4 EVA ist ein eingetragenes Warenzeichen von Stern Stewart & Co.

Fremdkapital. Aus der Sicht der Eigenkapitalgeber interessiert die Verzinsung ihrer Kapitalanlage in Form von Dividenden und Kurssteigerungen. Für sie ergibt sich der Wert eines Unternehmens – und damit der Wert ihrer Kapitalanlage – aus dem Börsenwert als Marktwert des Eigenkapitals. Aus der Sicht der Fremdkapitalgeber interessiert die Verzinsung ihrer Anlage – des entsprechenden Fremdkapitals im Unternehmen. Hierbei entspricht der Buchwert des Fremdkapitals seinem Marktwert. Eigen- und Fremdkapital bilden das vom Unternehmen zu verzinsende Kapital. Das Kapital muss dabei auf Basis seines Marktwertes verzinst werden, da die Kapitalgeber eine Rendite auf den Marktwert ihrer Anlage erwarten. Hieraus ergibt sich für das Unternehmen als Forderung, eine Mindestzielrendite zu erreichen, die das spezifische Anlagerisiko der Eigen- und Fremdkapitalgeber widerspiegelt. Diese marktorientierte Mindestzielrendite bezogen auf das investierte Vermögen ergibt die mindestens zu erwirtschaftenden Kapitalkosten.“ [Volkswagen AG, 2003, S. 5.].

In den zitierten Ausführungen fällt zunächst auf, dass innerhalb der „Fremdkapitalgeber“ nicht weiter unterschieden wird. Im bilanziellen Fremdkapital werden aber auch eher „unfreiwillige Kapitalgeber“ , z. B. Sozialversicherungsträger, Finanzbehörden oder auch Lieferanten erfasst. Hinzu kommen nicht unbeträchtliche Rückstellungsbeträge, denen zumindest keine rechtsverbindlich verzinslichen Ansprüche gegenüberstehen. Weiterhin sind auch passive Rechnungsabgrenzungsposten zu berücksichtigen. In der letzten Position sind (zinslose) Vorauszahlungen („Kredite“) von Kunden im weiteren Sinne für noch nicht erbrachte Leistungen enthalten. Für all diese Positionen ist generell zu prüfen, ob sie verzinst werden müssen oder ob sie als sog. **Abzugskapital** unverzinst bleiben sollen.

Aus den zitierten Ausführungen zur Ermittlung von wertmäßigen Steuerungsgrößen fällt weiterhin auf, dass bei einer Unternehmenssteuerung auf der Basis einer Gesamtkapitalverzinsung eine Harmonisierung des Rechnungswesens unmittelbar nicht erreicht wird, da handelsrechtlich und auch nach IFRS, kalkulatorische Eigenkapitalzinsen nicht erlaubt sind.

Für zinsfrei zur Verfügung gestelltes Fremdkapital dürfen im EVA®-Konzept keine kalkulatorischen Zinsen verrechnet werden. Werden dafür dennoch Zinsen verrechnet, werden Wertzuwachsgrößen, z. B. der EVA®, zu niedrig ausgewiesen. Zinsfrei zur Verfügung gestelltes Kapital ist daher von der zu verzinsenden Kapitalsumme abzuziehen. Die Verrechnung von Abzugskapital hat nichts damit zu tun, dass es sich hierbei um „vermeintlich kostenloses“ Fremdkapital handelt. Bei einem periodischen Vergleich der kalkulatorischen Zinsen auf ein um ein Abzugskapital vermindertes Kapital mit dem operativen Gewinn wird der Anteil des unternehmerischen Wertzuwachses gegenüber einer gewünschten bzw. geforderten Kapitalverzinsung höher ausgewiesen.

Die VW-AG berechnet das Abzugskapital wie folgt:

„Abzugskapital = Verbindlichkeiten aus Lieferungen und Leistungen sowie Erhaltene Anzahlungen, die dem Unternehmen unverzinslich zur Verfügung stehen.“ [Volkswagen AG, 2003, S. 38]. Damit wird deutlich, dass eine Reihe von unverzinslich zur Verfügung stehenden Fremdkapitalarten, insbesondere auch alle abgezinsten und nicht abgezinsten Rückstellungen, kalkulatorisch verzinst werden.

Fraglich ist weiterhin, wie Vermögenspositionen zu erfassen sind, die aufgrund von Nutzungsüberlassungen an Dritte bzw. Kunden zu (verdeckten) Zinseinnahmen führen. Im Einzelnen handelt es sich dabei insbesondere um Bankguthaben, Forderungen aus Lieferungen und Leistungen, Beteiligungen oder Personalkredite. Diese Zinseinnahmen sind regelmäßig kein Erfolg aus der Verwirklichung des unternehmerischen Sachziels. Obwohl insoweit zwar eine Zinsentlastung des investierten Kapitals bewirkt wird, ist eine Berücksichtigung im Abzugskapital grundsätzlich nicht üblich. In einer Periodenerfolgsrechnung – z. B. für die Berechnung des operativen Ergebnisses nach kalkulatorischen Zinsen und Steuern – könnten stattdessen die expliziten Zinserträge zu den Umsatzerlösen hinzugerechnet werden. Generell ist dabei aber zu beachten, dass in den Umsatzerlösen auch verdeckte Zinsbeträge in Form von von Kunden nicht in Anspruch genommenen, aber im Preis kalkulierten Skontobeträgen enthalten sein können. Insoweit fließen Zinserträge in verdeckter Form und kaum vermeidbar in die Beurteilung des reinen Sachzielergebnisses ein.

Statt als Abzugskapital können diese Zinseinnahmen auch direkt von der Summe der kalkulatorischen Zinsen gekürzt werden. Dabei ergeben sich aber Unterschiede, wenn der Zinssatz für die kalkulatorischen Zinsen von den tatsächlich realisierten Zinssätzen abweicht.

Die für das EVA®-Konzept geltenden Überlegungen gelten für die Berechnung kalkulatorischer Zinsen analog. Teilweise wird vorgebracht, dass bei einer „vorzeitigen“ Begleichung von Lieferantenschulden durch Inanspruchnahme von Bankkrediten die gekauften Vermögensgegenstände mit Werten inkl. Skontobeträgen ausgewiesen werden, wenn die Lieferantenskonti als Zinserträge gebucht werden [vgl. SEICHT, 1995, S. 117]. Dabei wird übersehen, dass eine Verbuchung von Skontierträgen gegen das Anschaffungswertprinzip verstoßen würde, das Problem also nur auftaucht, wenn falsch gebucht wird.

Allgemein gilt aber, dass mit einer EDV-gestützten Lösung alternative Lösungen erzeugt werden können, also z. B. eine Berechnung von kalkulatorischen Zinsen mit und ohne Abzug von Abzugskapital und mit Zwischenlösungen. Dann könnte für Controlling-Auswertungen auch dem Argument, dass die Berücksichtigung von Abzugskapitalbeträgen „... das vorgegebene Ziel der Berechnung objektiver Zinskosten des Prozesses der Leistungserstellung ... (stören)“ (ebenda), durch differenzierte Auswertungen begegnet werden [zur Ablehnung einer Berücksichtigung von Abzugskapitalbeträgen vgl. z. B. auch DÄUMLER/GRABE, 2003, S. 181; vgl. weiterhin KILGER, 1976, S. 134].

7.5.3 Betriebsnotwendiges Kapital als Bemessungsgrundlage für die Berechnung von kalkulatorischen Zinsen

Allgemein errechnen sich die kalkulatorischen Zinsen wie folgt:

Betriebsnotwendiges Kapital · Zinssatz = kalkulatorische Zinsen

Bemessungsgrundlage für die Berechnung kalkulatorischer Zinsen ist also das betriebsnotwendige Kapital. Zur Berechnung der Bemessungsgrundlage für die Berechnung kalkulatorischer Zinsen sind abgesehen von dem bereits angesprochenen Abzugskapital noch drei weitere Fragen zu klären:

1. Ist das gesamte investierte Kapital (Vermögen) oder nur das sog. betriebsnotwendige Kapital (Vermögen) zu verzinsen und wie ist das betriebsnotwendige Vermögen abzugrenzen?
2. Welche Vermögensbestände sind bei der unterjährigen Berechnung zugrunde zu legen: Anfangsbestände, Endbestände oder Durchschnittsbestände? → vgl. S. 175
3. Sind für die Berechnung kalkulatorischer Zinsen die auf Anschaffungs- oder Herstellungskosten rückführbaren Buchwerte maßgebend oder sind die stillen Reserven aufzulösen? → vgl. S. 177

1. Abgrenzung des notwendigen Betriebsvermögens

Da das zu berechnende betriebsnotwendige Kapital als reine Rechengröße nicht daraufhin überprüft werden kann, ob es betriebsnotwendig oder nicht betriebsnotwendig investiert ist, muss auf das durch das Kapital repräsentierte Vermögen zurückgegriffen werden. Insoweit kommt man auch der Überlegung näher, dass Zinsen für die Überlassung von Vermögens zu zahlen bzw. zu verrechnen sind, das Kapital daher lediglich eine Rechen- bzw. Anspruchsgröße darstellt.

Ein erstes Hilfsmittel für die Ermittlung des **betriebsnotwendigen Vermögens** bilden die Handels- bzw. Steuerbilanz oder das Inventar. Dabei ist zunächst grundsätzlich sichergestellt, dass private Vermögensgegenstände bei Personenunternehmen nicht in die Zinsberechnung einbezogen werden. Bei Kapitalgesellschaften können ähnliche Sachverhalte im steuerlichen Bereich der sog. außerbetrieblichen Sphäre auftreten, z. B. Betriebsvermögen, das primär Hobbyzwecken der Kapitalgesellschafter dient. Die in diesen Rechenwerken ausgewiesenen (unterschiedlichen) Vermögensgrößen müssen anschließend entsprechend den Anforderungen der Kostenrechnung angepasst werden.

Im Einzelnen sind folgende mögliche Anpassungen zu prüfen:

1. Für die Verzinsung sind auch solche Vermögensgegenstände zu erfassen, die in den genannten Rechenwerken nicht berücksichtigt werden, z. B. selbst erstellte immaterielle Vermögensgegenstände oder Vermögensgegenstände, für die der Begriff

des wirtschaftlichen Eigentums abweichend interpretiert wird, z. B. bei Leasinggeschäften.

2. Nicht betriebsnotwendige Vermögensgegenstände, z. B. spekulative Wertpapierbestände oder nicht genutzte Grundstücke, sind auszuscheiden. Die Frage, ob stillgelegte Anlagen zu berücksichtigen sind, hängt davon ab, ob eine Wiederinbetriebnahme geplant ist oder nicht. Soweit ein endgültiger Abbau angestrebt wird, ist ähnlich wie bei nicht genutzten Vermögensgegenständen eine Eliminierung aus der Bemessungsgrundlage erforderlich. Reserveanlagen, die der Aufrechterhaltung der Betriebsbereitschaft dienen, sind hingegen in die Bemessungsgrundlage miteinzubeziehen.

2. Unterjährige Bemessungsgrundlagen

2.1. Nicht abnutzbares und abnutzbares Anlagevermögen

Das nicht abnutzbare Anlagevermögen wird über den Zeitraum der Verzinsung unverändert angesetzt.

Beim abnutzbaren Anlagevermögen ist zu berücksichtigen, dass die betreffenden Gegenstände, z. B. Gebäude, Maschinen, Fahrzeuge und Betriebs- und Geschäftsausstattungsgegenstände, einer permanenten Abnutzung unterliegen. Korrekterweise wären daher für die monatliche Abrechnung (auf Wiederbeschaffungsbasis) errechnete monatlichen Restwerte zugrunde zu legen, wobei zusätzlich zu beachten wäre, dass auch innerhalb eines Abrechnungsmonats eine ständige Abnutzung erfolgt. Diese **Restwertverzinsung** hat zur Folge, dass zwar für jede Periode die effektive Kapitalbindung verzinst wird, die einzelnen Perioden aber ungleichmäßig mit Zinsen belastet werden. Soweit keine höheren Tageswerte zu berücksichtigen sind, nehmen die monatlichen Zinskosten ab. Dabei werden allerdings Kostenstellen mit neuerem Maschinenbestand zutreffender Weise relativ stärker mit Zinsen belastet. Der mögliche Nachteil der Restwertverzinsung, dass die kalkulatorischen Restwerte in allen Kostenstellen laufend angepasst werden müssen, ist bei EDV-gestützter Kostenrechnung vernachlässigbar. Bei Anwendung der **Restwertmethode** errechnet sich der monatliche Zinskostenbetrag danach wie folgt:

$$Z_t = \frac{1}{2} \cdot (R_{t-1} + R_t) \frac{i \cdot 30}{100 \cdot 360} (t = 1, \ldots, t_n)$$

mit Z_t als monatlichem kalkulatorischen Zinsbetrag, R_t als Restbuchwert nach Abschreibung für das vorangegangene Monat, i als Zinssatz für die gewünschte oder geforderte Gesamtkapitalverzinsung und t_n als Gesamtnutzungsdauer in Monaten.

Abweichend von der Methode der Restwertverzinsung findet in der Praxis häufig das einfacher zu realisierende Verfahren der **Durchschnittsverzinsung** Anwendung. Hierbei wird das während der gesamten Nutzungsdauer des Anlagegegenstandes durchschnittlich gebundene Kapital verzinst.

In der monatlichen Kostenrechnung wird dann 1/12 des Jahreszinsbetrages verrechnet. Allgemein errechnet sich der monatliche Zinsbetrag beim **Durchschnittsverfahren** daher wie folgt:

$$Z_0 = \frac{1}{12} \cdot \left(\frac{AK + RE}{2}\right) \frac{i \cdot 30}{100 \cdot 360} (t = 1, \ldots, t_n)$$

mit Z_0 als gleich bleibendem monatlichem Betrag der kalkulatorischen Zinsen; AK repräsentiert die Anschaffungskosten, RE den Restverkaufserlös am Ende der Nutzungsdauer.

Nachteil dieses Verfahrens ist allerdings, dass die Zinsen vor allem in den ersten und letzten Jahren erheblich von den Zinsen abweichen können, die der effektiven Kapitalbindung entsprechen. Außerdem lässt sich die Bildung von Durchschnittswerten kaum mit der Berücksichtigung aktueller Werte, z. B. von Wiederbeschaffungskosten, vereinbaren. Soweit Marktpreiseinflüsse berücksichtigt werden sollen, ist das Verfahren der Restwertverzinsung zu empfehlen [vgl. KILGER, 1976, S. 137 f.].

Beispiel:

Berechnung kalkulatorischer Zinsen für das abnutzbare Anlagevermögen ohne Berücksichtigung von Marktpreiseinflüssen

Anschaffungskosten einer Feinmechaniker-Drehbank mit zehnjähriger wirtschaftlicher Nutzungsdauer 6.000,00 €. Jahresabschreibung bei zeitanteiliger Abnutzung 600,00 €. Der Zinssatz beträgt 10 %. Der erwartete Verkaufserlös abzüglich der Beseitigungskosten beträgt 0,00 €. Zur Berechnung der monatlichen kalkulatorischen Zinsen bei Restwert- und Durchschnittsverzinsung im ersten Jahr der Nutzung vgl. folgende Abbildung:

Monate	monatlicher Restwert	Ø monatlicher Restwert	Ø Gesamtwert	monatliche Restwertzinsen	monatliche Gesamtwertzinsen
1	5.950,00	5.975,00	250,00	49,79	25,00
2	5.900,00	5.925,00	250,00	49,38	25,00
3	5.850,00	5.875,00	250,00	48,96	25,00
4	5.800,00	5.825,00	250,00	48,54	25,00
5	5.750,00	5.775,00	250,00	48,13	25,00
6	5.700,00	5.725,00	250,00	47,71	25,00
7	5.650,00	5.675,00	250,00	47,29	25,00
8	5.600,00	5.625,00	250,00	46,88	25,00

Monate	monatlicher Restwert	Ø monatlicher Restwert	Ø Gesamt-wert	monatliche Restwert-zinsen	monatliche Gesamtwert-zinsen
9	5.550,00	5.575,00	250,00	46,46	25,00
10	5.500,00	5.525,00	250,00	46,04	25,00
11	5.450,00	5.475,00	250,00	45,63	25,00
12	5.400,00	5.425,00	250,00	45,21	25,00
Summen				570,00	300,00

Abbildung 7.9: Berechnung der monatlichen kalkulatorischen Zinsen bei Restwert- und Durchschnittsverzinsung

Über die gesamte Nutzungsdauer wird bei beiden Verfahren – ohne Berücksichtigung von Zinseszinsen – die gleiche Zinssumme in Höhe von 3.000,00 € verrechnet. Den einzelnen Perioden werden allerdings unterschiedliche Zinsbeträge belastet.

2.1. Umlaufvermögen

Bei der Ermittlung der kalkulatorischen Zinsen für das Umlaufvermögen treten zum Teil größere Schwierigkeiten auf, wenn eine exakte Lösung angestrebt wird. Ziel ist es, das im Umlaufvermögen im Zeitablauf gebundene Kapital möglichst genau zu ermitteln. Dies bereitet vor allem beim Vorratsvermögen Probleme. Zur Vereinfachung kann auch für das Umlaufvermögen die Durchschnittsmethode angewendet werden:

$$Z_t = \frac{1}{2} \cdot (B_{t-1} + B_t) \frac{i \cdot 30}{100 \cdot 360} (t = 1, \ldots, t_n)$$

mit B_t als monatlichem Endbestand. Diese Methode wird z. B. auch bei den Preisfindungsprinzipien der regulierten Netzwerkbetreiber angewandt [vgl. BDI/VIK/VDEW u. a., 2002].

3. Auflösung stiller Reserven

In Handels- und Steuerbilanzen gilt generell das **Anschaffungswertprinzip**. Geht man von für die Berechnung von kalkulatorischen Zinsen von Daten dieser Rechenwerke aus, ist für die Zwecke der KLR zu prüfen, ob und in welchem Umfang stille Reserven aufzulösen sind. **Stille Reserven** sind in der Bilanz nicht ausgewiesenes Eigenkapital. Sie sind insbesondere im Anlagevermögen, in Teilen des Umlaufvermögens und auch in den Rückstellungen, ausnahmsweise in Fremdwährungsverbindlichkeiten enthalten. Negative stille Reserven wären z. B. ausgewiesene Eigenkapitalanteile, die in Wahrheit als Rückstellungen zu erfassen gewesen wären. Will man aufgrund von Ersatzbeschaffungsüberlegungen das gesamte gebundene Kapital verzinsen, sind stille Reserven aufzulösen. Dabei können z. B. Umlaufgegenstände zu aktuellen Wiederbeschaffungs- oder Wiederherstellungskosten bzw. Selbstkosten, Anlagegegenstände zu Wiederbeschaffungskosten im Ersatzzeitpunkt angesetzt werden. Eine Abweichung vom Anschaffungswertprinzip durch den Ansatz von Wiederbeschaffungswerten verstößt aber z. B. gegen die Prämissen des LÜCKE-Theorems [vgl. dazu und zu den Erweiterungen des LÜCKE-Theorems auf den Fall von Wiederbeschaffungspreisen z. B. KLOOCK, 1997, S. 61], wodurch eine „Verzahnung" der operativen KLR mit strategischen Entscheidungswerkzeugen gefährdet würde.

Die Praxis wählt für die Ermittlung operativer Steuerungsgrößen zumeist die Buchwerte aus der Bilanz [vgl. z. B. VOLKSWAGEN AG, 2003, S. 21]. Dies entspricht einerseits den Bestrebungen unter dem Ziel der Harmonisierung des Rechnungswesens der Regel „intern = extern" gerecht zu werden, andererseits erhöht sich dadurch aber auch der periodische EVA®-Betrag.

Insgesamt errechnet sich damit die Bemessungsgrundlage für die monatlichen kalkulatorischen Zinsen wie folgt:

	Bestand des nicht abnutzbaren betriebsnotwendigen Anlagevermögens
+	durchschnittlicher kalkulatorischer Restwert des abnutzbaren Anlagevermögens
+	durchschnittlicher kalkulatorischer Bestand des Umlaufvermögens
=	Betriebsnotwendiges **Vermögen**
–	Abzugskapital
=	Betriebsnotwendiges **Kapital**

7.5.4 Maßgebender Zinssatz

Ähnlich umstritten wie die Frage, ob überhaupt kalkulatorische Zinsen zu verrechnen sind, ist innerhalb der Gruppe der Befürworter die Frage nach dem für die Berechnung maßgeblichen Zinssatz. Für öffentliche Aufträge ist der Diskontsatz um einen Zuschlag zu erhöhen, der vom Bundesminister für Wirtschaft im Einvernehmen mit dem Bundesminister der Finanzen festzusetzen ist. Dieser Satz liegt seit 1955 bei 6,5 %. In der Literatur reicht das Spektrum der inhaltlichen Abgrenzung des Kalkulationszinsfußes von den „... Konditionen der günstigsten Fremdkapitalbeschaffungsmöglichkeit bzw. den Konditionen der optimalen Alternativanlage über den branchenüblichen Zinssatz bis zum Zinssatz", „... um den langfristig die Zinssätze für festverzinsliche Wertpapiere immer wieder pendeln" [GAU, 1981, S. 72]. Denkbar wäre auch ein gewogener Zinssatz aus tatsächlich gezahlten Zinsen für langfristiges Fremdkapital und einer gewünschten Verzinsung des betriebsnotwendigen Eigenkapitals. Dieser Zinssatz wird dann als **Kapitalkostensatz** bezeichnet. Festzuhalten bleibt, dass die Wahl des Kalkulationszinsfußes vom angestrebten Abrechnungszweck dominiert wird. In der Praxis ist man dabei aber mangels eindeutiger Lösungsverfahren überwiegend auf Schätzungen angewiesen.

Die VW-AG verwendet für ihre Berechnungen einen Gesamtkapitalkostensatz von 9 % nach Steuern, der gleichzeitig als Mindestverzinsungsanspruch definiert wird [vgl. VOLKSWAGEN AG, 2003, S. 9].

Beispiel:
Berechnung kalkulatorischer Zinsen und kalkulatorischer Abschreibungen

1. Allgemeines
In einem Industriebetrieb ist eine Grenzkostenrechnung installiert. Obwohl sich die Verantwortlichen bewusst sind, dass kalkulatorische Zinsen durchweg als fixe Kosten einzustufen sind, sollen die Zinsen auf die Kostenstellen verrechnet werden. Der Betrieb ist für die Zwecke des Controllings in fünf Hauptkostenstellen und zwei Hilfskostenstellen (Fuhrpark und EDV) gegliedert. Die monatlichen kalkulatorischen Abschreibungen für Juni werden bei linearer Abschreibung nach untenstehender Tabelle ermittelt, die einen Auszug aus der Anlagenbuchhaltung zeigt.

Inventar Nummer	Gegenstand	Restwert 31.05.	Restwert 30.06.	durchschnittlicher Restwert
	Grund u. Boden	690.000,00	690.000,00	690.000,00
	Gebäude	845.000,00	843.000,00	844.000,00
1001–1010	Spitzendrehmaschinen FI	4.401.250,00	4.361.250,00	4.381.250,00
1011–1020	NC-Drehmaschinen FI	1.899.612,50	1.859.612,50	1.879.612,50
1021–1024	Karusselldrehmaschinen FII	1.593.987,50	1.553.987,50	1.573.987,50
2001–20..	Automaten FII	799.137,50	759.137,50	779.137,50
2010–2012	Fräsmaschinen FII	641.625,00	581.625,00	611.625,00
2007–2009	Bohrwerke FI	263.750,00	203.750,00	233.750,00
2100–2120	Fräsmaschinen FII	194.725,00	154.725,00	174.725,00
2200–2290	Schleifmaschinen FII	205.312,50	145.312,50	175.312,50
2300–2345	Schweißautomaten FII	39.375,00	29.375,00	34.375,00
2400–2435	Lkw DB	29.762,50	29.762,50	29.762,50
2500–2508	Lkw MAN	235.652,50	235.652,50	235.652,50
2510–2513	Pkw DB	140.345,00	120.345,00	130.345,00
2600–2625	PC-Ausstattung	263.750,00	223.750,00	243.750,00
2630–2630	Server	20.985,00	18.985,00	19.985,00
2640–2655	Software	5.230,00	4.830,00	5.030,00
2700–2780	Büromöbel	127.007,50	123.007,50	125.007,50
2800–2950	Betriebsaustattung	153.350,00	149.350,00	151.350,00

Abbildung 7.10: Auszug aus der Anlagenbuchhaltung

Die Bemessungsgrundlagen für die Abschreibungen werden durch Anwendung von Preisindices auf Tageswerte umgerechnet. Gleichzeitig werden die für die Berechnung der kalkulatorischen Zinsen benötigten durchschnittlichen Restwerte auf Tageswertbasis errechnet. Die monatlichen kalkulatorischen Abschreibungen werden, soweit sie als Kostenstellengemeinkosten zu behandeln sind, aufgrund der für die Kostenstellen vorgegebenen Verteilungsschlüssel, soweit sie dagegen Kostenstelleneinzelkosten darstellen, direkt auf die verursachenden Hilfs- und Hauptkostenstellen verrechnet.

Die kalkulatorischen Gebäudeabschreibungen und Grundstückszinsen (Kostenstellengemeinkosten) sind nach den maßgeblichen Rauminhalten (m^3 umbauter Raum) auf die Kostenstellen zu verteilen:

Ort	m^3
Eingangshalle	400
EDV	300
Materiallager	2.000
Treppenhaus	200
Rampe	100
Aufzug	200

Ort	m^3
Verwaltung	500
Flur	150
Fertigung F I	2.600
Fertigung F II	1.600
Vertrieb	700
Fuhrpark	2.200

Abbildung 7.11: Rauminhalte verschiedener Gebäudeteile

Die Zinsen für die Betriebsausstattung verteilen sich auf die Kostenstellen Material, Fertigung I, Fertigung II und Vertrieb im Verhältnis 2:3:3:2.

2. Ermittlung und Verrechnung monatlicher kalkulatorischer Zinsen
Für die Berechnung der monatlichen kalkulatorischen Zinsen sind zusätzlich folgende Angaben zu berücksichtigen:

- Grund und Boden
  Bilanzwert 270.000,00 €, stille Reserven am 1.6. und am 30.6. 500.000,00 €, Verkaufswert eines nicht benötigten Brachlandes 80.000,00 €
- Rohstoffe
  Anfangsbestand am 1.6 1.100.000,00 €, Endbestand am 30.6. 1.150.000,00 € jeweils zu Tagesbeschaffungspreisen
- Hilfsstoffe
  Anfangsbestand am 1.6 450.000,00 €, Endbestand am 30.6. 458.275,00 € jeweils zu Tagesbeschaffungspreisen
- Betriebsstoffe
  Anfangsbestand am 1.6 550.000,00 €, Endbestand am 30.6. 700.000,00 € jeweils zu Tagesbeschaffungspreisen
- Unfertige und fertige Erzeugnisse
  Anfangsbestand am 1.6 550.000,00 €, Endbestand am 30.6. 300.000,00 € jeweils zu normalisierten Wiederherstellungskosten

- Flüssige Mittel
  Anfangsbestand am 1.6. 3.650.000,00 €, Endbestand am 30.6. 1.600.000,00 €
- Langfristige Darlehen
  Anfangsbestand am 1.6. 1.000.000,00 € (Zinssatz 6 % für 500.000,00 € und 8 % für 500.000,00 €), Endbestand am 30.6. 1.000.000,00 €
- Lieferantenverbindlichkeiten (nicht verzinslich)
  Anfangsbestand am 1.6. 812.000,00 €, Endbestand am 30.6. 1.188.000,00 €, davon 144.000,00 € umsatzsteuerfreie Einfuhrumsätze
- Kundenanzahlungen (nicht verzinslich)
  Anfangsbestand am 1.6. 0,00 €, Endbestand am 30.6. 524.000,00 € ohne USt
- Gewünschte Eigenkapitalverzinsung 12 %

Aufgaben

1. Berechnen Sie die gesamten kalkulatorischen Zinsen für den Monat Juni. Die Gesamtkapitalzinsen errechnen sich aus der Summe der monatlichen Fremdkapitalzinsen und der monatlichen Eigenkapitalzinsen. Die Summe der Kapitalzinsen berechnet auf das um das Abzugskapital verminderte (gerundete) Gesamtkapital (Bemessungsgrundlagen II) ergibt den monatlichen Kapitalkostensatz.
2. Berechnen Sie die anteiligen monatlichen kalkulatorischen Zinsen für die investierten Betriebsvermögensgegenstände.
3. Berechnen Sie die monatlichen kalkulatorischen Zinsen für die Kostenstellen.

Vermögensgegenstände	Bemessungs-grundlagen I	Bemessungs-grundlagen II (gerundet)	Zinsen Kapitalkostensatz 11,693 %	EDV	Fuhrpark
Grund u. Boden	690.000,00	640.447,00	6.240,86	189,12	1.386,86
Gebäude	844.000,00	783.388,00	7.633,76	231,33	1.696,39
Spitzendrehmaschinen FI	4.381.250,00	4.066.608,00	39.627,25		
NC-Drehmaschinen FI	1.879.612,50	1.744.627,00	17.000,60		
Karusselldrehmaschinen FII	1.573.987,50	1.460.951,00	14.236,30		
Automaten FII	779.137,50	723.183,00	7.047,09		
Fräsmaschinen FII	611.625,00	567.701,00	5.531,99		
Bohrwerke FI	233.750,00	216.963,00	2.114,21		
Fräsmaschinen FII	174.725,00	162.177,00	1.580,34		
Schleifmaschinen FII	175.312,50	162.722,00	1.585,65		
Schweißautomaten FII	34.375,00	31.906,00	310,91		
Lkw DB	29.762,50	27.625,00	269,19		269,19
Lkw MAN	235.652,50	218.729,00	2.131,41		2.131,41
Pkw DB	130.345,00	120.984,00	1.178,93		1.178,93
PC-Ausstattung	243.750,00	226.245,00	2.204,65	2.204,65	
Server	19.985,00	18.550,00	180,76	180,76	
Software	5.030,00	4.669,00	45,50	45,50	
Büromöbel	125.007,50	116.030,00	1.130,66		
Betriebsaustattung	151.350,00	140.481,00	1.368,92		
Rohstoffe	1.125.000,00	1.044.208,00	10.175,33		
Hilfsstoffe	454.137,50	421.523,00	4.107,55		
Betriebsstoffe	625.000,00	580.115,00	5.652,96		
Erzeugnisse	425.000,00	394.478,00	3.844,01		
Flüssige Mittel	2.625.000,00	2.436.484,00	23.742,43		
Summen	17.572.795,00	16.310.794,00	158.941,27	2.851,36	6.662,79
Abzugskapital:					
Verb. L.u.L.	1.000.000,00				
Kundenanzahlungen	262.000,00				
Summe	1.262.000,00	1.262.001,00	(verrechnetes Abzugskapital)		

Abbildung 7.12: Berechnung und Verteilung monatlicher kalkulatorischer Zinsen

Vermögensgegenstände	Material	Fertigung I	Fertigung II	Vw	Vertrieb
Grund u. Boden	1.260,78	1.639,02	1.008,62	315,20	441,27
Gebäude	1.542,17	2.004,83	1.233,74	385,54	539,76
Spitzendrehmaschinen FI		39.627,25			
NC-Drehmaschinen FI		17.000,60			
Karusselldrehmaschinen FII			14.236,30		
Automaten FII			7.047,09		
Fräsmaschinen FII			5.531,99		
Bohrwerke FI		2.114,21			
Fräsmaschinen FII			1.580,34		
SchleifmaschineN FII			1.585,65		
Schweißautomaten FII			310,91		
Lkw DB					
Lkw MAN					
Pkw DB					
PC-Ausstattung					
Server					
Software					
Büromöbel				1.130,66	
Betriebsaustattung	273,78	410,68	410,68		273,78
Rohstoffe	10.175,33				
Hilfsstoffe	4.107,55				
Betriebsstoffe	5.652,96				
Erzeugnisse					3.844,01
Flüssige Mittel				23.742,43	
	23.012,58	62.796,57	32.945,32	25.573,83	5.098,83
				Abstimmung:	158.941,27

Abbildung 7.12: Fortsetzung

7.6 Erfassung und Verrechnung sonstiger Kostenarten

7.6.1 Werkzeugkosten

Zu den Werkzeugkosten zählen die Kosten für sämtliche Handwerkszeuge, z. B. Hämmer, Feilen, Schraubendreher und -schlüssel, Sägen, Messwerkzeuge, sowie Maschinenwerkzeuge, z. B. Drehstähle, Bohrer, Fräser oder Sägeblätter. Die meisten Werkzeuge werden in größeren Bestellmengen bezogen und vor ihrem Einsatz in der Werkzeugausgabe gelagert. Ihre Erfassung und Kontierung erfolgt mit Hilfe von **Werkzeugausgabescheinen**, die ähnlich strukturiert sind wie die bereits dargestellten Materialentnahmescheine.

Die Erfassung und Verrechnung von Werkzeugkosten bereitet immer dann Schwierigkeiten, wenn die Werkzeuge nicht dauernd, sondern jeweils nur bei Bedarf in einer Kostenstelle eingesetzt bzw. verwendet werden. Vielfach hilft man sich in diesen Fällen durch eine Umlage mit geschätzten Verteilungsschlüsseln auf die verbrauchenden Kostenstellen. Häufig werden solche Kosten allerdings auch kalkulatorisch durch Vorgabe von Kosten abgerechnet. Für die einzelnen Kostenstellen werden dabei Sollwerkzeugkosten errechnet, die den Kostenstellen auch belastet werden. Die Istwerkzeugkosten werden einer Standardauftragsnummer belastet. Auf diese Weise wird z. B. die Wirtschaftlichkeitskontrolle für die Werkzeugkosten nicht kostenstellenweise, sondern jeweils bezogen auf eine Standardauftragsgröße durchgeführt.

Ähnlich wie Werkzeuge lassen sich die meisten Kosten für sog. umlaufendes Betriebsmaterial, wie z. B. Transportbehälter, Säcke, Kisten u. a., den einzelnen Stellen zurechnen.

7.6.2 Kosten für fremdbezogene Energie

Zur fremdbezogenen Energie zählt neben der Elektrizität, Dampf und Gas auch fremdbezogenes Wasser. Die Verteilung erfolgt in der Regel mittels innerbetrieblicher Verteilungsnetze, deren Kosten auf speziellen Energieverteilungsstellen gesammelt werden. Diesen Stellen werden die Kosten für fremdbezogene Energie belastet. Eine Direktbelastung der energieverbrauchenden Kostenstellen sollte nur in Sonderfällen erfolgen. Die Kosten der Energieverteilungskostenstellen werden – unabhängig, ob es sich um fremdbezogene oder eigenproduzierte Energie handelt – mit Hilfe der innerbetrieblichen Leistungsverrechnung als sekundäre Kosten auf die Verbrauchsstellen weiterbelastet.

In den Energie verbrauchenden Kostenstellen sollten die Verbrauchsmengen, z. B. kWh, m^3 u. a., soweit als möglich durch geeignete Verfahren der Betriebsdatenerfassung (BDE) bzw. direkt mit Zählern und Messuhren erfasst werden. Dies gilt unabhängig davon, ob die Energie fremdbezogen oder eigenerzeugt wird.

7.6.3 Kostensteuern

Zu den Kostensteuern rechnen alle vom Betrieb verursachten Steuern, insbesondere die Grundsteuer, Kraftfahrzeugsteuer, Versicherungsteuer, Ökosteuer, Mineralölsteuer. Die Gewerbesteuer ist derzeit ausschließlich erfolgsabhängig und kann daher nicht als Kostensteuer interpretiert werden [vgl. aber z. B. BDI/VIK/VDEW u. a., 2002, wonach bei der Berechnung von Netznutzungsentgelten die Gewerbesteuer als Kostenfaktor zu berücksichtigen ist]. Die bei Einkaufsgeschäften zu entrichtende Vorsteuer besitzt regelmäßig keinen Kostencharakter. Ist die Vorsteuer ausnahmsweise nicht abzugsfähig, erhöht sie den Wert der zugehörigen Kostenarten. Dies gilt auch für Einfuhrzölle und nicht abzugsfähige Einfuhrumsatzsteuer. Die Lohnsteuer ist als Vorausentrichtung auf die Einkommensteuerschuld des einzelnen Arbeitnehmers zu interpretieren, stellt also keine betriebliche Steuer und damit keine Primärkostenart dar.

Die Einkommen- oder Körperschaftsteuer bzw. die Vorausentrichtungen auf die Einkommen- und Körperschaftsteuer, z. B. die Kapitalertragsteuer, sind bei Personenunternehmen privat veranlasst. Dies gilt auch für den auf diese Steuern zu entrichtenden Solidaritätszuschlag.

Für die Kostensteuern sind folgende Verrechnungsmethoden zweckmäßig:

Die Kraftfahrzeugsteuern sind denjenigen Kostenstellen zuzurechnen, denen die Fahrzeuge selbst zugerechnet werden, insbesondere also den innerbetrieblichen Transportkostenstellen. Ausnahmsweise kommt eine direkte Belastung in den Kostenstellen in Frage, die Fuhrparkleistungen verbrauchen. Die Grundsteuern werden den Raum-, Gebäude- und Grundstückskostenstellen gemäß ihrem Anteil an den vom Finanzamt festgestellten Einheitswerten belastet. Hierbei sind allerdings Grundsteuerbeträge, die auf nicht betrieblich genutzte Grundstücke entfallen, als neutraler Aufwand abzugrenzen. Obwohl sie wegen ihrer Erfolgsabhängigkeit keinen Kostencharakter besitzt, neigt man in der Praxis dazu, die Gewerbesteuer den Vertriebskostenstellen und über die Vertriebsgemeinkostenzuschlagssätze den Produkten zuzurechnen.

7.6.4 Gebühren, Beiträge und Versicherungen

Bei Gebühren und Beiträgen ist zu prüfen, ob sie durch den Betrieb als Ganzes oder lediglich durch einzelne Kostenstellen verursacht wurden. Soweit eine gesamtbetriebliche Verursachung anzunehmen ist, z. B. bei Verbandsbeiträgen, Prüfungsgebühren oder Vereinsbeiträgen, ist der jeweilige Betrag zweckmäßigerweise der Verwaltungshauptkostenstelle zu belasten. Soweit dagegen eine direkte Zurechnung auf bestimmte Kostenstellen möglich ist, z. B. bei Transportgebühren, die nicht Anschaffungsnebenkosten darstellen, bei Patentgebühren oder bei bestimmten Nutzungsgebühren, sind die verursachenden Kostenstellen direkt zu belasten.

Bei den Versicherungskosten gestaltet sich die Zurechnung ebenfalls unterschiedlich. Die Kraftfahrzeugversicherungskosten sind denjenigen Kostenstellen zu belasten, denen auch die betreffenden Fahrzeuge zugeordnet sind, insbesondere also den innerbetrieblichen Transportkostenstellen. Relativ kompliziert ist die Verrechnung der **Feuerversicherungsprämien**. Soweit eine relativ genaue Verrechnung angestrebt wird, müssen, ähnlich wie bei der Verrechnung kalkulatorischer Zinsen, die versicherten Werte pro Kostenstelle ermittelt und mit den zugehörigen Prämiensätzen multipliziert werden. In der Regel genügt aber eine bereichsweise Erfassung der Brandversicherungskosten, z. B. auf die Bereiche Lagerung, Fertigung oder Verwaltung bzw. Vertrieb.

7.6.5 Kommunikationskosten

Die Kosten für Telefongespräche, Internet, Briefe etc. sollten, soweit als möglich bzw. vertretbar, den verursachenden Kostenstellen belastet werden. Diese Zurechnungen werden durch entsprechende Verfahren der elektronischen Betriebsdatenerfassung erleichtert.

Die Kosten für Büromaterial und Drucksachen lassen sich am genauesten mit Entnahmescheinen erfassen und den verursachenden Kostenstellen zurechnen. Hierzu sollten diese Kosten in die Materialabrechnung einbezogen werden. Vereinfachte Verfahren bestehen darin, den verursachenden Kostenstellen die Fremdrechnungen für Büromaterial und Drucksachen im Monat ihres Einganges soweit als möglich direkt zuzuordnen und die restlichen Kosten mit Hilfe geschätzter prozentualer Anteile zu verteilen.

Auch die Kosten für nicht durch kalkulatorische Abschreibungen zu verrechnende Bücher und Fachzeitschriften sollten den verursachenden Kostenstellen unmittelbar belastet werden. Soweit dies aufgrund von Mehrfachbenutzungen nicht eindeutig möglich ist, sind die Kosten unmittelbar der Verwaltung oder übergeordneten Bereichskostenstellen zuzuordnen.

Die Verrechnung von Reise-, Bewirtungs- und Repräsentationskosten lässt sich meist ohne besondere Schwierigkeiten aus den zugrunde liegenden Belegen ableiten. Reisekostenabrechnungen und Bewirtungsbelege müssen von den verantwortlichen Mitarbeitern begründet werden, so dass erkennbar wird, für welche Zwecke und damit für welche Kostenstellen die betreffenden Beträge angefallen sind.

Die Kosten für Werbemittel lassen sich als Sondereinzelkosten des Vertriebs bestimmten Leistungen direkt zuordnen, vielfach werden sie aber auch auf einer Kostenstelle „Werbung" erfasst und erst durch Vertriebsgemeinkostenzuschläge auf die jeweiligen Leistung verrechnet. Stets als Sondereinzelkosten des Vertriebs werden aber gezahlte Verkaufsprovisionen verrechnet. Entsprechendes gilt für Verpackungsmaterialkosten. Ihre Erfassung erfolgt zweckmäßigerweise durch die Materialabrechnung.

Auf den Materialentnahmescheinen werden jeweils die Nummern der Aufträge oder Produktarten angegeben, für die Verpackungsmaterial verbraucht worden ist.

7.6.6 Kalkulatorische Wagniskosten

Die betriebliche Tätigkeit ist mit einer Vielzahl von Risiken unterschiedlicher Art verbunden, die zu Verlusten führen können. Der Zeitpunkt ihres Eintrittes sowie ihre Höhe sind ungewiss. Im Einzelnen unterscheidet man das **allgemeine Unternehmerwagnis** sowie besondere betriebsbedingte **Einzelwagnisse.** Während das allgemeine Unternehmerwagnis aus dem Betriebsgewinn zu decken ist, haben Einzelwagnisse grundsätzlich Kostencharakter.

Soweit die Einzelrisiken allerdings hinreichend quantifizierbar sind, ist grundsätzlich die Möglichkeit einer Fremdversicherung zu beachten. Das gilt neben der schon erwähnten Brandversicherung vor allem für Wasser-, Sturm-, Unfall- und Transportschäden sowie für Diebstähle, Betriebsunterbrechungen und Forderungsausfälle. Für die nicht fremdversicherten Wagnisse ersetzten kalkulatorische Wagniskosten die Versicherungsprämien. In der Finanzbuchführung werden eine Reihe der möglichen betrieblichen Risiken vorwiegend durch die Bildung von Rückstellungen, teilweise durch außerplanmäßige Abschreibungen, sowie durch Bildung (steuerfreier) Rücklagen erfasst.

Für die Erfassung kalkulatorischer Wagniskosten kommen insbesondere in Frage ein **Beständewagnis** für Schwund, Veralten oder Diebstahl, ein **Anlagenwagnis** für Katastrophenverschleiß, technische und wirtschaftliche Überholung, Nutzungsdauerfehlschätzungen, ein **Gewährleistungswagnis** für Garantieverpflichtungen, ein Entwicklungswagnis für nicht erfolgreiche Forschungs- und Entwicklungsmaßnahmen, ein **Vertriebswagnis** für Forderungsausfälle und nicht versicherte Transportschäden sowie **sonstige Wagnisse**, z. B. für Produktionsmehrkosten, für produktionsbedingte Abwässer-, Luftverschmutzungs- oder Bergschäden.

Da mit dem Leistungserstellungsprozess zusammenhängende Einzelwagnisse zufallsabhängig sind, muss ihre Verrechnung mit Hilfe normalisierter oder standardisierter Kostenbeträge erfolgen. Dabei werden die aufgrund von Erfahrungswerten durchschnittlich zu erwartenden **Jahreswagniskosten** geschätzt und auf die entsprechenden Leistungseinheiten bezogen. Das Verfahren entspricht dem bereits früher dargestellten Verfahren der Verrechnung von Gemeinkosten durch Bezugsgrößen. Betrugen zum Beispiel die tatsächlich in den letzten Jahren eingetretenen Gewährleistungskosten 450.000,00 € und die Summe der für diese Perioden realisierten Herstellungskosten der abgesetzten Erzeugnisse 35.000.000,00 €, beträgt der Gewährleistungswagnissatz ca. 1,29 % der Produktherstellkosten. Diese Gewährleistungskosten können als fixe Produktgemeinkosten dem Vertriebsbereich zugerechnet werden.

Wagniskosten sind durchweg fixe Kosten. Eine verursachungsgerechte Zurechnung auf Produkte ist daher nicht möglich. Aber auch den Kostenstellen können Wagniskosten nur in Ausnahmefällen einzeln zugerechnet werden, wenn eine Zurechnung von Fixkosten auf Stellen überhaupt in Frage kommt. Die Möglichkeit, dass für Wagniskosten in der Betriebsabrechnung pro Wagnisart ein gesondertes Konto geführt wird, dem die tatsächlich angefallenen Kosten belastet und die verrechneten kalkulatorischen Beträge gutgeschrieben werden, scheint ebenfalls nicht mehr zeitgemäß. Durch diese Lösung wird generell vermieden, dass Wagniskosten auf Kostenstellen verrechnet werden.

7.6.7 Kalkulatorischer Unternehmerlohn

Durch den Ansatz eines kalkulatorischen Unternehmerlohnes als Kosten soll der Tatsache Rechnung getragen werden, dass ein Unternehmer seine Arbeitskraft auch seinem eigenen Unternehmen nicht kostenlos zur Verfügung stellt. Erfassungstechnisch stellen sie stets **Zusatzkosten** dar. Sie werden häufig als Opportunitätskosten bezeichnet, d. h. ihre Berechtigung und ihre Höhe ist durch den Einnahmenausfall der nächsten besten nicht genutzten Alternative, in diesem Fall z. B. einer angestellten Geschäftsführertätigkeit, bestimmt. Die Verrechnung eines kalkulatorischen Unternehmerlohnes ist allerdings nur bei Einzelunternehmen und Personengesellschaften relevant. Bei Kapitalgesellschaften sind alle mit Leitungsaufgaben betrauten Personen – auch der geschäftsführende Gesellschafter einer „Ein-Mann-GmbH" – im Angestelltenverhältnis tätig. Sie beziehen regelmäßig ein Gehalt, das für die Zwecke der Kostenrechnung zu den Personalkosten gehört. Eine Sozialversicherung ist für Ein-Mann-Gesellschafter einer GmbH grundsätzlich nicht möglich. Also würde sich auch für diese Sozialkosten der Ansatz von Zusatzkosten empfehlen.

Schwierigkeiten bestehen bei der Bestimmung der Höhe des kalkulatorischen Unternehmerlohnes, da vergleichbare Gehälter vielfach nicht bekannt und auch Tätigkeiten sowie betriebliche Verhältnisse regelmäßig nicht vergleichbar sind. Einen gewissen Orientierungsrahmen bieten z. B. die in den Medien von Zeit zu Zeit veröffentlichten Gehälter von Führungskräften.

Die Praxis hilft sich überdies mit schematischen Berechnungen des Unternehmerlohnes. Dabei dürfte die 1940 von der Seifenindustrie entwickelte sog. „Seifenformel", nach der der Unternehmerlohn wie folgt ermittelt wird:

$$\text{Jährlicher Unternehmerlohn} = 18 \cdot \sqrt{\text{Jahresumsatz}}$$

kaum noch Verwendung finden. Hauptsächlicher Mangel dieser pauschalen Gehaltsberechnung ist die häufig fehlende Kausalität zwischen unternehmerischer Leistung und Höhe des Umsatzes.

Die Nachteile der Seifenformel versucht eine vom RKW entwickelte Formel zur Berechnung des Unternehmerlohnes zu vermeiden. Nach der RKW-Formel errechnet sich der monatliche kalkulatorische Unternehmerlohn wie folgt:

$$\begin{aligned}\text{Kalkulatorischer Unternehmerlohn} &= \text{tarifliches Monatsspitzengehalt}\\ &+ \text{Zuschlag für Mehrarbeit und Sozialkosten}\\ &+ 2 \cdot \sqrt{\text{Jahreswertschöpfung}}\end{aligned}$$

Unter Wertschöpfung ist dabei die Differenz aus Jahresumsatz und Materialeinsatz zuzüglich Fremdleistungskosten pro Jahr zu verstehen.

Beträgt z. B. die durchschnittliche monatliche Unternehmerarbeitszeit 250 Std., bei einem tarifliche Spitzensatz von 40,00 €/Std. und einem Sozialkostenzuschlagssatz von 50 %, der Jahresumsatz 25.000.000 € sowie der Materialeinsatz und die Fremdleistungen 13.750.000,00 €, so würde sich ein monatlicher kalkulatorischer Unternehmerlohn von:

$$(250\ \text{Std.} \cdot 60{,}00\ \text{€/Std.}) + 2 \cdot \sqrt{11.250.000,00} \approx 18.250,00\ \text{€}$$

errechnen.

Die kalkulatorischen Unternehmerlohnkosten sind stets **fixe Kosten**. Wenn sie auf Kostenstellen verrechnet werden sollen, sind sie denjenigen Kostenstellen zuzurechnen, die die unternehmerische Arbeitskraft am meisten beanspruchen. Einen Zurechnungsschwerpunkt werden dabei regelmäßig die Verwaltungskostenstellen bilden.

7.6.8 Kalkulatorische Mietkosten

Kalkulatorische Mietkosten kommen ebenso wie der kalkulatorische Unternehmerlohn und die kalkulatorischen Eigenkapitalkosten nur bei Personenunternehmen zum Ansatz. Sie stellen erfassungstechnisch **Zusatzkosten** dar. Ursache für die Erfassung kalkulatorischer Mietkosten ist die unentgeltliche Nutzung privater Grundstücke für betriebliche Zwecke. Als mögliche Mietkosten kommen die ortsüblichen m^2-Preise in Betracht. Die kalkulatorischen Mietkosten werden den verursachenden Kostenstellen zugerechnet, z. B. den Materialkostenstellen bei einer Auslagerung von Roh-, Hilfs- oder Betriebsstoffen bzw. den Vertriebs- oder Fertigungskostenstellen bei einer Auslagerung von fertigen und unfertigen Erzeugnissen.

Zusammenfassung

Vorausgesetzt, das betreffende Unternehmen ist sich grundsätzlich im Klaren darüber, welche Definition des Kostenbegriffes den angestrebten Abrechnungszweck am besten erfüllt, ergibt sich zunächst die Frage, wie die Kostengrößen technisch im Einzelfall zu erfassen sind. Vor allem mittlere und kleinere Betriebe stehen dabei vor dem Problem, dass sie bereits mit der vollständigen Abwicklung der Finanzbuchführung Schwierigkeiten haben. Dies betrifft nicht nur die besonderen steuerlichen Bilanzierungsfragen, sondern auch die Beachtung der nationalen und in Zukunft vermehrt auch der supranationalen Rechnungslegungsvorschriften. Aus diesem Grunde wird die Abwicklung der Finanzbuchführung nicht selten vollständig oder teilweise an externe Berater übertragen, womit – abgesehen vom Verlust wichtiger Lerneffekte über die Entwicklung des eigenen Betriebes bei selbständig erstellter Buchführung – regelmäßig zugleich ein Zeitverlust bei der Verfügbarkeit entscheidungsrelevanter Informationen verbunden ist. Soweit die Finanzbuchführung nicht vollständig im eigenen Haus durchgeführt wird, ist auch die grundsätzlich zu vermeidende Mehrfacherfassung von Betriebsdaten durch unmittelbare Weiterleitung von Grundkosten aus der Finanzbuchführung in die KLR nicht mehr oder allenfalls durch umständliche Lösungen möglich. Die nicht selten anzutreffende gleichzeitige Übertragung auch der Kostenrechnungsaufgaben an externe Berater erscheint auf Dauer vor allem auch im Hinblick auf die weiteren Wettbewerbsverschärfungen nicht sinnvoll. Moderne KLR-Software erlaubt überdies dem Anwender durch Anwendung leicht erlernbarer, selbständig gestaltbarer Datenbankabfragen eine immer weiter gehende Unabhängigkeit im Vergleich zu den bei hergebrachter Standard-Software von den Entwicklern mehr oder minder starr vorgegebenen Auswertungsmöglichkeiten.

Neben der Erfassung der Kosten dem Grunde nach besteht das zweite Grundproblem in der Kostenartenrechnung in der Bestimmung der verursachungsgerechten Verrechnungsmöglichkeit der jeweils erfassten Kostenarten. Während die Einteilung in Einzel- und Gemeinkosten regelmäßig vergleichsweise einfach ist, bestehen bei der vor allem für die Grenzplankostenrechnung wichtigen Aufteilung in produktvariable und fixe Kosten eine Vielzahl seit langem bekannter, aber bislang immer noch ungelöster Probleme. Dies gilt vor allem für die Behandlung des Mischkostenproblems. Kilger bezeichnet die Auflösung in fixe und proportionale (produktvariable) Kosten als das schwierigste Problem der Kostenplanung. Das Hauptproblem der Kostenauflösung besteht seiner Ansicht nach darin, dass die Kostenverläufe bzw. -entwicklungen vieler Kostenarten nicht durch naturwissenschaftliche Gesetzmäßigkeiten, sondern durch von den Entscheidungsträgern vorbestimmte Anpassungsprozesse zu fixen oder proportionalen Kosten werden [vgl. Kilger, 1988, S. 86]. Vor etwa zwanzig Jahren konzentrierte sich der Hauptstreit der Kostenauflösung auf die Personalkosten und auf die kalkulatorischen Abschreibungen. Für die kalkulatorischen Abschreibungen haben theoretische Untersuchungen gezeigt, „ ... dass es kein operables Verfahren gibt, mit dem sich das Problem der Kostenauflösung der Abschreibungen einwandfrei lösen lässt“ [ebenda, S. 90]. An dieser Einschätzung hat sich bis heute nichts Wesentliches geändert. Allenfalls, dass mittlerweile die Kapitalkosten im Vergleich zu den Personalkosten ein noch stärkeres Gewicht besitzen.

Vergleichbare Probleme bestehen bei den Büromaterialkosten, den Kommunikationskosten, Werbekosten, Steuern, Beiträgen, Gebühren, Beratungskosten und ähnlichen Kostenarten.

In der Literatur findet sich vielfach keine präzise Beschreibung darüber, was im Einzelfall unter einer **Kostenauflösung** genau zu verstehen ist.

Im weiteren Sinne könnte unter Kostenauflösung die verursachungsgerechte Ermittlung und Zurechnung aller proportionalen Gemeinkosten zu verstehen sein. Innerhalb der Gemeinkosten sind aber vor allem die unechten Produktgemeinkosten aufgrund ihres lediglich dispositiv bestimmten Gemeinkostencharakters grundsätzlich ohne Probleme produktproportional zu verrechnen. Andererseits gibt es auch fixe Kosten, z. B. kalkulatorische Unternehmerlohn- oder Mietkosten und Substanzsteuerkosten, für die eine Kostenauflösung von Vornherein nicht in Frage kommt. Im engeren Sinne betrifft das Problem der Kostenauflösung somit die oben angesprochenen Mischkosten. Unter Kostenauflösung ist damit ausschließlich die Trennung von Mischkosten in beschäftigungsproportionale (= produktvariable) und beschäftigungsfixe Anteile zu verstehen.

Zur Kostenauflösung in proportionale und fixe Kosten werden eine Reihe von verschiedenen Verfahren vorgeschlagen [vgl. dazu z. B. Weber, 1990, S. 151 ff.]. Vikas stellt dazu fest, dass „alle Pauschalverfahren, nach denen bestimmte Kostenarten als proportional, andere als fix betrachtet werden, völlig ungeeignet sind. Auch die statistische Auflösung mit Hilfe von Regressionsanalysen führt nicht zum Ziel, da die Kostenremanenzen dabei nicht eliminiert werden. Nur das analytische Verfahren, bei dem jeder Planposition ihr Verhalten bei definierten Beschäftigungsschwankungen bzw. auch ihr Verhalten im Falle der bloßen Betriebsbereitschaft (Beschäftigung = Null) untersucht wird, kann zu brauchbaren Ergebnissen führen“ [Vikas, 1988, S. 243].

Was unter „brauchbar“ in diesem Sinne zu verstehen ist und wie die Auflösung für die in der Praxis wichtigsten Gemeinkostenarten auch unter Berücksichtigung ihrer Dispositionsbestimmtheit im Einzelfall mit Rücksicht auf das angestrebte Abrechnungsziel konkret durchzuführen ist, lässt aber auch VIKAS offen. Beim vielfach anzutreffenden Hinweis auf physikalische Messungen bzw. auf vom Hersteller garantierte Wirkungsgrade und Toleranzen oder auf die Festlegung „ausreichender (?) Genauigkeiten“ aufgrund jahrelanger Erfahrungen [vgl. z. B. Gans, 1988, S. 226] darf nicht übersehen werden, dass es sich dabei um induktiv gewonnenes Datenmaterial handelt, dessen Gültigkeit im konkreten Fall nicht ungeprüft vorausgesetzt werden kann. Wenn aber eine exakt feststellbare Beurteilungsgröße im Einzelfall fehlt, kann andererseits auch eine konkrete praktische Anwendung nicht ohne nähere Erklärung als fehlerhaft eingestuft werden. Insoweit sind z. B. auch die Aussagen von Kolibius, dass in fast allen von ihm untersuchten Deckungsbeitragsrechnungen Fehler in der Herstellkostenermittlung enthalten waren, die zum Teil auch auf die Aufteilung in proportionale und fixe Kosten zurückzuführen waren, zu relativieren [vgl. Kolibius, 1988, S. 343].

Festzuhalten bleibt, dass die Zuverlässigkeit der von der KLR ermittelten Kontroll- oder Entscheidungsdaten erheblich leidet, wenn die Auflösung von Mischkosten in proportionale und fixe Kosten nicht bzw. nicht umfassend gelöst werden kann. Nach dem gegenwärtigen Stand der Kostenrechnungstheorie und auch der Kostenrechnungspraxis besteht diesbezüglich für fast alle wichtigen Misch-Gemeinkostenarten, insbesondere also für Personalkosten, kalkulatorische Abschreibungen, kalkulatorische Zinsen, Energie- und Kommunikationskosten, ein erhebliches Defizit. Andererseits fehlen auch für den völligen Verzicht auf eine verursachungsgerechte Verrechnung von variablen Produktgemeinkosten durch eine ausschließliche Verrechnung von (relativen) Einzelkosten und unechten Produktgemeinkosten überzeugende Relevanznachweise einer praktischen Verwertbarkeit [zur Kritik an der relativen Einzelkostenrechnung Riebels vgl. z. B. Seicht, 1988, S. 51; Kilger, 1988, S. 85; Kolibius, 1988, S. 339 ff.]. Eine zutreffende Auflösung der Mischkosten in proportionale und fixe Anteile ist schließlich zugleich eine unabdingbare Voraussetzung für eine auf Grenzkosten basierende Deckungsbeitragsrechnung. Generell gilt, dass die nachfolgend beschriebenen Kostenverrechnungsverfahren, also die Kostenstellenrechnung, die Kalkulation und auch die operative Ergebnisrechnung Defizite der Kostenartenrechnung nicht mehr ausgleichen können. Auch ausgefeilte Verfahren der innerbetrieblichen Leistungsverrechnung können nur die Daten transportieren, die von der Kostenartenrechnung als Urmaterial geliefert werden. Wenn aber bei der Aufbereitung dieser Daten bewusst oder unbewusst Fehler oder Vereinfachungen verwirklicht werden, sind auch die Verfahren der Wirtschaftlichkeitskontrolle und der operativen Erfolgsmessung fehlerhaft.

Kontrollfragen

1. Welche Kostenarten sind in der Unternehmenspraxis regelmäßig zu erfassen? Wie lassen sich die wichtigsten Kostenarten bezüglich ihrer praktischen Bedeutung klassifizieren?
2. Nach welchen Kriterien sind die Kostenarten für die Kostenerfassung und die Kostenverrechnung grundsätzlich einzuteilen?
3. Welche organisatorischen Hilfsmittel unterstützen die Kostenerfassung und Kostenverrechnung in der Kostenartenrechnung?
4. Wie sind die Materialkosten (Rohstoff-, Vorprodukte-, Hilfsstoff- und Betriebsstoffkosten) zu erfassen und zu verrechnen?
5. Welches Verfahren zur Erfassung der Materialkosten entspricht am besten dem Verursachungsprinzip? Welche Bedeutung kommen den Verbrauchsfolgefiktionen (Lifo, Fifo, Hifo u. a.) in der KRL zu?
6. Wie sind die Personalkosten (Akkordlohnkosten, Zeitlohnkosten, Gehälter, Sozialkosten) zu erfassen und zu verrechnen?
7. Welche Probleme bestehen bei der Erfassung und Verrechnung von Akkordlohnkosten?
8. Welcher Unterschied besteht zwischen Fertigungslöhnen und Akkordlöhnen? Können Fertigungslöhne fixe Kosten sein?
9. Wie sind die kalkulatorischen Abschreibungen zu erfassen und zu verrechnen? Welche Rolle spielen dabei die Verfahren der degressiven oder progessiven Abschreibungsberechnung?
10. Wie sind kalkulatorische Zinsen zu erfassen und zu verrechnen? Welche Bedeutung misst die aktuelle Unternehmenspraxis der Verrechnung kalkulatorischer Zinsen bei?
11. Wie ist der kalkulatorische Unternehmerlohn zu berechnen und für welche Abrechnungszwecke der KRL wird er benötigt?

8 Verrechnung der primären Kostenarten auf Kostenstellen (Kostenstellenrechnung)

8.1 Grundlegendes zur Kostenstellenrechnung

8.1.1 Aufgaben der Kostenstellenrechnung

Die Aufgaben der Kostenstellenrechnung leiten sich unmittelbar aus den allgemeinen Aufgaben der Kostenrechnung – Wirtschaftlichkeitskontrolle, kurzfristige Entscheidungsvorbereitung und Dokumentation – ab.

Zentrale Fragestellung

In welchen Betriebsbereichen sind welche Kosten durch die laufenden Produktions- und Absatzprozesse verursacht worden?

Durch geeignete Abgrenzung von Kostenstellen und verursachungsgerechte Zuordnung der von der Kostenartenrechnung erfassten primären Kostenarten schafft die Kostenstellenrechnung die erforderlichen Grundlagen für eine verantwortungsbezogene **WIRTSCHAFTLICHKEITSKONTROLLE** → GLOSSAR. Voraussetzung dafür ist eine möglichst genaue Lokalisierung der Kostenverursachungsobjekte bzw. -orte. Eine verursachungsgerechte Zurechnung der Kostenarten auf ihre Entstehungsorte hat auch die Entstehung sekundärer Kostenarten durch die Produktion und den Verbrauch selbsterstellter Dienstleistungen und Nutzungen zu berücksichtigen. Aufgabe der Kostenstellenrechnung ist daher auch die Durchführung der innerbetrieblichen Leistungsverrechnung (ibL).

Durch eine genaue Lokalisierung der Kostentstehung ist neben einer verantwortungsbezogenen Kostenkontrolle eine Verbesserung der verursachungsgerechten Zurechnung auf die in den Entstehungsorten produzierten **KOSTENTRÄGER** → GLOSSAR möglich. Dies gilt namentlich für die verursachungsgerechte Verrechnung variabler Produktgemeinkosten. Die Kostenstellenrechnung unterstützt auf diese Weise unmittelbar die kostenträgerbezogene Entscheidungsvorbereitungsfunktion der KLR.

Durch die Verbesserung der leistungsbezogenen Kostenverrechnung wird daneben auch die Dokumentationsfunktion der KLR, namentlich die Ermittlung der Herstellungskosten im Sinne von § 255 Abs. 2 HGB bzw. § 6 Abs. 1 und 2 EStG sowie die Aufstellung einer GuV nach dem Umsatzkostenverfahren, unterstützt.

Insgesamt bildet die Kostenstellenrechnung den Standort der **verantwortungsbezogenen Kostenkontrolle** durch Vergleich der Istkosten mit den Plankosten. Daneben unterstützt sie durch die Bildung verursachungsgerechter Kalkulationssätze den Aufgabenbereich der Kalkulation. Besonders für die Zwecke der Plankostenrechnung wird die Kostenstellenrechnung ebenso wie die Kostenartenrechnung in gleicher Ausbaustufe als Plan- und auch als Istkostenstellenrechnung durchgeführt.

8.1.2 Bildung von Kostenstellen

8.1.2.1 Anforderungen für die Bildung von Kostenstellen

Unter einer Kostenstelle versteht man allgemein einen für die Zwecke der KLR selbständig abzurechnenden betrieblichen Teilbereich. Bei einer Einteilung eines Betriebes in Kostenstellen sind insbesondere folgende drei Grundsätze zu beachten [vgl. Kilger, 1976, S. 154 ff.]:

Grundsätze

1. Kostenstellen sind erstens so abzugrenzen, dass eindeutige Verantwortungsbereiche geschaffen und Kompetenzüberschneidungen zwischen Kostenverantwortlichen vermieden werden. Dies bedeutet allerdings nicht, dass einem Kostenverantwortlichen jeweils nur eine Kostenstelle zuzuordnen ist. Wenn aufgrund der nachfolgend dargestellten Einteilungskriterien eine abweichende Unterteilung von Kostenstellen zweckmäßig ist, können einem Kostenverantwortlichen zugleich mehrere Kostenstellen zugeteilt werden.
2. Bei der Bildung von Kostenstellen ist weiterhin zu beachten, dass sich für die in den Kostenstellen verursachten Kosten eindeutige Maßgrößen der Kostenverursachung (**Bezugsgrößen, Kosteneinflussgrößen**) finden lassen. Die wichtigsten Maßgrößen sind die von den Kostenstellen erbrachten Leistungen, z. B. die erbrachten Fertigungszeiten oder bestimmte Stückleistungen. Die Suche nach geeigneten Maßgrößen ist umso einfacher, je **feiner** die Kostenstellengliederung erfolgt. Dem Grundsatz der geeigneten Bezugsgrößenwahl entspricht am besten die Bildung einheitlicher Maschinengruppen oder Arbeitsplätze. Die Maßgrößen (Leistungen der Kostenstellen) bilden die Zurechnungsbasis für die Verrechnung der der durch diese Leistungen verursachten produktvariablen Kosten auf die Produkte. Dies gilt selbstverständlich nur, wenn diese Leistungen von den in der Abrechnungsperiode produzierten Produkten verbraucht wurden.
3. Die Einteilung des Betriebes in Kostenstellen hat schließlich zu beachten, dass sich die von der Kostenartenrechnung erfassten primären Kostenarten möglichst exakt den Kostenstellen zurechnen lassen. Diese Anforderung entspricht dem

Grundsatz einer möglichst weitgehenden Verrechnungsmöglichkeit von variablen Produktgemeinkosten als Kostenstelleneinzelkosten. Diesem Grundsatz wird am besten durch eine **möglichst grobe Einteilung** der Kostenstellen entsprochen. Insoweit ergibt sich allerdings ein Widerspruch zum Grundsatz der verursachungsgerechten Maßgrößenbildung. In der Praxis versucht man diesem Widerspruch durch geeignete Fehlerrechnungen zu begegnen, auf deren Darstellung an dieser Stelle allerdings verzichtet wird.

Diese Grundsätze wären um die Frage zu ergänzen, ob in einer Grenzkostenrechnung für Betriebsbereiche, die keine Leistungen an die Produktion der Abrechnungsperiode erbringen, überhaupt Kostenstellen einzurichten sind. Kostenstellen auf denen ausschließlich fixe Kosten verursacht werden, wären in einer reinen Grenzkostenrechnung grundsätzlich entbehrlich. Das gilt insbesondere für Verwaltungsstellen, für eine Reihe von Kostenstellen im Beschaffungs- und Vertriebsbereich, aber auch für bestimmte Hilfskostenstellen, z. B. für Sozialkostenstellen, für die Werksfeuerwehr, für bestimmte Stellen der Gebäudeverwaltung, für eigene Reparaturwerkstätten und wohl auch für die Kantine. Sollen, z. B. aus Kontrollgründen in einer Grenzkostenrechnung auch die fixen Kosten über die Kostenstellen verrechnet werden, müssen auch für nicht leistungsbezogene Bereiche Kostenstellen eingerichtet werden. Begnügt man sich mit einer nicht bereichsbezogenen, sondern nur zeitbezogenen Erfassung der fixen Kosten, wäre es kaum sinnvoll, für Kostenstellen, die ausschließlich der Aufrechterhaltung der Betriebsbereitschaft dienen, eigene Kostenstellen einzurichten.

8.1.2.2 Gliederung und Bezeichnung der Kostenstellen

Eine KLR, die den betrieblichen Wertschöpfungsprozess möglichst wirklichkeitsgerecht abbilden will, müsste diese Anforderung auch bei den innerbetrieblichen Kostenverrechnungsprozessen beachten. Ob dabei eine Einteilung in Kostenstellen überhaupt noch zeitgemäß ist oder ob stattdessen prozessuale Gliederungs- und Abbildungstechniken die traditionelle Kostenstellenrechnung ersetzen müssen, soll hier nicht vertieft werden. Ob die traditionell vom **funktionalen Denken** geprägte Kostenstellenrechnung wegen ihrer zahlreichen Nachteile eher eine auslaufende Erscheinung ist, soll hier ebenfalls offen bleiben. Festzuhalten ist, dass die traditionelle Gliederung nach den betrieblichen Grundfunktionen „**Beschaffung – Produktion – Absatz**" in der Praxis nach wie vor stark verwurzelt ist und auch durch die am Markt dominierenden Software-Lösungen intensiv unterstützt wird. Das deutet darauf hin, dass der funktionalen Kostenstellengliederung noch eine längere Lebensdauer beschieden sein wird. Bei funktionaler Gliederung der Kostenstellenrechnung wird demzufolge zwischen

- Beschaffungs- bzw. Materialkostenstellen,
- Fertigungskostenstellen,
- Vertriebskostenstellen,
- Verwaltungskostenstellen und
- allgemeinen Kostenstellen

unterschieden.

Die funktional gegliederten Kostenstellen werden in abrechnungstechnischer Hinsicht in Haupt- und Hilfskostenstellen gegliedert.

Als **HAUPTKOSTENSTELLEN** (Primär-Kostenstellen) → GLOSSAR bezeichnet man Kostenstellen, deren Kosten nicht auf andere Kostenstellen, sondern mit leistungsabhängigen Bezugsgrößen direkt auf die Produkte (Leistungen) verrechnet werden. Regelmäßig werden die Materialkostenstellen (= Materiallager), Fertigungskostenstellen, Verwaltungs- und Vertriebskostenstellen als Hauptkostenstellen abgerechnet. Dabei erscheint die Abrechnung der Verwaltungskostenstellen als Hauptkostenstellen wegen des fehlenden Verursachungsbezuges zur laufenden Produktion eher aus prestigeorientierten oder handelsrechtlichen als aus sachlichen Gründen gerechtfertigt. Abrechnungstechnisch sind die Verwaltungskostenstellen eigentlich als Hilfskostenstellen einzustufen.

HILFSKOSTENSTELLEN (Sekundär-Kostenstellen) → GLOSSAR sind Kostenstellen, deren Kosten nicht direkt auf die Produkte, sondern zunächst durch Verrechnung innerbetrieblicher Leistungen (ibL) auf die leistungsverbrauchenden Haupt- und Hilfskostenstellen als Wertschöpfungsbestandteile weiterverrechnet werden. Als Hilfskostenstellen werden üblicherweise die allgemeinen Kostenstellen, z. B. Energieversorgung, Grundstücke, innerbetrieblicher Transport, Reparaturwerkstätte, EDV-Abteilung, Sozialeinrichtungen u. a., aber auch Fertigungshilfsstellen, z. B. Werkzeugmacherei, Konstruktion, Forschung und Entwicklung, Arbeitsvorbereitung u. a., abgerechnet.

Um die verursachungsgerechte Zurechnung primärer und sekundärer Kostenarten zu verbessern, werden vor allem innerhalb der Hauptkostenstellen weitere Untergliederungen vorgenommen. Z.B. werden einzelne nach Verantwortungsbereichen gegliederte Kostenstellen für bestimmte Kostenverrechnungen zu **Kostenstellenbereichen** zusammengefasst. Umgekehrt macht vor allem die Einrichtung einer Maschinenstundensatz-Kalkulation eine weitere Untergliederung selbständiger Verantwortungsbereiche in Maschinengruppen oder einzelne Arbeitsplätze, allgemein also in sog. **Kostenplätze**, erforderlich.

Nach der Reihenfolge ihrer Abrechnung innerhalb der Kostenstellenrechnung ist schließlich noch die Unterscheidung von Vor- und Nachkostenstellen üblich. So sind z. B. bei Anwendung des sog. **STUFENLEITERVERFAHRENS** → GLOSSAR für die **INNERBETRIEBLICHE LEISTUNGSVERRECHNUNG** → GLOSSAR die Hilfskostenstellen in Bezug auf die Hauptkostenstellen zugleich **Vorkostenstellen.**

Ähnlich wie für die Gliederung der Kostenarten werden auch für Kostenstellen Pläne erstellt, die, bezogen auf den konkreten Betrieb, eine Auflistung der einzelnen Kostenstellen mit zugehörigen Kostenstellennummern sowie die für die jeweilige Kostenstelle anzuwendende Bezugsgröße bzw. – bei **heterogener Kostenverursachung** –, verschiedenen Bezugsgrößen, enthalten. Bei einer Plankostenrechnung werden überdies die häufig für längere Zeiträume gleich bleibenden Planbezugsgrößensummen aufgelistet.

Für Kostenstellen, denen im Folgenden keine oder keine eindeutig leistungsbezogenen Bezugsgrößen zugewiesen werden, wäre in einer Grenzkostenrechnung zu prüfen, ob deren Einrichtung nicht grundsätzlich entbehrlich ist. Ein eindeutiger Leistungsbezug ist vor allem bei €-Bezugsgrößen und bei Flächen- oder Rauminhaltsbezugsgrößen eher zu verneinen. In einer Vollkostenrechnung sind derartige Beschränkungen nicht zu beachten.

Ein Kostenstellenplan könnte z. B. wie folgt aussehen:

Stellen-Nr.	**Bezeichnung**	**Bezugsgrößen / Leistungen**
93 100	Technischer Leitungsbereich	
93 101	Technische Leitung	
93 102	Konstruktion u. Entwicklung	
93 103	Arbeitsvorbereitung	
93 200	Allgemeiner Bereich	
93 201	Grundstück u. Gebäude	
93 202	Sozialdienst u. Betriebsrat	€ Lohn u. Gehalt
93 203	Kantine	€ Lohn u. Gehalt
93 204	Stromversorgung	Kilowattstunden
93 205	Reparaturabteilung	Fertigungsstunden
93 206	innerbetrieblicher Transport	
93 207	Pkw-Dienst	Kilometer
93 300	Materialstellen	
93 301	Einkauf	m^2 – Fläche
93 302	Materiallager	€ Materialkosten
93 303	Werkzeugausgabe	
93 400	Fertigungsstellen	
93 410	Meisterbereich I	
93 411	Spitzendrehmaschinen	Fertigungsstunden
93 412	NC-Drehmaschinen	Maschinenstunden
93 413	Karusselldrehmaschinen	Fertigungsstunden
93 414	Automaten	Maschinenstunden

Stellen-Nr.	Bezeichnung	Bezugsgrößen / Leistungen
93 420	Meisterbereich II	
93 421	Bohrmaschinen	Fertigungsstunden
93 422	Fräsmaschinen	Fertigungsstunden
93 423	Schleifmaschinen	Fertigungsstunden
93 424	Schweißautomaten	Fertigungsstunden
93 425	Härterei	Fertigungsstunden
93 426	Montage	Fertigungsstunden
93 500	Verwaltungsstellen	
93 501	Kfm. Leitung	€ Herstellkosten
93 502	Finanzbuchführung	€ Herstellkosten
93 503	KLR	€ Herstellkosten
93 504	EDV	€ Herstellkosten
93 505	Personalabteilung	€ Herstellkosten
93 600	Vertriebsstellen	
93 601	Vertriebsleitung	€ Herstellkosten
93 602	Werbung, Marktforschung	€ Herstellkosten
93 603	Lager, Versand	€ Herstellkosten oder Stückzahl

Abbildung 8.1: Beispiel eines Kostenstellenplanes

Welche der oben genannten Kostenstellen als Hilfs- oder Hauptkostenstellen abzurechnen sind, hängt von den betriebsindividuell verfolgten Abrechnungszwecken ab. I. d. R. werden der technische Leitungsbereich, die allgemeinen Kostenstellen sowie die EDV als Hilfskostenstellen, die übrigen Bereiche als Hauptkostenstellen abgerechnet.

8.2 Durchführung der Kostenstellenrechnung

8.2.1 Aufbau des Betriebsabrechnungsbogens

Grundsätzlich lässt sich die Kostenstellenrechnung in Kontenform oder mit Tabellen darstellen. Aus Gründen der Übersichtlichkeit bevorzugt man überwiegend die Tabellenform. Hilfsmittel für die Durchführung der Kostenstellenrechnung ist also eine zweckentsprechend gestaltete Tabelle, die man abgeleitet aus der traditionellen schriftlichen Erstellung als **Betriebsabrechnungsbogen** (**BAB**) bezeichnet. Die Benutzung von Tabellen kommt überdies der Verwendung eines Tabellen-Kalkulationsprogrammes entgegen.

Im Einzelnen ist der BAB in Tabellenform grundsätzlich wie folgt aufgebaut:

- Für jede Kostenstelle bzw. für jeden Kostenplatz wird eine eigene Tabellenspalte eingerichtet. Mehrere Kostenstellen können zu **Kostenstellenbereichen**, z. B. Fertigung I, Fertigung II usw., zusammengefasst werden. Innerhalb einer Spalte kann in Abhängigkeit vom zur Anwendung kommenden Kostenrechnungssystem eine weitere Unterteilung erforderlich sein. Bei einer Grenzkostenrechnung ist eine Aufteilung pro Kostenstelle in die Spalten variable Kosten, fixe Kosten und Gesamtkosten zweckmäßig.
- Der gesamte Zeilenbestand des BAB ist entsprechend den von der Kostenstellenrechnung zu erfüllenden Aufgaben in vier Blöcke aufgeteilt:
  1. Zunächst werden die **primären Produktgemeinkosten** summarisch aus der Kostenartenrechnung übernommen. Die primären Produkteinzelkosten werden zum Teil ebenfalls zur Weiterverrechnung, zum Teil nur als Bemessungsgrundlage für die Verrechnung von primären Produktgemeinkosten übernommen.
  2. Der zweite Zeilenblock dient der Durchführung der **innerbetrieblichen Leistungsverrechnung** bzw. der Sekundärkostenrechnung.
  3. Im dritten Zeilenblock werden die für die Durchführung der Kalkulation benötigten **Kalkulationssätze** berechnet. Voraussetzung dafür ist die Ableitung geeigneter Bezugsgrößen.
  4. Der vierte Zeilenblock dient der (vereinfachten) Durchführung der **WIRTSCHAFTLICHKEITSKONTROLLE** → GLOSSAR durch Ermittlung von Abweichungen zwischen den Istkosten und den verrechneten Plankosten. Für die Hilfskostenstellen wird üblicherweise keine selbständige Wirtschaftlichkeitskontrolle durchgeführt. Soweit allerdings die sekundären Kosten nicht restlos auf die Hauptkostenstellen verteilt werden, weil z. B. Anlagegegenstände im Hilfskostenstellenbereich produziert werden, ist eine Wirtschaftlichkeitskontrolle auch im Hilfskostenstellenbereich vorstellbar.

Die grundlegende Gestaltung des BAB zeigt nochmals Abbildung 8.2 → vgl. S. 202.

Ergänzend ist anzufügen, dass in einer Plankostenrechnung für jede einzelne Kostenstelle eine Planabrechnung sowie eine Istabrechnung durchgeführt werden muss. I.d.R. muss dabei aufgrund der großen Anzahl von Kostenstellen jede Kostenstelle mit einem einzelnen Tabellenblatt abgerechnet werden. Die für die einzelnen Kostenstellen geführten Blätter werden periodisch zu einem Haupt-BAB zusammengefasst. Die Zerlegung des BAB in einzelne Tabellenblätter kommt überdies der innerbetrieblichen Berichterstattung entgegen. Den Verantwortlichen in den Kostenstellen genügt eine Übersicht über ihre eigenen Kostenstellen, den Führungsinstanzen kann hingegen als zusammengefasste Schnellübersicht über das periodische Betriebsgeschehen der Haupt-BAB vorgelegt werden.

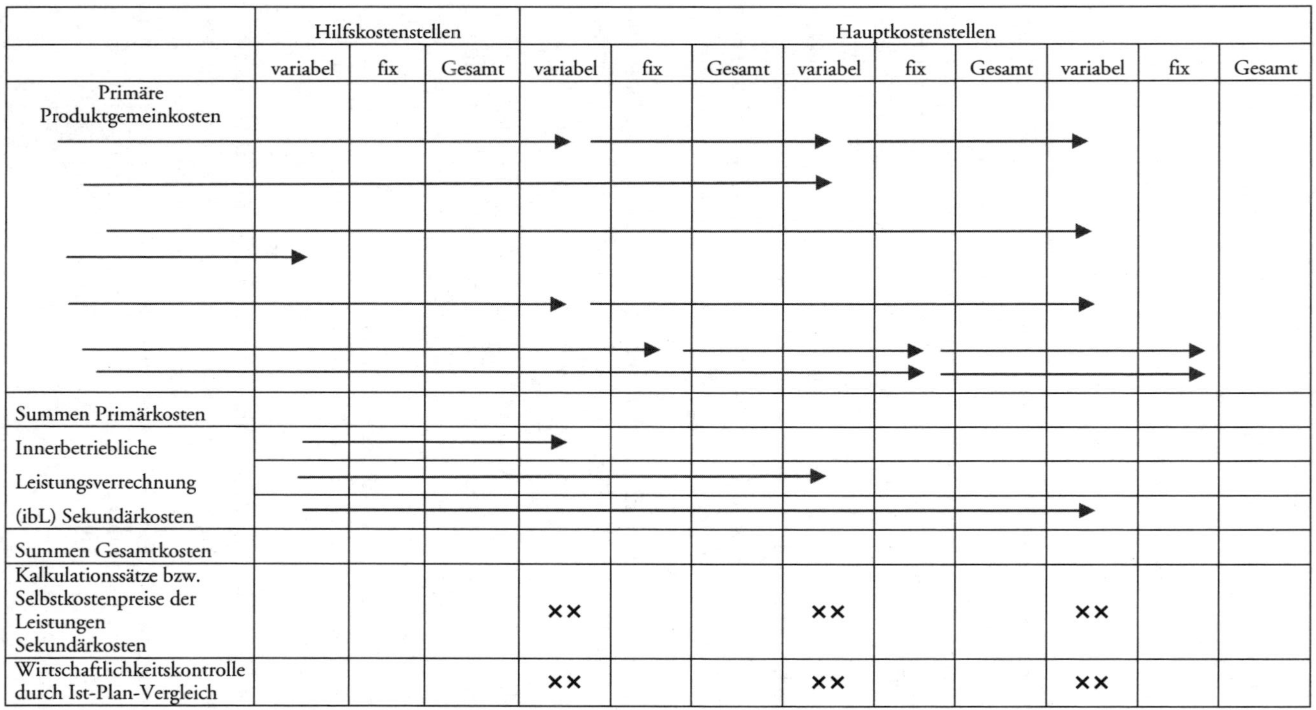

Abbildung 8.2: Aufbau und Abrechnung einer Kostenstellenrechnung in einer Grenzkostenrechnung

8.2.2 Erster Arbeitsschritt in der Kostenstellenrechnung: Verrechnung der primären Produktkosten

Für die Verrechnung der gesamten in der Abrechnungsperiode von der Kostenartenrechnung erfassten primären Kostenarten gilt zunächst folgende Hauptregel:

Hauptregel

Produkteinzelkosten werden generell nicht in die Kostenstellenrechnung übernommen. Dies betrifft insbesondere die Rohstoffe, Vorprodukte und Einbauteilkosten, aber auch evtl. Sondereinzelkosten der Fertigung und des Vertriebs. In Vollkostenrechnungen werden Akkordlohnkosten regelmäßig als Fertigungseinzelkosten behandelt. Ist dies der Fall, werden in die Kostenstellenrechnung einer Vollkostenrechnung keine Akkordlohnkosten einbezogen. Sämtliche Produkteinzelkosten, die nicht auf die Kostenstellen verrechnet werden, werden in der Kalkulation unmittelbar auf die Produkte (Leistungen) verrechnet.

Für die Verrechnung auf die Kostenstellen verbleiben also nur die Gemeinkosten. Dabei sind zwei Probleme zu lösen:

1. Zunächst ist zu prüfen, ob über die Kostenstellen lediglich die primären Produktgemeinkosten oder die gesamten primären Kostenarten – also auch die fixen Kosten – verrechnet werden sollen. Bezüglich der Rohstoffkosten oder Vorproduktekosten ergibt sich dabei das Problem, dass diese Kosten zwar der ersten verbrauchenden Kostenstelle direkt zugerechnet werden könnten, spätestens ab diesem Zeitpunkt handelt es sich aber bereits um unfertige Erzeugnisse, für die **Sekundärkosten** zu berechnen wären. Die Zu- und Weiterverrechnung von Rohstoffkosten und Vorproduktekosten über die Kostenstellenrechnung würde folglich gegenüber dem traditionellen Abrechnungsverfahren grundsätzliche Veränderungen in Richtung einer **fertigungsbegleitenden Wertschöpfungsrechnung** erforderlich machen. Im Weiteren wird daher davon ausgegangen, dass Produkteinzelkosten aus dem Materialbereich – also auch Verpackungskosten – generell nicht auf die Kostenstellen verrechnet werden.
   Anders verhält es sich mit den häufig unzutreffend als Einzelkosten bezeichneten Fertigungslohnkosten. **Akkordlohnkosten** werden hier als Mischkosten den Fertigungskostenstellen zugerechnet. Auf diese Weise ist es vor allem bei Stundensatzkalkulationen möglich, alle fertigungszeitabhängigen Kosten der Fertigungskostenstellen mit einheitlichen Kalkulationssätzen auf die Produkte zu verrechnen. Eine Verrechnung von Lohneinzelkosten kommt daher bei einer Beachtung des Verursachungsprinzips generell nicht in Betracht.

2. Aus der periodischen Gesamtsumme der primären Produktgemeinkosten sollte ein möglichst großer Anteil als Kostenstelleneinzelkosten verrechenbar sein. In welchem Umfang dies der Fall ist, hängt weitgehend von der individuellen Kostenstelleneinteilung ab.

Soweit keine Verrechnung als Kostenstelleneinzelkosten möglich ist, sollte zunächst geprüft werden, ob nicht über die Einrichtung einer selbständigen Hilfskostenstelle eine Verbesserung der Zurechnung erreicht werden kann. Gelegentlich findet sich etwa die schlüsselmäßige Verteilung (**KOSTENUMLAGE** → GLOSSAR) der Kosten innerbetrieblicher Transportanlagen, z. B. der Abschreibungskosten oder anteiligen Energie- und Lohnkosten, auf die leistungsverbrauchenden Kostenstellen. Bei Einrichtung einer eigenen Transportkostenstelle können dieser Stelle zumindest die genannten Kosten direkt zugerechnet werden. Ob dadurch weiterhin im Vergleich zu einem **Kostenumlageverfahren** eine Verbesserung der Zurechnung auf die leistungsverbrauchenden Kostenstellen erreicht werden kann, ist zumindest a priori nicht auszuschließen.

Lässt sich eine Verrechnung primärer oder auch sekundärer Produktgemeinkosten als Kostenstellengemeinkosten endgültig nicht vermeiden, ist nach geeigneten Bezugsgrößen für die Zurechnung auf die einzelnen Kostenstellen zu suchen. Dabei wird aber oftmals festzustellen sein, dass Kostenstellengemeinkosten zugleich fixe Kosten sind, die Zurechnungsprobleme in einer Grenzkostenrechnung daher eher vernachlässigbar sind.

In der Praxis erfolgt die Verrechnung von (fixen) Kostenstellengemeinkosten insbesondere nach folgenden Verteilungsregeln:

Primär- oder Sekundärkostenart	**Bezugsgröße bzw. Leistungsart**
Kraftstrom	Installierte Leistung KW
Lichtstrom	Installierte Leistung KW
Anschlussgebühr Energie	Installierte Leistung
Wasser	Anzahl Zapfstellen
Heizwärme	Installierte Leistung
Kalkulatorische Zinsen	Flächenmaße oder Raummaße
Unfallversicherung	Personenzahlen
Pkw-Dienst	Kilometer
Flatrate	Anzahl der PC bzw. Notebooks
Grundgebühr Kommunikation	Anzahl der Kommunikationsstellen

Abbildung 8.3: Bezugsgrößen für die Verrechnung von Kostenstellengemeinkosten (Beispiele)

Hinzuzufügen ist, dass die Bezugsgrößen für die Verrechnung von Kostenstellengemeinkosten gelegentlich gewichtet werden. In diesen Fällen sind die primären Produktgemeinkosten nach der Summe der gewichteten Bezugsgrößen, z. B. gewichteten m^2-Summe, zu verteilen.

8.2.3 Zweiter Arbeitsschritt: Errechnung der Summen der primären Kostenstellenkosten

Nachdem alle primären Produktgemeinkosten und evtl. auch die fixen Kosten unter Beachtung des Verursachungsprinzips auf die Hilfs- und Hauptkostenstellen verteilt sind, sind pro Kostenstelle die **Kostensummen** zu ermitteln. Da es sich bei dem BAB lediglich um ein Kostenverteilungstabelle handelt, d. h. die eingangs verrechneten Primärkosten werden nach dem Verursachungsprinzip lediglich auf die verursachenden Stellen umverteilt, muss eine Abstimmung der Summe der aus der Kostenartenrechnung übernommenen Primärkosten mit der Summe der primären Stellenkosten durchgeführt werden. Nur bei Summengleichheit darf weitergerechnet werden. Andernfalls müssen evtl. Verteilungsfehler aufgeklärt werden.

Anders als für die gesamten Stellenkosten existieren für die errechneten Summen pro Kostenstelle keine spezifischen Fachbezeichnungen. Für die Kostensummen der Hilfs- und Hauptkostenstellen werden lediglich die Bezeichnungen primäre Reparaturstellenkosten, primäre EDV-Stellenkosten, primäre Materialstellenkosten, primäre Fertigungsstellenkosten usw. gebraucht.

In einer Istkostenrechnung erlauben die Summen dieser Primärkosten bereits einen ersten Überblick über die Istkostenentwicklung in der laufenden Abrechnungsperiode. Für eine genauere Wirtschaftlichkeitskontrolle ist allerdings zuvor die **INNERBETRIEBLICHE LEISTUNGSVERRECHNUNG** → GLOSSAR durchzuführen.

8.2.4 Dritter Arbeitsschritt: Durchführung der innerbetrieblichen Leistungsverrechnung (ibL)

8.2.4.1 Aufgaben der innerbetrieblichen Leistungsverrechnung

Im Betrieb werden regelmäßig sog. Innenleistungen produziert, d. h. Leistungen, die nicht am Markt veräußert werden, sondern im Betrieb wieder verbraucht werden. Grundsätzlich sind zwei Arten von Innenleistungen zu unterscheiden:

1. Die Herstellung von Vermögensgegenständen für den Eigengebrauch. Dabei handelt es sich vor allem um selbsterstellte Anlagengegenstände, z. B. Gebäude, Maschinen, Werkzeuge oder Software. An diesen Innenleistungen, die in der Praxis häufig als Innenaufträge bezeichnet werden, sind regelmäßig mehrere Hilfs- und auch Hauptkostenstellen beteiligt. Die Abrechnung solcher Innenleistungen erfolgt

Abbildung 8.4: Durchführung der innerbetrieblichen Leistungsverrechnung

auftragsweise und ist nicht Gegenstand der ibL. Auf die Darstellung der Verrechnung dieser Gruppe von Innenaufträgen wird an dieser Stelle verzichtet.

2. **Innerbetriebliche Leistungen** im eigentlichen Sinne sind selbst erzeugte Dienstleistungen und Nutzungen, die nicht verkauft, sondern im Betrieb wieder verbraucht werden. Typische Innenleistungen in diesem Sinne sind die Leistungen der technischen Leitungskostenstellen und der allgemeinen Kostenstellen, z. B. eine eigene Energieversorgung, EDV-Leistungen, eigene Reparaturleistungen, Gebäudenutzungen, innerbetriebliche Transport- und Sozialleistungen.

Würde der Verbrauch der innerbetrieblich erzeugten und verbrauchten Dienstleistungen und Nutzungen den verbrauchenden Kostenstellen nicht zugerechnet, wäre sowohl die Stückkostenberechnung als auch die Wirtschaftlichkeitskontrolle beeinträchtigt.

Aufgabe der ibL ist es damit, die Kosten, die durch den Verbrauch der nicht aktivierungsfähigen Innenleistungen entstehen, den jeweils verbrauchenden Kostenstellen verursachungsgerecht zuzurechnen. Die Erfüllung dieser Aufgabe bedingt regelmäßig eine Abrechnung der leistenden Kostenstellen als Hilfskostenstellen.

8.2.4.2 Probleme der innerbetrieblichen Leistungsverrechnung

Zur Erfüllung der Aufgabe der ibL, den verbrauchenden Kostenstellen die durch Innenleistungen verursachten Sekundärkosten verursachungsgerecht zuzurechnen, müssen eine Reihe von Problemen gelöst werden:

1. Zunächst hat jede Hilfskostenstelle die **Gesamtmenge** der in der Abrechnungsperiode abgegebenen innerbetrieblichen Leistungen zu ermitteln. Dabei sind auch die Eigenverbrauchsmengen der betreffenden Hilfskostenstelle zu erfassen. Die Erfassung dieser Gesamtmengen setzt nicht in jedem Fall eine direkte Ermittlung in den verbrauchenden Kostenstellen voraus. Vielfach können die Leistungsmengen durch geeignete Zähleinrichtungen als Abgabeleistungen festgestellt werden, z. B. Summe kWh, Summe Transportstunden, Summe Reparaturstunden usw. Zum Teil sind die Leistungsmengen nicht quantifizierbar. Dies gilt namentlich für die Hilfskostenstellen der technischen Leitung, z. B. der Arbeitsvorbereitung oder den Meisterbereichstellen. Ähnliches gilt für die Sozialkostenstellen, die Transport- und gelegentlich auch die Energieversorgungsstellen. In diesem Fall werden statt der Abgabeleistungsmengen indirekte Bezugsgrößen, d. h. Abgabeleistungsmengen der leistungsempfangenden Kostenstellen, herangezogen. Z. B. könnten für die Verrechnung der Kosten der Hilfskostenstelle Arbeitsvorbereitung als indirekte Bezugsgrößen die Fertigungsstunden in den Fertigungshauptkostenstellen verwendet werden.
2. Die ermittelten Gesamtleistungsmengen sind anschließend **verursachungsgerecht** auf die leistungsverbrauchenden Hilfs- und Hauptkostenstellen zu **verteilen**. Soweit die Erfassung der Gesamtleistungsmengen bereits in den leistungsverbrauchenden Kostenstellen erfolgt ist, ist zugleich die Verteilung vorgegeben. Dies gilt entsprechend für die Verwendung indirekter Bezugsgrößen. In den anderen Fällen, also insbesondere bei Kostenstellengemeinkosten, sind geeignete Bezugsgrößen für die Mengenzurechnung auszuwählen. Insoweit ergeben sich dieselben Probleme wie bei der Verrechnung der Primärkosten auf die Kostenstellen. Es kommen daher auch dieselben (direkten) Bezugsgrößen zur Anwendung.
3. Im Ergebnis wird allerdings keine Mengen-, sondern eine Kostenzurechnung auf die verbrauchenden Hilfs- und Hauptkostenstellen angestrebt. Die Leistungsmengen sind daher mit Geldgrößen zu **bewerten**. Zur Auswahl stehen dafür grundsätzlich Marktpreise, Normal- oder Plankostensätze oder Selbstkostenpreise. Innerhalb der Istkostenrechnung ist die entscheidende Überlegung für die Auswahl der maßgebenden Preise, ob durch die Preisermittlung die Kosten der Hilfskostenstellen restlos auf die Hauptkostenstellen verteilt werden. Dieser Anforderung wird grundsätzlich nur die Verrechnung zu **Selbstkosten** gerecht. Bei allen anderen Verfahren ist nicht auszuschließen, dass Restkosten auf den Hilfskostenstellen verbleiben bzw. die Summe der verrechneten Sekundärkosten die Summe der Istkosten der Abrechnungsperiode übersteigt. Beide Folgen sind aus der Sicht des Verursachungsprinzips zu vermeiden.

Der **Selbstkostenverrechnungspreis** kann im einfachsten Fall wie folgt ermittelt werden:

$$k_i = \frac{PSK_i}{L_i} \qquad (i = 1, \ldots, n)$$

mit n als Anzahl der (leistungsempfangenden) Hilfskostenstellen, k_i als Selbstkostenverrechnungspreis der Hilfskostenstelle i für eine Leistungseinheit, PSK_i als Summe der primären Stellenkosten der Hilfskostenstelle i und L_i als gesamter abgegebener Leistungsmenge der Hilfskostenstelle i inkl. der Eigenverbrauchsmengen.

Beispiel
Für die Hilfskostenstelle Nr. 93 504 (EDV-Abteilung) gelten folgende Daten:

Summe primäre Stellenkosten PSK_1	50.000,00 €
Summe Abgabeleistung L_1	2.500 Std.
Selbstkostenpreis/Std. k_1	?

$$k_1 = \frac{50.000,00\ €}{2.500\ \text{Std.}} = 20,00\ €/\text{Std.}$$

Werden alle EDV-Stunden auf die verbrauchenden Kostenstellen verteilt, und erfolgt anschließend eine Bewertung mit dem ermittelten Selbstkostenpreis pro Std., so werden alle primären Stellenkosten der Hilfskostenstelle 93 504 EDV-Abteilung verursachungsgerecht auf die leistungsempfangenden Kostenstellen verteilt, sie werden dort zugleich zu sekundären Kostenstellenkosten.

4. Die Selbstkostenpreisermittlung läuft allerdings nur dann so einfach ab, wenn entweder nur eine Hilfskostenstelle vorhanden ist oder zwischen mehreren Hilfskostenstellen **keine Leistungsbeziehungen** stattfinden bzw. tatsächlich stattfindende Leistungsbeziehungen abrechnungstechnisch ignoriert werden.
   Üblicherweise ist aber eine Vielzahl von Hilfskostenstellen abzurechnen, die untereinander Leistungen austauschen. Unter diesen Voraussetzungen ergibt sich das Problem, dass für keine der innerbetriebliche Leistungen empfangenden Hilfskostenstellen Selbstkostenpreise für ihre eigenen Abgabeleistungsmengen ermittelt werden können, ehe nicht die Selbstkostenpreise für die empfangenen innerbetrieblichen Leistungen feststehen. Andernfalls würde der Selbstkostenpreis zu niedrig angesetzt. Ein besonderes Problem entsteht folglich allein dadurch, dass die Hilfskostenstellen untereinander Leistungen austauschen. Die Tatsache, dass die Primärkosten der Hilfskostenstellen als Sekundärkosten auf die Hauptkostenstellen zu verrechnen sind, bereitet für die Ermittlung der Selbstkostenpreise hingegen keine zusätzlichen Probleme.

Erweitert man das Beispiel von oben um Leistungsbeziehungen der Hilfskostenstelle Nr. 93 504 EDV-Abteilung H_1 mit der Hilfskostenstelle Nr. 93 205 Reparaturwerkstätte

H_2 sowie der Hilfskostenstelle Nr. 93 204 eigene Stromversorgung H_3, so gelten folgende Daten:

	H_1	H_2	H_3
Primäre variable Stellenkosten PSK_i	50.000,00 €	40.000,00 €	23.500,00 €
Summe Abgabeleistung L_i	2.500 Std.	2.400 Std.	180.000 kWh
Leistungsaustausch zwischen			
den Hilfskostenstellen l_{ij}			
von H_1	20 Std.	10 Std.	2 Std.
von H_2	30 Std.	5 Std.	10 Std.
von H_3	2.000 kWh	500 kWh	500 kWh
Selbstkostenpreis ohne			
Leistungsaustausch (k_i)	20,00 €/Std.	16,67 €/Std.	0,13 €/kWh
Selbstkostenpreis mit			
Leistungsaustausch (k_i)	?	?	?

Das Leistungsgeflecht zwischen den Hilfskostenstellen sieht also wie folgt aus:

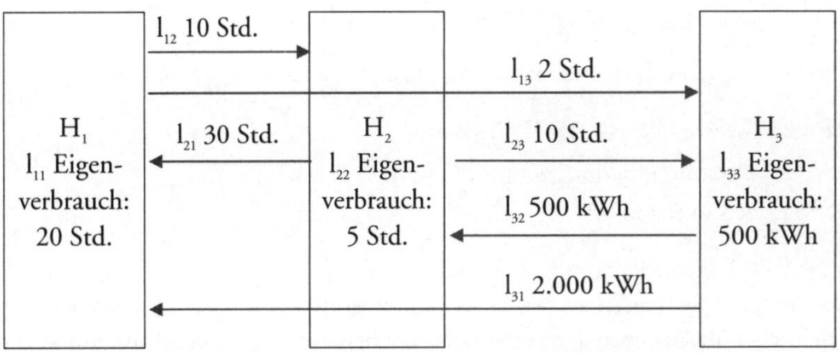

Abbildung 8.5: Leistungsgeflecht zwischen den Hilfskostenstellen

Die exakte Ermittlung der Selbstkostenpreise mit Berücksichtigung des Leistungsaustausches setzt grundsätzlich die Anwendung eines exakten Verfahrens zur Lösung linearer Gleichungssysteme voraus. Zwar stellt die Lösung solcher Gleichungssysteme beim Einsatz EDV-gestützter Betriebsabrechnung auch bei größerer Zahl von Hilfskostenstellen mit gegenseitigem Leistungsaustausch kein grundsätzliches Problem dar, dennoch scheint die Praxis vielfach Näherungsverfahren vorzuziehen. Das am meisten verbreitete Näherungsverfahren ist das sog. **Stufenleiter-Verfahren**. Ein anderes Verfahren, das sog. (einstufige) **ANBAUVERFAHREN** → GLOSSAR, wird hier nicht dargestellt, da es Leistungsbeziehungen zwischen den Hilfskostenstellen vollständig negiert. Ehe auf das Stufenleiterverfahren eingegangen wird, sollen zunächst ein Beispiel für ein exaktes direktes Lösungsverfahren sowie ein Beispiel für ein exaktes iteratives Verfahren dargestellt werden. Dabei gelten folgende Symbole:

i, j	=	Kostenstellenindices der leistenden Hilfskostenstellen i und der leistungsempfangenden Hilfskostenstellen j
n	=	Anzahl der Hilfskostenstellen (i = 1,...,n), (j = 1,...,n)
L_j	=	gesamte mengenmäßige Abgabeleistung der Hilfskosten-stelle j
l_{ij}	=	von der leistenden an die leistungsempfangende Hilfskostenstelle erbrachte mengenmäßige Abgabeleistung
PSK_j	=	gesamte primäre Stellenkosten der leistungsempfangenden Hilfskostenstelle j
k_j	=	gesuchter Selbstkostenpreis der leistungsempfangenden Hilfskostenstelle j
k_i	=	(unbekannter) Selbstkostenpreis der leistenden Hilfskostenstelle i

8.2.4.3 Ermittlung der Verrechnungspreise für innerbetriebliche Leistungen

8.2.4.3.1 *Exakte Ermittlungsverfahren*

8.2.4.3.1.1 *Direkte Ermittlung der Verrechnungspreise*

Als direkte Rechentechniken zur Lösung linearer Gleichungssysteme kommen

- der modifizierte GAUSSSCHE Algorithmus,
- die Determinantenmethode sowie
- die Matrizeninversion

in Frage [vgl. KRUSCHWITZ, 1979, S. 110].

Die direkten Verfahren erfordern bei einer großen Zahl von Kostenstellen, z. B. mehr als 30 Hilfskostenstellen, einen erheblichen Rechenaufwand, überdies können beträchtliche Rundungsfehler auftreten. Das obige Zahlenbeispiel soll nachfolgend mit dem modifizierten GAUSSSCHEN Algorithmus [vgl. dazu MÜNSTERMANN, 1969, S. 97 ff.] durchgerechnet werden.

Das zu lösende Gleichungssystem hat allgemein folgendes Aussehen:

$$L_j \cdot k_j = PSK_j + \sum_{i=1}^{n} k_i \cdot l_{ij}, \quad j = (1,\ldots,n)$$

Für die drei Hilfskostenstellen gilt folgendes Gleichungssystem:

$$\begin{aligned}
H_1:&\quad 2.500 \cdot k_1 = 50.000 + 20\,k_1 + 30\,k_2 + 2.000\,k_3\\
H_2:&\quad 2.400 \cdot k_2 = 40.000 + 10\,k_1 + 5\,k_2 + 500\,k_3\\
H_3:&\quad 180.000 \cdot k_3 = 23.500 + 2\,k_1 + 10\,k_2 + 500\,k_3
\end{aligned}$$

Ausgehend vom Ausgangstableau (1), in dem die Gleichungen nach den primären Kostenstellenkosten aufgelöst sind:

(1)

k_1	k_2	k_3	PSK
2.480,000	-30,000	-2.000,000	50.000,000
-10,000	2.395,000	-500,000	40.000,000
-2,000	-10,000	179.500,000	23.500,000

gelangt man über folgende Iterationen zum Endtableau (7):

Division der ersten Zeile durch 2.480:

(2)

k_1	k_2	k_3	
1,000	-0,012	-0,806	20,161
-10,000	2.395,000	-500,000	40.000,000
-2,000	-10,000	179.500,000	23.500,000

Addition des Zehnfachen und Zweifachen der ersten Zeile zur zweiten bzw. dritten Zeile:

(3)

k_1	k_2	k_3	
1,000	-0,012	-0,806	20,161
0,000	2.394,879	-508,065	40.201,613
0,000	-10,024	179.498,387	23.540,323

Division der zweiten Zeile durch 2.394,879:

(4)

k_1	k_2	k_3	
1,000	-0,012	-0,806	20,161
0,000	1,000	-0,212	16,786
0,000	-10,024	179.498,387	23.540,323

Addition des 0,012-fachen bzw. des 10,024-fachen der zweiten Zeile zur ersten bzw. dritten Zeile:

(5)

k_1	k_2	k_3	
1,000	0,000	-0,809	20,364
0,000	1,000	-0,212	16,786
0,000	0,000	179.496,261	23.708,594

Division der dritten Zeile durch 179.496,261:

(6)

k_1	k_2	k_3	
1,000	0,000	-0,809	20,364
0,000	1,000	-0,212	16,786
0,000	0,000	1,000	0,132

Addition des 0,212-fachen bzw. des 0,809-fachen der dritten Zeile zur zweiten bzw. ersten Zeile:

(7)

k_1	k_2	k_3	
1,000	0,000	0,000	20,471
0,000	1,000	0,000	16,815
0,000	0,000	1,000	0,132

Probe:

H1: $2.500 \cdot 20{,}471 - 50.000{,}00 + 20 \cdot 20{,}471 + 30 \cdot 16{,}815 + 2.000 \cdot 0{,}132 = 0{,}00$;

H2: $2.400 \cdot 16{,}815 - 40.000{,}00 + 10 \cdot 20{,}471 + 5 \cdot 16{,}815 + 500 \cdot 0{,}132 = 0{,}00$;

H3: $180.000 \cdot 0{,}132 - 23.500{,}00 + 2 \cdot 20{,}471 + 10 \cdot 16{,}815 + 500 \cdot 0{,}132 = 0{,}00$.

Eine EDV-Stunde verursacht damit 20,471 € variable Kosten, eine Reparaturstunde 16,815 € variable Kosten und eine kWh 0,132 € variable Kosten. Da in die Berechnung nur variable Kosten der Hilfskostenstellen eingeflossen sind, sind dies zugleich die Grenzselbstkostenpreise für die Leistungen der Hilfskostenstellen. Inwieweit für die konkrete Rechnung bei den Stundensätzen, abweichend von den korrekten €-Beträgen, von glatten €-Beträgen ausgegangen werden kann, ist durch gesonderte Fehlerberechnungen zu prüfen.

8.2.4.3.1.2 *Iterative Ermittlung der Verrechnungspreise*

Die iterativen Verfahren gehen in drei Schritten vor [vgl. auch Kruschwitz, 1979, S. 111]:

1. Zunächst wird eine beliebige **Startlösung** ausgewählt. Nachfolgend wurden die Verrechnungspreise ohne Berücksichtigung eines Leistungsaustausches zwischen den Hilfskostenstellen verwendet.
2. Die Startlösung wird mit Hilfe eines rechentechnisch einfachen Verfahrens verbessert. Die verbesserte Lösung ist die neue Startlösung.

3. Das in Schritt 2. beschriebene Verfahren wird sooft wiederholt, bis die Genauigkeit der gefundenen Lösung als ausreichend betrachtet wird. Dies ist z. B. dann der Fall, wenn sich die errechneten Selbstkostenpreise zweier aufeinander folgender Iterationen um weniger als 0,01 € unterscheiden.

Nachfolgend werden die gesuchten Selbstkostenpreise mit dem Einzelschrittverfahren berechnet:

Iteration 1

$$H_1\colon k_1 = (50.000{,}00 + 30 \cdot 16{,}666 + 2.000 \cdot 0{,}131) : 2.480 = 20{,}468$$
$$H_2\colon k_2 = (40.000{,}00 + 10 \cdot 20{,}468 + 500 \cdot 0{,}131) : 2.395 = 16{,}814$$
$$H_3\colon k_3 = (23.500{,}00 + 2 \cdot 20{,}468 + 10 \cdot 16{,}814) : 179.500 = 0{,}132$$

Iteration 2

$$H_1\colon k_1 = (50.000{,}00 + 30 \cdot 16{,}814 + 2.000 \cdot 0{,}132) : 2.480 = 20{,}471$$
$$H_2\colon k_2 = (40.000{,}00 + 10 \cdot 20{,}471 + 500 \cdot 0{,}132) : 2.395 = 16{,}815$$
$$H_3\colon k_3 = (23.500{,}00 + 2 \cdot 20{,}471 + 10 \cdot 16{,}815) : 179.500 = 0{,}132$$

Iteration 3

$$H_1\colon k_1 = (50.000{,}00 + 30 \cdot 16{,}815 + 2.000 \cdot 0{,}132) : 2.480 = 20{,}471$$
$$H_2\colon k_2 = (40.000{,}00 + 10 \cdot 20{,}471 + 500 \cdot 0{,}132) : 2.395 = 16{,}815$$
$$H_3\colon k_3 = (23.500{,}00 + 2 \cdot 20{,}471 + 10 \cdot 16{,}815) : 179.500 = 0{,}132$$

Bereits nach drei Iterationen errechnen sich die gleichen Selbstkostenpreise wie bei dem direkten Verfahren. Für die Verprobung kann auf die obige Rechnung verwiesen werden.

8.2.4.3.2 *Stufenleiterverfahren*

Das Stufenleiterverfahren ist ein **Näherungsverfahren** zur Ermittlung der Selbstkostenpreise der innerbetrieblichen Leistungsverrechnung, das von einer gegebenen Reihenfolge der Hilfskostenstellen ausgeht. Charakteristikum dieses Verfahrens ist dabei, dass bei jeder abzurechnenden Hilfskostenstelle Leistungen, die von in der Reihe nachgelagerten Hilfskostenstellen bezogen werden – sog. **Rückleistungen** –, für die Ermittlung der Selbstkostenpreise unberücksichtigt bleiben. Für die Berechnung ist aber zu berücksichtigen, dass bei der Ermittlung des Selbstkostenpreises pro Leistungseinheit k_i die gesamte Abgabeleistung um die Rückleistungen zu kürzen ist, bei der Hilfskostenstelle H_1 somit um den etwaigen Eigenverbrauch usw. Um die Abweichung gegenüber der exakten Lösung möglichst gering zu halten, werden die Hilfskostenstellen H_j so angeordnet, dass diejenige Kostenstelle die Reihe anführt, die die wenigsten Leistungen von anderen Hilfskostenstellen empfängt. Dabei ist allerdings zu beachten, dass es dabei grundsätzlich nicht auf die mengen-, sondern die wertmäßige Leistung ankommt.

Die wertmäßige Leistung kann allerdings erst ermittelt werden, wenn die gesuchten Selbstkostenpreise bekannt sind. Das Stufenleiterverfahren muss daher u.U. mehrfach durchgeführt werden, wobei der abrechnungstechnische Vorteil gegenüber den exakten Methoden abnimmt.

Beim Stufenleiterverfahren handelt es sich um ein gestaffeltes lineares Gleichungssystem. Die gesuchten Selbstkostenpreise können rekursiv, beginnend mit der Gleichung für die Hilfskostenstelle H_1 usw. gefunden werden. Allgemein kann das Gleichungssystem des Stufenleiterverfahrens damit wie folgt dargestellt werden:

$$\begin{aligned} H_1:&\ (L_1 - l_{11}) \cdot k_1 &&= PSK_1 \\ H_2:&\ (L_2 - l_{22} - l_{21}) \cdot k_2 &&= PSK_2 + l_{12} \cdot k_1 \\ H_3:&\ (L_3 - l_{33} - l_{32} - l_{31}) \cdot k_3 &&= PSK_3 + l_{13} \cdot k_1 + l_{23} \cdot k_2 \end{aligned}$$

Für das Zahlenbeispiel errechnen sich damit folgende Selbstkostenpreise:

$$\begin{aligned} H_1:&\ (2.500 - 20) \cdot k_1 &&= 50.000,00 \\ & \qquad k_1 &&= 20,16 \\ H_2:&\ (2.400 - 5 - 30) \cdot k_2 &&= 40.000,00 + 10 \cdot 20,16 \\ & \qquad k_2 &&= 17,00 \\ H_3:&\ (180.000 - 500 - 500 - 2.000) \cdot k_3 &&= 23.500,00 + 2 \cdot 20,16 + 10 \cdot 17,00 \\ & \qquad k_3 &&= 0,13 \end{aligned}$$

Um festzustellen, wie durch eine Änderung der Reihenfolge die Ermittlung der Selbstkostenpreise beeinflusst werden kann, wird die Reihenfolge zufällig wie folgt abgeändert: H_1 = Reparaturwerkstätte, H_2 = Stromversorgung und H_3 = EDV-Abteilung. Unter diesen Voraussetzungen errechnen sich folgende Selbstkostenpreise:

$$\begin{aligned} H_1:&\ (2.400 - 5) \cdot k_1 &&= 40.000,00 \\ & \qquad k_1 &&= 16,70 \\ H_2:&\ (180.000 - 500 - 500) \cdot k_2 &&= 23.500,00 + 10 \cdot 16,70 \\ & \qquad k_2 &&= 0,13 \\ H_3:&\ (2.500 - 20 - 2 - 10) \cdot k_3 &&= 50.000,00 + 30 \cdot 16,70 + 2.000 \cdot 0,13 \\ & \qquad k_3 &&= 20,57 \end{aligned}$$

Ein Vergleich der Selbstkostenpreise nach Änderung der Reihenfolge belegt eine vergleichsweise starke Preisempfindlichkeit. Der Gestaltung der Reihenfolge ist daher nachhaltige Aufmerksamkeit zu widmen. Sie ist in nicht zu kurzen Abständen durch Fehlerrechnungen zu überprüfen.

8.2.4.3.3 *Zusammenfassende Beurteilung*

Die Ermittlung der Grenzselbstkostenpreise für die innerbetrieblichen Leistungen führt bei den verschiedenen Verfahren zu folgenden Ergebnissen:

Verfahren	k_1	k_2	k_3
Anbauverfahren	20,00 €/Std.	16,67 €/Std.	0,13 €/kWh
exakt direkt	20,47 €/Std.	16,82 €/Std.	0,13 €/kWh
iterativ	20,47 €/Std.	16,82 €/Std.	0,13 €/kWh
Stufenleiter I	20,16 €/Std.	17,00 €/Std.	0,13 €/kWh
Stufenleiter II	20,57 €/Std.	16,70 €/Std.	0,13 €/kWh

Abbildung 8.6: Vergleich der Grenzselbstkostenpreise bei verschiedenen Verfahren der ibL

Vergleicht man die Ergebnisse, so fällt auf, dass die Selbstkostenpreise ohne Berücksichtigung von Leistungsbeziehungen, die den Ergebnissen des **ANBAUVERFAHRENS** → GLOSSAR entsprechen, die größten Abweichungen von der exakten Lösung aufweisen. Nicht wesentlich besser sind die verschiedenen Ergebnisse des Stufenleiterverfahrens, die zudem stark durch die Wahl der Reihenfolge der Hilfskostenstellen beeinflusst werden. Andererseits konnte nachgewiesen werden, dass das Stufenleiterverfahren zu umso besseren Ergebnissen führt, je größer die Zahl der sich gegenseitig beliefernden Kostenstellen ist. Grundsätzlich wird man aber zu bedenken haben, dass durch ein wenig geeignetes Verfahren zur Selbstkostenpreisermittlung die bei der Ermittlung der verursachungsgerechten Verbrauchsermittlung erfolgten Anstrengungen nachträglich zunichte gemacht werden. Umgekehrt täuscht das rechnerisch exakte Ergebnis der direkten oder indirekten exakten Verfahren eine Genauigkeit vor, die den verarbeiteten Daten, die vielfach auf Schätzungen beruhen, regelmäßig nicht gerecht wird. Dennoch scheint das Einzelschrittverfahren aufgrund seiner exakten Ergebnisse, verbunden mit einem vergleichsweise geringen Rechenaufwand, für einen Einsatz in der Praxis gut geeignet. Dies gilt vor allem für den Bereich der EDV-gestützten KLR. Das Stufenleiterverfahren und das Anbauverfahren sollte hingegen bei EDV-gestützten KLR-Systemen nicht angewendet werden.

8.2.4.4 Ermittlung und Verrechnung der sekundären Stellenkosten

Nachdem die Selbstkostenpreise für die innerbetrieblichen Leistungen ermittelt worden sind, werden durch Multiplikation mit den Verbrauchsmengen die **sekundären Stellenkosten** für die **Hauptkostenstellen** errechnet und in den BAB übernommen. Bei den exakten Verfahren erfolgt die Abrechnung durch Be- und Entlastung der einzelnen Hilfskostenstellen. Als unmittelbare Folge der Berechnung der Grenzselbstkostenpreise für alle abgegebenen Leistungen und der Weiterverrechnung der dadurch errechneten variablen Sekundärkosten gilt im Ergebnis für alle Verfahren, dass die gesamten variablen Stellenkosten der Hilfskostenstellen ohne Rest auf die Hauptkostenstellen verteilt werden, die variablen Stellenkostensummen der Hilfskostenstellen folglich Null sind. Ob die fixen Stellenkosten auf den Hilfskostenstellen verbleiben, hängt von der Verrechnungstechnik bei der Ermittlung des periodischen Fixkostenblocks ab. Grundsätzlich scheint es in einer Grenzkostenrechnung zweckmäßig, die Fixkosten der Hilfskostenstellen nicht weiter zu verrechnen. In einer Vollkostenrechnung werden die Selbstkosten hingegen ohne Trennung von variablen und fixen Kosten berechnet. In diesem Fall sind nach Durchführung der ibL die gesamten Stellenkosten Null.

Für den nachfolgenden Beispiel-BAB ist für die innerbetriebliche Leistungsverrechnung von folgenden Verbrauchsmengen für die Sekundärkostenberechnung und -verteilung auszugehen (Zeilen: sendende Hilfskostenstellen; Spalten: empfangende Hilfs- und Hauptkostenstellen):

	H_1	H_2	H_3	Material	Fertigung I	Fertigung II	Vertrieb
H_1	20	10	2	510	720	570	668
H_2	30	5	10	44	1367	932	12
H_3	2.000	500	500	2700	84.100	86.730	3.470

8.2.5 Vierter Arbeitsschritt: Ermittlung der gesamten Stellenkosten

Nach Berechnung und Verteilung der gesamten sekundären Kosten sind die **gesamten Stellenkosten** der einzelnen Hauptkostenstellen zu ermitteln. Diese Kostensummen setzen sich jeweils aus primären und sekundären Stellenkosten zusammen. Die Gesamtsumme aus den gesamten Stellenkosten der Hauptkostenstellen ist gleich der Summe der aus der Kostenartenrechnung übernommenen und auf die Hilfs- und Hauptkostenstellen verteilten primären Kosten.

Die Stellenkostensummen werden in einfachen Abrechnungssystemen sowohl für die Wirtschaftlichkeitskontrolle als auch für die Verrechnung auf die Produkte benötigt. Für die einzelnen Kostensummen der Hauptkostenstellen sind folgende Bezeichnungen üblich:

- **Materialgemeinkosten** für die Kostensummen der Material-Hauptkostenstellen. Materialgemeinkosten als Summen der Hauptkostenstellen des Materialbeschaffungs- und Materiallagerbereichs dürfen nicht mit dem sog. Gemeinkostenmaterial als zusammenfassender Bezeichnung für die als (echte oder unechte) Gemeinkosten zu verrechnenden (primären) Hilfs- oder Betriebsstoffkosten verwechselt werden.
- **Fertigungsgemeinkosten** für die Kostensummen der Fertigungs-Hauptkostenstellen. in den Fertigungsgemeinkosten sind in einer Grenzkostenrechnung auch die Akkordlohnkosten mit ihrem variablen Anteil enthalten.

Grenzkostenrechnung: Kostenstellenrechnung								
		Hilfskostenstellen			Hauptkostenstellen			
Primärkostenart	Wertmäßige Kosten	H_1	H_2	H_3	M	F I	F II	Vt
Hilfsstoffkosten	621.550,00					327.000,00	294.550,00	
Betriebsstoffkosten variabel	80.250,00	12.500,00	12.500,00	18.000,00	4.800,00	10.500,00	12.200,00	9.750,00
Betriebsstoffkosten fix	40.100,00							
Lohnkosten Akkord variabel FI	120.300,00					120.300,00		
Lohnkosten Akkord variabel FII	160.400,00						160.400,00	
Lohnkosten Akkord fix	80.200,00							
Lohnkosten Zeitlöhne fix	96.160,00							
Gehaltskosten fix	180.450,00							
Kalk. Sozialkosten Akkord var.FI	30.075,00					30.075,00		
Kalk. Sozialkosten Akkord var.FII	40.100,00						40.100,00	
Kalk. Sozialkosten Akkord fix	20.050,00							
Kalk. Sozialkosten Zeitlöhne	24.040,00							
Kalk. Sozialkosten Gehälter	36.090,00							
Sonstige variable Kosten	119.425,00	37.500,00	27.500,00	5.500,00	11.875,00	15.475,00	18.825,00	2.750,00
Sonstige fixe Kosten	110.815,00							
Gesamte variable Primärkosten (PSK)	**1.172.100,00**	50.000,00	40.000,00	23.500,00	16.675,00	503.350,00	526.075,00	12.500,00
innerbetriebliche					10.440,32	14.739,27	11.668,59	13.674,77
Leistungsverrechnung (ibL)					739,84	22.985,44	15.671,12	201,77
					356,63	11.108,27	11.455,65	458,33
Gesamte Stellenkosten (GSK)		**0,00**	**0,00**	**0,00**	**28.211,78**	**552.182,98**	**564.870,36**	**26.834,87**

Abbildung 8.7: Kostenstellenrechnung mit innerbetrieblicher Leistungsverrechnung in einer Grenzkostenrechnung

- **Verwaltungsgemeinkosten** für die Kostensummen der Verwaltungs-Hauptkostenstellen.
- **Vertriebsgemeinkosten** für die Kostensummen der Vertriebs-Hauptkostenstellen.

Das Merkmal Gemeinkosten in den obigen Kostenbezeichnungen bezieht sich stets auf die Zurechnungsmöglichkeit auf die Produkte (Produktions- bzw. Absatzleistungen). Damit wird nochmals deutlich, dass auf die Kostenstellen ausschließlich Produktgemeinkosten verrechnet werden. In einer Grenzkostenrechnung umfassen die oben genannten Fachbezeichnungen nur die variablen Kosten. Werden auch die fixen Kosten über die Kostenstellen verrechnet, sollten die Bezeichnungen fixe Materialgemeinkosten, fixe Fertigungsgemeinkosten usw. nicht verwendet werden, da insoweit der Eindruck erweckt wird, als ob diese Kosten durch die Produktion der Abrechnungsperiode bewirkt würden. Aus dieser Sicht wäre in einer Grenzkostenrechnung auch die Bezeichnung Verwaltungsgemeinkosten unzutreffend und auch entbehrlich, wenn man davon ausgeht, dass in einer Verwaltung nur fixe Kosten verursacht werden.

Die genannten Bezeichnungen finden sich auch in § 255 Abs. 2 HGB und zum Teil auch in § 275 Abs. 3 HGB. Dabei wäre aber zu beachten, dass das Verursachungsprinzip im Sinne einer Grenzkostenrechnung dort nicht gilt; d. h. handelsrechtlich sind **VOLLKOSTEN** → GLOSSAR anzusetzen. Eine Unterscheidung in variable und fixe Kosten ist handelsrechtlich nicht gefordert. Ob ein Ansatz zu **Grenzkosten** zulässig ist, kann hier nicht vertieft werden. Eine solche Frage müsste unter der Vereinbarkeit solcher Wertansätze mit den Gesetzeszielen diskutiert werden. Zudem dürften in sekundären Gemeinkosten nach HGB und auch für steuerliche Zwecke keine kalkulatorischen Kosten enthalten sein. Weiterhin ist schließlich fraglich, inwieweit die Sekundärkosten der Hilfskostenstellen in die Sekundärkosten der Herstellungskostenberechnung einzubeziehen wären. Würde man eine Einbeziehung fordern, wäre dies nur über eine KLR mit innerbetrieblicher Leistungsverrechnung zu erreichen. Da aber die Einrichtung einer KLR handelsrechtlich nicht Pflicht ist, kann der Gesetzgeber eine Einbeziehung von sekundären Kosten der Hilfskostenstellen kaum zur Pflicht machen, ohne sich nicht selbst zu widersprechen.

8.2.6 Fünfter Arbeitsschritt: Ermittlung der Kalkulationssätze bzw. Selbstkostenpreise für die Leistungen der Hauptkostenstellen

Wie schon früher dargelegt, ist die zentrale Aufgabe der Kostenstellenrechnung die Durchführung der Wirtschaftlichkeitskontrolle. Daneben hat die Kostenstellenrechnung aber auch Hilfsaufgaben für die Kalkulation zu erfüllen. Der Umfang dieser Hilfeleistungen wird wesentlich von dem in der Kalkulation zur Anwendung kommenden Kalkulationsverfahren bestimmt. In einer reinen Grenzkostenrechnung wird versucht, die variablen Kostenstellenkosten soweit als möglich auf der Basis der von den

Hauptkostenstellen an die Absatzleistungen erbrachten Innenleistungen zu verrechnen. Bei konsequenter Umsetzung dieser Überlegung müssten allerdings auch die gesamten Leistungsbeziehungen zwischen den Hauptkostenstellen in analoger Weise wie bei Berechnung der Selbstkostenpreise für innerbetriebliche Leistungen der Hilfskostenstellen abgewickelt werden.

Da in der Praxis aber offensichtlich auch bei einer Trennung von fixen und variablen Kosten nach wie vor die Zuschlagskalkulationsverfahren weit verbreitet sind, wird an dieser Stelle schwerpunktmäßig auf die dafür erforderliche Berechnung der **Zuschlagssätze** eingegangen. Im Folgenden wird also davon ausgegangen, dass die Kalkulation als Zuschlags- oder Bezugsgrößen- bzw. leistungsorientierte Kalkulation durchgeführt wird. Ein verfeinertes Verfahren der Zuschlagskalkulation ist die **Maschinenstundensatz-Kalkulation**. Die Einrichtung dieses Kalkulationsverfahrens setzt allerdings eine abweichende Gestaltung des BAB voraus. Die Stellenkosten der Fertigungsstellen sind bereits bei Aufstellung des BAB in maschinenabhängige Kostenstellenkosten und Rest-Stellenkosten aufzuteilen. Dies macht regelmäßig auch eine weitere Untergliederung der Stellenkosten in **Kostenplatzkosten** erforderlich. So werden z. B. die Fertigungsgesamtkosten der Fertigungsstelle Dreherei in Kostenplatzkosten für die verschiedenen Drehbänke und Drehautomaten aufgeteilt. Für die einzelnen Kostenplätze sind die angefallenen Kosten aufgrund der **BEZUGSGRÖSSE** (Leistungsgröße) → GLOSSAR Maschinenlaufzeit zu verrechnen.

Aufgabe der **KALKULATIONSSÄTZE** → GLOSSAR ist es nach traditioneller Auffassung, die Kostenstellenkosten den Produkten auf abrechnungstechnisch einfache und zugleich sichere Weise verursachungsgerecht zuzurechnen. Bei genauer Betrachtung sind die Kalkulationssätze die Selbstkostenpreise für die von den Hauptkostenstellen an die Produkte (Leistungen) erbrachten Leistungen. Insoweit besteht grundsätzlich kein Unterschied zur Selbstkostenpreisberechnung der Hilfskostenstellen. Der Unterschied besteht in der Berücksichtigung des Leistungsgeflechtes. Leistungen zwischen den Hauptkostenstellen werden – anders als bei den Hilfskostenstellen – nicht in die Berechnung der Selbstkostenpreise der Hauptkostenstellen eingerechnet. Z.B. werden Lieferungen von der Fertigungsstelle Rohbau an die Fertigungsstelle Lackiererei und von dort an den Innenausbau usw. nicht als innerbetriebliche Leistungen angesehen. Diese in der Wirklichkeit stattfindenden Produktionsabläufe bleiben in der traditionellen KLR mit ihrer isolierten Hauptkostenstellenabrechnung bei gleichzeitiger Verrechnung von Zuschlagssätzen weitgehend unberücksichtigt. Darin mag ein weiterer Grund für die abnehmende Akzeptanz der von der KLR errechneten Steuerungsdaten liegen. Wie schon früher dargelegt, wäre für eine moderne KLR zu prüfen, ob die Aufgaben der KLR nicht besser erfüllt werden können, wenn die gesamte innerbetriebliche Wertschöpfung über die innerbetriebliche Leistungsverrechnung abgebildet wird.

Bei der traditionell üblichen Berechnung von Zuschlagssätzen kann aber auch differenziert vorgegangen werden. In einer Grenzkostenrechnung werden in die Zuschlagssätze nur die variablen Kosten der Hauptkostenstellen einbezogen. Dabei kann ein Zuschlagssatz pro Hauptkostenstelle berechnet werden, um alle variablen Gemeinkosten auf diesem Wege auf die Produkte (Leistungen) zu verrechnen. Dieses Verfahren geht von **homogener Kostenverursachung** aus. Homogene Kostenverursachung ist der anzustrebende Idealfall bei der Bildung von Kostenstellen. Bei pro Hauptkostenstelle heterogener Kostenverursachung werden Kalkulationssätze für einzelne Primärkostenarten der Hauptkostenstellen oder gar für Teile von Primärkostenarten gebildet.

Voraussetzung für eine verursachungsgerechte Zurechnung ist die Auswahl geeigneter **Bezugsgrößen.** Bezugsgrößen in diesem Sinne sind eigentlich die von den Hauptkostenstellen erbrachten Innenleistungen. Da diese Innenleistungen von den Produkten bei ihrer Erstellung verbraucht werden, sind sie in der durch die Produkte repräsentierten Wertschöpfung wertmäßig enthalten.

Kalkulationssätze sind also die Selbstkosten pro Leistungseinheit der Hauptkostenstellen.

Diese Selbstkosten werden z. B. im Durchschnittsverfahren – also variable Kosten der Hauptkostenstelle/Leistung der Hauptkostenstelle – berechnet. Sind für die Kostenstellen keine geeigneten Leistungen zu finden, die an die Produkte der Abrechnungsperiode erbracht werden, werden die variablen Kosten ausnahmsweise auf indirektem Wege, z. B. auf der Basis von **Geldgrößen**, insbesondere also von bereits vorher errechneten Wertschöpfungsgrößen der Produkte errechnet. Der in dieser Aussage erkennbare Widerspruch einer Existenz von variablen Kosten ohne Leistungsbezug zu den Produkten ist offensichtlich. Dennoch ist nicht auszuschließen, dass produktionsabhängige Verbräuche auftreten, ohne dass der genaue Zusammenhang zwischen den Input- und Outputleistungen festgestellt werden kann. Dies gilt auch bei einem Teil der Verbräuche, die Mischkosten verursachen. Weiterhin kann es sein, dass eine Abhängigkeit der Verbräuche von der laufenden Produktion zwar nachgewiesen werden kann, dass aber der genaue Zusammenhang zwischen der Input- und der Outputleistung nicht geklärt werden kann. In diesen Fällen könnten auch indirekte Beziehungen zwischen der Leistung der Hauptkostenstellen und den in der Abrechnungsperiode produzierten Produkten für eine Kostenzurechnung auf die Produkte genutzt werden.

Generell gilt aber, dass eine verursachungsgerechte Zurechung von echten Produktgemeinkosten auf die Produkte nicht möglich ist. Eine Ausnahme wäre nur bei unechten Produktgemeinkosten gegeben.

Produktgemeinkosten können also stets nur im Schätzwege auf die Produkte verteilt werden. Fixe Kosten können hingegen bei Beachtung des Verursachungsprinzips nur willkürlich auf die Produkte verteilt werden. Der Unterschied zur Verteilung variabler Gemeinkosten besteht darin, dass zumindest für die Berechnung des Periodenerfolges gilt, dass die Produktgemeinkosten neben den Produkteinzelkosten das Periodenergebnis grundsätzlich mit Sicherheit vermindern. Aber auch diese Aussage steht unter dem Vorbehalt des Mischkostenproblems. Die einer Periode zugerechneten (reinen) Fixkosten sind zumeist nicht ausschließlich von dieser Periode verursacht, stellen also Periodengemeinkosten dar. Z. B. sind jährliche Pachtverträge verursachungsgerecht nicht ohne weiteres in monatliche Teile zu zerlegen. Ähnliches gilt für alle längerfristigen Verträge, z. B. Arbeitsverträge, Sukzessivlieferungsverträge, Versicherungsverträge, Wartungsverträge, Abonnements u. a. Das operative, z. B. monatliche Periodenergebnis inkl. zugerechneter Fixkosten, verstößt also grundsätzlich gegen das Periodenverursachungsprinzip.

Für die Ermittlung der Kalkulationssätze gilt im Einzelnen Folgendes:

8.2.6.1 Kalkulationssätze bzw. Selbstkostenpreise für Material-Hauptkostenstellen

Eine gesonderte Verrechnung der Materialgemeinkosten könnte grundsätzlich vermieden werden, wenn man diese Kosten als Anschaffungsnebenkosten zu den Roh-, Hilfs- und Betriebsstoffkosten aktivieren würde. Die Materiallagerkosten würden dann, zumindest soweit sie auf Hilfs- und Betriebsstoffkosten aktiviert würden, direkt den Fertigungs-, Verwaltungs- und Vertriebshauptkostenstellen zugerechnet werden. Soweit sie den Rohstoffkosten zugerechnet würden, ergäbe sich eine unmittelbare Erhöhung der Produkteinzelkosten. Obwohl für diese Abrechnungsmethode gute Argumente vorzubringen wären, entspricht sie offenbar nicht der Kostenrechnungspraxis. Ein wesentlicher Grund dafür dürfte in der bislang fehlenden Aktivierungsmöglichkeit der durch Innenleistungen des Materiallagerbereichs verursachten Sekundärkosten für die handels- und steuerrechtliche Rechnungslegung zu suchen sein.

Obwohl die KLR nicht an gesetzliche Rechnungslegungsvorschriften gebunden ist, werden die Kosten des Materiallagerbereichs regelmäßig nicht als Anschaffungsnebenkosten, sondern als Kostenstellenkosten errechnet. Dies hat für die Zwecke der Wirtschaftlichkeitskontrolle zur Folge, dass den anderen Hauptkostenstellen lediglich die **Netto**-Hilfs- und Betriebsstoffkosten belastet werden, das Verursachungsprinzip insoweit folglich nicht konsequent verwirklicht wird.

Direkte von den Produkten der Abrechnungsperiode verursachte Leistungen der Materialstelle lassen sich nur schwer finden. Ausnahmen sind aber möglich, wie bei der Darstellung der Grenzkostenkalkulation zu zeigen sein wird. Solche Ausnahmen lassen sich vor allem im innerbetrieblichen Transportprozess finden.

In der traditionellen Zuschlagskalkulation wird als Bezugsgröße für die Verrechnung der Materialgemeinkosten auf die Produkte regelmäßig der wertmäßige Fertigungsmaterialeinzelverbrauch, im Wesentlichen also die Summe der Rohstoffkosten, herangezogen. Dies gilt auch bei einer Trennung von fixen und variablen Kosten. Man unterstellt dabei eine Abhängigkeit der Lagerkosten vom Rohstoffverbrauch bzw. den Rohstoffkosten. Aus der Verwendung einer **wertmäßigen** (indirekten) **Bezugsgröße** folgt die

Errechnung eines Prozentzuschlagssatzes für die Verrechnung der Materialgemeinkosten. Bei Rohstoffkosten in Höhe von 1.717.125,00 € ergibt sich für das Zahlenbeispiel somit folgender Materialgemeinkostenzuschlagssatz auf Istkostenbasis:

$$\frac{\text{Materialgemeinkosten} \cdot 100}{\text{Rohstoffkosten}} = \frac{28.211{,}78\text{ €} \cdot 100}{1.717.125{,}00\text{ €}} = 1{,}6430\,\%$$

Abrechnungstechnisch stellt der Materialgemeinkostenzuschlagssatz sicher, dass bei einer Verrechnung von einem € Rohstoffkosten pro Produkt 0,01643 € Materiallagerkosten – nicht Rohstofflagerkosten – auf die Produkte der Abrechnungsperiode verrechnet werden. Soweit damit alle Rohstoffkosten als Produkteinzelkosten den Produkten zugerechnet werden, werden bei Verwendung des Kalkulationssatzes zugleich die gesamten Lagerkosten auf die Produkte verrechnet.

8.2.6.2 Kalkulationssätze bzw. Selbstkostenpreise für Fertigungs-Hauptkostenstellen

Für die Verrechnung der Fertigungshauptstellenkosten wird für jede einzelne Kostenstelle mindestens ein **Kalkulationssatz** gebildet. Die dafür maßgeblichen Bezugsgrößen (Leistungsgrößen) werden als Istgrößen retrograd aus den durch Inventur oder Aufschreibung festgestellten Istproduktmengen, aus den Fertigungszeiten der Lohnabrechnung oder durch besondere Aufschreibungen bzw. Messungen abgeleitet.

Keine großen Schwierigkeiten ergeben sich dabei im Fall homogener Kostenverursachung, da regelmäßig eine Bezugsgröße gefunden werden kann, zu der sich alle beschäftigungsabhängigen Kosten proportional verhalten [vgl. Kilger, 1976, S. 165]. Homogene Kostenverursachung ist häufig in Kostenstellen zu finden, die einheitliche Leistungen erbringen sowie in Kostenstellen mit Massen-, Sorten- und Serienfertigung, wenn pro Kostenstelle nur eine Produktart erstellt wird. In diesen Fällen kann die produzierte Stückzahl bzw. Leistungsmengeneinheit unmittelbar als Bezugsgröße gewählt werden.

In Mehrproduktbetrieben ist zwar eine homogene Kostenverursachung pro Kostenstelle möglich, sie dürfte aber in der Praxis eher die Ausnahme bilden. Soweit daher allgemein von (pro Kostenstelle) heterogener Kostenverursachung auszugehen ist, müssen pro Kostenstelle mehrere Bezugsgrößen gebildet werden. Besonders im Fertigungsbereich kann sich ein Teil der beschäftigungsabhängigen Kosten zur Fertigungszeit, ein anderer Teil zur Menge der verarbeiteten Materialien proportional verhalten. In diesen Fällen ist es also nicht zweckmäßig, die produzierte Stückzahl selbst als Bezugsgröße zu verwenden. Zur Wahrung des Verursachungsprinzips sind vielmehr die von den Fertigungskostenstellen an die Produkte erbrachten Leistungen als Bezugsgrößen für die Selbstkostenberechnung der Hauptkostenstellenleistungen zu verwenden. Besonders geeignet sind dafür z. B. die erbrachten Leistungen gemessen in Fertigungsminuten/Stck. oder durch den Fertigungsbereich durchgeschleuste Rohstoffmengen bzw. Durchsatzgewichte/Stck.

Die konkrete Auswahl der Bezugsgrößen wird maßgeblich von der Art des Fertigungsverfahrens bestimmt. In arbeitsintensiven Kostenstellen wählt man i.d.R. die **Fertigungsstunden**, in anlageintensiven die **Maschinenstunden** und in materialintensiven die **Durchsatzgewichte** als Bezugsbasis. Da in einer Grenzkostenrechnung, die den Mischkostencharakter der Akkordlohnkosten oder anderer stückbezogener Entlohnungsformen anerkennt, diese Lohnkosten in den Stellenkosten der Hauptkostenstellen enthalten sind, entfällt grundsätzlich die Verwendung dieser Primärkostenarten als wertmäßige Bezugsgröße für die Verrechnung der Fertigungsgemeinkosten auf die Produkte. Zwar wäre eine Verrechnung mit Hilfe der Lohneinzelkosten als Bezugsgröße technisch möglich, unter dem Verursachungsaspekt aber wohl kaum begründbar. Kalkulationsverfahren, die Fertigungsgemeinkosten auf der Basis von „Fertigungseinzellöhnen" zuschlagen, sind mit dem Verursachungsprinzip nicht vereinbar. Eine Verrechnung auf der Basis von „Lohneinzelkosten" ist aber vor allem in Vollkostenkalkulationen üblich.

Für das Zahlenbeispiel wird für die Fertigungskostenstellen homogene Kostenverursachung unterstellt. Als Bezugsgrößen werden die Produktfertigungszeiten in den beiden Kostenstellen verwendet und zwar für die Fertigungsstelle I insgesamt 264.000 Fertigungsminuten und für die Fertigungsstelle II insgesamt 239.640 Fertigungsminuten. Daraus errechnen sich folgende Kalkulationssätze (Zuschlagssätze) für die Fertigungskostenstellen:

$$\frac{\text{Fertigungsgemeinkosten I}}{\text{Fertigungsminuten}} = \frac{552.182{,}98\ €}{264.000\ \text{min}} = 2{,}09\ €/\text{min.}$$

$$\frac{\text{Fertigungsgemeinkosten II}}{\text{Fertigungsminuten}} = \frac{564.870{,}36\ €}{239.640\ \text{min}} = 2{,}36\ €/\text{min.}$$

Abrechnungstechnisch gewährleisten die Fertigungsgemeinkostenzuschlagssätze, dass bei Feststellung der Ist-Produktfertigungszeiten pro Produkt die anteiligen Fertigungskosten fertigungszeitabhängig zugerechnet werden können. Wird die gesamte Ist-Fertigungszeit den Produkten zugerechnet, ist durch Multiplikation mit den Produktfertigungszeiten sichergestellt, dass die gesamten Fertigungskosten den Produkten zugerechnet werden.

8.2.6.3 Kalkulationssätze bzw. Selbstkostenpreise für Verwaltungs- und Vertriebs-Hauptkostenstellen

Für die Verwaltungs- und Vertriebskostenstellen lassen sich zwar Bezugsgrößen finden, die sich zur speziellen Tätigkeit in diesen Stellen tätigkeits- bzw. beschäftigungsproportional verhalten, z. B. Anzahl der Buchungen, Bestellungen, geschriebener Seiten, Kundenaufträge oder Ausgangsrechnungen. Über diese Bezugsgrößen ist allerdings nur ausnahmsweise eine Herstellung proportionaler Zusammenhänge zu den Beschäftigungsgrößen des Fertigungsbereichs möglich. Die genannten Bezugsgrößen sind zwar für die Zwecke der Kostenkontrolle, z. B. in einer **Prozesskostenrechnung**, nicht aber für die Verrechnung der Verwaltungs- und Vertriebsgemeinkosten auf die Produkte geeignet [vgl. Kilger, 1976, S. 169].

Da sich eine annähernd verursachungsgerechte Zurechnung auf die Produkte somit kaum realisieren lässt, wählt man aus Vereinfachungsgründen als **indirekte** wertmäßige Bezugsgröße die gesamten Ist-Herstellkosten des Umsatzes (= Selbstkosten der Produktion der verkauften Produkte) der laufenden Periode. Dabei wird allerdings unterstellt, dass die produzierten unfertigen und fertigen Erzeugnisse der Abrechnungsperiode, die im Berechnungszeitpunkt noch nicht abgesetzt sind, weder Vertriebs- noch Verwaltungskosten verursachen. Für die Vertriebsgemeinkosten ist diese Unterstellung dann zutreffend, wenn die nicht abgesetzten Fertigfabrikate nicht im Vertriebsbereich gelagert werden, was eher die Ausnahme darstellen dürfte. In einer Vollkostenrechnung wäre zudem zu beachten, dass fixe Kosten aus Werbemaßnahmen in keinem kausalen Zusammenhang zu den abgesetzten und nicht abgesetzten Produkten einer Abrechnungsperiode stehen. In der Logik der Vollkostenrechnung müssten dort also die Vertriebskosten auf die Selbstkosten der Produktion (= Herstellkosten) aller produzierten Produkte verrechnet werden. In dieser Logik rechnet auch das UKV nach § 275 Abs. 3 HGB, wenn es für die Vertriebskostenberechnung nicht zwischen verkauften und nicht verkauften Produkte differenziert. Ob für den Verwaltungsbereich überhaupt ein Zuschlagssatz verrechnet wird, hängt vom Kostenrechnungssystem ab. Da durch die Verwaltung keine variablen Kosten im Sinne des Verursachungsprinzips der Grenzkostenrechnung verursacht werden, erübrigt sich dort die Berechnung eines Zuschlagssatzes für Verwaltungsgemeinkosten. Nach hier vertretener Auffassung sollte in Anbetracht des Fixkostencharakters der Verwaltungskosten in einer Grenzkostenrechnung überdies nicht von Verwaltungsgemeinkosten, sondern nur von **Verwaltungskosten** gesprochen werden. In einer Vollkostenrechnung wird der Zuschlagssatz von den Herstellkosten der Produktion berechnet. Dabei dürfte aber – anders als evtl. bei den Vertriebsgemeinkosten – nicht zwischen den Herstellkosten der verkauften und nicht verkauften Produkte unterschieden werden.

Insgesamt liegt der Verwendung der Bezugsgröße **Herstellkosten** die Überlegung zugrunde, dass das gesamte Fertigungsvolumen langfristig das Verhältnis zwischen Verwaltungs- bzw. Vertriebsgemeinkosten und Herstellkosten beeinflusst. Damit wird zugleich der überwiegende Fixkostencharakter der auf dieser Basis verrechneten Kosten unterstrichen. In einer Grenzkostenrechnung sollten auch die variablen Vertriebsgemeinkosten nicht auf der Basis der Herstellkosten geschlüsselt werden. Zunächst sollte immer nach leistungsbezogenen Verrechnungsgrößen gesucht werden. Erst wenn die Abhängigkeit veränderlicher Kosten von der Absatzleistung nicht aufgeklärt werden kann, sollte auf indirekte Bezugsgrößen, z. B. auf die Bezugsgröße „Herstellkosten bzw. Selbstkosten der Produktion der verkauften Produkte“ zurückgegriffen werden. Die Sondereinzelkosten des Vertriebs, z. B. bestimmte Verpackungskosten, werden nicht über die Kostenstellen, sondern unmittelbar auf die Produkte verrechnet.

Ausgangspunkt für die in der Praxis vorherrschende Berechnung der Ist-Herstellkosten des Absatzes sind die gesamten Ist-Herstellkosten der Fertigung. Für das Zahlenbeispiel ermitteln sich die gesamten Ist-Herstellkosten wie folgt (gerundet):

Rohstoffkosten	1.717.125,00
+ Materialgemeinkosten	28.211,78
+ Fertigungsgemeinkosten I	552.182,98
+ Fertigungsgemeinkosten II	564.870,36
= Ist-Herstellkosten der Produktion	2.862.390,12

Die Berechnung der Ist-Herstellkosten berücksichtigt, dass die Akkordlohnkosten als Kostenstellenkosten der Fertigungskostenstellen verrechnet werden. Werden Akkordlohnkosten dagegen davon abweichend direkt auf die Produkte verrechnet, müssen sie zusätzlich in die Herstellkosten-Berechnung aufgenommen werden. Weiterhin wird davon ausgegangen, dass keine Sondereinzelkosten der Fertigung verursacht werden bzw., dass ihre Verursachung zwischen den einzelnen Produkten stark abweicht, eine Einbeziehung in die Bezugsgröße daher zu Ergebnisverzerrungen führt.

Für die anschließende Berechnung der Herstellkosten des Umsatzes sind aus den gesamten Ist-Herstellkosten der Produktion zunächst diejenigen Kosten zu eliminieren, die den nicht abgesetzten fertigen Erzeugnissen sowie den nicht fertig gestellten Erzeugnissen zuzurechnen sind. Zudem ist der Fall zu berücksichtigen, dass in den Herstellkosten des Umsatzes Kosten von in vorhergegangenen Abrechnungsperioden fertig gestellten, aber nicht verkauften Erzeugnissen enthalten sein können. Grundsätzlich stehen daher zwei Vorgehensweisen zur Berechnung der Ist-Herstellkosten der verkauften Produkte zur Verfügung:

1. Die erste Methode errechnet die Ist-Herstellkosten des Umsatzes durch Berichtigung der Herstellkosten der Produktion der Abrechnungsperiode. Im Einzelnen ergeben sich danach folgende Rechenschritte:

   Herstellkosten der Produktion der laufenden Periode
   – Bestandsmehrung unfertige Erzeugnisse laufende Periode
   + Bestandsminderung unfertige Erzeugnisse aus Vorperioden
   = Herstellkosten der Fertigerzeugnisse der laufenden Periode
   – Bestandsmehrung Fertigerzeugnisse laufende Periode
   + Bestandsminderung Fertigerzeugnisse aus Vorperioden
   = Ist-Herstellkosten des Absatzes

2. Nach der zweiten Methode werden die Ist-Herstellkosten für die abgesetzten Erzeugnisse der laufenden Periode mit den entsprechenden Kalkulationsverfahren neu berechnet und anschließend mit den jeweiligen Stückzahlen multipliziert. Soweit Fer-

tigerzeugnisse aus Vorperioden veräußert werden, sind die Ist-Stückherstellkosten aus den Kalkulationen der Vorperioden zu übernehmen. Die Summe der so errechneten Ist-Stückherstellkosten bildet die Bezugsgröße für die Zurechnung der Verwaltungs- und Vertriebsgemeinkosten der laufenden Periode auf die abgesetzten, in der laufenden oder in früheren Perioden produzierten Fertigerzeugnisse. Als Konsequenz werden also fertigen oder unfertigen Erzeugnissen früherer Perioden, die in der laufenden Periode veräußert werden, Verwaltungs- und Vertriebsgemeinkosten der laufenden Periode zugerechnet. Fertigfabrikate früherer Perioden, die sich noch auf Lager befinden, werden dagegen ebenso wie noch nicht abgesetzte unfertige oder fertige Erzeugnisse der laufenden Periode grundsätzlich nicht mit Verwaltungs- und Vertriebsgemeinkosten belastet.

Nach Errechnung der Bezugsgrößen sind die Ist-Prozent-Zuschlagssätze für die Verwaltungs- und Vertriebsgemeinkosten allgemein wie folgt zu ermitteln:

$$\begin{array}{c}\text{Zuschlagssatz für}\\ \text{Verwaltungsgemeinkosten}\end{array} = \frac{\text{Istgemeinkosten der Verwaltungsstelle (n)} \cdot 100}{\text{Ist-Herstellkosten des Umsatzes}}$$

$$\begin{array}{c}\text{Zuschlagssatz für}\\ \text{Vertriebsgemeinkosten}\end{array} = \frac{\text{Istgemeinkosten der Verwaltungsstelle (n)} \cdot 100}{\text{Ist-Herstellkosten des Umsatzes}}$$

Angenommen, die obigen Ist-Herstellkosten der Produktion in Höhe von 2.862.390,12 € sind zugleich die Ist-Herstellkosten des Absatzes, errechnet sich ein (gerundeter) Ist-Vertriebsgemeinkosten-Zuschlagssatz von

$$\frac{26.834{,}87\ € \cdot 100}{2.862.390{,}12\ €} = 0{,}937\ \%$$

Soweit demnach den abgesetzten Produkten ihre Ist-Herstellkosten zugerechnet werden, wird durch den prozentualen Zuschlag der Ist-Vertriebsgemeinkosten mit den errechneten Zuschlagssätzen bewirkt, dass die gesamten Ist-Vertriebsgemeinkosten den abgesetzten Produkten ohne Rest zugerechnet werden. Die nicht abgesetzten fertigen sowie die unfertigen Erzeugnisse werden danach nicht mit Vertriebsgemeinkosten belastet. Für Verwaltungskosten wird in einer Grenzkostenrechnung kein Zuschlagssatz verrechnet.

8.2.7 Sechster Arbeitsschritt: Durchführung der Wirtschaftlichkeitskontrolle

Für die kostenstellenweise **Wirtschaftlichkeitskontrolle** → Glossar durch Ist-Plan-Vergleich werden die **Ist-Gesamtstellenkosten** der einzelnen Hauptkostenstellen mit den vorher für diese Stellen geplanten Kosten verglichen. Dabei kommt den für die

Hauptkostenstellen geplanten Leistungen (Bezugsgrößen) eine entscheidende Bedeutung zu. Sie dienen nicht nur zur verursachungsgerechten Zurechnung der Stellenkosten auf die Produkte. Sie dienen auch zur Anpassung der geplanten Kosten an die Istproduktion. Weichen die Istproduktion und damit auch die Istleistungen der Hauptkostenstellen von den geplanten Leistungen ab, werden über die Bezugsgrößen (Leistungen der Hauptkostenstellen) auch die geplanten Kosten der von der Planleistung abweichenden Istleistung berechnet. Die nach der Istbeschäftigung abgewandelten Plankosten werden als Sollkosten bezeichnet. Für die Wirtschaftlichkeitskontrolle werden dann nicht die Plankosten der Planleistung, sondern die Plankosten der Istleistung – also die **Sollkosten** – mit den Istkosten verglichen. Die Wirtschaftlichkeitskontrolle wird daher häufig auch als **Soll-Ist-Vergleich** bezeichnet. Zur Berechnung der Sollkosten müssen daher zuvor die Istleistungen des Betriebes und daraus abgeleitet die Istleistungen der Hauptkostenstellen ermittelt werden. Anders als in einem KLR-System, in dem bei der Verrechnung auf die Produkte Fixkosten proportionalisiert werden, ergibt sich in einer Grenzkostenrechnung **keine Beschäftigungsabweichung**, die Auskunft über die fehlerhafte Fixkostenproportionalisierung liefert. Auch bei abweichender Istbeschäftigung zeigt die Differenz zwischen Sollkosten und Istkosten eine **echte Verbrauchsabweichung**, vorausgesetzt es liegt keine Fehlplanung vor. Die Verbrauchsabweichung gibt zugleich an, in welchem Umfang die **Minimalkosten** verfehlt wurden. Dabei ist davon auszugehen, dass die für die konkrete Primär- oder Sekundärkostenart berechneten Plankosten bzw. die Sollkosten zugleich die Minimalkosten im oben genannte Sinne sind.

Die Kostenstellenrechnung einer Grenzplankostenrechnung hat daher in der Regel pro Kostenstelle drei Spalten für die Kostendaten: Spalte 1: variable Istgemeinkosten; Spalte 2: variable Sollgemeinkosten; Spalte 3: Soll-Ist-Abweichung. Weicht die Istleistung (-beschäftigung) nicht von der für die Abrechnungsperiode geplanten Leistung ab, sind die in der Sollkostenspalte ausgewiesenen Kosten zugleich die Plankosten, andernfalls die Plankosten bei Istbeschäftigung (= Sollkosten).

Angenommen, die Istbeschäftigung lag 10 % unter der Planbeschäftigung, dann weisen die oben gezeigten Sollkosten die variablen Plankosten bei Istbeschäftigung aus. Die in der Spalte 3 „Abweichung" ausgewiesenen Differenzen sind echte Verbrauchsabweichungen (ΔV), d. h. Überschreitungen der zulässigen Kosten bzw. der Minimalkosten, die durch Gespräche mit dem verantwortlichen Kostenstellenleiter aufzuklären sind.

Primärkostenart	Wertmäßige Kosten	Fertigungsstelle I		
		1 Istkosten	2 Sollkosten	3 Abweichung
Hilfsstoffkosten	327.000,00	327.000,00	315.000,00	–12.000,00
Betriebsstoffkosten variabel	10.500,00	10.500,00	10.400,00	–100,00
Lohnkosten Akkord variabel FI	120.300,00	120.300,00	120.300,00	0,00
Kalk. Sozialkosten Akkord var.FI	30.075,00	30.075,00	30.075,00	0,00
Sonstige variable Kosten	15.475,00	15.475,00	14.790,00	–685,00
Gesamte variable Primärkosten (PSK)	503.350,00	503.350,00	490.565,00	–12.785,00
innerbetriebliche Leistungsverrechnung (ibL)		14.739,27	14.500,00	–239,27
		22.985,44	22.800,00	–185,44
		11.108,27	11.100,00	–8,27
Gesamte Stellenkosten (GSK) Ist/Soll/Abeichung		552.182,98	538.965,00	–13.217,98

Abbildung 8.8: Kostenstelle Fertigung I mit Soll-Ist-Vergleich (Auszug aus BAB)

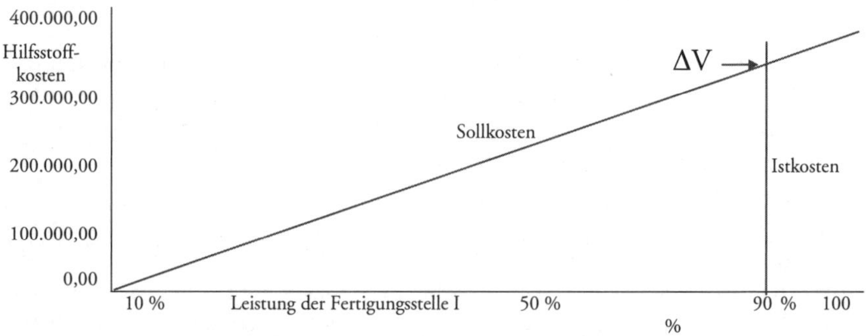

Abbildung 8.9: Sollkostenkurve der Primärkostenart Hilfsstoffkosten in Abhängigkeit von der Leistung der Fertigungsstelle I

Zusammenfassung

In der traditionellen KLR wird der Betrieb für die Verrechnung der Gemeinkosten in Haupt- und Hilfskostenstellen eingeteilt. Einzelkosten der Produktions- und Absatzleistungen werden nicht über die Kostenstellen, sondern für die Zwecke der Kalkulation direkt auf diese Leistungen verrechnet. Die Verrechnung der Gemeinkosten über Kostenstellen dient der verantwortungsbezogenen Wirtschaftlichkeitskontrolle, der Durchführung der innerbetrieblichen Leistungsverrechnung sowie der Verbesserung der Kalkulation der Selbstkosten der Leistungen der Abrechnungsperiode. Für kleinere Unternehmen kann die Kostenstellenrechnung mit einem Betriebsabrechnungsbogen durchgeführt werden. In größeren Unternehmen wird die Kostenstellenrechnung für die einzelnen Kostenstellen getrennt durchgeführt.

Durch die innerbetriebliche Leistungsverrechnung wird sichergestellt, dass für innerhalb des Unternehmens erzeugte und verbrauchte Dienstleistungen und Nutzungen Sekundärkosten berechnet und den Kostenstellen belastet werden, die diese innerbetrieblichen Leistungen verbraucht haben. Die von den Hilfskostenstellen erbrachten Dienstleistungen und Nutzungen müssen mit ihren Selbstkostenpreisen bewertet werden. Bestehen zwischen den Hilfskostenstellen Leistungsbeziehungen, ist das iterative Verfahren ein geeignetes Verfahren zur Berechnung der gesuchten Selbstkostenpreise.

Die Wirtschaftlichkeitskontrolle wird innerhalb der Kostenstellenrechnung am besten durch Soll-Ist-Vergleich durchgeführt. Da lediglich die Gemeinkosten über Kostenstellen verrechnet werden, müssen für die Einzelkosten außerhalb der Kostenstellenrechnung Sonderverfahren zur Kontrolle der Wirtschaftlichkeit eingerichtet werden.

Durch die Einrichtung von Kostenstellen erhofft man sich eine Verbesserung der lediglich durch Schätzung möglichen Zurechnung von Leistungsgemeinkosten auf die Produktions- und Absatzleistungen. Traditionell werden Bezugsgrößen nur für die Hauptkostenstellenbereiche gebildet. Für den Material-, Verwaltungs- und Vertriebsbereich dominieren dabei wertmäßige, für den Fertigungsbereich mengenmäßige Bezugsgrößen. In einer Vollkostenrechnung werden überwiegend ausschließlich wertmäßige Bezugsgrößen verwendet. Auf der Basis dieser Bezugsgrößen werden Kalkulations- bzw. Zuschlagssätze berechnet, mit deren Hilfe lediglich die variablen oder alle Kostenstellenkosten der Hauptkostenstellen auf die Produktions- und Absatzleistungen verrechnet werden.

Da diese Verrechnungstechnik die Wirklichkeit in aller Regel nicht synchron abbildet, wäre zu prüfen, ob für Hauptkostenstellen nicht in analoger Weise wie für die Hilfskostenstellen eine innerbetriebliche Leistungsverrechnung durchzuführen ist. Für die Hauptkostenstellen werden dann keine Kalkulationssätze, sondern Selbstkostenpreise ermittelt.

Kontrollfragen

1. Was sind die Aufgaben der Kostenstellenrechnung?
2. Wie sind Kostenstellen definiert?
3. Wie ist der Betriebsabrechnungsbogen (BAB) aufgebaut und welche Bedeutung besitzt er in der Unternehmenspraxis im Vergleich zur tabellarischen oder kontenmäßigen Kostenstellengliederung?
4. Wie werden Primärkosten (Materialkosten, Personalkosten, kalkulatorische Abschreibungen, kalkulatorische Zinsen u. a.) grundsätzlich auf die Kostenstellen verrechnet (kontiert)?

5. Warum werden Rohstoffkosten nicht über Kostenstellen verrechnet?
6. Werden in einer Vollkostenrechnung Akkordlohnkosten auf die Fertigungskostenstellen verrechnet?
7. Was besagen die Summen der Stellenkosten vor Durchführung der innerbetrieblichen Leistungsverrechnung?
8. Was sind die Aufgaben der innerbetrieblichen Leistungsverrechnung? Welche Bedeutung besitzt die innerbetriebliche Leistungsverrechnung in der Kostenrechnungspraxis?
9. Wie sind die Selbstkostensätze für innerbetriebliche Leistungen nach dem iterativen Verfahren zu berechnen?
10. Wie heißen die Summen der gesamten Stellenkosten und welche inhaltlichen Aussagen lassen sich daraus ableiten?
11. Was sind Bezugsgrößen und welche Bezugsgrößen werden in der traditionellen Kostenrechnung für die verursachungsgerechte Weiterverrechnung der gesamten Stellengesamtkosten auf die Kostenträger verwendet?
12. Wie werden die Kalkulationssätze bzw. Selbstkostenpreise für die Verrechnung der gesamten Stellenkosten auf die Kostenträger berechnet?
13. Wie wird die Wirtschaftlichkeitskontrolle auf der Grundlage von Plankosten in der Kostenstellenrechnung realisiert?
14. Was ist der Unterschied zwischen Plankosten und Sollkosten?
15. Was sind die minimalen Kosten?

9 Berechnung der Selbstkosten der Absatzleistungen durch Kalkulation

9.1 Begriff, Ziele und Aufgaben der Kalkulation

9.1.1 Begriff und Ziele der Kalkulation

Der Begriff Kalkulation kommt vom lateinischen calculare = berechnen. Ziel der Kalkulation ist es, die in den Absatzleistungen enthaltene Wertschöpfung abzubilden. Die Wertschöpfung lässt sich in die verbrauchten Inputleistungen und in den durch die Gegenleistung, insbesondere durch den Absatzpreis repräsentierten Mehrwert aufteilen.

Die Wertschöpfung der Inputleistung wird durch die Selbstkosten der Absatzleistung abgegrenzt. Durch Kalkulation sollen also zunächst die **Selbstkosten der Absatzleistungen** berechnet werden. Daneben können auch Innenaufträge in diesem Sinne kalkuliert werden.

Grundsätzlich ist davon auszugehen, dass Preise vom Markt bestimmt und nicht kalkuliert werden. Für bestimmte Entscheidungssituationen, z. B. die Einführung eines bislang nicht auf dem Markt angebotenen Produktes oder bei der Erstellung von Angebotspreisen für öffentliche Aufträge sind jedoch nicht nur die Selbstkosten der Leistungen, sondern auch die Preise der Absatzleistungen zu berechnen. Ist der Preis z. B. aufgrund der bestehenden Konkurrenzsituation durch den Markt vorgegeben, kann durch eine Kalkulation auch vom Preis auf die für die Produktion zulässigen Kosten zurückgerechnet werden.

Unter Beachtung des Verursachungsprinzips sind die Selbstkosten zugleich die von den einzelnen Leistungen verursachten **GRENZKOSTEN** → GLOSSAR. Ziel einer verursachungsgerechten Ermittlung der Kosten/Leistungseinheit ist damit die Berechnung der Grenzselbstkosten/Leistungseinheit.

Werden davon abweichend alle Kosten, die einer Abrechnungsperiode (scheinbar) verursachungsgerecht zugerechnet werden, auch auf die in der Abrechnungsperiode produzierten Leistungen verrechnet, werden explizit oder implizit auch die fixen Kosten mitverrechnet. Die auf diese Weise berechneten Selbstkosten der Absatzleistungen sind zugleich die Vollselbstkosten. Dabei wird unterstellt, dass alle in der Abrechnungsperiode produzierten Produkte die der Periode zugerechneten Kosten zu tragen haben. Eine Kalkulation, die Vollselbstkosten berechnet, die also nicht das Verursachungsprinzip, sondern das **KOSTENTRAGFÄHIGKEITSPRINZIP** → GLOSSAR beachtet, kann als **KOSTENTRÄGERRECHNUNG** → GLOSSAR bezeichnet werden.

In zeitlicher Hinsicht kann zwischen Vor-, Zwischen- und Nachkalkulationen unterschieden werden.

- Unter einer **Vorkalkulation** versteht man eine im Voraus, d. h. vor Beginn der Produktion bzw. vor Annahme eines Kundenauftrages durchgeführte Berechnung der Selbstkosten mit geschätzten oder geplanten Kostendaten. Die Vorkalkulation unterscheidet sich von einer Plankalkulation vor allem dadurch, dass die im Voraus errechneten **PLAN-STÜCKKOSTEN** → GLOSSAR für die Planperioden gelten, und zwar unabhängig von tatsächlichen Kundenaufträgen in diesen Perioden. Vorkalkulationen sind überdies häufig nur Überschlagsrechnungen, da im Kalkulationszeitpunkt noch keine genauen Kostendaten zur Verfügung stehen.
- **Zwischenkalkulationen** werden nach Beginn, aber noch vor Beendigung der Produktion vorgenommen. Mit Zwischenkalkulationen werden zum einen die Kosten der unfertigen Erzeugnisse für die verschiedenen Bestandsänderungsrechnungen errechnet, zum anderen sollen mit ihrer Hilfe laufende Kontrollen des Fertigungsprozesses durch Gegenüberstellung der Ist- mit den jeweiligen Sollkosten der Plankalkulation ermöglicht werden. Zwischenkalkulationen werden daher gelegentlich, vor allem im Bauwesen und beim Anlagenbau, auch als mitlaufende Kalkulationen bezeichnet.
- Die **Nachkalkulation** ist stets eine Istkosten-Kalkulation. Sie wird nach Abschluss der Produktion durchgeführt und soll insbesondere mögliche Abweichungen zwischen den Ergebnissen der Vor- bzw. Plankalkulation feststellen und erläutern.

Vom Umfang der verrechneten Kosten her kann wie schon angedeutet zwischen **Vollkosten**- und **Teilkostenkalkulationen** unterschieden werden:

- Wird in der Kostenstellenrechnung keine Trennung zwischen fixen und variablen Kosten vorgenommen, sind die errechneten Ist- oder Plankalkulationssätze zugleich Vollkostensätze. Die mit diesen Vollkostensätzen berechneten Kosten/Leistungseinheit sind zugleich **VOLLKOSTEN** → GLOSSAR. Wegen der künstlichen Proportionalisierung der fixen Kosten sind diese Leistungsvollkosten für die dispositiven Aufgaben der Kostenrechnung nicht geeignet.
- Zur Erfüllung der Entscheidungsvorbereitungsfunktion benötigt die KLR Teilkostenkalkulationen. Als Kosten/Leistungseinheit werden regelmäßig nur die leistungsproportionalen Kosten verrechnet. Ob dabei im Grenzfall nur die Leistungseinzelkosten oder alle variablen Kosten auf die Leistungen verrechnet werden, hängt von den zu lösenden Entscheidungsproblemen ab.

9.1.2 Aufgaben der Kalkulation

Wie schon angedeutet, kann die Kalkulation grundsätzlich als (Selbst-) Kostenkalkulation oder Preiskalkulation ausgestaltet werden.

Als Aufgaben, die idealer Weise von einer Kosten- bzw. Preiskalkulation erfüllt werden sollen, werden im Einzelnen genannt:

Aufgaben der Kalkulation

1. Unterstützung operativer absatzpolitischer Entscheidungen
2. Ermittlung von Selbstkosten für die kurzfristige Erfolgsrechnung → vgl. S. 234
3. Ermittlung der Herstellungskosten für die Handels- und Steuerbilanz → vgl. S. 234
4. Ermittlung von Selbstkostenpreisen für öffentliche Aufträge oder von Netznutzungspreisen für Stromnetzbetreiber → vgl. S. 235

1. Unterstützung operativer absatzpolitischer Entscheidungen

Im Rahmen der Entscheidungsvorbereitungsfunktion der KLR hat namentlich die Kalkulation eine Reihe von Aufgaben zu erfüllen. Im Einzelnen handelt es sich dabei vor allem um:

- Ermittlung von Preisuntergrenzen für absatzpolitische Entscheidungen,
- Produktionsverfahrensvergleiche, z. B. die Errechnung optimaler Losgrößen, die Bestimmung optimaler Maschinenbelegungen sowie Bedienungssysteme,
- die Wahl zwischen Eigenfertigung und Fremdbezug,
- die Bestimmung der gewinnmaximalen Zusammensetzung des Produktions- und/oder Absatzprogramms,
- die Bestimmung von Preisobergrenzen für Einkaufsgeschäfte und
- die Wahl optimaler Vertriebswege.

Gerade auch für die (operativen) dispositiven Aufgaben gilt aber generell, dass die aus der KLR gewonnenen Daten jeweils nur einen Ausschnitt aus dem Spektrum der insgesamt entscheidungsrelevanten Daten bilden. Abgesehen von den Schwierigkeiten bei der Wahrung des Verursachungsprinzips, wirkt insbesondere der (kurzfristige) Zeitbezug vielfach störend auf die Relevanz der errechneten Daten.

Die Eignung der Kalkulation als Preiskalkulation für die Ermittlung von frei zu vereinbarenden Absatzpreisen wird dagegen allgemein verneint. Zur Lösung der Aufgaben der betrieblichen Absatzpreispolitik kann die Kalkulation mit der Errechnung von Entscheidungswerten in der Form von **Preisuntergrenzen** Informationen liefern. Kalkulierte Preisuntergrenzen repräsentieren allerdings lediglich Mindestpreise, sie dienen somit vorwiegend der Absatzpreiskontrolle, vom Markt (maximal) akzeptierte Absatzpreise sind damit jedoch nicht vorausbestimmt.

Die Kalkulation von Preisuntergrenzen ist regelmäßig eine Grenzkosten-Kalkulation, die überwiegend als Plankalkulation ausgestaltet ist. Bestehen keine Kapazitätsengpässe und liegen auch keine Verbundeffekte zwischen verschiedenen Produkten vor, sind die Grenzselbstkosten zugleich die maßgebliche kurzfristige Preisuntergrenze. Sind diese Voraussetzungen nicht erfüllt, sind die Grenzselbstkosten um die zusätzlich verursachten fixen Kosten für kapazitätserhöhende Anpassungsmaßnahmen und um die wegfallenden Erlösüberschüsse evtl. verdrängter Produkte zu erhöhen. Die wegfallenden Erlösüberschüsse könnten abrechnungstechnisch als **ZUSATZKOSTEN** → GLOSSAR erfasst werden.

2. Ermittlung von Selbstkosten für die kurzfristige Erfolgsrechnung

Die **KURZFRISTIGE ERFOLGSRECHNUNG** → GLOSSAR hat die jeweils verursachten positiven oder negativen Erfolgsbeiträge der Absatzleistungen (Fertigerzeugnisse, Waren, Dienstleistungen oder Nutzungen) sichtbar zu machen. Eine verursachungsgerechte Erfolgsermittlung ist nur auf der Basis der Grenzkosten der Absatzleistungen möglich. Die Kalkulation liefert die für diese Abrechnungen benötigten Grenzselbstkosten pro Leistungseinheit. In einer kurzfristigen Erfolgsrechnung auf Grenzkostenbasis sind die Erfolgsbeiträge zugleich **Deckungsbeiträge**. Ohne die Berechnung von Grenzselbstkosten der Absatzleistungen sind keine verursachungsgerechten Deckungsbeiträge pro Leistungseinheit und auch keine Gesamtdeckungsbeiträge der Abrechnungsperiode zu bestimmen.

3. Ermittlung der Herstellungskosten für die Handels- und Steuerbilanz

Für die am Stichtag anlässlich der Inventur zu bewertenden nicht abgesetzten Fertigerzeugnisse sowie der noch im Fertigungsprozess befindlichen unfertigen Erzeugnisse hat die Kalkulation durch **Nachkalkulation** die maßgebenden Ist-Herstellungskosten zu ermitteln. Nach § 255 Abs. 2 HGB gehören zu den Herstellungskosten die Materialkosten, die Fertigungskosten sowie die Sonderkosten der Fertigung. Überdies dürfen angemessene Teile der notwendigen Materialgemeinkosten, der notwendigen Fertigungsgemeinkosten und des produktionsbedingten Anlageverzehrs eingerechnet werden. Für Verwaltungsgemeinkosten, freiwillige Sozialkosten, Kosten sozialer Betriebseinrichtungen und für die betriebliche Altersversorgung besteht für die Verrechnung als Herstellungskosten ein Wahlrecht. Dagegen dürfen Vertriebsgemeinkosten und Sondereinzelkosten des Vertriebs generell nicht in die Herstellungskosten eingerechnet werden. Für die Zwecke der Steuerbilanz finden sich ähnliche, zum Teil detailliertere Bestimmungen in Abschn. 33 EStR. Die Herstellungskostenermittlung für bilanzielle Zwecke ist überdies für selbsterstellte Anlagegüter, z. B. selbsterstellte Maschinen, Werkzeuge oder Gebäude, von Bedeutung. Generell ist dabei zu beachten, dass das HGB und auch das Steuerrecht keine Unterscheidung zwischen variablen und fixen Kosten kennt. Für handelsrechtliche Zwecke ist von einer Vollkostenkalkulation auszugehen.

Dies lässt u. a. auch das Einbeziehungswahlrecht für Verwaltungsgemeinkosten erkennen. Weiterhin ist davon auszugehen, dass Fertigungslöhne, auch wenn sie Zeitlöhne sind, als Fertigungskosten Pflichtbestandteile der Herstellungskosten sind.

4. Ermittlung von Selbstkostenpreisen für öffentliche Aufträge oder von Netznutzungspreisen für Stromnetzbetreiber

Bei Aufträgen von der öffentlichen Hand für nicht „marktgängige" Leistungen sind in den zu erstellenden Angeboten sog. Selbstkostenpreise nach den Leitsätzen für die Preisermittlung auf Grund von Selbstkosten (LSP) zu berechnen [vgl. BMWI, LSP, 2006]. Die von den LSP vorgeschriebene Selbstkostenkalkulation geht ähnlich wie die handels- und steuerrechtlichen Bewertungsvorschriften von einer Vollkostenkalkulation aus. Eine verursachungsgerechte Kostenzurechnung steht bei der Ermittlung der Selbstkostenpreise nicht im Vordergrund. Es wird lediglich zwischen Einzel- und Gemeinkosten unterschieden. Das bedeutet, dass auch fixe Kosten in die Gemeinkostenberechnung einbezogen werden. Da dadurch z. B. bei Unterbeschäftigung des Anbieters erhöhte Fixkostenzurechnungen erfolgen, droht die Gefahr, dass sich davon betroffene Anbieter aus dem Wettbewerb kalkulieren. Grundsätzlich schließen die LSP den Ansatz von aufgrund einer Unterbeschäftigung erhöhten Vollkosten-Kalkulationssätzen nicht aus. Zur Fixkostenproblematik kommen speziell auch bei Aufträgen im Bauwesen Vorlieben für die Anwendung Umlageverfahren hinzu, z. B. für die Kosten der Baustelleneinrichtung und des Baustellenunterhalts, die sich mehr am Tragfähigkeits- als am Verursachungsprinzip orientieren. Die Anwendung von Verfahren der innerbetrieblichen Leistungsverrechnung ist in diesem Bereich eher die Ausnahme.

Ähnliches gilt für die Festlegung von Netznutzungspreisen bei regulierten Stromnetzbetreibern. Maßgebend dafür sind die Kalkulationsrichtlinien der VV II plus [vgl. BDI/VIK/VDEW u. a., 2002]. Auch hier erfolgt keine Unterscheidung von fixen und variablen Kosten. Die Preise werden als Vollkostenpreise mit kalkulatorischen Eigenkapitalzinsen als Zusatzkosten gebildet.

9.1.3 Systematik der Kalkulationsverfahren

Kalkulationsverfahren werden in der Regel nach ihrer Eignung zur **Abbildung** der verschiedenen betrieblichen **Fertigungsprogramme** unterschieden. Nach der Zusammensetzung der Erzeugnisse sowie der Wiederholung der Erzeugnisproduktion lassen sich in Industrieunternehmen folgende Grundtypen von Fertigungsprogrammen unterscheiden [vgl. z. B. Kosiol, 1972, S. 175 ff.]:

- Massenfertigung
  - Massenfertigung eines einzigen Erzeugnisses (z. B. Strom, Trinkwasser)
  - Massenfertigung von verschiedenen Produktarten innerhalb einer einheitlichen Erzeugnisgattung (z. B. Bleche verschiedener Stärke, verschiedene Bier- oder Brotsorten, Ziegelarten u. a.). Man bezeichnet dieses Verfahren auch als Sortenfertigung
- Serienfertigung
  Als Serienfertigung bezeichnet man Verfahren, in denen unterschiedliche Produktarten, die zumeist eine komplizierte Zusammensetzung aufweisen, gleichzeitig oder sukzessive wiederholt hergestellt und i. d. R. nach Ablauf einer bestimmten Zeit durch Produktarten einer neuen Serie endgültig verdrängt werden (z. B. Automobilproduktion, Computerproduktion, Haushaltsgeräteproduktion).
- Einzelfertigung
  Einzelfertigung liegt vor, wenn jedes Produkt individuell und abweichend von den bisher erstellten Erzeugnissen gefertigt wird (z. B. Kraftwerk-, Walzstraßen- und Schiffbau).

Von diesen Grundtypen von Fertigungsprogrammen ist als Sonderfall die sog. **Kuppelproduktion** zu unterscheiden. Als Kuppelproduktion bezeichnet man Produktionsprozesse, bei denen mehrere Produkte zwangsläufig und gleichzeitig entstehen (z. B. Koks, Gas und Teer in der Kokerei oder Roheisen, Hochofenschlacke und Leuchtgas bei der Roheisenherstellung oder Schweröl, Leichtöl, Benzine, Gas, Wachs bei der Erdölraffinerie). Bei Kuppelproduktion sind besondere Kalkulationsverfahren notwendig, die die spezifischen Probleme der Fertigung von Kuppelprodukten rechentechnisch zu berücksichtigen versuchen.

Betrachtet man die insgesamt in Frage kommenden Kalkulationsverfahren, fällt zunächst auf, dass sich alle Verfahren als Varianten zweier Grundformen der Kalkulation, nämlich der Divisions- und der Zuschlagskalkulation darstellen lassen. Der Unterschied dieser beiden Grundformen der Kalkulation besteht im Verteilungsmodus der zu verrechnenden Kosten. Bei der Divisionskalkulation werden sämtliche Kosten summarisch erfasst und im Durchschnitt auf die **KOSTENTRÄGER** → GLOSSAR verteilt, eine Trennung zwischen Einzel- und Gemeinkosten wird nicht vorgenommen [vgl. KOSIOL, 1972, S. 191 f.]. Daher werden bei Anwendung von Divisionskalkulationsverfahren i.d.R. auch keine Kostenstellen im traditionellen Sinne geführt. Bei den verschiedenen Formen der Zuschlagskalkulation werden hingegen einzeln verursachte Kosten für die einzelnen Absatzleistungen oder Innenaufträge gesondert erfasst, sie sind jeweils zugleich Leistungseinzelkosten; der verbleibende Kostenrest – die (variablen) Gemeinkosten – wird durch verschiedene Formen der Durchschnittsrechnung, z. B. Verteilung der Gemeinkostensummen mit beschäftigungsproportionalen Bezugsgrößen, den Absatzleistungen oder Innenaufträgen zugeschlagen bzw. zugerechnet. Als wichtigste Varianten der Divisionskalkulation sind die ein- oder mehrstufige reine Divisionskalkulation und die Divisionskalkulation mit Äquivalenzziffern, die sog. **Äquivalenzziffernrechnung**, zu unterscheiden. Hauptformen der Zuschlagskalkulation sind die summarischen Zuschlagskalkulationen sowie die elektiven bzw. differenzierenden Zuschlagskalkulationen.

Die Kuppelkalkulationen, insbesondere die Restwertmethode und die Verteilungsmethode, sind ebenfalls als Varianten der Zuschlagskalkulation anzusehen.

Die Zusammenhänge zwischen den Fertigungsprogrammtypen und den jeweils geeigneten Kalkulationsverfahren zeigt nachfolgende Übersicht [vgl. auch KOSIOL, 1972, S. 117]. Die durchgezogenen Linien kennzeichnen dabei die in der Praxis am häufigsten, die unterbrochenen Linien, die bei den jeweiligen Grundtypen von Fertigungsverfahren seltener angewandten Verfahren:

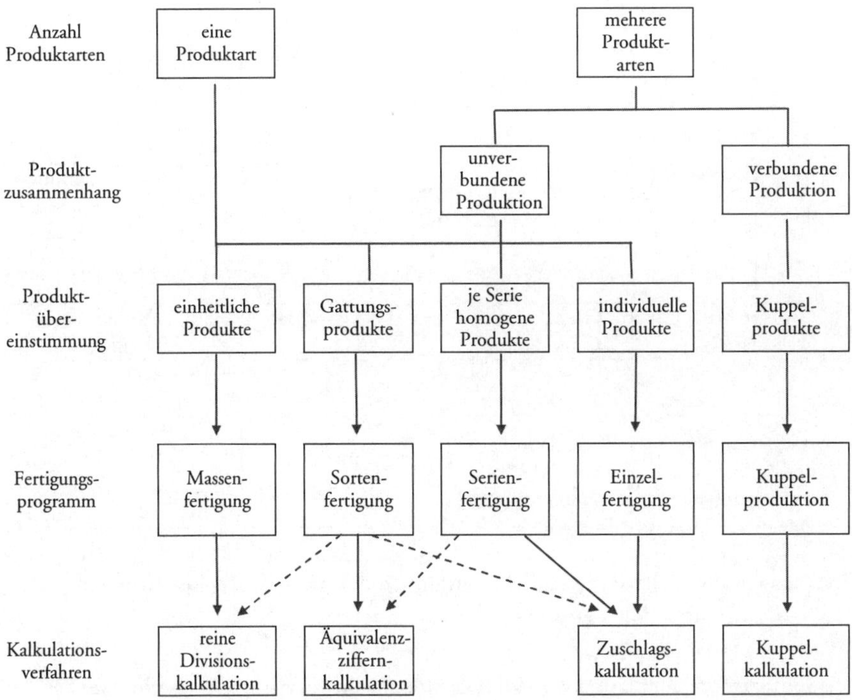

Abbildung 9.1: Zusammenhänge zwischen Fertigungsprogrammtypen und Kalkulationsverfahren

Der Schwierigkeitsgrad der einzelnen Kalkulationsverfahren nimmt mit der Anzahl verschiedener Produkte zu. Bei Massenfertigung sind die Kalkulationsverfahren regelmäßig einfacher strukturiert als bei Sorten- und Serienproduktion. Einzel- und Auftragsfertigung bedingen den Einsatz komplexer Kalkulationsverfahren. Der Schwierigkeitsgrad wird weiterhin von den Einzelbestandteilen des Fertigerzeugnisses und von den notwendigen Produktionsstufen bis zur Fertigungsreife bestimmt. Allgemein sind daher einteilige Güter wie Flüssigkeiten, Stoffe oder Stranggussgüter einfacher zu kalkulieren als mehrteilige, wie etwa Automobile oder Computer. Besondere Schwierigkeiten bereitet vor allem die Kalkulation von Kuppelprodukten, da eine verursachungsgerechte Aufteilung der Kosten auf die zwangsweise entstehenden Produkte nicht belegbar ist.

Abbildung 9.2: Gliederung der Kalkulationsverfahren nach der Beachtung des Verursachungsprinzips

Die Einzelkostenkalkulation wird im Folgenden nicht gesondert dargestellt. Sie ist in der Grenzkostenkalkulation methodisch enthalten, wenn auf die Absatzleistungen nicht die gesamten variablen Kosten, sondern lediglich die einzeln zurechenbaren Primär- und Sekundärkosten zugerechnet werden. Der traditionelle Begriff der Zuschlagskalkulation sollte nur verwendet werden, wenn die Gemeinkosten mit Zuschlagssätzen auf die Produkte verrechnet werden. Die Zuschlagssätze können entweder auf mengenmäßiger oder wertmäßiger Basis berechnet werden. Überschneidungen sind möglich, da z. B. mengenmäßige Bezugsgrößen zugleich Innenleistungen der Hauptkostenstellen sein können. Dann hat eine Zuschlagskalkulation auch Elemente einer Grenzkostenkalkulation. Allerdings gibt es auch mengenmäßige Bezugsgrößen, die kaum als Leistungen interpretiert werden können, z. B. Flächen- oder Raummaße. Zuschlagskalkulationen sind aber auch ohne Trennung von variablen und fixen Kosten möglich. Solche Verfahren werden also auch als Vollkostenkalkulationen eingesetzt. Die Verfahren der Äquivalenzziffernkalkulation und auch der traditionellen Divisionskalkulationen, der Kuppelkalkulationen und auch Kalkulationen auf der Basis von Prozesskosten sind grundsätzlich Vollkostenkalkulationen. Für diese Verfahren ist auch die Bezeichnung Kostenträgerkalkulation bzw. Kostenträger-Stückrechnung angemessen, da das Verursachungsprinzip nicht beachtet wird. Die Ergebnisse von Kalkulationen auf Vollkostenbasis können allenfalls bezüglich ihrer rechnerischen, nicht aber ihrer materiellen Richtigkeit überprüft werden. Die Beliebtheit dieser Verfahren in der Praxis steht in extremen Gegensatz zu ihrer fachlichen Richtigkeit. Welche Folgen sich daraus für die Lebensdauer und den nachhaltigen Erfolg von Unternehmen geben, die solche Verfahren in der Praxis anwenden, ist eine interessante Frage, die aber hier nicht vertieft werden kann.

9.2 Grundlegender Aufbau der Kosten- und Preiskalkulation

9.2.1 Kalkulationsverfahren bei Einzel- und Serienfertigung

9.2.1.1 Kalkulation in einer Grenzkostenrechnung

9.2.1.1.1 *Grundsätzlicher Aufbau*

Der Aufbau der Kalkulation einer Grenzkostenrechnung folgt unmittelbar aus der allgemeinen Kostendefinition „bewerteter mengenmäßiger Verbrauch von Gütern, Dienstleistungen und Nutzungen verursacht durch die Erstellung und den Absatz von Leistungen einer Abrechnungsperiode" bzw. kürzer gefasst „als Kosten verursacht durch Leistungen". In dieser Definition sind die Kosten zur Aufrechterhaltung der Betriebsbereitschaft – also die fixen Kosten – nicht enthalten. Auf die Leistungen (Produkte) werden nur die variablen Kosten also die Produkteinzelkosten und die Produktgemeinkosten verrechnet. Als Produktgemeinkosten werden nur die variablen Kosten zugelassen. Dabei besteht die Vorstellung, dass die Grenzkosten/Leistungseinheit genau den Kostenbetrag angeben, der zusätzlich entsteht, wenn eine Leistungseinheit mehr produziert wird, bzw., der nicht entsteht, wenn diese Leistungseinheit nicht produziert wird.

Die eigentliche Berechnung erfolgt durch Summieren der verbrauchten Inputleistungen (Wertschöpfungskomponenten). Dabei wird die Reihenfolge der rechnerischen Berücksichtigung der Komponenten – mit geringen Ausnahmen – durch ihre materielle Nachweisbarkeit und damit ihre Verrechnungsmöglichkeit als Einzelkosten bestimmt.

Die Berechnung der Grenzselbstkosten pro Leistungseinheit der Absatz- oder Auftragsleistungen ist daher grundsätzlich wie folgt aufgebaut:

	Materialeinzelkosten
+	variable Materialgemeinkosten
=	**Materialkosten** (I.)
	(Fertigungseinzelkosten)
+	variable Fertigungsgemeinkosten
+	Sondereinzelkosten der Fertigung
=	**Fertigungskosten** (II.)
	Grenzherstellkosten (I. + II.)
+	variable Vertriebsgemeinkosten
	Sondereinzelkosten des Vertriebs
=	**Grenzselbstkosten** pro Leistungseinheit

Abbildung 9.3: Schema der Grenzkostenkalkulation

Kostenart	Datenherkunft
Materialeinzelkosten (Rohstoffkosten, Vorprodukte- bzw. Zwischenerzeugniskostenkosten, Kosten für fremdbezogene Einbauteile)	Materialwirtschaft, Stücklisten, Rezepturen
+ Materialgemeinkosten (Sekundärkosten für Leistungen des Materiallagerbereiches, die entweder ausschließlich durch die zu kalkulierende Leistung oder durch alle produzierten Leistungen der Abrechnungsperiode verursacht werden);	Kostenstellenrechnung
= Materialkosten (I.)	
Fertigungseinzelkosten sind bei Beachtung des Verursachungsprinzips nicht bzw. allenfalls in seltenen Ausnahmefällen möglich	keine Erfassung
+ Fertigungsgemeinkosten (Sekundärkosten für Leistungen des Fertigungsbereiches, die entweder ausschließlich durch die zu kalkulierende Leistung oder durch alle produzierten Leistungen der Abrechnungsperiode verursacht werden);	Kostenstellenrechnung
+ Sondereinzelkosten der Fertigung (Primärkosten für Leistungen des Fertigungsbereiches, die ausschließlich durch die zu kalkulierende Leistung verursacht werden, soweit keine Materialeinzelkosten vorliegen);	Materialwirtschaft, Stücklisten, Rezepturen, ibL
= Produktionskosten (II.)	
I. + II. = Grenzherstellkosten bzw. Grenzselbstkosten der Produktion	

Verwaltungsgemeinkosten sind generell fixe Kosten	keine Erfassung
+ Vertriebsgemeinkosten (Sekundärkosten für Leistungen des Vertriebsbereiches, die entweder ausschließlich durch die zu kalkulierende Leistung oder durch alle produzierten Leistungen der Abrechnungsperiode verursacht werden);	Kostenstellenrechnung
+ Sondereinzelkosten des Vertriebs (Primärkosten für Leistungen des Vertriebsbereiches, die ausschließlich durch die zu kalkulierende Leistung verursacht werden, soweit keine Materialeinzelkosten vorliegen);	Materialwirtschaft, Stücklisten, Rezepturen, ibL, Produktdefinition
= Grenzselbstkosten der Absatzleistung	

Abbildung 9.4: Datenherkunft der Grenzkostenkalkulation

Da in einer Grenzkostenkalkulation keine Fixkosten kalkuliert werden, entfällt die Verrechnung von Verwaltungsgemeinkosten auf die Produkte [anders z. B. Swoboda, der offenbar auch im Verwaltungsbereich variable Kosten erfassen und verrechnen will. Vgl. Swoboda, 1999, S. 80]. Zur Frage, ob sich für die Sekundärkosten des Material- und Vertriebsbereich überhaupt Leistungseinzel- oder Leistungsgemeinkosten im hier verstandenen Sinne ableiten lassen, sei zunächst Kilger zitiert:

„An sich erfordern die Grundsätze der Bezugsgrößenkalkulation auch für die Material-, Verwaltungs- und Vertriebskostenstellen möglichst genaue Bezugsgrößen. Wie unsere Ausführungen gezeigt haben, lassen sich solche Bezugsgrößen z.T. auch finden, so z. B. für den Materialbereich: Anzahl Bestellungen, Lagerzu- und -abgänge, Lagerbestandsmenge, Lagerbestandswert, Umschlagshäufigkeit der Bestände usw., oder für den Verwaltungs- und Vertriebsbereich: Anzahl Buchungen, Anzahl Kalkulationen, Anzahl bearbeiteter Aufträge, Rechnungszeiten, Zeilen oder Stunden der Tabelliermaschine einer EDV-Abteilung usw. Diese Bezugsgrößen sind aber allenfalls für die Zwecke der Kostenkontrolle brauchbar. Für die Kalkulation lassen sie sich nicht unmittelbar verwenden, weil sie keine direkte Beziehung zu den Produktmengen aufweisen. Eine Buchung oder eine Materialbestellung z. B. lässt sich nicht unmittelbar bestimmten Produkten zuordnen.“ [Kilger, 1976, S. 335]. Bezugsgrößen in diesem Sinne können auch als Leistungen der Kostenstellen an die produzierten Leistungen aufgefasst werden. Die Ausführungen Kilgers machen zunächst wohl alle Bemühungen der Prozesskostenrechnung für eine bessere Kalkulation auf der Basis von Prozesskostensätzen zunichte. Veränderliche Leistungen in den sog. indirekten Bereichen verursachen zwar veränderliche Kosten, diese veränderlichen Kosten sind aber keine variablen Kosten in Bezug auf die laufende Produktion. In Bezug auf die laufende Produktion handelt es sich vielmehr um fixe Kosten. Eine Verbesserung kann allenfalls bezüglich der Berechnungsmodalitäten von Vollkostenkalkulationen erzielt werden, wobei aber deren grundsätzlicher Berechnungsfehler aber auch durch die Prozesskostenrechnung nicht beseitigt wird. Auch in der Prozesskalkulation werden den Absatzleistungen Kosten zugerechnet, die sie nicht verursacht haben.

Dennoch sind die Feststellungen KILGERS womöglich nicht ganz so stringent zu sehen. In der Praxis lassen sich branchenbedingt durchaus Lager- und Vertriebsleistungen finden, die ausschließlich durch einzelne Leistungen oder Gruppen von Leistungen der Abrechnungsperiode verursacht werden. Dabei kann es sich auch um innerbetriebliche Leistungen, z. B. Transportleistungen, handeln. Die von den innerbetrieblichen Leistungen verursachten **Sekundärkosten** können dann als Sondereinzelkosten der Fertigung oder Sondereinzelkosten des Vertriebs in die Berechnung der Grenzselbstkosten Eingang finden. Grundsätzlich ist auch die in obigem Schema nicht berücksichtigte Verursachung von Sondereinzelkosten des Materialbereichs vorstellbar. Andererseits ist aber nicht auszuschließen, dass eine Grenzkostenkalkulation lediglich die Berechnung der Produktionskosten umfasst. Der Ansicht KILGERS, dass es von entscheidender Bedeutung für die Grenzplankostenrechnung ist, „... dass die mit einem proportionalen Kostensatz bewerteten Bezugsgrößeneinheiten einer sendenden Kostenstelle in der Verwendung als Ressourcenverbrauch beim Empfänger (Kostenstelle/Kostenträger) fix werden können (z. B. KWh Strom als Beleuchtungsstrom auf der Raumstelle; Ofen Std. beim Kostenträger Flüssigeisen beim Schmelzbetrieb) [KILGER, 1993, S. 106] kann jedoch nicht gefolgt werden. Bei der Planung von Stromkosten der eigenen Stromversorgung ist deren Verbrauchsursache zu prüfen. Wird festgestellt, dass der Strom in der verbrauchenden Kostenstelle für Beleuchtungszwecke verwendet wird, liegen insoweit grundsätzliche fixe Kosten vor. Die Veränderlichkeit der Beleuchtungsbedürfnisse bewirkt keine Variabilität der Stromkosten. Allerdings kann seiner Aussage, dass „... einmal als fix geplante Kosten immer fix (bleiben)“ [KILGER, 1993, S. 106] kann uneingeschränkt zugestimmt werden.

Beispiel

In einem Unternehmen werden Kühlgeräte produziert. Pro Monat werden bei Vollbeschäftigung 10.000 Stck. verschiedener Produkttypen hergestellt und verkauft. Die Produkttypen sind Produktvarianten mit grundsätzlich gleichem Grundaufbau. Für die Kalkulation eines Kühlgerätes vom Typ A, von dem in der Abrechnungsperiode 6.000 Stck. produziert und verkauft werden, gilt folgende Stückliste mit zugehörigen Wiederbeschaffungskosten:

Artikel-Nr.	Bezeichnung	Stückzahl	WBK/Stck.
50001	Innenverkleidung	1	12,00
50002	Anschlusskabel	1	1,30
50011	Gehäuse Jit	1	29,00
50012	Kompressor Jit	1	125,00
50013	Thermostat Jit	1	20,00

Artikel-Nr.	Bezeichnung	Stückzahl	WBK/Stck.
50014	Kondensator Jit	1	35,00
50015	Verdampfer	1	39,00
50016	Lampe	1	1,42
50017	Schublade	1	3,30
50018	Glasböden Satz	1	7,20
50019	Türe	1	33,00

Im Materialbereich lassen sich folgende Transaktionen unterscheiden:

Die Just-in-time (Jit) angelieferten Materialien werden mit Lkw des eigenen Fuhrparks befördert. Im Fuhrpark wird für den Lkw-Bestand eine eigene Hilfskostenstelle Fuh1 geführt. Die Leistungen dieser Hilfskostenstelle werden in Fahrkilometern angegeben. Für insgesamt 7.100 gefahrene Kilometern werden auf der Lkw-Stelle in der Abrechnungsperiode 5.880,00 € variable Gemeinkosten verursacht. Daraus errechnet sich ein wertmäßiger variabler Kostensatz pro Fahrkilometer (Selbstkostenpreis der Hilfskostenstelle Lkw-Bestand) von 0,828 €/km (gerundet). Insgesamt werden für die Abrechnungsperiode von den Jit-Materialien 40.000 Stck. transportiert. Dafür werden insgesamt 600 km gefahren. Durch die Jit-Materialien werden folglich 600 km · 0,828 €/km = 496,90 € Transportkosten verursacht.

Eine exakt verursachungsgerechte Zurechnung dieser variablen Gemeinkosten auf die einzelnen Kühlgeräte ist nicht möglich. Dennoch werden diese Kosten nur verursacht, wenn in der Abrechnungsperiode Kühlgeräte produziert werden. Dabei kann die Höhe der Kosten mit der produzierten Stückzahl variieren oder nicht. Werden z. B. nur 8.000 Stck. produziert, kann es sein, dass genau dieselben Fahrkilometer zu leisten sind wie bei einer Produktion von 10.000 Stck. oder, dass entsprechend weniger Fahrkilometer zu leisten sind. Hierbei wird ein Problem sichtbar: da die Entfernung zu den Zulieferern fix ist, entstehen bestimmte Fahrtkosten unabhängig von der in der Abrechnungsperiode produzierten Stückzahl. Der Transport von Jit-Materialien für ein Stck. Fertigprodukt verursacht (nahezu) die gleichen Treibstoffkosten wie der Transport für z. B. 1.000 Stck. Fertigfabrikate. Dennoch wird man die Treibstoffkosten nicht den fixen, sondern den variablen Kosten zuordnen. Insgesamt werden in der Abrechnungsperiode 40.000 Stck. Jit-Materialien transportiert. Eine mögliche Verteilung der variablen Transportgemeinkosten wäre die Erfassung der durchschnittlichen Transportkosten pro Einheit Jit-Material. Dabei errechnen sich 496,90 € : 40.000 Stck. = 0,012 €/Stck. Jit-Material.

Im Materialbereich lassen sich weitere Transport- und Lageraktivitäten den in der Abrechnungsperiode produzierten Absatzleistungen zurechnen. Die Leistungen werden in „Fahrstunden Gabelstapler“ und in „Palettentransporte“ gemessen. Die „Fahrstunden Gabelstapler“ werden von einer eigenen Hilfskostenstelle Transport an den Material- und Fertigungsbereich erbracht. Im Einzelnen gelten folgende Daten:

Der variable Selbstkostenpreis für eine Fahrstunde der Gabelstapler beträgt 8,568 €/Std. Für die 10.000 Produkte werden 58 Fahrstunden für Materialtransporte erbracht. Dadurch werden variable Kosten in Höhe von insgesamt 497,06 € verursacht. Die variablen Gemeinkosten werden durchschnittlich auf die einzelnen Produkte verteilt, also 497,06 € : 10.000 Stck. = 0,0497 €/Stck. Im Materiallager wurde für die Palettentransporte mit den Gabelstaplern ein variabler Kostensatz von 0,1511 €/Palettentransporteinheit ermittelt. Pro Stck. Fertigfabrikat wird eine Palettentransporteinheit verbraucht.

Im Fertigungsbereich gilt Folgendes:

Die Leistungen der vier eingerichteten Fertigungshauptstellen an die Absatzleistungen werden in Fertigungsminuten gemessen. Die variablen Selbstkostensätze pro Fertigungsminute und die in den Kostenstellen von Produkt A verbrauchten Fertigungszeiten zeigt nachfolgende Tabelle:

Fertigungskostenstelle	min	Selbstkosten/min
Rohbau	45	0,27
Innenausstattung	38	0,16
Montage	24	0,05
Endmontage und Kontrolle	29	0,26

In den variablen Selbstkostensätzen der Fertigungshauptkostenstellen sind die variablen Sekundärkosten der Hilfskostenstellen enthalten.

Im Vertriebsbereich werden wie im Materialbereich Gabelstapler- und Palettenleistungen verrechnet. Die Grenzselbstkosten für die Gabelstaplerstunden sind die gleichen wie im Materialbereich. Für die 10.000 fertigen Produkte werden 160 Fahrstunden erbracht. Die dadurch verursachten variablen Vertriebsgemeinkosten in Höhe von 1.370,86 € werden durchschnittlich auf die einzelnen Produkte verteilt, also 1.370,86 € : 10.000 Stck. = 0,1371 €/Stck. Für Palettenleistungen im Vertrieb wird ein variabler Kostensatz pro Palette von 0,8327 €/Palettentransporteinheit ermittelt. Pro Stck. Fertigfabrikat wird eine Palettentransporteinheit verbraucht, insgesamt also 10.000 Einheiten. Weiterhin werden einzeln zurechenbare Verpackungsmaterialien (Palette, Karton, Styropor, Stahlbänder) im Wert von 4,80 €/Stck. verbraucht. Für den Transport der Verpackungsmaterialien werden zwei Stunden Gabelstaplerleistung mit 8,568 €/Std. sowie einhundert Palettenleistungen des Materiallagers von 0,1511 €/Palette verbraucht. Die durch die Transportleistungen für das Verpackungsmaterial verursachten variablen Materialgemeinkosten werden pro Stck. Absatzleistung verrechnet.

Die Grenzselbstkosten pro Kühlgerät vom Typ A berechnen sich danach wie folgt:

	Menge	Wert	Kosten
Materialeinzelkosten:			
Innenverkleidung			12,00
Anschlusskabel			1,30
Gehäuse Jit			29,00
Kompressor Jit			125,00
Thermostat Jit			20,00
Kondensator Jit			35,00
Verdampfer			39,00
Lampe			1,42
Schublade			3,30
Glasböden Satz			7,20
Türe			33,00
Summe Materialeinzelkosten			306,22
Materialgemeinkosten Beschaffung:			
Fahrtkosten Jit	4	0,0124	0,0497
Gabelstapler	1	0,0497	0,0497
Paletten	1	0,1511	0,1511
Summe Materialgemeinkosten			0,2505
= Materialkosten (I)			306,47
Fertigungsgemeinkosten:			
Rohbau	45	0,273	12,30
Innenausstattung	38	0,155	5,90
Montage	24	0,048	1,15
Endmontage und Kontrolle	29	0,258	7,48
= Summe Fertigungsgemeinkosten (II.)			26,83
Grenzherstellkosten (= I + II)			**333,30**
+ Sondereinzelkosten d. Vertriebs	1	4,80	4,80
+ Vertriebsgemeinkosten:			
Gabelstapler	1	0,8327	0,8327
Paletten	1	0,0017	0,0017
Summe Vertriebsgemeinkosten			0,8344
Materialgemeinkosten Vertrieb:			
Gabelstapler	1	0,1371	0,1371
Paletten	1	0,0015	0,0015
Summe Materialgemeinkosten Vertrieb			0,1386
Summe Vertriebskosten			5,77
= Grenz-Selbstkosten pro Stck. Typ A			**339,07**

Anzumerken ist, dass nach dieser Berechnung der Grenzselbstkosten, die vollständig auf die Verwendung wertmäßiger Schlüssel verzichtet, das früher diskutierte Problem der Ermittlung der Herstellkosten für die abgesetzten Leistungen als Bezugsgröße für die Verrechnung der Vertriebsgemeinkosten nicht besteht.

9.2.1.1.2 *Zuschlagskalkulation auf der Basis mengenmäßiger und wertmäßiger Bezugsgrößen*

Zuschlagskalkulationen können mit und ohne Trennung von fixen und variablen Kosten ausgeführt werden. Bei einer Trennung von fixen und variablen Kosten werden die variablen Materialgemeinkosten und die variablen Vertriebsgemeinkosten auf der Basis von wertmäßigen Bezugsgrößen zugeschlagen. Verwaltungsgemeinkosten werden ebenso wie die fixen Kosten der anderen Hauptkostenstellen und auch die fixen Kosten der Hilfskostenstellen den Produkten nicht zugerechnet.

Beispiel

Das obige Zahlenbeispiel → vgl. S. 244 wird wie folgt erweitert bzw. abgeändert:

Für die in der Abrechnungsperiode produzierten 10.000 Stck. Kühlgeräte betragen die variablen primären und sekundären Materialgemeinkosten insgesamt 2.040,07 €, die variablen Vertriebsgemeinkosten insgesamt 9.697,62 €. Die Materialgemeinkosten werden den Absatzleistungen auf der Basis der Materialeinzelkosten der Nicht-Jit-Materialien, die Vertriebsgemeinkosten werden auf der Basis der Grenzherstellkosten für die abgesetzten Produkte zugeschlagen. Die Fertigungsgemeinkosten werden in gleicher Weise wie in der Grenzkostenrechnung mit den an die 6.000 Stck. Absatzleistungen erbrachten Innenleistungen bewertet. Die Summe der Nicht-Jit-Materialeinzelkosten für alle Kühlgeräte beträgt 1.087.600,00 €. Die Summe der Grenzherstellkosten der übrigen produzierten Kühlgeräte beträgt insgesamt 1.412.013,68 €. Alle in der Periode produzierten Produkte werden verkauft. Aus den Vorperioden werden weder unfertige noch fertige Produkte übernommen.

Der auf wertmäßiger Basis berechnete Zuschlagssatz für die variablen Materialgemeinkosten beträgt:

$$\frac{\text{Materialgemeinkosten} \cdot 100}{\text{Nicht-Jit-Materialeinzelkosten}} = \frac{2.040{,}07\,€ \cdot 100}{1.087.600{,}00\,€} = 0{,}1876\,\%$$

Der Zuschlagssatz für die Vertriebsgemeinkosten wird erst berechnet, wenn die Grenzherstellkosten für das zu kalkulierende Produkt bekannt sind. Weiterhin werden einzeln zurechenbare Verpackungsmaterialien (Palette, Karton, Styropor, Stahlbänder) im Wert von 4,80 €/Stck. verbraucht. Den Sondereinzelkosten des Vertriebs werden noch anteilige Materialgemeinkosten in Höhe von 0,1876 % des Wertes des Verpackungsmaterials zugeschlagen.

Die Grenzselbstkosten pro Kühlgerät vom Typ A berechnen sich danach wie folgt:

	Menge	Wert bzw. Satz	Kosten
Materialeinzelkosten:			
Innenverkleidung			12,00
Anschlusskabel			1,30
Gehäuse Jit			29,00
Kompressor Jit			125,00
Thermostat Jit			20,00
Kondensator Jit			35,00
Verdampfer			39,00
Lampe			1,42
Schublade			3,30
Glasböden Satz			7,20
Türe			33,00
Summe Materialeinzelkosten			306,22
+ Materialgemeinkosten in % der Materialeinzelkosten		0,1876 %	0,1824
= Materialkosten (I)			306,40
Fertigungsgemeinkosten:			
Rohbau	45	0,273	12,30
Innenausstattung	38	0,155	5,90
Montage	24	0,048	1,15
Endmontage und Kontrolle	29	0,258	7,48
= Summe Fertigungsgemeinkosten (II.)			26,83
Grenzherstellkosten (= I + II)			**333,23**
+ Sondereinzelkosten d. Vertriebs	1	4,80	4,80
+ Materialgemeinkosten Verpackung		0,19 %	0,01
+ Vertriebsgemeinkosten in % der Grenzherstellkosten		0,284 %	0,95
Summe Vertriebskosten			5,76
= Grenz-Selbstkosten pro Stck. Typ A			**338,98**

Um die gesamten Grenzherstellkosten zu berechnen, werden die Grenzherstellkosten pro Stück des Produktes A mit 6.000 Stück multipliziert. Daraus errechnen sich 333,2261 €/Stck. · 6.000 Stck. = 1.999.356,55 €. Die gesamten Grenzherstellkosten betragen damit 1.412.054,74 € + 1.999.356,55 € = 3.411.411,29 €.

Der Zuschlagssatz für die variablen Vertriebsgemeinkosten beträgt folglich:

$$\frac{\text{Vertriebsgemeinkosten} \cdot 100}{\text{Summe Grenzherstellkosten}} = \frac{9.697{,}62\,€ \cdot 100}{3.411.411{,}29\,€} = 0{,}28427\,\%$$

9.2.1.1.3 *Zuschlagskalkulation als Vollkostenkalkulation auf der Basis wertmäßiger Bezugsgrößen*

In einer Vollkostenrechnung wird lediglich zwischen Einzel- und Gemeinkosten unterschieden. Eine Unterscheidung zwischen variablen und fixen Kosten erfolgt nicht. Auch die Unterscheidung zwischen Einzel- und Gemeinkosten ist nicht fachgerecht im Sinne einer verursachungsgerechten Kostenzurechnung, wenn Akkordlohnkosten oder – noch weitergehender – sogar Fertigungslohnkosten allgemein als Einzelkosten betrachtet werden. Betrachtet man allerdings Absatzleistungen nicht als Kostenverursacher, sondern als **KOSTENTRÄGER** → GLOSSAR, ist diese Art der Verrechnung in gewisser Weise konsequent. Das Abrechnungsziel heißt dann: die Absatzleistungen („**UMSATZTRÄGER**“ → GLOSSAR) haben alle Kosten der Abrechnungsperiode zu tragen und zwar unabhängig davon, ob sie die Kosten auch verursacht haben.

Das Schema einer Zuschlagskalkulation auf Vollkostenbasis für eine Einheit der Absatzleistung ist danach wie folgt aufgebaut:

	Materialeinzelkosten
+	Materialgemeinkosten in % der Materialeinzelkosten
=	**Materialkosten** (I.)
	Fertigungseinzellohnkosten
+	Fertigungsgemeinkosten in % der Fertigungseinzellohnkosten
+	Sondereinzelkosten der Fertigung
=	**Fertigungskosten** (II.)
	I. + II. = **Herstellkosten**
+	Verwaltungsgemeinkosten in % der Herstellkosten
+	Vertriebsgemeinkosten in % der Herstellkosten
+	Sondereinzelkosten des Vertriebs
=	**Selbstkosten pro Leistungseinheit** z. B. Stck.

Abbildung 9.5: Schema der Vollkostenkalkulation

In der Zuschlagskalkulation der Vollkostenrechnung werden auch die Verwaltungskosten auf die Produkte verrechnet. Dieses Schema entspricht zugleich weitgehend dem Kalkulationsschema wie es nach Nr. 10 der Leitsätze für die Preisbildung bei öffentlichen Aufträgen vorgeschrieben ist. Dort wird aber zusätzlich der Ausweis von Entwicklungs- und Entwurfskosten gefordert. Eine Trennung und Aufschlüsselung von variablen und fixen Kosten ist nicht vorgesehen.

Beispiel

Das obige Zahlenbeispiel → vgl. S. 246 wird wie folgt erweitert bzw. abgeändert:

Für die in der Abrechnungsperiode produzierten 10.000 Stck. Kühlgeräte betragen die gesamten Materialgemeinkosten 39.027,78 €. Die Materialgemeinkosten werden auf der Basis der Nicht-Jit-Materialeinzelkosten verrechnet (geschlüsselt). Sekundäre Materialgemeinkosten werden nicht verrechnet. Allerdings werden auch die Verpackungsmaterialkosten mit Materialgemeinkosten belastet.

$$\frac{\text{Materialgemeinkosten} \cdot 100}{\text{Nicht-Jit-Materialeinzelkosten}} = \frac{39.027{,}78\text{ €} \cdot 100}{1.087.600{,}00\text{ €}} = 3{,}5884\,\%$$

Im Fertigungsbereich werden die Fertigungsgemeinkosten auf der Basis der in den Kostenstellen verursachten Akkordlohnkosten verrechnet. Für alle vier Hauptkostenstellen werden dazu separate Zuschlagssätze berechnet. Dieses Verfahren wird auch als **Lohnzuschlagskalkulation** bezeichnet. Die anteiligen Sozialkosten der Akkordlohnkosten werden in den Kostenstellenkosten i. d. R. als Fertigungsgemeinkosten verrechnet.

Die gesamten Herstellkosten betragen 3.658.997,28 €. Für die Verwaltungsgemeinkosten in Höhe von 59.771,79 € errechnet sich folgender Zuschlagssatz:

$$\frac{\text{Verwaltungsgemeinkosten} \cdot 100}{\text{gesamte Herstellkosten}} = \frac{59.771{,}79\text{ €} \cdot 100}{3.658.997{,}28\text{ €}} = 1{,}6336\,\%$$

Die Vertriebsgemeinkosten in Höhe von 164.301,22 € werden ebenfalls auf der Basis der gesamten Herstellkosten geschlüsselt. Dabei errechnet sich folgender Zuschlagssatz:

$$\frac{\text{Vertriebsgemeinkosten} \cdot 100}{\text{gesamte Herstellkosten}} = \frac{164.301{,}22\text{ €} \cdot 100}{3.658.997{,}28\text{ €}} = 4{,}4903\,\%$$

Die Vollselbstkosten pro Kühlgerät vom Typ A berechnen sich danach wie folgt:

	Menge	Kalkulationsansätze	pro Stück
Rohstoffkosten:			
Innenverkleidung			12,00
Anschlusskabel			1,30
Gehäuse Jit			29,00
Kompressor Jit			125,00
Thermostat Jit			20,00
Kondensator Jit			35,00
Verdampfer			39,00
Lampe			1,42
Schublade			3,30

	Menge	Kalkulationsansätze	pro Stück	
Glasböden Satz			7,20	
Türen			33,00	
Summe Materialeinzelkosten			306,22	
+ primäre Materialgemeinkosten		3,59 %	3,49	
= Materialkosten			309,71	
Fertigungseinzelkosten Ro	45	0,06327815	2,85	
+ Fertigungsgemeinkosten Ro		565,75 %	16,11	
Fertigungseinzelkosten In	38	0,06138462	2,33	
+ Fertigungsgemeinkosten In		368,59 %	8,60	
Fertigungseinzelkosten Mo	24	0,0539094	1,29	
+ Fertigungsgemeinkosten Mo		280,71 %	3,63	
Fertigungseinzelkosten Ko	29	0,04218103	1,22	
+ Fertigungsgemeinkosten Ko		905,04 %	11,07	
= Fertigungskosten (II)			47,11	
= Herstellkosten (= I + II)				356,82
+ Verwaltungsgemeinkosten		1,634 %		5,83
+ Sondereinzelkosten d. Vertriebs				4,80
+ Materialgemeinkosten Verpackung		3,588 %		0,17
+ Vertriebsgemeinkosten		4,490 %		16,02
= Selbstkosten pro Stck. Typ A				383,64

9.2.1.1.4 *Erweiterung der Vollkostenkalkulation zu einer Preiskalkulation*

Anders als die Grenzkostenkalkulationen kann die Vollkostenkalkulation zu einer Angebotspreis- oder Preisvergleichskalkulation erweitert werden. Bei Grenzkostenkalkulationen müsste eine Regel für die Verrechnung von Fixkosten eingeführt werden. Andernfalls würden zu geringe Preise berechnet, die Gefahr eines ruinösen Wettbewerbs wäre nicht auszuschließen.

Ähnlich wie für die Zuschlagskalkulation existiert auch für die **Absatzpreiskalkulation** ein einheitliches Grundschema, das vor allem durch das Verhalten der Kunden bestimmt wird. So entspricht es z. B. dem üblichen Käuferverhalten, einen Mengenrabatt zu fordern und anschließend einen Barzahlungsnachlass in Form eines Skontoabzuges in Anspruch zu nehmen. Rabatte und Kundenskonti sind daher regelmäßig im Hundert (i. H.), Gewinnzuschlag und Umsatzsteuer dagegen vom Hundert (v. H.) zu berechnen. Für die in der Absatzpreiskalkulation zu verrechnende Vertreterprovision ist grundsätzlich § 87 b Abs. 2 HGB maßgebend. Danach ist die Provision von dem Entgelt zu berechnen, das der Dritte oder Unternehmer zu leisten hat. Barzahlungsnachlässe sind nicht abzuziehen. Dasselbe gilt für Nebenkosten, insbesondere für Fracht-, Verpackungs-, Zoll- und Steuerkosten, es sei denn, dass die Nebenkosten gesondert in Rechnung gestellt werden. Die im Rechnungsbetrag enthaltene Umsatzsteuer ist nicht provisionsfähig. Im Ergebnis bedeutet dies, dass Vertreterprovisionen in die Kalkulation wie ein Kundenskonto verrechnet, d. h. auf den sog. Barverkaufspreis bezogen und diesem hinzugerechnet werden.

Für die Selbstkosten des Kühlschranks vom Typ A könnte sich danach folgender Angebotspreis berechnen:

Stückpreiskalkulation		Berechnung			
		v.H.	i.H.	i.H.	v.H.
Selbstkosten/Stck.	383,64	100 %			
+ Gewinnzuschlag 10 %	38,36	10 %			
= Barverkaufspreis	422,00	110 %	90 %		
+ Kundenskonto 2 %	9,38		2 %		
+ Vertreterprovision 8 %	37,51		8 %		
= Zielverkaufspreis	468,89		100 %	85 %	
+ Kundenrabatt 15 %	82,75			15 %	
= Nettoangebotspreis	551,64			100 %	100 %
+ Umsatzsteuer 16 %	88,26				16 %
= Bruttoangebotspreis	639,90				116 %

Abbildung 9.6: Beispiel einer Preiskalkulation auf Vollkostenbasis

9.2.1.2 Ausgewählte Kalkulationsverfahren bei Sortenfertigung und Kuppelproduktion

9.2.1.2.1 *Einstufige Divisionskalkulation*

Voraussetzung für die Anwendung des einstufigen **Divisionskalkulationsverfahrens** ist, dass weder Änderungen in den Beständen der unfertigen und fertigen Erzeugnisse, noch Mengenverluste bzw. -gewinne auf den einzelnen Fertigungsstufen auftreten bzw. dass überhaupt nur eine Fertigungsstufe vorliegt. Der Gesamtbetrieb wird als eine einzige Leistungsstelle betrachtet, die insgesamt abgerechnet wird. Die Gesamtkosten einer Abrechnungsperiode werden durch die in dieser Periode produzierte Leistungsmenge dividiert. Ergebnis dieser Rechnung sind die Selbstkosten pro Stück. Allgemein gilt folglich

$$k_s = \frac{K}{x}$$

mit den Selbstkosten pro Stück k_s, den Gesamtkosten der Abrechnungsperiode K sowie der gesamten Leistungsmenge der Abrechnungsperiode x. In der industriellen Praxis sind die Anwendungsmöglichkeiten dieses Kalkulationsverfahrens nur selten erfüllt, da nur bei Dienstleistungs- und Nutzungsproduktion die Produktionsmengen mit den Absatzmengen übereinstimmen. Selbst bei der Stromproduktion sind in begrenztem Umfang Lagerprozesse möglich.

9.2.1.2.2 *Äquivalenzziffernkalkulationen*

Als Unterform der Divisionskalkulation wird die **Äquivalenzziffernkalkulation** vor allem für die Kalkulation artverwandter Produkte, d. h. bei Sortenfertigung angewandt. Der Kalkulation mit Äquivalenzziffern liegt der Gedanke zugrunde, dass die aus einer gemeinsamen Grundmenge hergestellten Sorten unterschiedliche Kosten verursachen. So verursacht z. B. in einer Ziegelei, die neben Normalziegeln auch Klinkersteine brennt, die Herstellung der Normalziegel weniger Kosten als die Produktion der Klinkersteine. Ähnliches gilt z. B. für die Produktion unterschiedlicher Bier-, Käse- oder Weinsorten. Das Ausmaß der unterschiedlichen Kostenverursachung soll durch den Ansatz von Äquivalenzziffern erfasst werden. Die Äquivalenzziffer gibt als Gewichtungsgröße an, in welchem Verhältnis die Kosten der betrachteten Produktart zu den Kosten der als Richtsorte (Bezugsgröße, Einheitssorte) betrachteten Produktart stehen. Die Richtsorte wird mit der Äquivalenzziffer 1 bewertet [vgl. dazu auch Haberstock, 2005, S. 163].

Im Einzelnen sind zur Durchführung der Äquivalenzziffernkalkulation folgende Arbeitsschritte erforderlich:

1. Bestimmung bzw. Auswahl der Richtsorte und Schätzung der Äquivalenzziffern für die übrigen Sorten;
2. Umrechnung der tatsächlichen Produktionsmengen durch Multiplikation mit den Äquivalenzziffern auf die Richtsorte;
3. Ermittlung der Kosten pro Mengeneinheit der Richtsorte durch Division der Gesamtkosten durch die Summe der gewichteten Mengeneinheiten („Mengengewichte") einschließlich der Richtsorte;
4. Ermittlung der Selbstkosten pro Mengeneinheit der verschiedenen Sorten durch Multiplikation der Selbstkosten je gewichteter Mengeneinheit mit den entsprechenden Äquivalenzziffern.

Allgemein gilt folglich:

$$k_s = \frac{K}{a_1 \cdot x_1 + a_2 \cdot x_2 + \ldots + a_n \cdot x_n} \cdot a_i$$

mit:

k_i = Selbstkosten einer Einheit der Sorte i,
i = Index der Sortenarten,
n = Anzahl der Sorten,
a_i = Äquivalenzziffer der Sorte i,
x_i = Gesamtmenge der Sorte i.

Beispiel

Die Gesamtkosten K einer Ziegelproduktion betragen 828.000,00 €. Als Richtsorte gelten die Normalziegel, für Gittersteine gilt die Äquivalenzziffer 1,2, für Klinker die Äquivalenzziffer 1,8. Folgende Mengeneinheiten (ME) wurden produziert: Normalziegel 600.000 ME, Gittersteine 200.000 ME und Klinker 300.000 ME.

Die Selbstkosten pro Stück berechnen sich wie folgt:

1	2	3	4	5	6
Sorte	Menge	Äquivalenz-ziffer	Rechnungs-einheit	Selbstkosten je Sorte	Selbstkosten je Stck.
i	x_i	a_i	$x_i \cdot a_i$	(Summe K)	k_i
Normal-ziegel	600.000	1	600.000	360.000,00	0,60
Gitter-steine	200.000	1,2	240.000	144.000,00	0,72
Klinker	300.000	1,8	540.000	324.000,00	1,08
	1.100.000		1.380.000	828.000,00	

$$k_1 = \frac{828.000,00}{1 \cdot 600.000 + 1,2 \cdot 200.000 + 1,8 \cdot 300.000} \cdot 1 = 0,60\ [€/ME]$$

$$k_2 = \frac{828.000,00}{1 \cdot 600.000 + 1,2 \cdot 200.000 + 1,8 \cdot 300.000} \cdot 1,2 = 0,72\ [€/ME]$$

$$k_3 = \frac{828.000,00}{1 \cdot 600.000 + 1,2 \cdot 200.000 + 1,8 \cdot 300.000} \cdot 1,8 = 1,08\ [€/ME]$$

Probe:

$$600.000 \cdot 0,6 + 200.000 \cdot 0,72 + 300.000 \cdot 1,08 = 828.000,00\ [€]$$

9.2.1.2.3 *Kuppelkalkulationen*

9.2.1.2.3.1 *Allgemeines*

Kuppelproduktionen sind Fertigungsprozesse, bei denen aus technologischen Gründen zwangsläufig in einem Arbeitsgang mehrere Produktarten gleichzeitig entstehen, deren Mengenverhältnisse entweder unabänderlich oder nur innerhalb bestimmter Grenzen variierbar sind [vgl. Kilger, 1976, S. 354]. Solche Fertigungsprozesse gibt es hauptsächlich in der chemischen Industrie und in artverwandten Branchen. Abrechnungsziel der **Kuppelkalkulationen** ist es, die Gesamtkosten eines Kuppel-Fertigungsprozesses auf die zwangsläufig entstehenden Produkte zu verteilen. Dabei ist allerdings von vornherein klar, dass eine verursachungsgerechte Zurechnung nicht möglich ist, da die zwangsläufige, teilweise auf naturgesetzlichen Bedingungen beruhende Verbundenheit der Kuppelprodukte eine produktindividuelle Erfassung der Kosten für die einzelnen Kuppelerzeugnisse ausschließt [vgl. Huch, 1984, S. 132]. Da demnach das Verursachungsprinzip bei Kuppelprodukten versagt, muss entweder auf eine individuelle Kostenzurechnung verzichtet werden, oder es müssen Näherungslösungen angestrebt werden, z. B. auf der Grundlage des Tragfähigkeitsprinzips. In der Praxis kommen als Näherungsmethoden im Wesentlichen zwei Arten von Kalkulationsverfahren zur Anwendung:

- die Restwertmethode und
- die Verteilungsmethode.

9.2.1.2.3.2 *Restwertmethode*

Die Restwertmethode findet bei sog. einfacher Kuppelproduktion Anwendung. Hauptmerkmal einfacher Kuppelproduktionsprozesse ist die Entstehung eines Hauptproduktes, dessen Herstellung in erster Linie beabsichtigt ist, gleichzeitig entstehen weniger wertvolle Nebenprodukte. Nicht als Nebenprodukte einzustufen sind dabei Produktionsergebnisse, die als Abfall Beseitigungskosten verursachen. Die Beseitigungskosten müssen vom Hauptprodukt bzw. von den verwertbaren Nebenprodukten getragen werden.

Das Verfahren der Restwertmethode geht entsprechend dem **Tragfähigkeitsprinzip** davon aus, dass das Hauptprodukt der eigentliche Kostenverursacher ist. Abrechnungstechnisch werden daher zunächst die Gesamtkosten des Kuppelprozesses – inkl. etwaiger Weiterverarbeitungskosten der einzelnen Kuppelprodukte – ermittelt. Die Gesamtkosten des Kuppelprozesses werden anschließend um die (erwarteten) Netto-Erlöse der Nebenprodukte, d. h. abzüglich etwaiger noch anfallender Weiterverarbeitungs- und Beseitigungskosten, vermindert. Abgezogen werden weiterhin die direkt den Kuppelprodukten zurechenbaren Weiterbearbeitungskosten.

Die verbleibende Summe – die sog. Restkosten – werden dann durch die gesamte Produktionsmenge des Hauptproduktes dividiert.

Beispiel

Die Gesamtkosten eines Betriebes mit einfacher Kuppelproduktion betragen für ein Hauptprodukt und ein Nebenprodukt insgesamt inkl. Weiterverarbeitungskosten 5.250.000,00 €. Für das Nebenprodukt sind Verkaufserlöse in Höhe von 900.000,00 € zu erwarten. Insgesamt werden vom Hauptprodukt 2.300.000 Mengeneinheiten hergestellt, wobei direkt zurechenbare Weiterverarbeitungskosten von 2.200.000,00 € entstehen. Das Nebenprodukt verursacht Weiterverarbeitungskosten von 200.000,00 €.

Gesamtkosten	5.250.000,00
– direkt zurechenbare Kosten Hauptprodukt	2.200.000,00
– direkt zurechenbare Kosten Nebenprodukt	200.000,00
– Erlösüberschuss Nebenprodukt	700.000,00
= Restkosten	2.150.000,00

Die Herstellkosten pro Mengeneinheit des Hauptproduktes betragen damit:

$$\frac{2.200.000,00 + 2.150.000,00}{2.300.000,00} = 1,89 \text{ [€/ME]}$$

Die Selbstkosten des Hauptproduktes errechnen sich wie in der Zuschlagskalkulation durch prozentuale Zuschläge der Verwaltungs- und Vertriebsgemeinkosten zu den Herstellkosten.

9.2.1.2.3.3 *Verteilungsmethode*

Entstehen in einem Kuppelproduktionsprozess mehrere (Haupt-) Produkte, die in einer charakteristischen technischen Eigenschaft übereinstimmen, so können die Werte dieser technischen Eigenschaften (z. B. Wärmeeinheiten pro Mengeneinheiten oder Molekulargewichte) als Äquivalenzziffern zur Verteilung der Kosten auf die einzelnen Produkte herangezogen werden. Dieses vor allem in der chemischen Industrie angewandte Verfahren wird von Seiten der betriebswirtschaftlichen Fachliteratur abgelehnt. Stattdessen sollen auch bei Kuppelprozessen, für die keine eindeutige Trennung in Haupt- und Nebenprodukte möglich ist, wertmäßige Äquivalenzziffern, z. B. Marktpreise oder Opportunitätskosten, für die Kostenverrechnung verwendet werden. Während allerdings bei der Sortenfertigung durch die Verwendung von Äquivalenzziffern dem Verursachungsprinzip entsprochen werden soll, ist bei den Kuppelprozessen von vornherein nur das Tragfähigkeitsprinzip zu verwirklichen. Eine vertiefende Diskussion um die Berechtigung verschiedener Arten von Äquivalenzziffern bei Kuppelkalkulationen erscheint daher entbehrlich.

Beispiel

Als Äquivalenzziffern für die Verteilung der Kosten des Steinkohlenverbrauchs für die Kuppelprodukte Gas, Koks, und Teer eines Gaswerkes werden die Wärmeeinheiten (WE) pro Mengeneinheit zugrunde gelegt. Aus einer Tonne Steinkohle können gewonnen werden:

320 m^3 Gas zu je 5.100 WE	1.632.000 WE	=	23 %
750 kg Koks zu je 6.900 WE	5.175.000 WE	=	72 %
40 kg Teer zu je 9.000 WE	360.000 WE	=	5 %
	7.167.000 WE		100 %

Die anteiligen Kohlekosten und die Gesamtkosten für die drei Kuppelprodukte errechnen sich unter Berücksichtigung evtl. zusätzlicher Produktionskosten grundsätzlich nach folgendem Schema:

320 m^3 Gas	**750 kg Koks**	**40 kg Teer**
23 % der Kohlekosten	72 % der Kohlekosten	5 % der Kohlekosten
+ Verwaltungs- und	+ Verwaltungs- und	+ Verwaltungs- und
Vertriebskosten	Vertriebskosten	Vertriebskosten
= Gesamtkosten Gas	= Gesamtkosten Koks	= Gesamtkosten Teer

Zusammenfassung

Durch die Kalkulation sollen die Herstellkosten der Produktionsleistungen und die Selbstkosten der Absatzleistungen berechnet werden. Ausnahmsweise, z. B. bei Angeboten an öffentliche Auftraggeber oder bei Neueinführung von Produkten, können auch Preise kalkuliert werden. Eine Preiskalkulation ist aber grundsätzlich stets eine Vollkostenkalkulation mit allen bekannten Nachteilen dieses Verfahrens.

Die durch Kalkulation berechneten Herstellkosten und Selbstkosten sind keine Primär- sondern Sekundärkosten. In einer Grenzkostenrechnung besteht die Absicht, auf die Produkte nur die Grenzkosten zu verrechnen. Das errechnete Ergebnis – also die Grenzselbstkosten/Leistungseinheit – ist grundsätzlich zugleich die kurzfristige Preisuntergrenze für die kalkulierte Absatzleistung. Dabei ist aber zu beachten, dass das Gemeinkosten- und auch das Mischkostenproblem nicht eindeutig lösbar sind. Dies hat zur Folge, dass es bei Mehrproduktunternehmen generell nicht möglich ist, mit eindeutigen Preisuntergrenzen zu entscheiden. Während die Vollkostenrechnung wegen der unkontrollierten Verrechnung von fixen Kosten nicht in der Lage ist, kurzfristige Preisuntergrenzen zu berechnen, kann die Grenzkostenrechnung zwar abrechnungsmethodisch solche Entscheidungswerte berechnen, die errechneten Grenzselbstkosten dürfen aber nicht als eindeutige Werte aufgefasst werden.

Verfahrenstechnisch dominieren die Bezugsgrößen- oder Zuschlagskalkulationen. Beide Verfahren resultieren aus der traditionellen Abrechnung der Kostenstellenrechnung. Es wäre zu prüfen, ob statt der additiven Verknüpfung von Leistungseinzelkosten und Leistungsgemeinkosten nach diesen Verfahren, die Grenzselbstkosten wertschöpfungsbegleitend durch innerbetriebliche Leistungsverrechnung berechnet werden könnten.

Für bestimmte Produktionsprozesse lassen sich keine die Realität verursachungsgerecht abbildende Kalkulationen durchführen. Dies gilt insbesondere für sog. Kuppelprozesse der chemischen Industrie. Für die zahlenmäßige Abbildung der Ergebnisse dieser Produktionsprozesse wurden verschiedene Kalkulationstechniken entwickelt, die unter dem Oberbegriff Kuppelkalkulationen zusammengefasst werden.

Kontrollfragen

1. Was versteht man allgemein unter einer Kalkulation?
2. Wie lassen sich die Kalkualtionsverfahren unter Beachtung des Verursachungsprinzips gliedern?
3. Wie lassen sich die Kalkualtionsverfahren unter Beachtung der möglichen Fertigungsverfahren gliedern?
4. Welche Kalkulationsverfahren werden in der Praxis eingesetzt?
5. Wie sind die Verfahren der Grenz- und Vollkostenkalkulationen grundsätzlich aufgebaut?
6. Worin betehen die entscheidenden Unterschiede zwischen einer Grenz- und einer Vollkostenkalkulation?
7. Welche Schwächen hat die Vollkostenkalkulation?
8. Wie werden Hilfsstoff- und Betriebsstoffkosten in den verschiedenen Kalkulationsverfahren verrechnet? Welche Probleme zeichnen sich dabei ab?
9. Wie ist eine Preiskalkulation auf Vollkostenbasis durchzuführen? Ist dieses Verfahren auch auf Grenzkostenkalkulationen anwendbar?

10 Verfahren der kurzfristigen Erfolgsrechnung

Abbildung 10.1: Verfahren der kurzfristigen (operativen) Erfolgsrechnung

Verfahren der kurzfristigen Erfolgsrechnung können nach verschiedenen Kriterien systematisiert werden. Hier wird der Einteilung nach der Beachtung des Verursachungsprinzips der Vorzug gegeben. Wie schon früher dargelegt, ist der Begriff **Umsatzkosten** zumindest im Bereich der KLR nur gerechtfertigt, wenn den Absatzleistungen, also den Umsatzerlösen, genau die Kosten gegenübergestellt werden, die sie verursacht haben. Da diese Bedingung beim Ansatz von Vollselbstkosten nicht erfüllt ist, ist der Begriff **Umsatzkostenverfahren** in einer Vollkostenrechnung irreführend und sollte daher nicht verwendet werden. Für diese Erfolgsberechnung wäre der Begriff Gesamtkostenverfahren besser geeignet, wobei aber anders als in der Finanzbuchführung nicht der primäre Werteverzehr und auch keine Bestandsänderungen ausgewiesen werden.

Der Begriff „Deckungsbeitrag" sollte in Vollkostenrechnungen nicht verwendet werden. Der Deckungsbeitrag zeigt an, welcher Wertschöpfungsanteil von der entsprechenden Absatzleistung zur Deckung von Fixkosten erwirtschaftet wird. Die gesamte Wertschöpfung wird dabei durch den Preis der einzelnen Absatzleistung bzw. durch die Umsatzerlöse einer Produktgruppe bestimmt. Sind die Fixkosten bereits abgedeckt, ist der Deckungsbeitrag zugleich Gewinnbeitrag. Können die Fixkosten durch die Deckungsbeiträge nicht vollständig abgedeckt werden, entsteht trotz der Deckungsbeiträge insgesamt ein Verlust. Die Deckungsbeiträge selbst können aber nicht als Verlustbeiträge eingestuft werden.

Der Deckungsbeitrag kann bei strenger Auffassung als Differenz zwischen dem Preis und den Einzelkosten der Absatzleistung definiert werden. Werden neben der Absatzleistung weitere Zurechnungseinheiten für die Verrechnung von Einzelkosten gebildet, lassen sich zusätzlich relative Deckungsbeiträge ermitteln. Generell sollte aber beachtet werden, dass Deckungsbeiträge nur durch Absatzleistungen und nicht durch Innenleistungen oder innerbetriebliche Bereiche verursacht werden. Eine Zurechnung von Erlösen aus Absatzleistungen zu Innenbereichen hätte stets zuvor die Verursachung dieser Erlöse zu begründen.

Im Folgenden stehen die **Deckungsbeitragsrechnung** und **kurzfristige Erfolgsermittlung** auf Grenzkostenbasis als Umsatzkostenverfahren im Vordergrund. Die Vorzüge einer derartigen Rechnung gegenüber der auf Vollkostenbasis aufgestellten handelsrechtlichen Gewinn- und Verlustrechnung nach § 275 Abs. 3 HGB wurde bereits an anderer Stelle dargelegt. Dennoch besteht ein grundsätzliches Verwandtschaftsverhältnis zwischen beiden Gewinnberechnungen: beide Verfahren versuchen den periodischen Beitrag der laufenden Geschäftstätigkeit zur Erhöhung oder Verminderung des Eigenkapitals zu messen. Lediglich die Regeln zur Erfolgsmessung sind verschieden.

Neben der Berechnung der Erfolgsbeiträge pro Leistungseinheit bzw. für eine Produktgruppe sollte vor allem auch zur Messung von **Umsatz**- oder **Kapitalrentabilitäten** eine Periodenerfolgsrechnung zur Ermittlung des operativen Erfolges auf der Basis einer verursachungsgerechten Erfolgsmessung durchgeführt werden. Durch laufende Ist-Planvergleiche dient die Erfolgsmessung zugleich der laufenden **Erfolgskontrolle**.

Vorstufe einer Ergebnisermittlung auf Grenzkostenbasis ist eine Leistungsbezogene Deckungsbeitragsrechnung, die z. B. wie folgt aufgebaut ist:

Deckungsbeitragsrechnung	Produkt Typ A		Produkt Typ B	
	pro Stck.	Summe	pro Stck.	Summe
Verkaufte Stückzahl				
Absatzpreis u. Umsatzerlöse/Produkt				
Grenzselbstkosten u. Umsatzkosten				
Deckungsbeitrag/Stck.				
Gesamtdeckungsbeitrag/Produktart				
Summe DB alle Produktarten				

Abbildung 10.2: Schema einer Deckungsbeitragsrechnung

Beispiel
In der Abrechnungsperiode werden von den Geräten vom Typ A, 6.000 Stck., vom Typ B 3.000 Stck. und vom Typ C 1.000 Stck. verkauft. Der Preis/Stck. beträgt für Typ A 350,00 €, für Typ B 460,00 € und für Typ C 510,00 €. Die Grenzselbstkosten betragen für Typ A 338,96 €/Stck., für Typ B 345,10 €/Stck. und für Typ C 395,08 €/Stck. In einer Deckungsbeitragsrechnung sind die Umsatzerlöse, die Umsatzkosten, der Deckungsbeitrag/Stck., der Gesamtdeckungsbeitrag der Produktarten in der Abrechnungsperiode sowie der Gesamtdeckungsbeitrag aller Produkte zu berechnen und auszuweisen.

Die Deckungsbeitragsrechnung ist anschließend um eine kurzfristige (operative) Erfolgsermittlung auf Grenzkostenbasis nach dem Umsatzkostenverfahren zu erweitern. Die operative Ergebnisermittlung auf Grenzkostenbasis erfolgt nach folgendem Berechnungsschema:

Umsatzerlöse der Abrechnungsperiode lt. Finanzbuchführung – Umsatzkosten (= Grenzselbstkosten der Absatzleistungen)
= Deckungsbeitrag aller Absatzleistungen – fixe Kosten der Abrechnungsperiode
= **operatives** Ergebnis der Abrechnungsperiode

Abbildung 10.3: Kurzfristige Erfolgsrechnung auf der Basis von Grenzselbstkosten nach UKV

In diese Berechnung werden anders als beim handelsrechtlichen UKV den Umsatzerlösen die Grenzselbstkosten gegenübergestellt. In den Grenzselbstkosten sind auch die variablen Vertriebskosten inkl. der Sondereinzelkosten des Vertriebs enthalten. Die Verwaltungskosten und fixe Vertriebskosten sind ebenso wie die fixen Kosten der anderen Haupt- und Hilfskostenstellen in der Summe der fixen Kosten enthalten.

Bei Vorschaltung einer produktartenbezogenen Deckungsbeitragsrechnung könnte das operative Ergebnis abweichend von dem obigen Schema als Differenz zwischen dem Gesamtdeckungsbeitrag aller verkauften Produkte und den gesamten fixen Kosten der Abrechnungsperiode berechnet werden:

Gesamtdeckungsbeitrag aller verkauften Produkte – fixe Kosten der Abrechnungsperiode
= operatives Ergebnis der Abrechnungsperiode

Abbildung 10.4: Kurzfristige Erfolgsrechnung innerhalb der Deckungsbeitragsrechnung

Die Fixkosten könnten bei beiden Varianten der Ergebnisrechnung als Gesamtsumme („Fixkostenblock“) oder gegliedert nach Primärkosten dargestellt werden. Bei einer Primärkostengliederung der Fixkosten müssen die Kosten am besten direkt aus der Kostenartenrechnung übernommen werden.

Beispiel (Fortsetzung)
Die Deckungsbeitragsrechnung wird um eine kurzfristige Erfolgsrechnung ergänzt → vgl. Abbildung 10.5, S. 263. In Variante I werden dem Gesamtdeckungsbeitrag die gesamten Fixkosten in einer Gesamtsumme gegenübergestellt. Die Summe der Fixkosten der Abrechnungsperiode beträgt 462.918,63 € → vgl. Abbildung 10.6a, S. 263. In Variante II werden den Umsatzerlösen getrennt nach Produktarten die zugehörigen Umsatzkosten gegenübergestellt und der Gesamtdeckungsbeitrag ermittelt. Die fixen Kosten werden nach Primärkostenarten gegliedert. Die operative Ergebnisermittlung erfolgt durch T-Kreuz-Darstellung → vgl. Abbildung 10.6b, S. 264.

Zur Berechnung des operativen Ergebnisses sollen noch folgende Aspekte behandelt werden:

1. Welche Probleme treten zusätzlich auf, wenn die laufende Produktion nicht vollständig verkauft wird?
2. Wie ändert sich die Ermittlung des operativen Ergebnisses, wenn zu Vollselbstkosten bewertet wird? → vgl. S. 265
3. Welche Folgerungen ergeben sich daraus für die laufende Ergebnisüberwachung? → vgl. S. 266
4. Welche Unterschiede bestehen zum UKV nach § 275 Abs. 3 HGB? → vgl. S. 266

1. Probleme bei nicht vollständigem Verkauf der laufenden Produktion

Angenommen, die für das obige Zahlenbeispiel geltende Abrechnungsperiode sei zugleich die erste Abrechnungsperiode. Dabei sollen vom Produkt Typ A statt 6.000 Stück nur 5.000 Stück verkauft werden. Wie ändert sich die Ergebnissituation und welche Auswirkungen ergeben sich in der nächsten Abrechnungsperiode, wenn c.p. unterstellt wird, dass dort 5.000 Stck. vom Typ A produziert und 6. 000 Stck. verkauft werden?

Für die Ergebnisermittlung nach dem UKV gilt: der Gesamtdeckungsbeitrag des Typ A vermindert sich um 1.000 Stck. · 10,96193 €/Stck. = 10.961,93 € von 525.098,13 € auf 514.136,19 €. Dadurch sinkt der operative Gewinn von 62.179,50 auf 51.217,57 €. Die nicht verkauften Produkte werden – anders als in der Finanzbuchführung – nicht zu Herstellungskosten, sondern zu Grenzselbstkosten bewertet. Da in der Finanzbuchführung die Bestände häufig nur einmal für die Zwecke der Inventur bewertet werden, tritt eine Bewertungskollision während des Jahres eher nicht auf, auch eine doppelte Bestandsführung mit alternativen Werten ist grundsätzlich nicht erforderlich.

Deckungsbeitragsrechnung	**Produkt Typ A**		**Produkt Typ B**		**Produkt Typ C**	
	pro Stck.	Summe	pro Stck.	Summe	pro Stck.	Summe
Verkaufte Stückzahl		6.000		3.000		1.000
Absatzpreis u. Umsatzerlös/Produkt	350,00	2.100.000,00	460,00	1.380.000,00	510,00	510.000,00
Grenzselbstkosten u. Umsatzkosten	339,04	2.034.228,40	345,17	1.035.515,99	395,16	395.157,48
Deckungsbeitrag/Stck.	11,04		114,83		114,84	
Gesamtdeckungsbeitrag/Produktart		65.771,60		344.484,01		114.842,52
Gesamtdeckungsbeitrag alle Produkte	525.098,13					

Abbildung 10.5: Deckungsbeitragsrechnung

Gesamtdeckungsbeitrag	525.839,13
– gesamte fixe Kosten	462.918,63
= operativer Gewinn	62.920,50

Abbildung 10.6a: Operative Ergebnisermittlung Variante I

Kosten	Operatives Ergebnis UKV		Leistungen
Umsatzkosten Typ A	2.034.228,40	Absatzleistung Typ A	2.100.000,00
Umsatzkosten Typ B	1.035.515,99	Absatzleistung Typ B	1.380.000,00
Umsatzkosten Typ C	395.157,48	Absatzleistung Typ C	510.000,00
Gesamtdeckungsbeitrag	525.098,13		
fixe Kosten:			
Treibstoffe, Heizöl	7.440,00		
Wasser, Kanal	1.290,00		
Büromaterialkosten	750,00		
kalkulatorische Stromkosten	6.210,00		
Akkordlohnkosten (Mischkostenanteil)	65.047,50		
Zeitlohnkosten	73.605,00		
Gehaltskosten	36.750,00		
kalkulatorische Sozialkosten	42.013,13		
kalk. Abschreibungen	70.395,00		
kalkulatorische Werbekosten	5.000,00		
Kommunikationskosten	1.350,00		
Kalkulatorisches Anlagenwagnis	1.500,00		
kalkulatorische Zinsen	48.128,00		
sonstige fixe Kosten	103.440,00		
operativer Gewinn	62.179,50		
	3.990.000,00		3.990.000,00

Abbildung 10.6b: Operative Ergebnisermittlung Variante II

Ob in den Grenzselbstkosten anteilige Vertriebskosten enthalten sind, kann nicht generell beantwortet werden. Sind die nicht verkauften Produkte absatzreif in dem Sinne, dass auch Sondereinzelkosten des Vertriebs und bestimmte variable Vertriebskosten verursacht worden sind, sind in den Grenzselbstkosten bereits Vertriebskosten enthalten. Die Grenzselbstkosten der absatzreifen Produkte werden in der nächsten Periode zu Umsatzkosten, wenn keine weiteren variablen Vertriebskosten verursacht werden. Unter den Prämissen des Beispiels wird in der nächsten Periode genau der operative Gewinn in Höhe von 62.179,50 € ausgewiesen, der dem Vollabsatz in der ersten Periode entspricht. Die Produkte aus der Periode 1 sind in den Umsatzkosten der Periode 2 auszuweisen. Weitere Bestandsbewertungsprobleme entstehen auch bei stärkeren zeitlichen Verschiebungen zwischen Produktion und Absatz nicht.

2. Bewertung zu Vollkosten

Bei einer operativen Ergebnisermittlung zu Vollselbstkosten erfolgt kein Ausweis von Deckungsbeiträgen, die fixen Kosten sind vollständig in den Selbstkosten enthalten. Für die drei Produkttypen errechnen sich folgende Vollselbstkosten/Stck.:

	Typ A	Typ B	Typ C
Vollselbstkosten /Stck.	383,64 €	393,17 €	446,48 €

Daraus ergibt sich folgende kurzfristige Erfolgsrechnung nach dem UKV:

Kosten	Operatives Ergebnis UKV		Leistungen
Selbstkosten Typ A	2.301.837,15	Absatzleistung Typ A	2.100.000,00
Selbstkosten Typ B	1.179.505,87	Absatzleistung Typ B	1.380.000,00
Selbstkosten Typ C	446.477,48	Absatzleistung Typ C	510.000,00
operativer Gewinn	62.179,50		
	3.990.000,00		3.990.000,00

Damit wird deutlich, dass das Periodenergebnis mit dem Ergebnis bei Ansatz von Grenzselbstkosten übereinstimmt, lediglich die Ausweistechnik bzw. die Gliederung der Erfolgskomponenten ist verschieden. Auch für Bestandsänderungen innerhalb verschiedener Abrechnungsperioden gilt das oben zur Ergebnisrechnung auf Grenzkostenbasis Gesagte analog. Wenn die Fixkosten aus anderen Gründen als durch die Produktion verursacht variieren, kann es allerdings zu Periodenverschiebungen beim Erfolgsausweis kommen. Angenommen in der ersten Periode würde nichts verkauft, so würde bei einer Ergebnisermittlung auf Grenzkostenbasis ein Verlust in Höhe der fixen Kosten von 462.918,63 € ausgewiesen. In einer Ergebnisermittlung auf Vollkostenbasis würde hingegen ein Nullergebnis ausgewiesen. In der nächsten Periode, wenn z. B. alle Produkte verkauft würden, würde die Ergebnisrechnung auf Vollkostenbasis ein entsprechend schlechteres Ergebnis ausweisen. Allgemein folgt daraus bei Bestandsänderungen:

Bestandserhöhungen

Ergebnis auf Vollkostenbasis > Ergebnis auf Grenzkostenbasis

Bestandsminderungen

Ergebnis auf Vollkostenbasis < Ergebnis auf Grenzkostenbasis

3. Folgerungen für laufende Ergebnisüberwachung

Für die laufende Ergebnisüberwachung ist zu folgern, dass eine Erfolgsmessung auf Grenzkostenbasis den in der Abrechnungsperiode verursachten Erfolg zutreffender ausweist als eine Erfolgsmessung auf Vollkostenbasis. Fixe Kosten können weder den Leistungen der Abrechnungsperiode noch den Abrechnungsperioden eindeutig zugerechnet werden. Dass dadurch Fehlentscheidungen induziert werden können, ist nicht auszuschließen und soll auch mit der abschließenden Aufgabe nochmals verdeutlicht werden. Diese Überlegungen gelten auch für die handelsrechtliche Erfolgsermittlung, die nur zwischen Einzel- und Gemeinkosten unterscheidet, fixe Kosten damit unreflektiert in die periodische Erfolgsmessung und Bestandsbewertung einfließen lässt.

4. Unterschiede zum UKV nach § 275 Abs. 3 HGB

Die Berechnung des handelsrechtlichen Gewinnes bzw. Verlustes und die Ermittlung des operativen Ergebnisses der KLR geben beide Auskunft über die Entwicklung des Eigenkapitals in der Abrechnungsperiode. Es bestehen aber folgende Unterschiede:

1. Die handelrechtliche Erfolgsmessung basiert auf Aufwendungen und Erträgen und nicht auf Kosten und Leistungen. Das handelsrechtliche Ergebnis unterscheidet sich also um den Gesamtsaldo aus neutralen Aufwendungen und Erträgen sowie aus kalkulatorischen Kosten und kalkulatorischen Leistungen. Der Umfang des Unterschiedes hängt von den jeweiligen Kosten- und Leistungsbegriffen – pagatorische oder wertmäßige Kosten und Leistungen – ab.
2. Wie vorhin angedeutet, ist der handelsrechtlichen Erfolgsmessung eine Trennung zwischen fixen und variablen Aufwendungen fremd. Wird das operative Ergebnis auf Grenzkostenbasis berechnet, kommt es bei Lagerproduktion und Lagerabbau zu Ergebnisunterschieden zum handelsrechtlichen Ergebnis. Das handelsrechtliche Ergebnis kann daher auch nicht als (Gesamt-) Deckungsbeitrag gedeutet werden.
3. Die Darstellung des Ergebnisses wird auch davon beeinflusst, dass handelsrechtlich die Vertriebskosten nicht in die Herstellungskosten der abgesetzten Leistungen eingerechnet werden dürfen. Ein Selbstkostenansatz wie in der KLR kommt handelsrechtlich derzeit nicht in Betracht.

Zusammenfassung

Für die Berechnung und Kontrolle der Rentabilität werden auch innerhalb der KLR Erfolgsgrößen berechnet. Anders als die Erfolgsberechnung der Finanzbuchführung bleiben aber die gesetzlichen Regelungen des HGB oder anderer (internationaler) Rechnungslegungsvorschriften außer Betracht. Der Erfolg wird innerhalb der KLR auch durch die anzuwendenden Kosten- und Leistungsbegriffe bestimmt. Ergebnisse können dabei z. B. auf pagatorischer oder wertmäßiger Ebene berechnet werden. Anders als die Finanzbuchführung errechnet die KLR auch Stück- bzw. Leistungseinzelerfolge. In einer Grenzkostenrechnung sind die von den jeweiligen Absatzleistungen erzielten Deckungsbeiträge als Leistungseinzelerfolge definiert. Da die fixen Kosten der Abrechnungsperiode bei der Berechnung von Deckungsbeiträgen noch nicht berücksichtigt sind, dürfen positive Deckungsbeiträge nicht als Gewinnbeiträge interpretiert werden. Die in einer Vollkostenrechnung errechneten Gewinnbeiträge pro Absatzleistung sind kein zuverlässiges Maß für unternehmenspolitische Entscheidungen, da sie von einer unkontrollierten und nicht nachprüfbaren Verteilung der in diesem System nicht separierten Fixkosten beeinflusst werden. Dies trifft allerdings auch für die nicht eindeutig abgrenzbaren fixen Kosten der in den Grenzkosten enthaltenen Mischkostenanteile zu. Exakt verursachungsgerechte Deckungsbeiträge sind daher auch aus diesem Grunde grundsätzlich nicht ermittelbar.

Für die Periodenerfolgsrechnung sind in der KLR anders als in der Finanzbuchführung den Umsatzerlösen aller Absatzleistungen nur die dadurch verursachten Umsatzkosten gegenüberzustellen. Die Umsatzkosten in diesem Sinne können nur die Grenzselbstkosten der Absatzleistungen sein. Die Differenz zwischen den gesamten Umsatzerlösen und den gesamten Umsatzkosten ist der Gesamtdeckungsbeitrag der Abrechnungsperiode. Die Differenz zwischen dem Gesamtdeckungsbeitrag und den der Abrechnungsperiode (durch Schätzung) zugerechneten fixen Kosten ist der operative Gewinn bzw. Verlust einer Abrechnungsperiode. Zu beachten ist, dass dieses Ergebnis auf der Basis verschiedener Kosten- und Leistungsbegriffe errechnet werden kann, z. B. auf pagatorischer und/oder wertmäßiger Basis. Dies hat zur Folge, dass pro Periode regelmäßig nicht nur ein, sondern eine Vielzahl von operativen Ergebnissen ermittelt werden können. Dabei ist nicht auszuschließen, dass z. B. die Finanzbuchführung einen Gewinn bzw. Jahresüberschuss, die KLR für die gleiche Abrechnungsperiode einen vom handelsrechtlichen Ergebnis verschiedenen operativen Gewinn und gleichzeitig auch einen Verlust ausweist. Dies macht auch deutlich, dass die Frage nach dem Gewinn der Abrechnungsperiode keine einzelne, sondern eine Vielzahl von Antworten zulässt. Den Gewinn, verstanden als einzelne unumstößliche Größe, gibt es in der Praxis nicht.

Die abschließende Erfolgsermittlung lässt nochmals deutlich werden, dass die KLR (auch) ein spezielles Abrechnungsverfahren über die Änderungen des Eigenkapitals, also über die Änderungen der Ansprüche der Eigentümer an ihr Unternehmen ist. Trotz der strukturellen Verwandtschaft mit der Aufwands- und Ertragsrechnung (Gewinn- und Verlustrechnung) der Finanzbuchführung erlaubt die auf Grenzkosten basierende KLR wesentlich genauere Aussagen über den betrieblichen Wertschöpfungsprozess und scheint daher für zuverlässige operative Entscheidungen unverzichtbar.

Kontrollfragen

1. Was versteht man unter dem operativen Ergebnis?
2. Wie lassen sich die Verfahren zur kurzfristigen Erfolgsrechnung unter Beachtung des Verursachungsprinzips gliedern?
3. Wie ist das operative Ergebnis nach dem Umsatzkostenverfahren zu berechnen?
4. Welcher Zusammenhang besteht zwischen einer kurzfristigen Erfolgsrechnung und einer Deckungsbeitragsrechnung?
5. Was ist der Unterschied zwischen Deckungsbeitrag und Gewinnbeitrag?
6. Können in einer Grenzkostenrechnung Gewinnbeiträge berechnet werden?

Zusammenfassendes Beispiel zur Kalkulation und operativen Erfolgsermittlung

Ein Unternehmen stellt in der Abrechnungsperiode drei Produkte A, B und C her. Die gesamte Produktion wird verkauft. Von A werden zu einem Preis/Stck. von 16,00 € 20.000 Stck., von B zu einem Preis/Stck. von 23,50 € 40.000 Stck. und von C zu einem Preis/Stck. von 40,00 € 50.000 Stck. verkauft. Die Kapazität ist voll ausgelastet. Der Unternehmensbereich ist für die Zwecke des Controllings in die Kostenstellenbereiche Materiallager (M), Fertigungsbereich (F), Verwaltungsbereich (Vw) und Vertriebsbereich (Vt) gegliedert. Hilfsbereiche werden nicht geführt.

Für die Produktion gelten folgende Daten:

	A	B	C
Produzierte Stück	20.000	40.000	50.000
Rohstoffverbrauch kg/Stck.	1 kg/Stck.	1,5 kg/Stck.	2,4 kg/Stck.
Wiederbeschaffungskosten/kg	10,50 €/kg	10,50 €/kg	10,50 €/kg
Fertigungszeit min/Stck.	3 min/Stck.	3 min/Stck.	5 min/Stck.
Akkordstücklohn €/min	0,50 €/min	0,60 €/min	0,60 €/min

Im Einzelnen entstehen folgende zusätzliche wertmäßige Primärkosten:

Wertmäßige Primärkosten	Summen	Kostenstelle
Hilfsstoffkosten	250.000,00	F
Betriebsstoffkosten	120.000,00	M:F:Vw =1:1:1
Gehaltskosten	150.000,00	Vw
Gesetzliche Sozialkosten Akkord		25 %
Gesetzliche Sozialkosten Gehälter		20 %
Abschreibungen Maschine I	22.500,00	F
Abschreibungen Maschine II	30.500,00	F
Kalkulatorische Zinsen	24.000,00	M:F:Vw:Vt= 7:10:3:4
Sonstige Leistungsgemeinkosten	80.000,00	M:F:Vw:Vt = 6:10:1:3

Aufgaben

Aufgabe 1

Führen Sie die Kostenstellenrechnung für eine Vollkostenrechnung durch.

Aufgabe 2

Führen Sie die Kostenstellenrechnung für eine Grenzkostenrechnung mit einer Spaltengliederung in leistungsvariable Kosten, fixe Kosten und Gesamtkosten durch.

Dabei gelten folgende Regeln:

- Alle Mischkosten sind in der Grenzkostenrechnung mit einem Variator von 40 % in leistungsvariable Gemeinkosten und leistungsfixe Kosten aufzuteilen.
- Der leistungsvariable Anteil der Betriebsstoffkosten beträgt bei Vollbeschäftigung 60.000,00 €. Er verteilt sich im Verhältnis 1 : 2 auf M und F. Mischkosten treten in diesem Bereich nicht auf.
- Die Zinskosten sind in vollem Umfang leistungsfixe Kosten.
- Die sonstigen Leistungsgemeinkosten sind – soweit sie keine Verwaltungskosten sind – zu 40 % Mischkosten.

Aufgabe 3

Die Kalkulation für die drei Produkte A, B und C ist durchzuführen:

1. Zunächst sind die **Vollselbstkosten**/Stck. mit einer Zuschlagskalkulation nach folgenden Regeln zu berechnen:
   - Die Rohstoffkosten und die Akkordlohnkosten werden den Produkten einzeln zugerechnet.
   - Die Materialgemeinkosten werden auf der Basis der Rohstoffkosten, die Fertigungsgemeinkosten auf der Basis der Akkordlohnkosten geschlüsselt (zugeschlagen).
   - Die Verwaltungs- und Vertriebsgemeinkosten werden auf der Basis der Herstellkosten geschlüsselt (zugeschlagen).
2. Anschließend sind die **Grenzselbstkosten**/Stck. nach folgenden Regeln zu berechnen:
   - Die Rohstoffkosten werden den Produkten einzeln zugerechnet.
   - Die leistungsvariablen Gemeinkosten im Materialbereich werden durch gefahrene Gabelstaplerstunden verursacht. In der Abrechnungsperiode wurden für alle Produkte insgesamt 500 Fahrstunden geleistet. Es wird unterstellt, dass die dadurch

verursachten variablen Materialgemeinkosten stückproportional verursacht werden.
- Die leistungsvariablen Gemeinkosten im Fertigungsbereich werden den Produkten proportional zu ihren Fertigungszeiten zugerechnet.
- Die leistungsvariablen Gemeinkosten im Vertriebsbereich werden durch gefahrene Gabelstaplerstunden verursacht. Die Zurechnung erfolgt analog zu den Materialgemeinkosten.
- Fixe Kosten werden den Produkten nicht zugerechnet.

Aufgabe 4

Anschließend sind folgende Ergebnisgrößen zu berechnen und zu analysieren:

1. Vollkostenrechnung
   1.1. Gewinn-/Verlustbeitrag/Stck.
   1.2. gesamte Gewinnbeiträge
   1.3. operatives Ergebnis der Abrechnungsperiode
2. Grenzkostenrechnung
   2.1. Deckungsbeitrag/Stck.
   2.2. gesamte Deckungsbeiträge der Produkte und Gesamtdeckungsbeitrag der Periode
   2.3. operatives Ergebnis der Abrechnungsperiode

Bei der Analyse sind z. B. Folgen aus Änderungen der Absatzmengen bei „Verlustprodukten“ zu berechnen.

Aufgabe 5

In der Grenzkostenrechnung ist eine Break-even-Analyse durchzuführen.

Lösungen

Aufgabe 1

Berechnung der Zuschlagssätze in der **Vollkostenrechnung**:

$$\frac{\text{Materialgemeinkosten} \cdot 100}{\text{Materialeinzelkosten}} = \frac{71.000{,}00\ € \cdot 100}{2.100.000{,}00\ €} = 3{,}3810\ \%$$

$$\frac{\text{Fertigungsgemeinkosten} \cdot 100}{\text{Akkordlohnkosten}} = \frac{708.000{,}00\ € \cdot 100}{252.000{,}00\ €} = 280{,}9524\ \%$$

Die Herstellkosten als Basis für die Berechnung der Zuschlagssätze für die Verwaltungs- und Vertriebsgemeinkosten berechnen sich wie folgt:

Rohstoffkosten	2.100.000,00
+ Materialgemeinkosten	71.000,00
= Materialkosten (I.)	2.171.000,00
Akkordlohnkosten	252.000,00
Fertigungsgemeinkosten	456.000,00
= Fertigungskosten (II.)	708.000,00
Herstellkosten (I. + II.)	2.879.000,00

$$\frac{\text{Verwaltungsgemeinkosten} \cdot 100}{\text{Herstellkosten}} = \frac{227.000{,}00\ € \cdot 100}{2.879.000{,}00\ €} = 7{,}8847\ \%$$

$$\frac{\text{Vertriebsgemeinkosten} \cdot 100}{\text{Herstellkosten}} = \frac{16.000{,}00\ € \cdot 100}{2.879.000{,}00\ €} = 0{,}5557\ \%$$

Abstimmsumme: gesamte wertmäßige Kosten der Abrechnungsperiode:

Herstellkosten + Verwaltungsgemeinkosten + Vertriebsgemeinkosten =
2.879.000,00 € + 227.000,00 € + 16.000,00 € = 3.122.000,00 €.

Berechnung der Selbstkosten/Leistungseinheit in der **Grenzkostenrechnung**:

Materialbereich Gabelstapler:

$$\frac{\text{Sekundärkosten}}{\text{Stck. Fertigerzeugnis}} = \frac{23.840{,}00\ €}{110.000\ \text{Stck.}} = 0{,}217\ €/\text{Stck.}$$

Fertigungsbereich:

	A	B	C	Summen
Fertigungszeiten min	60.000	120.000	250.000	430.000
Fertigungsgemeinkosten				443.600,00
Selbstkostenpreis/min				1,0316279
min/Stck.	3	3	5	
Grenzkosten/Stck.	3,09488372	3,0948837	5,15813953	

Vertriebsbereich Gabelstapler:

$$\frac{\text{Sekundärkosten}}{\text{Stck. Fertigerzeugnis}} = \frac{1.920{,}00\ €}{110.000\ \text{Stck.}} = 0{,}01745\ €/\text{Stck.}$$

Primärkostenart	wertmäßige Kosten	M	F	Vw	Vt
		Vollk.	Vollk.	Vollk.	Vollk.
Hilfsstoffkosten	250.000,00		250.000,00		
Betriebsstoffkosten	120.000,00	40.000,00	40.000,00	40.000,00	
Gehaltskosten	150.000,00			150.000,00	
Gesetzliche Sozialkosten Akkord	63.000,00		63.000,00		
Gesetzliche Sozialkosten Gehälter	30.000,00			30.000,00	
Abschreibungen Maschine I	22.500,00		22.500,00		
Abschreibungen Maschine II	30.500,00		30.500,00		
Kalkulatorische Zinsen	24.000,00	7.000,00	10.000,00	3.000,00	4.000,00
Sonstige Leistungsgemeinkosten	80.000,00	24.000,00	40.000,00	4.000,00	12.000,00
Summen	770.000,00	71.000,00	456.000,00	227.000,00	16.000,00

Abbildung 10.7: Kostenstellenrechnung der Vollkostenrechnung

Aufgabe 2

Primärkostenart	wertmäßige Kosten	M variabel	M fix	M gesamt	F variabel	F fix	F gesamt
Hilfsstoffkosten	250.000,00				250.000,00		250.000,00
Betriebsstoffkosten	120.000,00	20.000,00	20.000,00	40.000,00	40.000,00	0,00	40.000,00
Akkordlohnkosten	252.000,00				100.800,00	151.200,00	252.000,00
Gehaltskosten	150.000,00						
Gesetzliche Sozialkosten Akkord	63.000,00				25.200,00	37.800,00	63.000,00
Gesetzliche Sozialkosten Gehälter	30.000,00						
Abschreibungen Maschine I	22.500,00				9.000,00	13.500,00	22.500,00
Abschreibungen Maschine II	30.500,00				12.200,00	18.300,00	30.500,00
Kalkulatorische Zinsen	24.000,00		7.000,00	7.000,00		10.000,00	10.000,00
Sonstige Gemeinkosten	80.000,00	3.840,00	20.160,00	24.000,00	6.400,00	33.600,00	40.000,00
Summen	1.022.000,00	23.840,00	47.160,00	71.000,00	443.600,00	264.400,00	708.000,00

Abbildung 10.8: Kostenstellenrechnung der Grenzkostenrechnung

Primärkostenart	Vw			Vt		
	variabel	fix	gesamt	variabel	fix	gesamt
Hilfsstoffkosten						
Betriebsstoffkosten		40.000,00	40.000,00			
Akkordlohnkosten						
Gehaltskosten		150.000,00	150.000,00			
Gesetzliche Sozialkosten Akkord						
Gesetzliche Sozialkosten Gehälter		30.000,00	30.000,00			
Abschreibungen Maschine I						
Abschreibungen Maschine II						
Kalkulatorische Zinsen		3.000,00	3.000,00		4.000,00	4.000,00
Sonstige Gemeinkosten		4.000,00	4.000,00	1.920,00	10.080,00	12.000,00
Summen	0,00	227.000,00	227.000,00	1.920,00	14.080,00	16.000,00

Abbildung 10.8: Fortsetzung

Aufgabe 3.1

Vollkosten-Zuschlagskalkulation	Zuschlagssatz	A	B	C
Rohstoffkosten		10,50	15,75	25,20
+ Materialgemeinkosten	3,3810 %	0,36	0,53	0,85
= **Materialkosten** (I.)		10,86	16,28	26,05
+ Akkordlohnkosten		1,50	1,80	3,00
+ Fertigungsgemeinkosten	180,9524 %	2,71	3,26	5,43
= **Fertigungskosten** (II.)		4,21	5,06	8,43
Herstellkosten		15,07	21,34	34,48
+ Verwaltungsgemeinkosten	7,8847 %	1,19	1,68	2,72
+ Vertriebsgemeinkosten	0,5557 %	0,08	0,12	0,19
= **Vollselbstkosten**		16,34	23,14	37,39
gesamte Vollselbstkosten pro Produktart		326.823,97	925.632,03	1.869.544,00
Gesamte Vollselbstkosten aller Produkte				3.122.000,00
Ergebnisrechnung auf Vollkostenbasis:				
Preis/Stck.		16,00	23,50	40,00
Gewinnbeitrag/Stck.		–0,34	0,36	2,61
Gesamte Gewinnbeiträge		–6.823,97	14.367,97	130.455,99
operatives Ergebnis		138.000,00		

Abbildung 10.9: Kalkulation und Ergebnisrechnung in einer Vollkostenrechnung

Aufgabe 3.2

Grenzkosten-Kalkulation	Variable Kosten/LE	LE	A	B	C
Rohstoffkosten			10,50	15,75	25,20
+ variable Materialgemeinkosten	0,216727273	1	0,22	0,22	0,22
= **Materialkosten**			10,72	15,97	25,42
+ Fertigungsgemeinkosten	1,031627907		3,09	3,09	5,16
= **Grenzherstellkosten**			13,81	19,06	30,57
+ variable Vertriebsgemeinkosten	0,02	1	0,02	0,02	0,02
= **Grenz-Selbstkosten**			13,83	19,08	30,59
Ergebnisrechnung auf Grenzkostenbasis:					
Preis/Stck.			16,00	23,50	40,00
Deckungsbeitrag/Stck.			2,17	4,42	9,41
Gesamte Deckungsbeiträge			43.418,69	176.837,38	470.383,93
Gesamtdeckungsbeitrag			690.640,00		
– Summe Fixkosten			552.640,00		
= **operatives Ergebnis**			138.000,00		

Abbildung 10.10: Kalkulation und Ergebnisrechnung in einer Grenzkostenrechnung

Analyse der Ergebnisse

Das Periodenergebnis ist bei beiden Erfolgsmessungsverfahren gleich. Bei der Analyse der Produktergebnisse fällt auf, dass bei der Berechnung auf Grenzkostenbasis alle Produkte einen positiven Deckungsbeitrag aufweisen. Bei der Berechnung auf Vollkostenbasis weist Produkt A allerdings einen Verlustbeitrag auf. Ein Unternehmen, das lediglich Vollkostenkalkulationen durchführt, würde womöglich zu der Schlussfolgerung kommen, den Verkauf von Produkt A einzuschränken oder – wenn keine Komplementärwirkungen mit anderen Produkten bestehen – sogar einzustellen. Bei Verwendung einer Grenzkostenrechnung würden solche produktpolitischen Entscheidungen grundsätzlich nicht veranlasst. Obwohl die Verhältnisse in der Praxis zumeist komplexer sind, könnte danach Folgendes eintreten:

Bei einer Reduktion um 10.000 Stck. würde wohl folgende Ergebnissteigerung erwartet:

$$\mathbf{138.000{,}00\ € + 10.000\ Stck. \cdot 0{,}3412\ €/Stck. \approx 141.412{,}00\ €}$$

Das operative Ergebnis würde also um 3.412,00 € gesteigert. Dieser Effekt ist darauf zurückzuführen, dass die Kalkulationssätze nicht an die verringerte Beschäftigung angepasst werden, was für die Praxis nicht auszuschließen ist. Daraus folgt, dass sich pro weniger produziertem Produkt eine Ergebnisverbesserung als Differenz der Vollselbstkosten in Höhe von 16,3412 € und dem Produktpreis in Höhe von 16,00 € = 0,3412 € errechnet. Die Vermeidung des Verlustbeitrages in Höhe von 0,3412 €/Stck. multipliziert mit der nicht mehr produzierten Stückzahl bewirkt die scheinbare Ergebnisverbesserung der Abrechnungsperiode. Dabei geht die Berechnung auf der Basis von Vollselbstkosten von der unzutreffenden Vorstellung aus, dass kurzfristig auch die Fixkosten abgebaut werden. Insgesamt werden bei dieser Berechnungsweise zu geringe Gesamtkosten verrechnet.

In Wirklichkeit gehen aber bei einem Produktionsrückgang bei unveränderten Fixkosten (lediglich) die Deckungsbeiträge des Produktes verloren. Der Wegfall von 10.000 Produkten vom Typ A führt zu einer Verminderung des Gesamtdeckungsbeitrages von

$$\mathbf{10.000\ Stck. \cdot 2{,}17\ €/Stck. \approx 21.709{,}00\ €}$$

Die Gesamtkosten mindern sich nur um die Grenzkosten in Höhe von 13,829 €/Stck. · 10.000 Stck. ≈ 138.292,00 €. Das Ergebnis verbessert sich nicht, sondern verschlechtert sich von 138.000,00 € um 21.709,00 € auf 116.291,00 €. Die Höhe der Gesamtkosten ist 2.983.709,34 € und nicht 2.958.588,02 € wie bei der Rechnung auf der Basis von Vollselbstkosten.

C.p. tritt also bei Produktionseinschränkungen von Produkten, die die Vollkostenrechnung als Verlustprodukte kennzeichnet, kurzfristig keine Verbesserung, sondern eine Verschlechterung des Periodenergebnisses ein, wenn das Produkt einen positiven Deckungsbeitrag liefert. Ein Unternehmen, das lediglich eine Vollkostenrechnung betreibt, kann allerdings nicht feststellen, ob das Verlustprodukt positive Deckungsbeiträge erwirtschaftet. Dazu wäre eine Grenzkostenkalkulation erforderlich. Erst durch den Abbau von Kapazitäten kann dieser Effekt im Nachhinein (vielleicht) bereinigt werden.

Sollte also in einem Unternehmen, das ausschließlich zu Vollkosten kalkuliert, in dieser oder ähnlicher Weise gerechnet werden, sind erhebliche Fehlinformationen aus der kurzfristigen Erfolgsrechnung zu erwarten [zur jahrzehntelangen Diskussion zur Problematik Vollkostenrechnungen versus Grenzkostenrechnungen vgl. den Literaturüberblick bei HANRATH, 2000, S. 259 ff.].

Was würde sich ändern, wenn die Kalkulationssätze in einer Vollkostenkalkulation einer sich einer ändernden Beschäftigungssituation angepasst werden?

Da die fixen Kosten durch den Wegfall eines Teils der Produktion vom Typ A zunächst nicht abgebaut werden können, müssten die Kalkulationssätze der Beschäftigungsentwicklung proportional angepasst werden. Dies hätte zur Folge, dass alle Gemeinkosten in der ursprünglichen Höhe verrechnet werden – also als fix eingestuft werden. Diese Verrechnung würde für den Anteil der variablen Kosten innerhalb der Gemeinkosten nicht zutreffen, es würden also zu viele Kosten verrechnet, das Ergebnis würde vergleichsweise zu niedrig ausgewiesen. Bei einer Senkung der Stückzahl von Produkt Typ A auf 10.000 Stck. würde auf Vollkostenbasis ein Ergebnis von 98.000,00 €, bei einer Ergebnisrechnung auf Grenzkostenbasis hingegen c.p. ein operativer Gewinn von ca. 116.290,66 € ausgewiesen.

Fazit:
Auch bei einer Anpassung der Zuschlagssätze an Beschäftigungsschwankungen können in Ergebnisrechnungen auf Vollkostenbasis keine zutreffenden Ergebnisse berechnet werden, da der variable Anteil in den Gemeinkosten als fix behandelt wird, wenn nach einer Anpassung der Kalkulationssätze in der Summe die gleichen Gemeinkosten verrechnet werden. In einer Erfolgsrechnung auf Grenzkostenbasis werden diese Zusammenhänge – abgesehen von den Folgen des unlösbaren Mischkostenproblems – dagegen grundsätzlich richtig abgebildet. Da davon auszugehen ist, dass diese Zusammenhänge in den meisten Unternehmen erkannt werden, dürfte in der Praxis eigentlich nur auf Grenzkostenbasis kalkuliert werden. Untersuchungen zeigen aber, dass Vollkostenkalkulationen nach wie vor weit verbreitet sind. Auch die diversen gesetzlichen Vorschriften zur Kostenkalkulation gehen grundsätzlich von Vollkostenansätzen aus. Werden Vollkosten- und Grenzkostenrechnungen nicht parallel durchgeführt, sind die oben dargestellten Fehlrechnungen mit entsprechenden Folgen für operative Entscheidungen kaum zu vermeiden.

Aufgabe 4

Stückzahl A 20.000	Kosten/Stck. Vollbeschäftigung	gesamte Kosten	Umsatzerlöse	gesamte Gewinnbeiträge	Gewinnbeitrag/Stck.
VollKLR					
Produkt A	16,34	326.823,97	320.000,00	–6.823,97	–0,34
Produkt B	23,14	925.632,03	940.000,00	14.367,97	0,36
Produkt C	37,39	1.869.544,01	2.000.000,00	130.455,99	2,61
		3.122.000,00	3.260.000,00	138.000,00	
GrenzKLR	Grenzselbstkosten Vollbeschäftigung	gesamte Grenzkosten	Umsatzerlöse	Gesamt-DB	Einzel-DB
Produkt A	13,83	276.581,31	320.000,00	43.418,69	2,17
Produkt B	19,08	763.162,62	940.000,00	176.837,38	4,42
Produkt C	30,59	1.529.616,07	2.000.000,00	470.383,93	9,41
		2.569.360,00	3.260.000,00	690.640,00	
Summe Fixkosten				552.640,00	
operatives Ergebnis GrenzKLR				138.000,00	

Abbildung 10.11: Ergebnisausweis bei Vollbeschäftigung

Stückzahl A 10.000	Kosten/Stck. Teilbeschäftigung	gesamte Kosten	Umsatzerlöse	gesamte Gewinnbeiträge	Gewinnbeitrag/Stck.
VollKLR					
Produkt A	16,34	163.411,98	160.000,00	–3.411,98	–0,34
Produkt B	23,14	925.632,03	940.000,00	14.367,97	0,36
Produkt C	37,39	1.869.544,01	2.000.000,00	130.455,99	2,61
		2.958.588,02	3.100.000,00	141.411,98	
GrenzKLR	Grenzselbstkosten Teilbeschäftigung	gesamte Grenzkosten	Umsatzerlöse	Gesamt-DB	Einzel-DB
Produkt A	13,83	138.290,66	160.000,00	21.709,34	2,17
Produkt B	19,08	763.162,62	940.000,00	176.837,38	4,42
Produkt C	30,59	1.529.616,07	2.000.000,00	470.383,93	9,41
		2.431.069,34	3.100.000,00	668.930,66	
Summe Fixkosten				552.640,00	
operatives Ergebnis GrenzKLR				116.290,66	

Abbildung 10.12: Ergebnisausweis bei Teilbeschäftigung ohne Anpassung

Stückzahl A 10.000	Kosten/Stck. Teilbeschäftigung	gesamte Kosten	Umsatzerlöse	gesamte Gewinn-beiträge	Gewinn-beitrag/Stck.
VollKLR					
Produkt A	16,60	166.037,69	160.000,00	-6.037,69	-0,60
Produkt B	23,47	938.957,59	940.000,00	1.042,41	0,03
Produkt C	37,94	1.897.004,71	2.000.000,00	102.995,29	2,06
		3.002.000,00	3.100.000,00	98.000,00	
GrenzKLR	Grenzselbstkosten Teilbeschäftigung	gesamte Grenzkosten	Umsatzerlöse	Gesamt-DB	Einzel-DB
Produkt A	13,83	138.290,66	160.000,00	21.709,34	2,17
Produkt B	19,08	763.162,62	940.000,00	176.837,38	4,42
Produkt C	30,59	1.529.616,07	2.000.000,00	470.383,93	9,41
		2.431.069,34	3.100.000,00	668.930,66	
Summe Fixkosten				552.640,00	
operatives Ergebnis GrenzKLR				116.290,66	

Abbildung 10.13: Ergebnisausweis bei Teilbeschäftigung mit Anpassung

Schließlich wäre noch zu fragen, wie sich Preissenkungen in den verschiedenen Erfolgsmessungsverfahren auswirken. Angenommen, der Preis des Produktes A würde sich aus Wettbewerbsgründen auf 13,50 € verschlechtern. Jetzt würde sich nicht nur ein (erhöhter) Verlustbeitrag, sondern bei errechneten Grenzkosten/Stck. vom Typ A in Höhe von 13,83 € auch ein negativer Deckungsbeitrag von - 0,33 €/Stck. errechnen. Nun müsste auch aus der Sicht einer Erfolgsermittlung auf Grenzkostenbasis über produktpolitische Maßnahmen nachgedacht werden. Grundsätzlich gilt:

Grenzkosten/Stck. = kurzfristige Preisuntergrenze,

da bei kurzfristiger Betrachtung eine weitere Produktion nur Sinn macht, wenn der Absatzpreis zumindest die Kosten deckt, die durch die Produktion einer zusätzlichen Einheit zusätzlich entstehen. Wenn also der Absatzpreis unter die kurzfristige Preisuntergrenze sinkt, werden produktpolitische Maßnahmen erforderlich.

Angenommen, man erwägt eine Reduktion der Produktionsmenge von Typ A auf 5.000 Stck., dann zeigt sich Folgendes:

Stückzahl A 5.000	Kosten/Stck. Teilbeschäftigung	gesamte Kosten	Umsatzerlöse	gesamte Gewinnbeiträge	Gewinnbeitrag/Stck.
VollKLR					
Produkt A	16,75	83.737,32	67.500,00	–16.237,32	–3,25
Produkt B	23,66	946.242,52	940.000,00	–6.242,52	–0,16
Produkt C	38,24	1.912.020,16	2.000.000,00	87.979,84	1,76
		2.942.000,00	3.007.500,00	65.500,00	
GrenzKLR	Grenzselbstkosten Teilbeschäftigung	gesamte Grenzkosten	Umsatzerlöse	Gesamt-DB	Einzel-DB
Produkt A	13,83	69.145,33	67.500,00	–1.645,33	–0,33
Produkt B	19,08	763.162,62	940.000,00	176.837,38	4,42
Produkt C	30,59	1.529.616,07	2.000.000,00	470.383,93	9,41
		2.361.924,02	3.007.500,00	645.575,98	
Summe Fixkosten				552.640,00	
operatives Ergebnis GrenzKLR				92.935,98	

Abbildung 10.14: Ergebnisausweis bei Teilbeschäftigung mit Anpassung und Preissenkung

Während die Ergebnisermittlung auf Grenzkostenbasis nach wie vor den zutreffenden negativen Deckungsbeitrag ausweist, ergibt sich bei der Vollkostenrechnung das Problem, dass auch Typ B in die Verlustzone gerät, während für Typ B nach wie vor ein positiver Deckungsbeitrag ausgewiesen wird. Werden aufgrund der Daten einer auf Vollkosten basierenden Erfolgsrechnung auch für Typ B produktpolitische Anpassungsentscheidungen getroffen, droht ein Phänomen, das in der Literatur als „sich aus dem Markt kalkulieren“ bekannt ist. Durch dieses Phänomen sind produktpolitische Entscheidungen mit Erfolgszahlen einer Vollkostenrechnung generell fehlergefährdet. Eine Reduktion der Produktionsmengen von Typ B würde bald zu einem Verlustbeitrag von Typ C führen, die Weiterführung des Betriebes wäre zumindest aus der Sicht dieser Berechnungen (operativ) unrentabel und damit kaufmännisch sinnlos.

Aufgabe 5

Abschließend sei noch kurz auf die Bedeutung von Gewinnschwellenanalysen (Breakeven-Analysen) eingegangen. Die Gewinnschwellenanalyse zeigt an, bei welcher Absatzmenge eines Produktes die Gewinnzone erreicht wird. In einer Erfolgsermittlung auf Vollkostenbasis sind solche Analysen nicht zweckmäßig, da ja bereits bei der Berechnung der Vollselbstkosten pro Stck. durch Vergleich mit dem Absatzpreis der Gewinnbeitrag oder Verlustbeitrag festgelegt wird. Dass die Berechnung solcher Gewinnbeiträge fachlich unzutreffend ist, wurde oben dargelegt.

In Erfolgsermittlungssystemen auf Grenzkostenbasis werden pro Leistungseinheit keine Gewinn- sondern Deckungsbeiträge ermittelt. Die interessante Frage dabei ist: wann deckt die Summe der Deckungsbeiträge – also die Differenz zwischen dem Absatzpreis und den Grenzkosten/Stck. – genau die fixen Kosten in der Abrechnungsperiode bzw. wie viele Produkte müssen bei gegebenen Deckungsbeiträgen verkauft werden, um in die Gewinnzone zu gelangen?

Allgemein gilt also:

Summe der Deckungsbeiträge eines Produktes =
Summe fixe Kosten der Abrechnungsperiode bzw.

(Absatzpreis/Stck. – Grenzkosten/Stck.) · Verkaufsmenge des Produktes =
Summe fixe Kosten der Abrechnungsperiode

bzw.

$$(p - k_v) \cdot x_A = K_f$$

mit p als Stückpreis des Produktes, k_v als Grenzkosten/Stck., x_A als gesuchte Deckungs-Absatzmenge des Produktes und K_f als fixe Kosten der Abrechnungsperiode.

Die gesuchte Absatzmenge des Produktes, die in die Gewinnzone führt, errechnet sich dann mit

$$x_A = \frac{K_f}{(p - k_v)}$$

Bei einem Produkt errechnet sich der zugehörige Deckungsumsatz U_D mit

$$U_D = p \cdot x_A = p \cdot \frac{K_f}{(p \cdot k_v)}$$

bzw.

$$U_D = \frac{K_f}{1 - \frac{k_v}{p}}$$

Die oben gewählten Formulierungen lassen bereits erkennen, dass die Break-even-Analyse in eindeutiger Weise nur bei Einproduktunternehmen möglich ist. Bereits bei dem hier gewählten einfachen Zahlenbeispiel eines Mehrproduktunternehmens sind Aussagen nur unter bestimmten Annahmen möglich. Für das Gesamtsortiment kann keine eindeutige Break-even-Absatzmenge bestimmt werden.

	1	2	3	4	5	6	7	8
	Absatz-menge	Preis	Umsatz	Grenzkosten		Deckungsbeitrag		DB / Ums.
				Stck.	insgesamt	Stck.	insgesamt	
Produkt A	20.000	16,00	320.000,00	13,83	276.581,31	2,17	43.418,69	13,57 %
Produkt B	40.000	23,50	940.000,00	19,08	763.162,62	4,42	176.837,38	18,81 %
Produkt C	50.000	40,00	2.000.000,00	30,59	1.529.616,07	9,41	470.383,93	23,52 %
	110.000		3.260.000,00		2.569.360,00		690.640,00	21,19 %
						– Fixkosten	552.640,00	
						= operativer Gewinn	138.000,00	

Abbildung 10.15: Beispieldaten bei Vollbeschäftigung

Für die Berechnung einer durchschnittlichen Absatzmenge ist aus der gesamten Absatzmenge von 110.000 Stck. und dem Gesamtumsatz von 3.260.000,00 € der Durchschnittspreis zu berechnen, der sich auf 29,636 €/Stck. beläuft. Aus den gesamten Grenzkosten und der Absatzmenge errechnen sich durchschnittliche Grenzkosten pro Stck. von 2.569.360,00 € : 110.000 Stck. = 23,358 €/Stck. Daraus errechnet sich die durchschnittliche Break-even-Absatzmenge in Höhe von

$$x_A = \frac{552.640,00}{(29,636 - 23,358)} = \frac{552.640,00}{6,2785} = 88.020,39 \text{ bzw. } 88.021 \text{ [Stck.]}$$

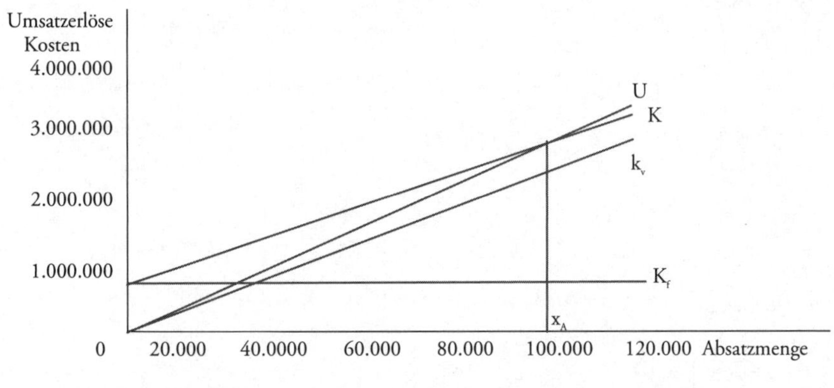

Abbildung 10.16: Durchschnittliche Break-even-Absatzmenge

Der zugehörige Break-even-Umsatz beträgt

$$88.021 \text{ Stck.} \cdot 29,636 \text{ €/Stck.} = 2.608.590,36 \text{ €}$$

Dem durchschnittlichen Break-even-Umsatz liegt die Annahme zugrunde, dass alle drei Produkte proportional zu den abgesetzten Mengen betroffen sind, wenn sich z. B. Absatzschwankungen ergeben. Die Mengenrelation zwischen den Produkten bleibt erhalten. Geht man davon aus, dass bei Absatzeinbußen zuerst die Produkte mit dem geringsten Deckungsbeitrag im Verhältnis zum Produktumsatz betroffen sind, ergibt sich eine Reihung der Produkte zur Bestimmung des Break-even-Umsatzes nach der sog. Deckungsbeitragsintensität. Die Deckungsbeitragsintensität wird in der obigen Tabelle → vgl. Abbildung 10.15 in der Spalte 8 ausgewiesen.

	Umsatz	DB Intensität	Gesamt-DB	Fixkosten	Deckung
Produkt C	2.000.000,00	23,52 %	470.383,93	552.640,00	-82.256,07
Produkt B	940.000,00	18,81 %	176.837,38		94.581,31
Produkt A	320.000,00	13,57 %	43.418,69		43.418,69
	3.260.000,00		2.569.360,00		138.000,00

Abbildung 10.17: Durchschnittliche Break-even-Absatzmenge

Für die grafische Darstellung der Deckungskurve ist davon auszugehen, dass bei einem Umsatz von 0,00 € ein Verlust in Höhe der Fixkosten entsteht. Anders als bei der Durchschnittsrechnung wird hier der Break-even-Umsatz bereits bei 2.437.241,86 € erreicht.

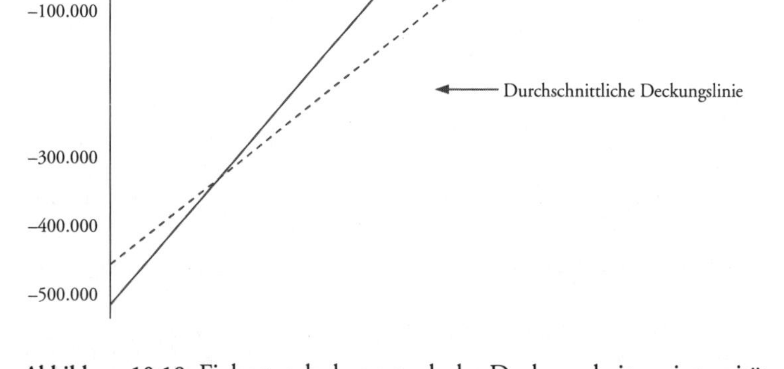

Abbildung 10.18: Fixkostendeckung nach der Deckungsbeitragsintensität

Fallstudie

1 Leitende Grundgedanken zur Neuorientierung des Controlling in der ASR GmbH ab dem Jahr 20..

1.1 Allgemeine Grundsätze für die Einführung eines Kosten- und Leistungsrechnungssystem

Die ASR GmbH, ein Hersteller von Spezial-Kühlschränken, startet zum 1.1.20.. mit der Einführung einer EDV-gestützten Kosten- und Leistungsrechnung (KLR). Das KLR-System soll gleichzeitig als Vollkosten- und als Grenzkostenrechungssystem nutzbar sein. Dabei sollen die Kosten und Leistungen und auch die kurzfristige Erfolgsrechnung sowohl auf pagatorischer als auch auf wertmäßiger Basis berechnet werden. Für die Durchführung der Wirtschaftlichkeitskontrolle werden die pagatorischen Kosten und Leistungen, für die Vorbereitung operativer Entscheidungen die wertmäßigen Kosten und Leistungen erfasst und verrechnet. Mit Beginn Januar 20.. soll bereits – wenn und soweit dies die Kostenplanung erforderlich macht – ein einfaches Materialwirtschaftssystem und eine Anlagenbuchhaltung in den Datenkreislauf integriert werden. Mit der Integration der Anlagenbuchhaltung soll vor allem die Erfassung der Abschreibungen für die Monatsabschlüsse erleichtert werden.

Mit der Planung und Berechnung von (kalkulatorischen) Kosten und Leistungen sowie der Abgrenzung von produktvariablen und produktfixen Kosten wird für Januar 20.. begonnen.

1.2 Organisation des Datenflusses ab 20..

Um das EDV-System möglichst effizient einsetzen zu können, soll der Datenfluss innerhalb des Unternehmens ab Anfang 20.. vollständig und problemadäquat durchstrukturiert werden. Obwohl das Unternehmen mittelfristig eine prozessorientierte Strukturierung anstrebt, wird zu Beginn noch eine Kombination aus funktionalen und prozessorientierten Datenflussstrukturen verwirklicht werden. Nach entsprechenden Absatzplanungen bzw. nach Vereinbarung längerfristiger Abnahmegarantien mit Großkunden beginnt der eigentliche Datenfluss durch den dadurch ausgelösten Beschaffungsprozess. Der Beschaffungsprozess wird durch die Bestellabteilung (Orderbuch) mit zugehöriger Leistungs- und Rechnungsprüfung, die Lagerhaltung mit zugehöriger Materialbuchhaltung (Lagerbuch, Skontro), die Kreditorenbuchhaltung mit zugehöriger Rechnungsprüfung sowie durch das Finanzverwaltungssystem abgegrenzt. Bei Just-in-time - Lieferungen entfallen die üblichen Bestellprozesse ebenso wie die Lagerhaltung. Die Vorlieferanten werden aufgrund eigener Produktionsplanungen rechtzeitig über die Bereitstellungsmengen und -daten informiert.

Ob die Materialbuchhaltung in diesen Fällen Lagerzugänge und gleichzeitig Lagerabgänge bucht oder diese Vorgänge vollständig unbeachtet lässt, ist noch zu klären. In der Finanzbuchführung werden derartige Vorgänge sofort als Aufwand verbucht. Die Organisation des

Datenflusses allgemein und für den Beschaffungsprozess im Besonderen zeigen die nachfolgenden Schaubilder.

2 Einzelheiten zum Absatz- und Produktionsprogramm sowie zum Produktionsablauf der ASR GmbH

2.1 Absatzprogramm

Die ASR GmbH verkauft drei Kühlschranktypen. Die Listen-Absatzpreise belaufen sich auf 350,00 € für Typ C, 460,00 € für Typ I und 510,00 € für Typ P Zone C, jeweils zuzüglich 16 % USt. Die Kühlschränke werden aufgrund langfristiger Lieferverträge ausschließlich an Handelsketten veräußert. Es erfolgt eine laufende Kontrolle der Listenpreise durch Nachkalkulation der Istpreise.

2.2 Produktionsprogramm

Die ASR GmbH stellt im Monat Januar 20.. mit insgesamt 47 Mitarbeitern in eigenen Fabrikationsgebäuden 10.000 Stck. Kühlschränke her. Die Produktion erfolgt in Serienfertigung. Im Monat Januar 20.. umfasst das Produktionsprogramm wie auch in früheren Perioden drei verschiedene Modelle: Typ C „Coolfun" ohne Gefrierfach, Typ I „Icestar" mit 1-Stern-Gefrierfach und Typ P „Premium" mit 3-Sterne-Gefrierfach. Der Produktaufbau der drei Produkttypen ist in wesentlichen Teilen gleich. Unterschiede zeigen die unten stehenden Stücklisten.

Stücklisten für die Kühlschränke C, I und P

		benötigte Stückzahl für		
		Coolfun	Icestar	Premium
Konto	Bezeichnung	C	I	P
50011	Gehäuse Jit	1	1	1
50012	Kompressor Jit	1	1	1
50013	Thermostat Jit	1	1	1
50014	Kondensator Jit	1	1	1
50015	Verdampfer C,I	1	1	
50016	Verdampfer P			1
50001	Innenverkleidung	1	1	1
50017	Lampe	1	1	1
50018	Gemüseschublade	1	1	1
50019	Glasböden	3	2	2
50020	Türen	1	1	1
50021	Gefrierfach I		1	
50022	Gefrierfachklappe I		1	
50024	Gefrierfach P			1
50002	Anschlusskabel	1	1	1

		benötigte Stückzahl für		
		Coolfun	Icestar	Premium
Konto	Bezeichnung	C	I	P
50025	Kühlflüssigkeit	1	1	1
50026	Lötmaterial	0,2	0,2	0,2
50027	Klebstoff	0,5	0,5	0,5
50028	Firmenschild	1	1	1
50029	Leitungen	2	2	2
50036	Schrauben	45	45	45
50037	Dichtungen	15	15	15
50038	Karton	1	1	1
50039	Styropor	1	1	1
50040	Plastikbänder	?	?	?
50041	Metallklammern	?	?	?
50042	Klebestreifen	?	?	?

Die geplanten Monatsproduktionszahlen, die zugleich den optimalen Seriengrößen entsprechen, betragen für Typ C 6.000 Stück, für Typ I 3.000 Stück und für Typ P 1.000 Stück. Diese Seriengrößen werden im Berichtsmonat – Januar 20.. – tatsächlich hergestellt. Die Seriennummern beginnen für den Berichtsmonat für C (Produktionsbeginn Juli 20..) mit N697000, für I (Produktionsbeginn Februar 20..) G1197000 und für P (Produktionsbeginn März 20..) P10970000.

Die Produktionskapazitäten sind in engen Grenzen variabel. Auf diese Weise kann sichergestellt werden, dass die zu Beginn jeder Periode aus der Vorperiode übernommenen unfertigen Erzeugnisse nahezu konstant sind. Zumindest bei der Kostenplanung brauchen daher keine Mengenveränderungen an unfertigen Erzeugnissen berücksichtigt werden.

2.3 Produktionsablauf

Im Materiallager Ma werden die Roh-, Hilfs- und Betriebsstoffe gelagert. Die für den Fertigungsprozess benötigten Materialmengen werden überwiegend aus dem Materiallager entnommen, teilweise aber auch ohne eigene Lagerhaltung von den Zulieferern direkt (Just-in-time) in den Produktionsbereich eingeliefert. Dies gilt namentlich für die Metallgehäuse, die Kompressoren, Thermostate und Kondensatoren. Der verantwortliche Leiter des Materiallagers ist derzeit Herr Georg Braun.

Die Aufteilung der Produktionsvorgänge zeigt nachfolgende Übersicht:

Rohbau Ro Karl Klein	Innenausstattung In Karl Klein	Montage Mo Hans Weiss	Kontrolle Ko Hans Weiss
Metallgehäuse	Innenverkleidungen	Türen	Anschlusskabel
Kompressoren	Lampe	Gemüseschubladen	Kühlflüssigkeit
Thermostate	Verdampfer	Glasböden	Firmenemblem
Kondensatoren	Lötarbeiten	Gefrierfachboden I	Endkontrolle u.
Leitungen	Klebstoff	Gefrierklappe I	Qualitätsprüfung
Lötarbeiten		Fertiggefrierfach P	

In der Abteilung Rohbau Ro werden in die mit eigenen Lkws fertig angelieferten Metallgehäuse und die ebenfalls fremdbezogenen und mit eigenen Lkws angelieferten Kompressoren und Kondensatoren eingebaut sowie alle notwendigen Leitungen verlegt. Anschließend werden in der Abteilung Innenausstattung In die kälteisolierenden Kunststoffverkleidungen in die Gehäuse eingeklebt, die Lampe angeschlossen und der Verdampfer montiert. Verantwortlicher Fertigungsleiter für den Rohbau und die Innenausstattung ist derzeit Herr Karl Klein.

In der Abteilung Montage Mo werden die einbaufertig bezogenen Türen eingepasst, die Gemüseschublade und zwei Glasböden eingelegt sowie bei den Modellen I und P die Klappe zum Gefrierfach, beim Modell I außerdem der Gefrierfachboden montiert, beim Modell C der dritte Glasboden eingelegt. Beim Modell P werden das Fertiggefrierfach und die Türen in einem Arbeitsgang montiert.

In der Abteilung Endfertigung und Kontrolle Ko werden das Anschlusskabel inkl. Stecker angeschlossen, Kühlflüssigkeit eingefüllt, das selbstklebende Firmenemblem aufgeklebt sowie die fertigen Geräte einer Endkontrolle und einem Probelauf unterzogen. Die Montage und Kontrolle werden derzeit in Vertretung durch Herrn Hans Weiss geleitet.

In dem von Klaus Ring geleiteten Vertriebsbereich Vt werden die fertigen Kühlschränke einzeln versandfertig verpackt und bis auf wenige Ausnahmen bis zur Abnahme durch die Kunden gelagert. Hier ist zugleich die Endphase der Produktion erreicht.

Verbindliche Produktdefinition der ASR GmbH

Als Fertigprodukt der Produktstufe I ist ein Kühlschrank definiert, das die Endkontrolle erfolgreich durchlaufen hat. Ein so definiertes Fertigprodukt verursacht überdies regelmäßig anteilige Kosten des Vertriebslagers inkl. der zugehörigen Verwaltungsarbeiten sowie direkt zurechenbare Verpackungsmaterialkosten. Diese Definition ist für die Berechnung der Herstellungskosten für Handels- und Steuerbilanz entsprechend den gesetzlichen Vorschriften abzuändern. Ein Fertigprodukt der Produktstufe II umfasst zusätzlich alle Kosten – insbesondere Verpackungsmaterial- und Transportkosten – bis zur Anlieferung beim Kunden. Produktstufe II kommt nur bei eigener Anlieferung beim Kunden in Betracht. Gegenwärtig gilt dies beim Produkt P.

Der Bereich Vw umfasst die Unternehmensleitung inkl. des Controllings und sonstige Verwaltungsbereiche. Tätigkeiten des Verwaltungsbereichs stehen nur ausnahmsweise in unmittelbarem Zusammenhang mit der Produktion. Vor allem für diesen Bereich, aber auch für entsprechende Bereiche des Materiallagers und des Vertriebs ist der zusätzliche Einsatz einer Prozesskostenrechnung geplant. Chef der Verwaltung und zugleich gesamtverantwortlicher Unternehmensleiter ist Wolfgang Klinger.

Organisatorisch verselbstständigt sind neben diesen fünf Hauptbereichen weiterhin der betriebliche Fuhrpark mit Fuhrpark 1 (Fuh 1) für Lkw und Pkw sowie Fuhrpark 2 (Fuh 2) für Gabelstapler, weiterhin die eigene EDV-Abteilung EDV sowie eine eigene Heizung Hei. In der eigenen EDV-Abteilung werden die Finanzbuchführung und die Grenzplankostenrechnung sowie die Auswertungen des Controllings weitgehend automatisiert mit Hilfe von MS-Excel® erstellt.

3 Vollkosten- und Grenzplankostenrechnung der ASR GmbH

3.1 Allgemeine Aufgaben der Kosten- und Leistungsrechnung

Die Kosten- und Leistungsrechnung der Fa. ASR GmbH befindet sich gegenwärtig im Aufbau. Daher wird lediglich ein vereinfachtes Grenzplankostenrechnungssystem praktiziert. Die Ergebnisrechnung wird sowohl als Deckungsbeitragsrechnung als auch als Betriebsergebnisrechnung durchgeführt. Für die Wirtschaftlichkeitskontrolle werden die Istkosten der jeweiligen Abrechnungsperiode mit den im Voraus für diese Periode geplanten Kosten verglichen. Für die Analyse etwaiger Abweichungen stehen allerdings noch keine verfeinerten Verfahren zur Verfügung. Die Kalkulation dient vor allem der Nachkalkulation, der handels- und steuerrechtlichen Bilanzbewertung sowie der Durchführung der kurzfristigen Erfolgsrechnung. Von Beginn an wird die Einrichtung eines Controlling-Leitstandes angestrebt, mit dessen Hilfe die zentralen operativen Steuerungsgrößen überwacht und variiert werden können.

3.2 Organisatorischer Aufbau der Kosten- und Leistungsrechnung

Insgesamt besteht die Kosten- und Leistungsrechnung organisatorisch aus einer Kostenartenrechnung, einer Kostenstellenrechnung, einer Kalkulation sowie einer kurzfristigen Erfolgsrechnung.

Für die Zwecke der Kostenstellenrechnung ist der Betrieb in vier Hilfskostenstellen Fuhrpark 1 (Fuh 1), Fuhrpark 2 (Fuh 2), EDV-Abteilung (EDV) und Heizung (Hei) sowie sieben Hauptkostenstellen Materiallager und Logistik (Ma), Rohbau (Ro), Innenausstattung (In), Montage (Mo), Endfertigung und Kontrolle (Ko), Verwaltung (Vw) und Vertrieb (Vt) gegliedert. Zusätzlich wird für die Verrechnung des Gebäudeunterhalts eine Vorkostenstelle „Gebäude" geführt.

Zum Fuhrpark 1 gehören drei Lkw Daimler-Benz für die Auslieferung der Fertigfabrikate und Just-in-time-Anlieferung der Vorprodukte; weiterhin zwei Pkw BMW und ein Pkw Audi für die Verwaltung. Zum Fuhrpark 2 gehören ein Gabelstapler für das Materiallager und drei Gabelstapler für den gesamten Fertigungs- und Vertriebsbereich. Die Gabelstapler haben alle Elektromotoren. In der EDV - Abteilung werden die Finanzbuchführung, das Controlling, die Materialwirtschaft, die Produktionsplanung, die Auftragsverwaltung sowie die Vertriebsabwicklung mit Hilfe eines Systems vernetzter PCs abgewickelt. Die eigene Heizung versorgt die verschiedenen Betriebsbereiche mit Wärme und Warmwasser.

3.3 Aufgaben der einzelnen Teilgebiete der Kosten- und Leistungsrechnung

3.3.1 Kostenartenrechnung: Grundsätzliches zur Kostenerfassung

Aufgabe der Kostenartenrechnung der Fa. ASR GmbH ist allgemein die Erfassung und Verrechnung der primären Kostenarten. Die Kostenartenrechnung hat somit einen Großteil der materiellen Fragen der Kostenstellen- und Produktrechnung mitzubeantworten. Die ASR GmbH geht davon aus, dass der Kostenartenrechnung – ähnlich wie der Inventur im Bereich der Finanzbuchführung – zentrale Bedeutung zukommt. Bei unzutreffender Kostenerfassung bleiben selbst beste und modernste Methoden der Kostenverrechnung und des Controllings wirkungslos.

Für die Kostenerfassung wurde daher ein spezielles Formblatt entwickelt, das die wichtigsten Eigenschaften primärer Kostenarten übersichtlich zusammenfasst und dem Controller einen Gesamtüberblick über die betriebliche Kostensituation verschafft. Dieses Formblatt wird in einer MS-Excel®-Tabelle realisiert.

Für die Kostenerfassung ist vom pagatorischen und vom wertmäßigen Kostenbegriff auszugehen. Zur Durchführung der Wirtschaftlichkeitskontrolle durch Vergleich mit den Plankosten werden allerdings zuvor die wertverschiedenen Anderskosten aus den Stellenkosten herausgerechnet. Kalkulatorische Zinsen auf das Eigenkapital werden – wenn überhaupt verrechnet – als Fixkosten nicht in die Kostenkontrolle einbezogen. Die Erfassung der primären Kostenarten erfolgt auf dem selbst entwickelten Formblatt zunächst getrennt nach Grundkosten, Anderskosten und Zusatzkosten, anschließend werden die pagatorischen und wertmäßigen Kosten nach Produkteinzelkosten und Produktgemeinkosten unterteilt. Die Produktgemeinkosten werden nochmals in Kostenstelleneinzelkosten und Kostenstellengemeinkosten gegliedert. Jede Kostenstellenkostensumme wird schließlich daraufhin überprüft, ob die Produktgemeinkosten zugleich entweder produktvariable Kosten, Mischkosten oder Fixkosten sind. Die Mischkosten werden mit Variatoren in variable und fixe Anteile aufgeteilt. In einer echten Grenzkostenrechnung brauchen die Fixkosten den Kostenstellen nicht zugerechnet werden. Da alternativ Ergebnisse als Grenzkosten- und als Vollselbstkosten errechnet werden sollen, erfolgt dennoch eine kostenstellenweise Zurechnung der Fixkosten.

3.3.2 Kostenstellenrechnung und Sekundärkostenrechnung

Innerhalb der Kostenstellenrechnung wird vorwiegend die Wirtschaftlichkeitskontrolle durchgeführt. Weiterhin werden die Produktgemeinkosten in ihren Entstehungsorten ausgewiesen und nach operativer Entscheidungsrelevanz gegliedert. Zur Verwirklichung dieser Aufgaben müssen die Produktgemeinkosten den jeweiligen Kostenstellen möglichst verursachungsgerecht zugerechnet werden. Für die verursachungsgerechte Kostenzurechnung sind folgende Grundsätze zu beachten:

Materialeinzelkosten werden zwar nicht auf die Fertigungskostenstellen verrechnet, um eine Ausschusskontrolle zu erleichtern, werden diese Produkteinzelkostenarten zunächst auf produktbezogenen Verrechnungskostenstellen für die Materialeinzelkosten erfasst und von dort auf die verschiedenen Produkte weiterverrechnet.

Echte und unechte Produktgemeinkosten werden vollständig auf die Kostenstellen verrechnet. Zuvor ist jedoch zu klären, ob die Produktgemeinkosten zugleich Kostenstelleneinzel- oder Kostenstellengemeinkosten sind und ob es sich um produktvariable, fixe Kosten oder um Mischkosten handelt. Soweit es sich um Mischkosten handelt, werden die fixen und produktproportionalen Kosten aufgrund von Schätzungen berechnet. Verfeinerte Verfahren der Kostenauflösung werden mangels geeigneten Fachpersonals derzeit nicht angewandt. Bei der Verrechnung auf die Kostenstellen wird bei allen Kostenstellenkosten (nur) eine Trennung zwischen produktvariablen und -fixen Kosten vorgenommen. Ein gesonderter Ausweis von Mischkosten erfolgt – zumindest in der Einführungsphase – in den Kostenstellen und auch bei der Verrechnung auf die Produkte nicht mehr.

Primäre Kostenstellengemeinkosten werden mit direkten Kostenumlageverfahren verrechnet. Für die direkten Kostenumlagen gelten folgende Verteilungsgrundsätze:

1. die variablen Kaltwasserkosten, die Maschinenschmieröl- und Maschinenreinigungsmittelkosten werden zu jeweils 25 % auf die Fertigungskostenstellen verrechnet.

2. Die Sozialkosten werden mit kalkulatorischen Prozentsätzen auf die verursachenden Kostenstellen verrechnet.
3. Die Kommunikationskosten werden pauschal nach folgenden Schlüsseln auf die EDV, die Verwaltung und den Vertrieb aufgeteilt:

EDV	Vw	Vt
30 %	40 %	30 %

4. Für die Umlage der Gebäudekosten wird eine Verrechnungskostenstelle (Vorkostenstelle) „Gebäudeunterhalt" eingerichtet. Deren Kosten werden im Umlageverfahren auf die Haupt- und Hilfskostenstellen verrechnet.

Die innerbetriebliche Leistungsverrechnung (Sekundärkostenrechnung) wird nach dem Gleichungsverfahren mit Hilfe der iterativen Methode durchgeführt. Die Selbstkostenpreise der innerbetrieblichen Leistungen sind für die Berechnung der Grenzselbstkosten als Grenzkostenpreise zu ermitteln. Für die Berechnung von Vollselbstkosten werden auch die innerbetrieblichen Verrechnungspreise als Vollkostensätze berechnet. Für die Lösung mit MS-Excel® ist ein Betriebsabrechnungsbogen für Januar 20.. aufzustellen. Pro Kostenstelle sind drei Spalten zu führen, für produktvariable und fixe Kosten; zusätzlich werden die Gesamtkosten (Vollkosten) pro Kostenart ausgewiesen. Die Kostenstellen bzw. Zurechnungseinheiten sind in der Reihenfolge Fuh 1, Fuh 2, EDV, Hei, Ma, Ro, In, Mo, Ko, Vw, Vt anzuordnen.

Der Kostenstellenplan der ASR GmbH gliedert sich wie folgt:

Nr.	Kostenstelle	Kurzbezeichnung
1000	Materiallager	Ma
2000	Rohbau	Ro
2100	Innenausstattung	In
2200	Montage	Mo
2300	Endfertigung und Kontrolle	Ko
3000	Verwaltung	Vw
4000	Vertrieb	Vt
5000	Fuhrpark 1	Fuh 1
5001	Fuhrpark 2	Fuh 2
5100	EDV	EDV
5200	Heizung	Hei
6200	Gebäude	Geb

3.3.3 Produktergebnisrechnung und kurzfristige Erfolgsrechnung

Die Kalkulation dient in erster Linie der Unterstützung operativer Entscheidungen. Die Berechnung der Selbstkosten für die verschiedenen Kühlaggregattypen erfolgt mit Hilfe einer differenzierenden Zuschlagskalkulation. Auf die Fertigprodukte werden dabei in einer Grenzkostenrechnung nur die produktproportionalen Kosten (Grenzkosten) verrechnet. Wegen der besonderen Produktdefinition von P werden die als Einzelkosten verrechenbaren Verpackungskosten nicht als Sondereinzelkosten des Vertriebs, sondern als Materialeinzelkosten verrechnet. Sie erhöhen damit die Grenzherstellungskosten von P. Die Summe der fixen Kosten bildet zugleich den Fixkosten-Deckungsblock, der je nach Art der zu treffenden (operativen oder strategischen) produktbezogenen Entscheidungen Entscheidungsrelevanz besitzt oder nicht. Im Einzelnen gilt Folgendes: Die kurzfristige Erfolgsrechnung ist nach dem Umsatzkostenverfahren auf Grenzkostenbasis durchzuführen. Alternativ ist das Ergebnis nach dem Gesamtkostenverfahren auf Grenzkostenbasis und auf Vollkostenbasis zu berechnen.

4 Praktische Durchführung der Leistungsartenrechnung

4.1 Leistungsartenrechnung für die Absatzleistungen

Außenleistung ist der Verkauf von Kühlschränken. Leistungen sind die in der Finanzbuchführung gebuchten Umsatzerlöse aus dem monatlichen Verkauf der Kühlschränke vom Typ Coolfun, Icestar und Premium. Die gebuchten Umsatzerlöse werden um Erlösschmälerungen gekürzt. Die Planabsatzleistung für Januar 20.. beträgt demnach

Artikel	Stückzahl 1	Absatzpreis/Stck.	Umsatzerlös/ Artikel	Gesamterlös/ Monat
Coolfun	6.000 Stck.	430,00 €/Stck.	2.580.000,00	
Icestar	3.000 Stck.	450,00 €/Stck.	1.350.000,00	
Premium	1.000 Stck.	580,00 €/Stck.	580.000,00	
			Zielerlös	4.510.000,00
			– 2 % Skonto	90.200,00
			Barerlös	4.419.800,00

4.2 Leistungsartenplanung für die Innenleistungen

4.2.1 Innenleistungen der Hauptkostenstellen

In einer Grenzplankostenrechnung dienen die Leistungsarten nicht nur zur Verrechnung der pro Kostenstelle errechneten Produktgemeinkosten auf die Produkte, sondern auch zur Anpassung der geplanten Kosten an die Ist-Beschäftigung zur Berechnung der Sollkosten für den Soll-Ist-Kostenvergleich. Dabei ist aber zu beachten, dass für die Hauptkostenstellen Material, Verwaltung und Vertrieb keine produktionsbezogene Leistungsartenplanung erfolgt. Soweit auf diesen Kostenstellen variable Produktgemeinkosten verrechnet werden sollen, ist zunächst zu prüfen, worauf die Veränderlichkeit der Kosten zurückzuführen ist. Die Variabilität von Verpackungskosten ist z. B. grundsätzlich vertriebs-, aber nicht produktionsbedingt, d. h. in Produktionsperioden, die nicht zugleich Verkaufsperioden sind, entstehen keine Verpackungskosten.

In einer (Grenz-) Plankostenrechnung werden die Planbezugsgrößen zweckmäßigerweise aus der betrieblichen Absatzplanung abgeleitet. Da die Planbezugsgrößen in den Planabsatzmengen mengenmäßig enthalten sind, können sie direkt aus den geplanten Absatzmengen abgeleitet werden.

Zugleich liegt damit die Menge der Bezugsgrößeneinheiten pro Produkteinheit, pro Kostenstelle und pro Arbeitsgang fest, also z. B. 5 Fertigungsminuten/Stck. für die Bearbeitung des Metallgehäuses des Typs Coolfun im Rohbau ergeben bei einer Planstückzahl von 6.000 Stck. 30.000 Fertigungsminuten für Bearbeitung von Metallgehäusen des Typs Coolfun in der Kostenstelle Rohbau.

Die aufgrund der periodischen Absatzplanung für Januar 20 . . festgestellten Planproduktionsmengen betragen 6.000 Stck. vom Typ Coolfun und 3.000 Stck. vom Typ Icestar und 1.000 Stck. vom Typ Polarstern. Aus den Produktionsplanungszahlen und den Planfertigungszeiten pro Stück errechnen sich die kostenstellenbezogenen Fertigungsminuten. Da für die Fertigungskostenstellen homogene Kostenverursachung unterstellt wird, wird für jede einzelne Fertigungsstelle mit einer einheitlichen Bezugsgröße gerechnet, die zugleich die Planbeschäftigung der Kostenstelle bildet.

Im Einzelnen gelten in den Fertigungskostenstellen für die Arbeitsgänge bzw. Arbeitsprozesse folgende Vorgabezeiten (min/Stck.), die zugleich die Planproduktionszeiten für Januar 20 . . darstellen:

4.2.2 Festlegung der Planbeschäftigung für die Fertigungsstellen aufgrund der monatlichen Absatzplanung

	Arbeitsgänge/ -prozesse	Typ C	Typ I	Typ P	Σ
Rohbau Ro	Metallgehäuse	5 min	5 min	8 min	
	Kompressoren	10 min	10 min	10 min	
	Thermostate	10 min	10 min	10 min	
	Kondensatoren	10 min	10 min	10 min	
	Leitungen	10 min	10 min	10 min	
	Σ Ro	45 min	45 min	48 min	
	Stückzahlen	6.000 Stck.	3.000 Stck.	1.000 Stck.	1.000 Stck.
	Summe Fertigungszeiten	270.000 min	135.00 min	48.000 min	453.000 min
Innenausstattung In	Innenverkleidungen	15 min	15 min	15 min	45 min
	Lampe	3 min	3 min	3 min	
	Verdampfer	20 min	20 min	30 min	
	Σ In	38 min	38 min	48 min	
	Stückzahlen	6.000 Stck.	3.000 Stck.	1.000 Stck.	1.000 Stck.
	Summe Fertigungszeiten	228.000 min	114.000 min	48.000 min	390.000 min

	Arbeitsgänge/ -prozesse	Typ C	Typ I	Typ P	Σ
Montage Mo	Türen	5 min	5 min		
	Gemüseschubladen	10 min	10 min	10 min	
	Glasböden	9 min	6 min	6 min	
	Gefrierfachboden I		10 min		
	Gefrierklappe I		10 min		
	Fertiggefrierfach P (inkl. Tür)			15 min	
	Σ Mo	24 min	41 min	31 min	
	Stückzahlen	6.000 Stck.	3.000 Stck.	1.000 Stck.	1.000 Stck.
	Summe Fertigungszeiten	144.00 min	123.000 min	31.000 min	298.000 min
Kontrolle Ko	Anschlusskabel	3 min	3 min	3 min	
	Kühlflüssigkeit	4 min	4 min	4 min	
	Firmenemblem	2 min	2 min	2 min	
	Endkontrolle u. Qualitätsprüfung	20 min	20 min	20 min	
	Σ Ko	29 min	29 min	29 min	
	Stückzahlen	6.000 Stck.	3.000 Stck.	1.000 Stck.	1.000 Stck.
	Summe Fertigungszeiten	174.000 min	87.000 min	29.000 min	290.000 min

Die Plan-Jahresmengen der Ausbringungsleistungen der Fertigungskostenstellen errechnen sich bei monatlich gleich bleibender Produktion wie folgt:

Fertigungs-kostenstelle	Leistungs-art	Bezeich-nung	Fertigungsminuten/ Monat	Planbeschäftigung/ Jahr
Ro	L1	FMin1	453.000 min	5.436.000 min
In	L2	FMin2	390.000 min	4.680.000 min
Mo	L3	FMin3	298.000 min	3.576.000 min
Ko	L4	FMin4	290.000 min	3.480.000 min

Dabei ist davon auszugehen, dass die für Monat Januar geplanten Leistungsmengen aufgrund bestehender Kapazitätsengpässe und der zu erwartenden Absatzsituation für 20.. zugleich die durchschnittliche Monatsleistung des Planungsjahres sind. Für Produkt C sind also 12 Monate · 6.000 Stck./Monat = 72.000 Stck./Jahr die Jahresleistung. Entsprechendes gilt für die Produkte I und P.

Für die Planung der Leistungsmengen der Absatzleistungen gelten daher folgende Daten:

Beschreibung	Leistungsart	Leistungs-einheit	Planleistung Jahr 20..	Planleistung Januar 20..
Produkt C	L14	Stck.	72.000 Stck.	6.000 Stck.
Produkt I	L15	Stck.	36.000 Stck.	3.000 Stck.
Produkt P	L16	Stck.	12.000 Stck.	1.000 Stck.

4.2.3 Innenleistungen der Hilfskostenstellen

Die Hilfskostenstellen werden in einer Grenzkostenrechnung nur mit Leistungsarten abgerechnet, wenn sie produktvariable Kosten verursachen. Dies ist z. B. bei der EDV-Stelle nicht der Fall. Da für die Zwecke der Vollkostenrechnung diese Einschränkung nicht gilt, wird auch für die Hilfskostenstelle eine Leistungsart geführt:

Kostenstelle	Nr.	Leistungsart	Leistungseinheit	Beschreibung
Fuhrpark	5000	L5	km	Kilometer
Fuhrpark	5001	L6	Std.	Fahrstunden Gabelstapler
EDV	5100	L7	min	EDV-Minuten
Heizung	5200	L8	WE	Wärmeeinheiten

Für die Hilfskostenstellen errechnen sich aufgrund der periodischen Absatzplanung sowie der allgemeinen Wartungs- und Gebäudeunterhaltungspläne folgende Planleistungsmengen L5–L8:

(Hilfs-) Kosten-stellen-Nr.	Leistungs-art	Leistungs-einheit	Planleistung Jahr 20..	Planleistung Januar 20..	Beschreibung
5000	L 5	km	91.200 km	7.600 km	Fahrkilometer Lkw
5001	L 6	Std.	7.680 Std.	640 Std.	Fahrstunden Gablerstapler
5100	L 7	min	20.880 min	1.740 min	EDV-Minuten
5200	L 8	LE	42.000 LE	3.500 LE	Wärmeeinheiten

5 Praktische Durchführung der Kostenartenrechnung

5.1 Gliederung der Primärkosten

Für Kostenartenrechnung der ASR GmbH sind folgende primäre Kostenarten zu unterscheiden:

Primäre Kostenarten			
Nr.	Kostenart	Zurechnung	Beschäftigung
50001	Innenverkleidung	PEK	variabel
50002	Anschlusskabel	PEK	variabel
50011	Gehäuse Jit	PEK	variabel
50012	Kompressor Jit	PEK	variabel
50013	Thermostat Jit	PEK	variabel
50014	Kondensator Jit	PEK	variabel
50015	Verdampfer C,I	PEK	variabel
50016	Verdampfer P	PEK	variabel
50017	Lampe	PEK	variabel
50018	Gemüseschublade	PEK	variabel
50019	Glasböden	PEK	variabel
50020	Türen	PEK	variabel
50021	Gefrierfach I	PEK	variabel
50022	Gefrierfachklappe I	PEK	variabel

Primäre Kostenarten			
Nr.	Kostenart	Zurechnung	Beschäftigung
50023	Gefrierfach P	PEK	variabel
50030	Verbrauch Hilfsstoffe	PGK	variabel
50031	Kühlflüssigkeit	PGK	variabel
50032	Lötmaterial	PGK	variabel
50033	Klebstoff	PGK	variabel
50034	Firmenschild	PGK	variabel
50035	Leitungen	PGK	variabel
50036	Schrauben	PGK	variabel
50037	Dichtungen	PGK	variabel
50038	Karton	PEK	variabel
50039	Styropor	PEK	variabel
50040	Plastikband	PGK	variabel
50041	Metallklammern	PGK	variabel
50042	Klebestreifen	PGK	variabel
50045	Maschinenschmieröl	PGK	variabel
50046	Reinigungsmittel	PGK	variabel
50051	Benzinkosten	PK	fix
50052	Dieselkosten	PGK	Misch
50053	Heizölkosten	PGK	Misch
50054	Wasserkosten	PGK	Misch
50055	Kanalkosten	PGK	Misch
50056	Wasserkosten	PK	fix
50057	Kanalkosten	PK	fix
50060	Büromaterialkosten	PK	fix
50070	kalk. Stromkosten	PGK	Misch
50071	kalk. Stromkosten	PK	fix
60000	Akkordlohnkosten	PGK	Misch
60010	Zeitlohnkosten	PK	fix
60020	Gehaltskosten	PK	fix
61000	Sozialkosten Akkord	PGK	Misch, fix
61010	Sozialkosten Zeitlöhne	PK	fix
61020	Sozialkosten Gehälter	PK	fix
62300	Kalkulatorische Abschreibungen Gebäude	PGK	Misch
62310	kalkulatorische Abschreibungen Maschinen	PGK	Misch
62320	kalkulatorische Abschreibungen Fuhrpark	PGK	Misch
63230	kalkulatorische Abschreibungen BGA	PGK	Misch
66000	kalkulatorische Werbekosten	PK	fix
68050	Kommunikationskosten	PK	fix
70000	kalk. Wagniskosten	PK	fix
73100	kalk. Zinsen AV	PK	fix
73200	kalk. Zinsen UV	PGK	variabel (?)
77000	sonstige Produktgemeinkosten	PGK	variabel
77100	sonstige Produktgemeinkosten	PK	fix

PEK = Produkteinzelkosten, PGK = Produktgemeinkosten; PK = Periodenkosten.

5.2 Leistungsabhängige Planung der Materialeinzelkosten

Produkteinzelkosten werden nicht über Kostenstellen verrechnet, sondern grundsätzlich über die Materialwirtschaft erfasst. Die Materialeinzelkosten werden in der Materialwirtschaft geplant und direkt auf die produktbezogene Ergebnisrechnung (Kalkulation) übernommen.

Materialeinzelkosten umfassen die Rohstoffkosten, Einbauteilkosten und Vorproduktkosten. Die Materialeinzelkosten werden nicht über Kostenstellen, sondern unter Verwendung eines Kalkulationsverfahrens, z. B. einer Produktstückrechnung mit Zuschlagskalkulation, direkt auf die Produkte (Kühlschränke) verrechnet. Die für Monat Januar von der Materialwirtschaft geplanten Materialeinzelkosten sind aus der Tabelle „Produkteinzelkosten pro Planungsmonat" zu entnehmen.

Für die Planung der Materialeinzelkosten sind die Planleistungsmengen der drei Produkttypen aus der Absatzmengenplanung zu beachten.

Dabei muss jede Einzelmaterialart gesondert geplant werden. Die Planverbrauchsmengen werden anhand der Stücklisten ermittelt und für die Berechnung der pagatorischen Kosten mit für das Jahr 20.. fest vorgegebenen Verrechnungspreisen bewertet. Für die Berechnung der wertmäßigen Kosten werden die geschätzten Wiederbeschaffungskosten angesetzt.

5.3 Planung der primären Produktgemeinkosten und der Periodenkosten

Die Kostenplanung der Produktgemeinkostenarten wird pro Kostenstelle durchgeführt. Die Periodenkosten (= fixen Kosten) bräuchten in einer reinen Grenzplankostenrechnung nicht pro Kostenstelle geplant werden. Da bei der ASR GmbH eine Grenz- und eine Vollkostenrechnung parallel betrieben werden, werden auch die fixen Kosten über die Kostenstellen geplant.

5.3.1 Leistungsbezogene Planung der Hilfsstoffkosten

Hilfsstoffkosten werden regelmäßig als Gemeinkosten verrechnet. Die für Monat Januar von der Materialwirtschaft geplanten Hilfsstoffkosten sind aus der Tabelle „Hilfsstoffkosten pro Planungsmonat" zu entnehmen.

5.3.2 Leistungsbezogene und leistungsunabhängige Planung der Betriebsstoffkosten

Die Betriebsstoffkosten werden entweder direkt auf die verbrauchenden Kostenstellen oder durch Kostenumlagen geplant und verrechnet. Die Verrechnung über Kostenumlagen oder Kostenumbuchungen erfolgt später. Die direkt auf die verursachenden Kostenstellen zu verrechnenden Betriebsstoffkosten werden entweder produktvariabel oder produktfix geplant.

5.3.2.1 *Schmier- und Reinigungsmittelkosten*

Die Schmiermittel- und Reinigungsmittelkosten für Maschinen werden aufgrund von Materialentnahmescheinen den Fertigungskostenstellen direkt zugerechnet. Für Januar 20.. ergeben sich folgende Plankosten:

		im Januar 20.. benötigte Stückzahlen				Plankosten für Januar 20..				
Einbauteile (Vorprodukte),		Coolfun C	Icestar I	Premium P	Summe Materialbedarf	durchschn. Anschaffungs-kosten	Plan-Verrech-nungspreis	Wieder-Beschaffungs kosten	Summe pagatorisch	Summe wertmäßig
Kostenart	Bezeichnung									
50001	Innenverkleidung	6.000	3.000	1.000	10.000	11,5	11,5	12	115.000,00	120.000,00
50002	Anschlusskabel	6.000	3.000	1.000	10.000	1,2	1,2	1,3	12.000,00	13.000,00
50011	Gehäuse Jit	6.000	3.000	1.000	10.000	28	28	29	280.000,00	290.000,00
50012	Kompressor Jit	6.000	3.000	1.000	10.000	105	105	125	1.050.000,00	1.250.000,00
50013	Thermostat Jit	6.000	3.000	1.000	10.000	19	19	20	190.000,00	200.000,00
50014	Kondensator Jit	6.000	3.000	1.000	10.000	30	30	35	300.000,00	350.000,00
50015	Verdampfer C,I	6.000	3.000	0	9.000	38	38	39	342.000,00	351.000,00
50016	Verdampfer P	0	0	1.000	1.000	75	75	82	75.000,00	82.000,00
50017	Lampe	6.000	3.000	1.000	10.000	1,4	1,4	1,42	14.000,00	14.200,00
50018	Gemüseschublade	6.000	3.000	1.000	10.000	2,9	2,9	3,3	29.000,00	33.000,00
50019	Glasböden	18.000	6.000	2.000	26.000	2	2	2,4	52.000,00	62.400,00
50020	Türen	6.000	3.000	1.000	10.000	36	36	33	360.000,00	330.000,00
50021	Gefrierfach I	0	3.000	0	3.000	3,6	3,6	3,6	10.800,00	10.800,00
50022	Gefrierfachklappe I	0	3.000	0	3.000	4	4	4,1	12.000,00	12.300,00
50023	Gefrierfach P	0	0	1.000	1.000	10,5	10,5	10,9	10.500,00	10.900,00
50038	Karton	6.000	3.000	1.000	10.000	2	2	2,2	20.000,00	22.000,00
50039	Styropor	6.000	3.000	1.000	10.000	2,5	2,5	2,6	25.000,00	26.000,00

Tabelle: Produktionskosten pro Planungsmonat

Kosten-stelle	Kosten-art	Bezeichnung	pagatorisch		wertmäßig	
			variabel	fix	variabel	fix
2000–2300	50045	Maschinenschmieröl	300,00		300,00	
2000–2300	50046	Reinigungsmittel	360,00		400,00	

Die Verteilung der variablen Gemeinkosten auf die Fertigungskostenstellen laut Materialentnahmescheinen zeigt nachfolgende Tabelle:

	Kostenstellen			
Kostenarten	2000	2100	2200	2300
Maschinenschmieröl pagatorisch	60,00	80,00	80,00	80,00
Maschinenschmieröl wertmäßig	60,00	80,00	80,00	80,00
Reinigungsmittel pagatorisch	90,00	90,00	90,00	90,00
Reinigungsmittel wertmäßig	100,00	100,00	100,00	100,00

5.3.2.2 *Planung der Treibstoffkosten*

Die Treibstoffkosten werden aus den Jahresfahrleistungen und den geschätzten Verbrauchsmengen pro 100 Fahrkilometer geplant. Für die Bewertung werden die erwarteten durchschnittlichen Anschaffungskosten zugrunde gelegt. Die Fahrleistung der Lkw wird zu 2/3 als produktvariabel und zu 1/3 als produktunabhängig (fix) geplant, die Fahrleistung der Pkw wird generell als produktunabhängig eingestuft. Die Verrechnung erfolgt mit Variatoren.

Für Januar 20.. ergeben sich folgende Plankosten:

Kosten-stelle	Kosten-art	Bezeichnung	pagatorisch		wertmäßig	
			variabel	fix	variabel	fix
5000	50051	Benzin		3.000,00		3.300,00
5000	50052	Diesel	5.600,00	2.800,00	5.880,00	2.940,00

	Hilfsstoffe			im Januar 20 . . benötigte Stückzahlen				Plankosten für Januar 20 . .				
				Coolfun C	Icestar I	Premium P	Summe Materialbedarf	durchschn. Anschaffungskosten	Planverrechnungspreis	Wiederbeschaffungskosten	Summe pagatorisch	Summe wertmäßig
4	Kostenstelle	Kostenart	Bezeichnung									
5	2300	50031	Kühlflüssigkeit	6.000	3.000	1.000	10.000	3,8	3,8	4	38.000,00	40.000,00
6	2000	50032	Lötmaterial	960	480	160	1.600	9	9	10	14.400,00	16.000,00
7	2100	50032	Lötmaterial	240	120	40	400	9	9	10	3.600,00	4.000,00
8	2100	50033	Klebstoff	3.000	1.500	500	5.000	5	5	5,5	25.000,00	27.500,00
9	2300	50034	Firmenschild	6.000	3.000	1.000	10.000	0,12	0,12	0,14	1.200,00	1.400,00
10	2000	50035	Leitungen	12.000	6.000	2.000	20.000	0,9	0,9	1	18.000,00	20.000,00
11	2000	50036	Schrauben	189.000	94.500	31.500	315.000	0,2	0,2	0,2	63.000,00	63.000,00
12	2100	50036	Schrauben	27.000	13.500	4.500	45.000	0,2	0,2	0,2	9.000,00	9.000,00
13	2300	50036	Schrauben	54.000	27.000	9.000	90.000	0,2	0,2	0,2	18.000,00	18.000,00
14	2000	50037	Dichtungen	63.000	31.500	10.500	105.000	0,01	0,01	0,02	1.050,00	2.100,00
15	2100	50037	Dichtungen	9.000	4.500	1.500	15.000	0,01	0,01	0,02	150,00	300,00
16	2300	50037	Dichtungen	18.000	9.000	3.000	30.000	0,01	0,01	0,02	300,00	600,00
17	4000	50040	Plastikband	300.000	150.000	50.000	50.000	0,02	0,02	0,018	1.000,00	900,00
18	4000	50041	Metallklammern	90.000	45.000	15.000	500.000	0,005	0,005	0,005	2.500,00	2.500,00
19	4000	50042	Klebestreifen	300.000	150.000	50.000	150.000	0,007	0,070	0,050	10.500,00	7.500,00

Tabelle: „Hilfsstoffkosten pro Planungsmonat“

5.3.2.3 *Planung der Heizölkosten*

Für Januar 20.. ergeben sich folgende Plankosten:

Kostenstelle	Kostenart	Bezeichnung	pagatorisch		wertmäßig	
			variabel	fix	variabel	fix
5200	50053	Heizöl	1.500,00		1.800,00	
5200	50060	Heizöl		1.000,00		1.200,00

5.3.2.4 *Planung der Wasser- und Kanalkosten*

Die Wasser- und Kanalkosten sind als variable Kostenstelleneinzelkosten der Heizung sowie als fixe Kosten der Gebäudestelle zuzuordnen. Die variablen Kanalkosten werden an die Verrechnung der variablen Wasserkosten „angehängt" und mit den Heizungskosten auf die verursachenden Kostenstellen verrechnet.

Für Januar 20.. ergeben sich folgende Plankosten:

Kostenstelle	Kostenart	Bezeichnung	pagatorisch		wertmäßig	
			variabel	fix	variabel	fix
5200	50054	Wasser	800,00		880,00	
6200	50056	Wasser		600,00		660,00
6200	50055	Kanalkosten	800,00		840,00	
6200	50057	Kanalkosten		600,00		630,00

5.3.2.5 *Planung der Büromaterialkosten*

Die Büromaterialkosten werden als produktfixe Kosten ausschließlich für die Verwaltungskostenstelle geplant.

Für Januar 20.. ergeben sich folgende Plankosten:

Kostenstelle	Kostenart	Bezeichnung	pagatorisch		wertmäßig	
			variabel	fix	variabel	fix
3000	50060	Büromaterialkosten		700,00		700,00

5.3.3 Leistungsabhängige und leistungsunabhängige Planung der Stromkosten

Die Stromkosten sind in vielen Unternehmen ein bedeutender Kostenfaktor. Dabei ist zwischen Lichtstrom und Arbeitsstrom zu unterscheiden. Durch Verbrauch von Lichtstrom werden überwiegend fixe Kosten, durch Verbrauch von Arbeitsstrom überwiegend produktvariable Kosten verursacht. Da in allen Stromkosten Grundgebühren enthalten sind, sind Stromkosten allerdings stets zugleich Mischkosten.

Zu planen sind grundsätzlich die Stromverbrauchsmengen sowie die Bewertung der Verbrauchsmengen. Die Bewertung kann entweder iterativ durch innerbetriebliche Leistungsverrechnung oder durch Vorgabe eines Verrechnungspreises erfolgen. Hier wird der zweite Weg gewählt. Bei der Ermittlung der Planpreise ist zwischen den Grundgebühren, dem Arbeitspreis und dem Jahresleistungspreis zu unterscheiden. Der Arbeitspreis bezieht sich auf den eigentlichen Stromverbrauch. Würde die ASR GmbH einen Mehrschichtbetrieb in Erwägung ziehen, wäre zu beachten, dass dann nicht nur der Tages-, sondern auch der jeweils gültige Nachttarif einzuplanen wäre. Der Jahresleistungspreis wird auf der Basis einer in Anspruch genommenen Jahresleistung ermittelt, die sich als Mittelwert aus den monatlichen Höchstleistungen errechnet.

Für die Planung der pro Kostenstelle verursachten Stromverbrauchsmengen sind regelmäßig folgende Schritte erforderlich:

1. Erfassung sämtlicher Strom verbrauchender Aggregate unter Angabe der installierten kW in einer Liste.
2. Ermittlung der Laufzeiten der einzelnen Aggregate unter Beachtung der Planbezugsgröße der Kostenstelle. Probleme ergeben sich, wenn zwischen der Laufzeit der Aggregate und der Planbezugsgröße Abweichungen bestehen. Dann muss mit entsprechenden Koeffizienten gerechnet werden.
3. Ermittlung der Relation aus dem Stromverbrauch bei planmäßiger Durchschnittsleistung und der installierten Kilowattzahl pro Aggregat. Dieser Verbrauchsfaktor liegt vielfach zwischen 60 % und 70 % der installierten Leistung.

Bezeichnet man die installierte Kilowattzahl mit kW, die Laufzeit pro Bezugsgrößeneinheit mit h/x, die Planbezugsgröße mit x und den Verbrauchsfaktor mit v, so errechnet sich der geplante Stromverbrauch bzw. die Planleistungsaufnahme eines Aggregats einer Kostenstelle wie folgt:

$$\text{geplanter Stromverbrauch in kWh} = \text{kW} \cdot h/x \cdot x \cdot v$$

Beispiel

Installierte Kilowattzahl: 100 kW; Laufzeit pro Bezugsgrößeneinheit: 1 Std./Fertigungsstunde; Planbezugsgröße: 1.800 Fertigungsstunden; Verbrauchsfaktor 70 %.

Geplanter Stromverbrauch = 100 kW · 1 Std./Fertigungsstunde · 1.800 Fertigungsstunden · 70 % = 126.000 kWh.

Diese Berechnung gilt grundsätzlich auch für den normalen Lichtstrom zur Innenbeleuchtung der Gebäude, zur Beleuchtung der Außenanlagen und zum Betrieb der Heizung. Die durch die Beleuchtung verursachten Stromkosten werden aber der Vorkostenstelle „6200 Gebäudeunterhalt" und von dort den verbrauchenden Kostenstellen entsprechend der installierten Beleuchtungs-Kilowattzahlen durch Umlage weiterbelastet; dies gilt auch für die Außenbeleuchtungskosten. Die Aggregatsstromkosten werden produktvariabel, die Lichtstromkosten werden produktfix geplant.

Für die Kostenstellen ergeben sich aufgrund der Ermittlung der Planleistungsaufnahmen für Januar 20.. folgende Plankosten:

Kostenstelle	Kostenart	Bezeichnung	pagatorisch		wertmäßig	
			variabel	fix	variabel	fix
2000	50070	kalk. Stromkosten	2.100,00		2.250,00	
2100	50070	kalk. Stromkosten	1.680,00		1.800,00	
2200	50070	kalk. Stromkosten	1.540,00		1.650,00	
2300	50070	kalk. Stromkosten	1.400,00		1.500,00	
5001	50070	kalk. Stromkosten	420,00		450,00	
5200	50070	kalk. Stromkosten	84,00		90,00	
6200	50071	kalk. Stromkosten		5.796,00		6.210,00

5.3.4 Leistungsbezogene und leistungsunabhängige Planung der Personalkosten

5.3.4.1 *Leistungsbezogene Planung der Akkordlohnkosten*

Akkordlohnkosten sind Mischkosten. Bei der ASR GmbH werden 30 % der gesamten Akkordlohnkosten als variable Kosten und 70 % als fixe Kosten verrechnet. Die in der Finanzbuchführung gebuchten Sozialkosten werden nicht in die Kostenartenrechnung übernommen. Die kalkulatorischen Sozialkosten werden mit dem Verfahren der Planabgrenzung durch prozentuale Zuschlagssätze automatisch verteilt. Für die Akkordlohnkosten werden 25 % auf die Bruttolöhne aufgeschlagen. Für die Berechnung der wertmäßigen Kosten wird von erwarteten jährlichen Lohn- und Gehaltssteigerungen von 5 % ausgegangen.

Für Januar 20.. ergeben sich folgende Plankosten:

Kosten-	Kosten-	Bezeichnung	pagatorisch		wertmäßig	
stelle	art		variabel	fix	variabel	fix
2000	60000	Akkordlohn	8.190,00	19.110,00	8.599,50	20.065,50
2100	60000	Akkordlohn	6.840,00	15.960,00	7.182,00	16.758,00
2200	60000	Akkordlohn	4.590,00	10.710,00	4.819,50	11.245,50
2300	60000	Akkordlohn	3.495,00	8.155,00	3.669,75	8.562,75
5001	60000	Akkordlohn	3.435,00	8.015,00	3.606,75	8.415,75

5.3.4.2 *Leistungsunabhängige Planung der Zeitlohn- und Gehaltskosten*

Die Zeitlohnkosten und die Gehaltskosten sind reine Fixkosten und werden daher produktfix geplant. Die in der Finanzbuchführung gebuchten Sozialkosten werden nicht in die Kostenrechnung übernommen. Die kalkulatorischen Sozialkosten werden mit dem Verfahren der Planabgrenzung durch prozentuale Zuschlagssätze automatisch verteilt. Für die Zeitlohnkosten werden 25 % auf die Bruttolöhne und für die Gehaltskosten 20 % auf die Bruttogehälter aufgeschlagen.

Für Januar 20.. ergeben sich folgende Plankosten:

Kosten-	Kosten-	Bezeichnung	pagatorisch		wertmäßig	
stelle	art		variabel	fix	variabel	fix
5000	60010	Zeitlöhne		10.850,00		11.392,50
5001	60010	Zeitlöhne		7.500,00		7.875,00
5100	60010	Zeitlöhne		7.500,00		7.875,00
5200	60010	Zeitlöhne		7.300,00		7.665,00
1000	60010	Zeitlöhne		10.850,00		11.392,50
3000	60010	Zeitlöhne		7.500,00		7.875,00
4000	60010	Zeitlöhne		11.450,00		12.022,50
5100	60020	Gehälter		7.000,00		7.350,00
2300	60020	Gehälter		7.000,00		7.350,00
3000	60020	Gehälter		21.000,00		22.050,00

5.3.5 Leistungsabhängige und leistungsunabhängige Planung der kalkulatorischen Abschreibungen

Die Planung der kalkulatorischen Abschreibungen erfolgt auf der Grundlage der Daten der Anlagenbuchhaltung. Die mit MS-Excel® erstellte Anlagenbuchhaltung der ASR GmbH zeigt nebenstehende Übersicht (Auszug!). Die Mischkosten sind bereits in produktvariable und fixe Kostenanteile aufgespalten. Die Planung erfolgt auf der Basis der wertmäßigen Abschreibungskosten.

5.3.6 Planung der kalkulatorische Werbekosten

Um eine monatsanteilige Belastung der in längeren Zeitabständen vorgenommenen Werbemaßnahmen, wozu auch sog. Werbeunterstützungsmaßnahmen für den Einzelhandel gehören, zu erreichen, werden pro Monat sowohl pagatorisch als auch wertmäßig 5.000,00 € kalkulatorische Werbekosten verrechnet. Die Werbekosten gelten als fixe Kostenstelleneinzelkosten der Vertriebskostenstelle.

Für Januar 20.. ergeben sich folgende Plankosten:

Kostenstelle	Kostenart	Bezeichnung	pagatorisch		wertmäßig	
			variabel	fix	variabel	fix
4000	66000	Werbekosten		5.000,00		5.000,00

5.3.7 Planung der Kommunikationskosten

Die Kommunikationskosten werden insgesamt als fixe Kosten eingestuft und per Umlage auf die verursachenden Kostenstellen verteilt. Für Januar 20.. ergeben sich folgende Plankosten:

Kostenstelle	Kostenart	Bezeichnung	pagatorisch		wertmäßig	
			variabel	fix	variabel	fix
	68050	Kommunikationskosten		1.350,00		1.350,00

5.3.8 Planung des kalkulatorischen Anlagenwagnisses

Anders als laufende Wartungs- und Pflegekosten, werden Reparaturkosten mit einmaligem Charakter nicht in die Kostenartenrechnung übernommen. Stattdessen wird ein monatliches kalkulatorisches Anlagenwagnis von 1.500,00 € verrechnet. Das als fixe Kostenstellengemeinkosten zu erfassende Anlagenwagnis wird über die Vorkostenstelle Gebäude auf die Kostenstellen verrechnet.

Für Januar 20.. ergeben sich folgende Plankosten:

Kostenstelle	Kostenart	Bezeichnung	pagatorisch		wertmäßig	
			variabel	fix	variabel	fix
6200	70000	kalk. Wagniskosten		1.500,00		1.500,00

Inventar Nummer	Kosten-stelle	Kostenart	Gegenstand	Anschaf-fungs Datum	Anschaf-fungs Kosten	Datum	Planung pagatorische Kosten/ Monat		Planung wertmäßige Kosten / Monat	
							variabel	fix	variabel	fix
	6200	62300	Grund u. Boden	10.01.20..	1.600.000,00	31.01.20..				
	6200	62300	Gebäude	10.01.20..	8.400.000,00	31.01.20..	0,00	17.500,00	0,00	20.000,00
1001-1010	2000	62300	Maschinen Ro	10.01.20..	300.000,00	31.01.20..	1.000,00	1.500,00	1.200,00	1.800,00
1031	2000	62300	Maschine Ro	10.01.20..	500.400,00	31.01.20..	1.680,00	2.520,00	2.000,00	3.000,00
1032	2000	62300	Maschine Ro	10.01.20..	540.000,00	31.01.20..	1.800,00	2.700,00	2.000,00	3.000,00
1011-1020	2100	62300	Maschinen In	10.01.20..	1.260.000,00	31.01.20..	4.200,00	2.800,00	5.100,00	3.400,00
1021-1024	2200	62300	Maschinen Mo	10.01.20..	770.400,00	31.01.20..	2.580,00	1.720,00	3.000,00	2.000,00
1025-1030	2300	62300	Maschinen Ko	10.01.20..	1.620.000,00	31.01.20..	5.400,00	3.600,00	6.000,00	4.000,00
2003-2003	5000	62300	Lkw Fuh	10.01.20..	1.008.000,00	31.01.20..	8.400,00	3.600,00	10.010,00	4.290,00
2010-2012	5000	62300	Pkw Fuh	10.01.20..	150.000,00	31.01.20..	0,00	3.125,00	0,00	3.125,00
2007-2009	5001	62300	Gabel Fuh 2	10.01.20..	54.000,00	31.01.20..	315,00	135,00	350,00	150,00
2013-2014	5001	62300	Gabel Fuh 2	10.01.20..	30.000,00	31.01.20..	175,00	75,00	175,00	75,00
2100-2120	1000	62300	BGA Ma	10.01.20..	72.000,00	31.01.20..	0,00	600,00	0,00	600,00
2200-2290	3000	62300	BGA Vw	10.01.20..	450.000,00	31.01.20..	0,00	3.750,00	0,00	3.750,00
2300-2345	4000	62300	BGA Vt	10.01.20..	258.000,00	31.01.20..	0,00	2.150,00	0,00	2.150,00
2400-2435	5100	62300	BGA EDV	10.01.20..	151.200,00	31.01.20..	0,00	4.200,00	0,00	3.300,00
2500-2508	5200	62300	BGA Hei	10.01.20..	48.000,00	31.01.20..	0,00	400,00	0,00	650,00

Tabelle: „Auszug Anlagenbuchhaltung“

5.3.9 Planung der kalkulatorischen Zinsen

Kalkulatorische Zinsen werden auf das Anlage- und das Umlaufvermögen berechnet, sie sind überwiegend zugleich fixe Kosten. Der Teil der Zinskosten, der als Mischkosten auf das Umlaufvermögen entfällt, wird in der ASR GmbH produktvariabel geplant, weil die Zinskosten der Lagerbewegungen kontrolliert werden sollen. Für die Erfassung und Verrechnung der kalkulatorischen Zinsen werden daher zwei Kostenarten, kalkulatorische Zinsen des Anlagevermögens (Kto. Nr. 73100) bzw. des Umlaufvermögens (Kto. Nr 73200) verwendet.

Verrechnung der kalkulatorischen Zinsen auf die Kostenstellen (Monatswerte)				
Kostenstellen	Summe pro Kostenstelle	Summe Kostenstellen-gemeinkosten	Summe Kostenstellen-einzelkosten	Summe Fremdkapital
Anlage-vermögen:	wertmäßig			pagatorisch
6200	29.880,00	29.880,00	0,00	7.402,00
2000	3.467,00	0,00	3.467,00	855,00
2100	3.401,00	0,00	3.401,00	804,00
2200	2.001,00	0,00	2.001,00	492,00
2300	4.002,00	0,00	4.002,00	1.034,00
1000	160,00	0,00	160,00	46,00
3000	1.889,00	0,00	1.889,00	542,00
4000	574,00	0,00	574,00	64,00
5000	3.005,00	0,00	3.005,00	739,00
5001	200,00	0,00	200,00	53,00
5100	264,00	0,00	264,00	96,00
5200	174,00	0,00	174,00	31,00
Summen	49.017,00	29.880,00	19.137,00	12.158,00
Umlaufvermögen:				
1000	1.526,00		1.526,00	9,00
Summen	1.526,00		1.526,00	9,00

5.3.10 Planung der sonstigen Kosten

Zu den sonstigen Kosten gehören u. a. z. B. auch Beiträge und Gebühren, Rechts- und Beratungskosten, Steuern mit Kostencharakter, also z. B. die Grundsteuer für die Betriebsgrundstücke. Nicht zu den Kostensteuern gehören hingegen die Gewerbeertragsteuer, die Körperschaftsteuer und die Umsatzsteuer. Die sonstigen Kosten sind – soweit sie ausnahmsweise als Produktgemeinkosten zu klassifizieren sind – zugleich variable Kosten, der größte Teil ist aber als fixe Kosten zu qualifizieren. Die sonstigen variablen Produktgemeinkosten werden ausschließlich den Fertigungsstellen zugerechnet. Dabei wurde festgestellt, dass die in den Fertigungskostenstellen verursachten Fertigungsminuten einen guten Zurechnungsmaßstab bilden. Die sonstigen fixen Kosten werden der Gebäudekostenstelle zugerechnet und mit den Gebäudeumlagen auf sämtliche Hilfs- und Hauptkostenstellen verrechnet. Um die sonstigen Kosten summarisch in die Kostenartenrechnung übernehmen zu können, wurden im Hauptbuch Sammelkonten für variable sonstige Produktgemeinkosten (Kto. Nr. 77000) und fixe sonstige Kosten (Kto. Nr. 77100) eingerichtet.

Für Januar 20.. ergeben sich folgende Plankosten:

Kostenstelle	Kostenart	Bezeichnung	pagatorisch		wertmäßig	
			variabel	fix	variabel	fix
2000–2300	77000	variable sonst. PGK	7.714,00		7.214,00	
1000–5200	77100	sonstige fixe Kosten		101.940,00		103.440,00

6 Planung der Verteilungs- und Umlagekostenarten

6.1 Planung der kalkulatorischen Sozialkosten mit dem Zuschlagsverfahren

Die kalkulatorischen Sozialkosten werden regelmäßig als Prozentzuschlagswerte verrechnet. Für die Zurechnung wird überdies als Basis eine bereits auf die Kostenstelle verrechnete Personalkostenart, z. B. die Bruttolohn- oder Bruttogehaltskosten, verwendet. Diese Basiskostenarten werden oft zugleich Kostenstelleneinzelkosten sein. In einer Grenzkostenrechnung ist weiterhin zu prüfen, ob die Lohn- und Gehaltskosten variable oder fixe Kosten sind. Rein variable Kosten treten in diesem Bereich regelmäßig nicht auf. Lohn- und Gehaltskosten sind entweder Mischkosten oder rein fixe Kosten. Für die Sozialkosten geht man davon aus, dass sie genauso verrechnet werden wie ihre Bezugsbasis, d. h. Sozialkosten sind entweder als variable oder als fixe Kosten zu erfassen.

Auf die Lohnkosten werden 25 % Sozialkosten zugeschlagen und zwar auf die Akkordlohnkosten als variable Kosten und auf die Zeitlohnkosten als fixe Kosten. Auf die Gehaltskosten werden 20 % als fixe Kosten zugeschlagen.

Die Sozialkosten brauchen nicht selbstständig als primäre Kosten geplant zu werden. Explizit geplant werden lediglich die Basiskostenarten, z. B. die Lohn- und Gehaltskosten. Es ist also von vornherein keine Plansumme der mit dem Zuschlagsverfahren verrechneten Kostenarten gegeben. Die Sozialkosten werden folglich indirekt durch die Vorgabe von Prozentsätzen und anderen Bestimmungsgrößen geplant. Entsprechend den Vorgaben werden dabei produktvariable und fixe Sozialkosten gleichzeitig geplant.

Basis-Kostenart	Kostenstelle	Bezeichnung	monatliche Plankosten wertmäßig			
			variabel	Zuschlag	fix	Zuschlag
60000	2000	Akkordlöhne	8.599,50	25 %	20.065,50	25 %
60000	2100	Akkordlöhne	7.182,00	25 %	16.758,00	25 %

Basis-Kostenart	Kosten-stelle	Bezeichnung	monatliche Plankosten wertmäßig			
			variabel	Zuschlag	fix	Zuschlag
60000	2200	Akkordlöhne	4.819,50	25%	11.245,50	25%
60000	2300	Akkordlöhne	3.669,75	25%	8.562,75	25%
60010	5000	Zeitlöhne			11.392,50	25%
60010	5002	Zeitlöhne			15.382,50	25%
60010	5100	Zeitlöhne			7.875,00	25%
60010	5200	Zeitlöhne			7.665,00	25%
60010	1000	Zeitlöhne			11.392,50	25%
60010	3000	Zeitlöhne			7.875,00	25%
60010	4000	Zeitlöhne			12.022,50	25%
60020	5100	Gehälter			7.350,00	20%
60020	2300	Gehälter			7.350,00	20%
60020	3000	Gehälter			22.050,00	20%

6.2 Durchführung von Umlageverfahren für primäre Kostenstellengemeinkosten

Primäre Kostenstellengemeinkosten werden nicht durch innerbetriebliche Leistungsverrechnung, sondern durch Kostenumlagen auf die Kostenstellen verrechnet. Dabei ist das nicht nach dem Kostenverursachungsprinzip, sondern nach dem Kostentragfähigkeitsprinzip verrechnende Verfahren der Kostenumlage nur als Ausnahmelösung zu verstehen, da stets geprüft werden sollte, ob nicht besser ein Verfahren der innerbetrieblichen Leistungsverrechnung eingesetzt werden soll. Beispiel: Die Abschreibungs-, Strom-, Lohn-, Zins- und Wartungskosten eines Laufkrans könnten durch Kostenumlage auf die verursachenden Kostenstellen verteilt werden; zweckmäßiger ist es sicherlich, für diesen Laufkran eine Hilfskostenstelle einzurichten. Allgemein gilt, dass das Vorliegen produktvariabler Kostenstellengemeinkosten stets ein Indiz für die Einrichtung von Hilfskostenstellen mit Durchführung einer innerbetrieblichen Leistungsverrechnung ist.

6.2.1 Umlage der Kommunikationskosten

Die für Monat Januar 20.. geplanten Kommunikationskosten werden nach folgendem Verteilungsschlüssel auf die verursachenden Kostenstellen umgelegt:

Umlageschlüssel für die Kommunikationskosten:

EDV	Vw	Vt
30%	40%	30%

6.2.2 Umlage der sonstigen Kosten

Die sonstigen variablen Gemeinkosten werden nach den monatlichen Summen der Fertigungszeiten auf die Fertigungskostenstellen verrechnet.

Fertigungs-kostenstelle	Fertigungsminuten/Monat
Ro	45.300 min
In	39.000 min
Mo	29.800 min
Ko	29.000 min

6.2.3 Umlage der Gebäudekosten

In der ASR GmbH werden die Gebäudekosten mit Kostenumlageverfahren auf die verursachenden Kostenstellen verrechnet, wobei die Umlage der Sekundärkostenart „Gebäudekosten" nach m^2-Schlüsseln erfolgt. Verursacher („Empfänger") der Kosten sind die in untenstehender Umlagetabelle aufgeführten Kostenstellen, entlastet wird die Vorkostenstelle „6200 Gebäude" , die als „Sender" bezeichnet wird.

Für die Umlage der Gebäudekosten sind nachfolgende m^2-Zahlen maßgebend:

	m^2-Zahl Gebäude
Heizung	95,00
EDV	90,00
Fuh	690,00
Materiallager Ma	120,00
Sanitärräume	45,00
Treppenhaus	100,00
Aufzug	50,00
Verwaltung Vw	255,00
Vertrieb Vt	150,00
Rohbau Ro	300,00
Innenausstattung In	225,00
Montage Mo	300,00
Endfertigung Ko	150,00
Laderampe	75,00

7 Durchführung der innerbetrieblichen Leistungsverrechnung

Für die mit dem iterativen Verfahren zu berechnenden Selbstkostenpreise und für die anschließende Berechnung der Sekundärkosten zur Belastung der verursachenden Kostenstellen ist von folgenden Sachverhalten auszugehen:

7.1 Leistungen der Hilfskostenstelle Fuhrpark 1

Die Lkw werden für die Jit-Belieferung der Kostenstelle Ro sowie für den Vertrieb der Produkte eingesetzt. Dabei sind bei dem Produkt P die eigenen (innerbetrieblichen) Transportkosten wegen der Produktdefinition gemäß Produktionsstufe II noch als Produktionskosten anzusehen. Sie werden als sekundäre Produktgemeinkosten der Fertigung verrechnet. Für die kilometerabhängigen Transportkosten lassen sich pro Stück P keine geeigneten Leistungs- bzw. Bezugsgrößen finden, sie werden daher durchschnittlich auf die einzelnen Kühlschränke verteilt. Für die Produkte C und I sind die sekundären Transportkosten zugleich (variable) Vertriebsgemeinkosten und werden daher der Hauptkostenstelle Vt zugerechnet.

Grundsätzlich ist auch zu überlegen, ob die Sekundärkosten für die Transporte der Jit-Materialien als Anschaffungsnebenkosten den Einzelmaterialkosten zuzurechnen sind, oder ob diese Kosten ausschließlich der Kostenstelle Ro zu belasten sind. Handels- und steuerrechtlich sind eigene Beschaffungstransportleistungen – auch wenn sie die (sonstigen) Voraussetzungen des §255 Abs. 1 HGB grundsätzlich erfüllen würden – keine Anschaffungsnebenkosten. Da die Materialeinzelkosten generell auch nicht über die Fertigungskostenstellen verrechnet werden, ist es konsequent, die sekundären Transportkosten nicht der Eingangs-Produktionsstelle Ro zuzurechnen, sondern durch Erhöhung des Materialwerts den Produkten als sekundäre Materialgemeinkosten der Beschaffung zu belasten. Die an die Produkte erbrachten Leistungseinheiten werden dabei in km-Anteilen der Monatsproduktion gemessen. Die Lkw erbringen im Berichtsmonat folgende Leistungen in km:

<table>
<tr><th></th><th>Summe</th><th>4000</th><th>C</th><th>I</th><th>P</th></tr>
<tr><td>Transport C u. I</td><td>4.500 km</td><td>4.500 km</td><td></td><td></td><td></td></tr>
<tr><td>Transport Jit</td><td>600 km</td><td></td><td></td><td>600 km</td><td></td></tr>
<tr><td>Transport P</td><td>2.000 km</td><td></td><td></td><td></td><td>2.000 km</td></tr>
<tr><td>Summen</td><td>7.100 km</td><td>4.500 km</td><td colspan="2">600 km</td><td>2.000 km</td></tr>
</table>

Die Pkw werden ausschließlich von Mitarbeitern der Verwaltung benutzt. Da zwischen den Fahrten für die Verwaltung und den Produktionsvorgängen kein direkter Zusammenhang besteht, werden insoweit keine variablen Kosten verursacht. Eine innerbetriebliche Leistungsverrechnung entfällt damit für die Zwecke der Grenzkostenrechnung. Weiterverrechnet werden lediglich die sekundären Fixkosten.

7.2 Leistungen der Hilfskostenstelle Fuhrpark 2

Für die Leistungen der Gabelstapler stellt sich die Frage, ob die Transportleistungen nach dem Hol- oder Bring-Prinzip abgerechnet werden. Die Verantwortlichen haben sich für eine Verrechnung nach dem Hol-Prinzip entschieden. Belastet werden also die leistungsempfangenden Stellen. Wird der Gabelstapler z. B. im Auftrag für das Materiallager tätig, werden die dadurch verursachten Kosten dem Materiallager zugerechnet, wenn Gegenstände transportiert werden, die eingelagert werden. Transportkosten für Auslieferungen aus dem Materiallager werden hingegen den leistungsempfangenden Kostenstellen zugerechnet.

Die Leistungen der Gabelstapler werden im Berichtsmonat in folgenden Fahrzeiten abgerechnet:

Summe	1000	2000	2100	2200	2300	4000
640 Std.	60 Std.	120 Std.	100 Std.	100 Std.	100 Std.	160 Std.

7.3 Leistungen der Hilfskostenstelle Heizung

Die innerbetrieblichen Leistungen der Heizung werden in verbrauchten Wärmeeinheiten gemessen (Leistungsart L8). Dies gilt auch für den Warmwasserverbrauch. Die von der Heizung erzeugten Wärmeleistungen verursachen in den verbrauchenden Stellen entweder produktvariable oder fixe Kosten. Für eine Grenzkostenrechnung werden nur die produktvariablen Leistungen berücksichtigt. Die verursachten Fixkosten der Hilfskostenstelle werden restlos dem Periodenergebnis belastet. Für die Berechnung der Vollkosten werden hingegen auch die fixen Sekundärkosten der Heizung mit der innerbetrieblichen Leistungsverrechnung verrechnet. Im Einzelnen werden den leistungsempfangenden Kostenstellen im Berichtsmonat folgende Wärmeeinheitsmengen belastet:

KSt	5100	5200	1000	2000	2100	2200
variabel		50 WE		500 WE	500 WE	600 WE
fix	600 WE	50 WE	400 WE			
Summen	600 WE	100 WE	600 WE	500 WE	500 WE	600 WE

KSt	2300	3000	4000
variabel	200 WE		
fix		1.000 WE	650 WE
Summen	200 WE	1.000 WE	650 WE

7.4 Leistungen der EDV-Stelle

Die von der EDV-Stelle erzeugten Leistungen verursachen in den verbrauchenden Stellen ausnahmslos fixe Kosten. Für eine Grenzkostenrechnung wird daher keine innerbetriebliche Leistungsverrechnung durchgeführt. Die verursachten Fixkosten der Hilfskostenstelle werden restlos dem Periodenergebnis belastet. Für die Berechnung der Vollkosten werden hingegen auch die Sekundärkosten der EDV-Stelle mit der innerbetrieblichen Leistungsverrechnung verrechnet. Die (variablen) Leistungen der EDV-Stelle (Leistungsart L7) dürfen aber nicht mit produktionsverursachten Leistungen verwechselt werden.

Summe	5100	1000	2000	2100	2200	2300	4000
1.740 Min	40 Min	250 Min	200 Min	150 Min	120 Min	300 Min	460 Min

8 Berechnung der Grenzselbstkosten und der Vollselbstkosten (Stückkostenkalkulation)

8.1 Zuschlagskalkulation

Grundaufgabe einer Kalkulation ist die wertmäßige Darstellung der fertigen (unfertigen) Erzeugnisse. Obwohl die ASR GmbH derzeit noch feste Absatzpreise für ihre Kühlschränke hat, sollen die Grenzselbstkosten der verschiedenen Kühlschränke für Marktkontrollzwecke berechnet werden. Die Grenzselbstkosten in diesem Sinne bilden zugleich die kurzfristige Preisuntergrenze für neue Preisverhandlungen mit den Kunden.

Das verfolgte Berechnungsziel soll mit einer sog. Bezugsgrößenkalkulation (Zuschlagskalkulation) sowie einer Deckungsbeitragsrechnung erreicht werden. In einer Bezugsgrößenkalkulation werden die Fertigungsgemeinkosten der Fertigungskostenstellen mit Bezugsgrößen auf die Produkte (Kostenverursacher) verrechnet, die aus Kosteneinflussgrößen analytisch abgeleitet werden. Die ASR GmbH verrechnet alle Fertigungsgemeinkosten auf der Basis der verbrauchten Fertigungszeiten (= Leistungen der Fertigungskostenstellen). Die Material-, Verwaltungs- und Vertriebsgemeinkosten werden hingegen regelmäßig mit prozentualen Zuschlagsgrößen „zugeschlagen". Basis für die Verrechnung der Materialgemeinkosten sind die Materialeinzelkosten. Basis für die Verrechnung der Vertriebsgemeinkosten sind die Herstellkosten der Kühlschränke. Da in der Verwaltung ausnahmslos fixe Kosten verursacht werden, entfällt in einer Grenzkostenkalkulation die Verrechnung von Verwaltungskosten auf die Produkte. In einer Grenzkostenrechnung sind sowohl die verrechneten als auch die als Zuschlagsgrundlage benutzten Kosten stets nur produktvariable Kosten. Die ermittelten Selbstkosten/Stck. der Kühlschränke sind dann jeweils die Grenzselbstkosten/Stck.

8.2 Alternatives Kalkulationsverfahren: Kalkulation durch direkte Leistungsverrechnung auf die Produkte

Für die Weiterverrechnung der variablen Hauptkostenstellengemeinkostensummen werden die produktbezogenen Leistungsmengen der Hauptkostenstellen zugrunde gelegt. Anschließend werden die Tarife für die innerbetriebliche Leistungsverrechnung nach der bekannten Methode berechnet. Die Leistungsmengen der Hauptkostenstellen verteilen sich wie folgt auf die Produkte:

Hauptkostenstelle	Summe Leistungsmengen	Leistungen für Produkt C		Leistungen für Produkt I		Leistungen für Produkt P	
	pro Monat	pro Stck.	pro Monat	pro Stck.	pro Monat	pro Stck.	pro Monat
Ma	8.800	8	4.800	9	2.700	13	1.300
Ro	45.300	45	27.000	45	13.500	48	4.800
In	39.000	38	22.800	38	11.400	48	4.800
Mo	29.800	24	14.400	41	12.300	31	3.100
Ko	29.000	29	17.400	29	8.700	29	2.900
Vw	3.100	3	1.800	3	900	4	400
Vt	10.500	10	6.000	10	3.000	15	1.500

Die Planung beginnt mit der Erfassung der mengenmäßigen Leistungsaufnahmen der leistungsempfangenden Produkte C, I und P, die als Hauptkostenstellen geplant werden. Die von den Sender-Kostenstellen (Hauptkostenstellen) abgegebenen periodischen Leistungsmengen der Sender-Leistungsarten wurden bereits geplant.

9 Operative Ergebnisermittlung

Die Ergebnisrechnung ist in Form einer Stück-Deckungsbeitragsrechnung und einer Gesamtdeckungsbeitragsrechnung vorzunehmen. Für die operative Preispolitik ist zu berücksichtigen, dass durch den starken Wettbewerb im Niedrigpreissektor der Preis für den Coolstar auf 335,00 €/Stck. fallen könnte. Die Konsequenzen für den Deckungsbeitrag/Stck. und für das Periodenergebnis sind sowohl wertmäßig als auch pagatorisch zu berechnen. Die Gewinnbeiträge/Stck. bei Vollkostenrechnung sind als pagatorische und wertmäßige Ergebnisse zu berechnen. Das Periodenergebnis für Januar 20.. ist als Umsatzkosten- und Gesamtkostenverfahren zu berechnen. Das Periodenergebnis ist zudem auf Vollkostenbasis zu berechnen. Die Umsatzrendite der verschiedenen Kühlschränke ist zu berechnen.

Lösungen

Siehe die nachfolgenden Seiten 316 bis 332.

Zur Fallstudie siehe auch
www.utb-stuttgart.de/2781_Fallstudie.pdf

Input-Größen

Plan/Istrechnung	0
Pagatorisch=1,Wertmäßig=2	**2**
Grenzkosten	**1**
Vollkosten	0
Vollkosten Zuschlag	0

	Produktionsmengen	Absatzmengen	Lagerbestand	Absatzpreise
Typ C	6.000	6.000	0	350,00
Typ I	3.000	3.000	0	460,00
Typ P	1.000	1.000	0	510,00

Kostenstelle	**Nutzungsdauer**		
	wirtschaftlich	technisch	Variator
Ro	300	120	0,40
Ro	300	120	0,40
Ro	300	120	0,40
In	300	180	0,60
Mo	300	180	0,60
Ko	300	180	0,60
Fuh 1	60	60	0,70
Fuh 2	60	60	0,70
Ma	120	120	0,00
Vw	120	120	0,00
Vt	120	120	0,00
EDV	36	60	0,00
Hei	120	180	0,00

Output-Größen

	Kalkulation		Differenz
Grenzkosten pro Monat	3.464.901,88	3.464.901,88	0,00
Fixkosten pro Monat	462.918,63	462.918,63	0,00
Gesamtkosten pro Monat	**3.927.820,50**	**3.927.820,50**	0,00

Kosten/Stck.	C	I	P
Grenzkosten	**339,04**	**345,17**	**395,16**
Vollkosten 1			
Vollkosten 2			
Vollkosten 3			

Stückdeckungsbeitrag C	**10,96**	
Stückdeckungsbeitrag I	**114,83**	
Stückdeckungsbeitrag P	**114,84**	
Gesamt-Deckungsbeitrag		**525.098,12**
Umsatzrendite	1,56%	↑
Eigenkapitalrendite	0,99%	
Steuerbelastung Gewinnsteuern		
Umsatz/Mitarbeiter	88.666,67	
Operatives Ergebnis UKV 1	525.098,13	→
Operatives Ergebnis UKV 2	62.179,50	
Operatives Ergebnis GKV 1	525.098,13	→
Operatives Ergebnis GKV 2	62.179,50	
Differenz	0,00	
Cash-Flow I	**-84.985,00**	
Cash-Flow II	**-1.695.385,00**	
Liquide Mittel 1.1.:	2.500.000,00	
Liquide Mittel 31.1.	-169.655,00	
Investition	-2.669.655,00	

Controlling Leitstand

Erwartete prozentuale Lohn- und Gehaltserhöhung:	5%
Kalkulatorischer Zinssatz:	6%
Sozialkostensatz Löhne:	25%
Sozialkostensatz Gehälter:	20%

Aufteilung KStGK:

Ro	In	Ko
70%	10%	20%
70%	10%	20%
80%	20%	

Kommunikation:

EDV	Vw	Vt
30%	40%	30%

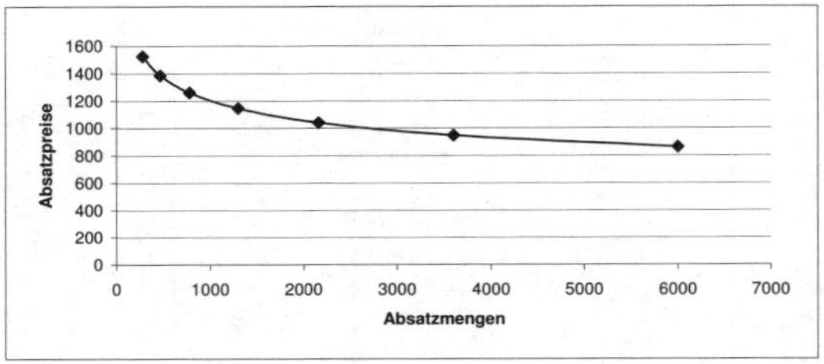

Abstimmungswerte:

Summe Aufwendungen	3.504.289,00
Abstimmung Summe HÜ	3.504.289,00
Abweichung	0,00
kalkulatorische Kosten pagatorisch	0,00
kalkulatorische Kosten wertmäßig	423.531,50
Summe Kostenstellengemeinkosten	0,00
Verrechnete Gemeinkosten BAB Eingang	750.220,50
Abweichung	0,00
Verrechnete Gemeinkosten BAB Ausgang	747.326,26
Abweichung	-2.894,24
davon variabel	287.301,88
davon fix	462.918,63
KtEK ohne Verpackung	3.129.600,00
Summe Materialkosten	3.136.789,23
Abweichung	-7.189,23
Summe Grenzkosten lt. Kostenartenrechnung	3.464.901,88
Summe Grenz-Selbstkosten	3.464.901,88
Abweichung	0,00

Wirtschaftlichkeitskontrolle:

Kostenstelle	Grenz-Istkosten	Grenz-Plankosten	Abweichung
Ma	1.970,60	1.900,00	-70,60
Ro	123.635,04	122.000,00	-1.635,04
In	60.417,36	60.000,00	-417,36
Mo	14.151,00	13.500,00	-651,00
Ko	74.721,26	72.000,00	-2.721,26
Vw	0,00	0,00	0,00
Vt	9.512,37	9.200,00	-312,37
Produkte	2.894,24	2.850,00	-44,24
Summen	**287.301,87**	**281.450,00**	**-5.851,87**

Fortsetzung Controlling Leitstand

Kostenerfassung für Januar 20..

KontoNr	Kostenarten	Zweckaufwand Fibu	Grundkosten	Kalkulatorische Kosten: verrechnungsversch. Anderskosten	Kalkulatorische Kosten: wertversch. Anderskosten	Kalkulatorische Kosten: Zusatzkosten	pagatorische Kosten	wertmäßige Kosten
50001	Innenverkleidung	115.000,00	115.000,00		5.000,00		115.000,00	120.000,00
50002	Anschlusskabel	12.000,00	12.000,00		1.000,00		12.000,00	13.000,00
50011	Gehäuse JiT	280.000,00	280.000,00		10.000,00		280.000,00	290.000,00
50012	Kompressor JiT	1.050.000,00	1.050.000,00		200.000,00		1.050.000,00	1.250.000,00
50013	Thermostat JiT	190.000,00	190.000,00		10.000,00		190.000,00	200.000,00
50014	Kondensator JiT	300.000,00	300.000,00		50.000,00		300.000,00	350.000,00
50015	Verdampfer C,I	342.000,00	342.000,00		9.000,00		342.000,00	351.000,00
50016	Verdampfer P	75.000,00	75.000,00		7.000,00		75.000,00	82.000,00
50017	Lampe	14.000,00	14.000,00		200,00		14.000,00	14.200,00
50018	Gemüseschublade	29.000,00	29.000,00		4.000,00		29.000,00	33.000,00
50019	Glasböden	52.000,00	52.000,00		10.400,00		52.000,00	62.400,00
50020	Türen	360.000,00	360.000,00		-30.000,00		360.000,00	330.000,00
50021	Gefrierfach I	10.800,00	10.800,00		0,00		10.800,00	10.800,00
50022	Gefrierfachklappe I	12.000,00	12.000,00		300,00		12.000,00	12.300,00
50023	Gefrierfach P	10.500,00	10.500,00		400,00		10.500,00	10.900,00
50031	Kühlflüssigkeit	38.000,00	38.000,00		2.000,00		38.000,00	40.000,00
50032	Lötmaterial	18.000,00	18.000,00		2.000,00		18.000,00	20.000,00
50033	Klebstoff	25.000,00	25.000,00		2.500,00		25.000,00	27.500,00
50034	Firmenschild	1.200,00	1.200,00		200,00		1.200,00	1.400,00
50035	Leitungen	18.000,00	18.000,00		2.000,00		18.000,00	20.000,00
50036	Schrauben	90.000,00	90.000,00		0,00		90.000,00	90.000,00
50037	Dichtungen	1.500,00	1.500,00		1.500,00		1.500,00	3.000,00
50038	Karton	20.000,00	20.000,00		2.000,00		20.000,00	22.000,00
50039	Styropor	25.000,00	25.000,00		1.000,00		25.000,00	26.000,00
50040	Plastikband	1.000,00	1.000,00		-100,00		1.000,00	900,00
50041	Metallklammern	2.500,00	2.500,00		0,00		2.500,00	2.500,00
50042	Klebestreifen	1.050,00	1.050,00		150,00		1.050,00	1.200,00
50045	Maschinenschmieröl	300,00	300,00		0,00		300,00	300,00
50046	Reinigungsmittel	360,00	360,00		40,00		360,00	400,00
50051	Benzin	3.150,00	3.150,00		150,00		3.150,00	3.300,00
50052	Diesel	8.400,00	8.400,00		420,00		8.400,00	8.820,00
50053	Heizöl	1.500,00	1.500,00		300,00		1.500,00	1.800,00
50060	Heizöl	1.000,00	1.000,00		200,00		1.000,00	1.200,00

Kostenartenrechnung Teil I

50054	Wasser	800,00	800,00		80,00		800,00	880,00
50055	Kanal	720,00	720,00		120,00		720,00	840,00
50056	Wasser	600,00	600,00		60,00		600,00	660,00
50057	Kanal	540,00	540,00		90,00		540,00	630,00
50060	Büromaterialkosten	750,00	750,00				750,00	750,00
50070	kalkulatorische Stromkosten			6.804,00	486,00		6.804,00	7.290,00
50071	kalkulatorische Stromkosten			5.796,00	414,00		5.796,00	6.210,00
60000	Akkordlohnkosten Ro	27.300,00	27.300,00		1.365,00		27.300,00	28.665,00
60000	Akkordlohnkosten In	22.800,00	22.800,00		1.140,00		22.800,00	23.940,00
60000	Akkordlohnkosten Mo	15.300,00	15.300,00		765,00		15.300,00	16.065,00
60000	Akkordlohnkosten Ko	11.650,00	11.650,00		582,50		11.650,00	12.232,50
60000	Akkordlohnkosten Fuh2	11.450,00	11.450,00		572,50		11.450,00	12.022,50
60010	Zeitlohnkosten Fuh 1	14.650,00	14.650,00		732,50		14.650,00	15.382,50
60010	Zeitlohnkosten Fuh 2	10.850,00	10.850,00		542,50		10.850,00	11.392,50
60010	Zeitlohnkosten EDV	7.500,00	7.500,00		375,00		7.500,00	7.875,00
60010	Zeitlohnkosten Hei	7.300,00	7.300,00		365,00		7.300,00	7.665,00
60010	Zeitlohnkosten Ma	10.850,00	10.850,00		542,50		10.850,00	11.392,50
60010	Zeitlohnkosten Vw	7.500,00	7.500,00	0,00	375,00	0,00	7.500,00	7.875,00
60010	Zeitlohnkosten Vt	11.450,00	11.450,00	0,00	572,50	0,00	11.450,00	12.022,50
60020	Gehaltskosten EDV	7.000,00	7.000,00		350,00		7.000,00	7.350,00
60020	Gehaltskosten Ko	7.000,00	7.000,00		350,00		7.000,00	7.350,00
60020	Gehaltskosten Vw	21.000,00	21.000,00		1.050,00		21.000,00	22.050,00
61000	kalkulatorische Sozialkosten Akkord			22.125,00	1.106,25		22.125,00	23.231,25
61010	kalkulatorische Sozialkosten Zeit			17.525,00	876,25		17.525,00	18.401,25
61020	kalkulatorische Sozialkosten Gehälter			7.000,00	350,00		7.000,00	7.350,00
62300	kalk. Abschreibungen Gebäude	14.000,00	14.000,00	3.500,00	2.500,00		17.500,00	20.000,00
62310	kalk. Abschreibungen Maschinen	41.590,00	41.590,00	-10.140,00	5.050,00		31.450,00	36.500,00
62320	kalk. Abschreibungen Fuh 1	19.925,00	19.925,00	-625,00	3.220,00		19.300,00	22.520,00
62320	kalk. Abschreibungen Fuh 2	1.400,00	1.400,00	-700,00	50,00		700,00	750,00
63230	kalk. Abschreibungen BGA	11.100,00	11.100,00	0,00	-650,00		11.100,00	10.450,00
68000	kalkulatorische Werbekosten		0,00	5.000,00			5.000,00	5.000,00
68050	Kommunikationskosten	1.350,00	1.350,00				1.350,00	1.350,00
70000	Kalkulatorisches Anlagenwagnis			1.500,00			1.500,00	1.500,00
73100	kalkulatorische Zinsen AV			12.004,00		36.124,00	12.004,00	48.128,00
73200	kalkulatorische Zinsen UV			9,00	0,00	1.517,00	9,00	1.526,00
77000	sonstige Produktgemeinkosten	7.714,00	7.714,00	0,00	-500,00		7.714,00	7.214,00
77100	sonstige fixe Kosten	101.940,00	101.940,00	0,00	1.500,00		101.940,00	103.440,00
	Summe Primärkosten	**3.504.289,00**	**3.504.289,00**	69.798,00	316.092,50	37.641,00	3.574.087,00	3.927.820,50

Fortsetzung Kostenartenrechnung Teil I

Kostenerfassung für Januar 20..

KontoNr	Kostenarten	Produkteinzelkosten	Kostenverrechnung					
			Produktgemeinkosten					
			Kostenstelleneinzelkosten			Kostenstellengemeinkosten		
			variable	Mischkosten	fixe	variable	Mischkosten	fixe
50001	Innenverkleidung	120.000,00						
50002	Anschlusskabel	13.000,00	0,00					
50011	Gehäuse JiT	290.000,00						
50012	Kompressor JiT	1.250.000,00						
50013	Thermostat JiT	200.000,00						
50014	Kondensator JiT	350.000,00						
50015	Verdampfer C,I	351.000,00						
50016	Verdampfer P	82.000,00						
50017	Lampe	14.200,00						
50018	Gemüseschublade	33.000,00						
50019	Glasböden	62.400,00						
50020	Türen	330.000,00						
50021	Gefrierfach I	10.800,00						
50022	Gefrierfachklappe I	12.300,00						
50023	Gefrierfach P	10.900,00	0,00		0,00	0,00		0,00
50031	Kühlflüssigkeit		40.000,00					
50032	Lötmaterial		0,00			20.000,00		
50033	Klebstoff		27.500,00					
50034	Firmenschild		1.400,00					
50035	Leitungen		20.000,00					
50036	Schrauben					90.000,00		
50037	Dichtungen					3.000,00		
50038	Karton	22.000,00						
50039	Styropor	26.000,00						
50040	Plastikband		900,00					
50041	Metallklammern		2.500,00					
50042	Klebestreifen		1.200,00					
50045	Maschinenschmieröl					300,00		
50046	Reinigungsmittel					400,00		
50051	Benzin				3.300,00			
50052	Diesel		5.880,00	8.820,00	2.940,00			
50053	Heizöl	0,00	1.800,00		0,00	0,00		0,00
50060	Heizöl				1.200,00			

Kostenartenrechnung Teil II

50054	Wasser		880,00		0,00	0,00		0,00
50055	Kanal		840,00					
50056	Wasser				660,00			
50057	Kanal				630,00			
50060	Büromaterialkosten				750,00			
50070	kalkulatorische Stromkosten		7.290,00					
50071	kalkulatorische Stromkosten							6.210,00
60000	Akkordlohnkosten Ro		8.599,50	28.665,00	20.065,50			
60000	Akkordlohnkosten In		7.182,00	23.940,00	16.758,00			
60000	Akkordlohnkosten Mo		4.819,50	16.065,00	11.245,50			
60000	Akkordlohnkosten Ko		3.669,75	12.232,50	8.562,75			
60000	Akkordlohnkosten Fuh2		3.606,75	12.022,50	8.415,75			
60010	Zeitlohnkosten Fuh 1				15.382,50			
60010	Zeitlohnkosten Fuh 2				11.392,50			
60010	Zeitlohnkosten EDV				7.875,00			
60010	Zeitlohnkosten Hei				7.665,00			
60010	Zeitlohnkosten Ma				11.392,50			
60010	Zeitlohnkosten Vw				7.875,00			
60010	Zeitlohnkosten Vt				12.022,50			
60020	Gehaltskosten EDV				7.350,00			
60020	Gehaltskosten Ko				7.350,00			
60020	Gehaltskosten Vw				22.050,00			
61000	kalkulatorische Sozialkosten Akkord		6.969,38	23.231,25	16.261,88			
61010	kalkulatorische Sozialkosten Zeit				18.401,25			
61020	kalkulatorische Sozialkosten Gehälter				7.350,00			
62300	kalk. Abschreibungen Gebäude							20.000,00
62310	kalk. Abschreibungen Maschinen		19.300,00	36.500,00	17.200,00			
62320	kalk. Abschreibungen Fuh 1		0,00	22.520,00	22.520,00			
62320	kalk. Abschreibungen Fuh 2		525,00	750,00	225,00			
63230	kalk. Abschreibungen BGA			10.450,00	10.450,00			
68000	kalkulatorische Werbekosten				5.000,00			
68050	Kommunikationskosten				1.350,00			
70000	Kalkulatorisches Anlagenwagnis				1.500,00			
73100	kalkulatorische Zinsen AV				48.128,00			
73200	kalkulatorische Zinsen UV		1.526,00					
77000	sonstige Produktgemeinkosten					7.214,00		
77100	sonstige fixe Kosten							103.440,00
	Summe Primärkosten	**3.177.600,00**	**166.387,88**	**195.196,25**	**333.268,63**	**120.914,00**	**0,00**	**129.650,00**

Fortsetzung Kostenartenrechnung Teil II

		Primärkosten	6200 Vorkostenstelle Gebäude		
			variabel	fix	Vollkosten
50031	Kühlflüssigkeit	40.000,00			
50032	Lötmaterial	20,000,00			
50033	Klebstoff	27.500,00			
50034	Firmenschild	1.400,00			
50035	Leitungen	20.000,00			
50036	Schrauben	90.000,00			
50037	Dichtungen	3.000,00			
50040	Plastikband	900,00			
50041	Metallklammern	2.500,00			
50042	Klebestreifen	1.200,00			
50045	Maschinenschmieröl	300,00			
50046	Reinigungsmittel	400,00			
50051	Benzin	3.300,00			
50052	Diesel	8.820,00			
50053	Heizöl	1.800,00			
50060	Heizöl	1.200,00			
50054	Wasser	880,00			
50055	Kanal	840,00			
50056	Wasser	660,00		660,00	660,0C
50057	Kanal	630,00		630,00	630,0C
50060	Büromaterialkosten	750,00			
50070	kalkulatorische Stromkosten	7.290,00			
50071	kalkulatorische Stromkosten	6.210,00		6.210,00	6.210,0C
60000	Akkordlohnkosten Ro	28.665,00			
60000	Akkordlohnkosten In	23.940,00			
60000	Akkordlohnkosten Mo	16.065,00			
60000	Akkordlohnkosten Ko	12.232,50			
60000	Akkordlohnkosten Fuh2	12.022,50			
60010	Zeitlohnkosten Fuh 1	15.382,50			
60010	Zeitlohnkosten Fuh 2	11.392,50			
60010	Zeitlohnkosten EDV	7.875,00			
60010	Zeitlohnkosten Hei	7.665,00			
60010	Zeitlohnkosten Ma	11.392,50			
60010	Zeitlohnkosten Vw	7.875,00			
60010	Zeitlohnkosten Vt	12.022,50			
60020	Gehaltskosten EDV	7.350,00			
60020	Gehaltskosten Ko	7.350,00			
60020	Gehaltskosten Vw	22.050,00			
61000	kalkulatorische Sozialkosten Akkord	23.231,25			
61010	kalkulatorische Sozialkosten Zeit	18.401,25			
61020	kalkulatorische Sozialkosten Gehälter	7.350,00			
62300	kalk. Abschreibungen Gebäude	20.000,00		20.000,00	20.000,0C
62310	kalk. Abschreibungen Maschinen	36.500,00			
62320	kalk. Abschreibungen Fuh 1	22.520,00			
62320	kalk. Abschreibungen Fuh 2	750,00			
63230	kalk. Abschreibungen BGA	10.450,00			
68000	kalkulatorische Werbekosten	5.000,00			
68050	Kommunikationskosten	1.350,00			
70000	Kalkulatorisches Anlagenwagnis	1.500,00		1.500,00	1.500,0C
73100	kalkulatorische Zinsen AV	48.128,00		29.880,00	29.880,0C
73200	kalkulatorische Zinsen UV	1.526,00			
77000	sonstige Produktgemeinkosten	7.214,00			
77100	sonstige fixe Kosten	103.440,00		103.440,00	103.440,0C
	Summe primäre Stellenkosten	**750.220,50**		**162.320,00**	**162.320,0C**
	Verrechnung von Vorkostenstellenkosten:				
	Gebäudekosten			-162.320,00	
	Summe primäre Stellenkosten zzgl. Umlagekosten				
	innerbetriebliche Leistungsverrechnung:				
	Fuh 1				
	Fuh 2				
	Hei				
	Gesamte Stellenkosten	750.220,50			
	Plankosten				
	Abweichung				
	Bezugsgrößen				
	Kalkulationssätze (Selbstkostenpreise)				

5000 Fuh 1			5001 Fuh 2			5100 EDV		
variabel	fix	Vollkosten	variabel	fix	Vollkosten	variabel	fix	Vollkosten
	3.300,00	3.300,00						
5.880,00	2.940,00	8.820,00						
			450,00		450,00			
			3.606,75	8.415,75	12.022,50			
	15.382,50	15.382,50						
				11.392,50	11.392,50			
							7.875,00	7.875,00
							7.350,00	7.350,00
			901,69	2.103,94	3.005,63			
	3.845,63	3.845,63		2.848,13	2.848,13		1.968,75	1.968,75
							1.470,00	1.470,00
	22.520,00	22.520,00						
			525,00	225,00	750,00			
							3.300,00	3.300,00
							405,00	405,00
	3.005,00	3.005,00		200,00	200,00		264,00	264,00
5.880,00	**50.993,13**	**56.873,13**	**5.483,44**	**25.185,31**	**30.668,75**		**22.632,75**	**22.632,75**
	47.158,23	47.158,23					6.151,07	6.151,07
5.880,00	98.151,36	104.031,36	5.483,44	25.185,31	30.668,75		28.783,82	28.783,82
-5.880,00		-5.880,00						
			-5.483,44		-5.483,44			
	98.151,36	98.151,36		25.185,31	25.185,31		28.783,82	28.783,82

Fortsetzung Kostenstellenrechnung Teil I

		Primärkosten	5200 Hei		
			variabel	fix	Vollkosten
50031	Kühlflüssigkeit	40.000,00			0,00
50032	Lötmaterial	20.000,00			0,00
50033	Klebstoff	27.500,00			0,00
50034	Firmenschild	1.400,00			0,00
50035	Leitungen	20.000,00			0,00
50036	Schrauben	90.000,00			0,00
50037	Dichtungen	3.000,00			0,00
50040	Plastikband	900,00			0,00
50041	Metallklammern	2.500,00			0,00
50042	Klebestreifen	1.200,00			0,00
50045	Maschinenschmieröl	300,00			0,00
50046	Reinigungsmittel	400,00			0,00
50051	Benzin	3.300,00			0,00
50052	Diesel	8.820,00			0,00
50053	Heizöl	1.800,00	1.800,00		1.800,00
50060	Heizöl	1.200,00		1.200,00	1.200,00
50054	Wasser	880,00	880,00		880,00
50055	Kanal	840,00	840,00		840,00
50056	Wasser	660,00			0,00
50057	Kanal	630,00			0,00
50060	Büromaterialkosten	750,00			0,00
50070	kalkulatorische Stromkosten	7.290,00	90,00		90,00
50071	kalkulatorische Stromkosten	6.210,00			0,00
60000	Akkordlohnkosten Ro	28.665,00			0,00
60000	Akkordlohnkosten In	23.940,00			0,00
60000	Akkordlohnkosten Mo	16.065,00			0,00
60000	Akkordlohnkosten Ko	12.232,50			0,00
60000	Akkordlohnkosten Fuh2	12.022,50			0,00
60010	Zeitlohnkosten Fuh 1	15.382,50			0,00
60010	Zeitlohnkosten Fuh 2	11.392,50			0,00
60010	Zeitlohnkosten EDV	7.875,00			0,00
60010	Zeitlohnkosten Hei	7.665,00		7.665,00	7.665,00
60010	Zeitlohnkosten Ma	11.392,50			0,00
60010	Zeitlohnkosten Vw	7.875,00			0,00
60010	Zeitlohnkosten Vt	12.022,50			0,00
60020	Gehaltskosten EDV	7.350,00			0,00
60020	Gehaltskosten Ko	7.350,00			0,00
60020	Gehaltskosten Vw	22.050,00			0,00
61000	kalkulatorische Sozialkosten A	23.231,25			0,00
61010	kalkulatorische Sozialkosten Z	18.401,25		1.916,25	1.916,25
61020	kalkulatorische Sozialkosten G	7.350,00	0,00	0,00	0,00
62300	kalk. Abschreibungen Gebäud	20.000,00			0,00
62310	kalk. Abschreibungen Maschin	36.500,00			0,00
62320	kalk. Abschreibungen Fuh 1	22.520,00			0,00
62320	kalk. Abschreibungen Fuh 2	750,00			0,00
63230	kalk. Abschreibungen BGA	10.450,00		650,00	650,00
68000	kalkulatorische Werbekosten	5.000,00			0,00
68050	Kommunikationskosten	1.350,00			0,00
70000	Kalkulatorisches Anlagenwagn	1.500,00			0,00
73100	kalkulatorische Zinsen AV	48.128,00		174,00	174,00
73200	kalkulatorische Zinsen UV	1.526,00			0,00
77000	sonstige Produktgemeinkosten	7.214,00			0,00
77100	sonstige fixe Kosten	103.440,00			0,00
	Summe primäre Stellenkosten	**750.220,50**	**3.610,00**	**11.605,25**	**15.215,25**
	Verrechnung von Vorkostenstellenkosten:				0,00
	Gebäudekosten			6.492,80	6.492,80
	Summe primäre Stellenkosten zzgl. Umlagek		3.610,00	18.098,05	21.708,05
	innerbetriebliche Leistungsverrechnung:				
	Fuh 1				
	Fuh 2				
	Hei		-3.610,00		-3.610,00
	Gesamte Stellenkosten	750.220,50	0,00	18.098,05	18.098,05
	Plankosten				
	Abweichung				
	Bezugsgrößen				
	Kalkulationssätze (Selbstkostenpreise)				

1000 Materiallager Ma			2000 Rohbau Ro			2100 Innenausstattung In		
variabel	fix	Vollkosten	variabel	fix	Vollkosten	variabel	fix	Vollkosten
		0,00			0,00			0,00
		0,00	16.000,00		16.000,00	4.000,00		4.000,00
		0,00			0,00	27.500,00		27.500,00
		0,00			0,00			0,00
		0,00	20.000,00		20.000,00			0,00
		0,00	63.000,00		63.000,00	9.000,00		9.000,00
		0,00	2.100,00		2.100,00	300,00		300,00
		0,00			0,00			0,00
		0,00			0,00			0,00
		0,00			0,00			0,00
		0,00	60,00		60,00	80,00		80,00
		0,00	100,00		100,00	100,00		100,00
		0,00			0,00			0,00
		0,00			0,00			0,00
		0,00			0,00			0,00
		0,00			0,00			0,00
		0,00			0,00			0,00
		0,00			0,00			0,00
		0,00			0,00			0,00
		0,00			0,00			0,00
		0,00			0,00			0,00
		0,00	2.250,00		2.250,00	1.650,00		1.650,00
		0,00			0,00			0,00
		0,00	8.599,50	20.065,50	28.665,00			0,00
		0,00			0,00	7.182,00	16.758,00	23.940,00
		0,00			0,00			0,00
		0,00			0,00			0,00
		0,00			0,00			0,00
		0,00			0,00			0,00
		0,00			0,00			0,00
		0,00			0,00			0,00
		0,00			0,00			0,00
	11.392,50	11.392,50			0,00			0,00
		0,00			0,00			0,00
		0,00			0,00			0,00
		0,00			0,00			0,00
		0,00			0,00			0,00
		0,00			0,00			0,00
		0,00	2.149,88	5.016,38	7.166,25	1.795,50	4.189,50	5.985,00
	2.848,13	2.848,13			0,00			0,00
0,00	0,00	0,00	0,00	0,00	0,00	0,00	0,00	0,00
		0,00			0,00			0,00
		0,00	5.200,00	7.800,00	13.000,00	5.100,00	3.400,00	8.500,00
		0,00			0,00			0,00
		0,00			0,00			0,00
	600,00	600,00			0,00			0,00
		0,00			0,00			0,00
		0,00			0,00			0,00
		0,00			0,00			0,00
	160,00	160,00		3.467,00	3.467,00		3.401,00	3.401,00
1.526,00		1.526,00			0,00			0,00
		0,00	2.283,68		2.283,68	1.966,08		1.966,08
		0,00			0,00			0,00
1.526,00	**15.000,63**	**16.526,63**	**121.743,05**	**36.348,88**	**158.091,93**	**58.673,58**	**27.748,50**	**86.422,08**
		0,00			0,00			0,00
	8.201,43	8.201,43		20.503,58	20.503,58		15.377,68	15.377,68
1.526,00	23.202,06	24.728,06	121.743,05	56.852,45	178.595,51	58.673,58	43.126,18	101.799,76
444,60		444,60	889,21		889,21	741,01		741,01
0,00		0,00	1.002,78		1.002,78	1.002,78		1.002,78
1.970,60	23.202,06	25.172,66	123.635,04	56.852,45	180.487,49	60.417,36	43.126,18	103.543,55
7.800,00			32.000,00			21.500,00		
0,00			0,00			0,00		
1.087.600			453.000			390.000		
0,00		2%	0,27		0,40	0,15		

Fortsetzung Kostenstellenrechnung Teil II

		Primärkosten	2200 Montage Mo		
			variabel	fix	Vollkosten
50031	Kühlflüssigkeit	40.000,00			0,00
50032	Lötmaterial	20.000,00			0,00
50033	Klebstoff	27.500,00			0,00
50034	Firmenschild	1.400,00			0,00
50035	Leitungen	20.000,00			0,00
50036	Schrauben	90.000,00			0,00
50037	Dichtungen	3.000,00			0,00
50040	Plastikband	900,00			0,00
50041	Metallklammern	2.500,00			0,00
50042	Klebestreifen	1.200,00			0,00
50045	Maschinenschmieröl	300,00	80,00		80,00
50046	Reinigungsmittel	400,00	100,00		100,00
50051	Benzin	3.300,00			0,00
50052	Diesel	8.820,00			0,00
50053	Heizöl	1.800,00			0,00
50060	Heizöl	1.200,00			0,00
50054	Wasser	880,00			0,00
50055	Kanal	840,00			0,00
50056	Wasser	660,00			0,00
50057	Kanal	630,00			0,00
50060	Büromaterialkosten	750,00			0,00
50070	kalkulatorische Stromkosten	7.290,00	1.500,00		1.500,00
50071	kalkulatorische Stromkosten	6.210,00			0,00
60000	Akkordlohnkosten Ro	28.665,00			0,00
60000	Akkordlohnkosten In	23.940,00			0,00
60000	Akkordlohnkosten Mo	16.065,00	4.819,50	11.245,50	16.065,00
60000	Akkordlohnkosten Ko	12.232,50			0,00
60000	Akkordlohnkosten Fuh2	12.022,50			0,00
60010	Zeitlohnkosten Fuh 1	15.382,50			0,00
60010	Zeitlohnkosten Fuh 2	11.392,50			0,00
60010	Zeitlohnkosten EDV	7.875,00			0,00
60010	Zeitlohnkosten Hei	7.665,00			0,00
60010	Zeitlohnkosten Ma	11.392,50			0,00
60010	Zeitlohnkosten Vw	7.875,00			0,00
60010	Zeitlohnkosten Vt	12.022,50			0,00
60020	Gehaltskosten EDV	7.350,00			0,00
60020	Gehaltskosten Ko	7.350,00			0,00
60020	Gehaltskosten Vw	22.050,00			0,00
61000	kalkulatorische Sozialkosten	23.231,25	1.204,88	2.811,38	4.016,25
61010	kalkulatorische Sozialkosten	18.401,25			0,00
61020	kalkulatorische Sozialkosten	7.350,00	0,00	0,00	0,00
62300	kalk. Abschreibungen Gebäu	20.000,00			0,00
62310	kalk. Abschreibungen Maschi	36.500,00	3.000,00	2.000,00	5.000,00
62320	kalk. Abschreibungen Fuh 1	22.520,00			0,00
62320	kalk. Abschreibungen Fuh 2	750,00			0,00
63230	kalk. Abschreibungen BGA	10.450,00			0,00
68000	kalkulatorische Werbekosten	5.000,00			0,00
68050	Kommunikationskosten	1.350,00			0,00
70000	Kalkulatorisches Anlagenwag	1.500,00			0,00
73100	kalkulatorische Zinsen AV	48.128,00		2.001,00	2.001,00
73200	kalkulatorische Zinsen UV	1.526,00			0,00
77000	sonstige Produktgemeinkoste	7.214,00	1.502,29		1.502,29
77100	sonstige fixe Kosten	103.440,00			0,00
	Summe primäre Stellenkoste	**750.220,50**	**12.206,66**	**18.057,88**	**30.264,54**
	Verrechnung von Vorkostenstellenkosten:				0,00
	Gebäudekosten			20.503,58	20.503,58
	Summe primäre Stellenkosten zzgl. Umlage		12.206,66	38.561,45	50.768,12
	innerbetriebliche Leistungsverrechnung:				
	Fuh 1				
	Fuh 2		741,01		741,01
	Hei		1.203,33		1.203,33
	Gesamte Stellenkosten	750.220,50	14.151,00	38.561,45	52.712,45
	Plankosten		17.000,00		
	Abweichung		0,00		
	Bezugsgrößen		298.000		
	Kalkulationssätze (Selbstkostenpreise)		0,05		

Kostenstellenrechnung Teil III

2300 Kontrolle Ko			3000 Verwaltung			4000 Vertrieb			
variabel	fix	Vollkosten	variabel	fix	Vollkosten	variabel	fix	Vollkosten	Abstimmung
40.000,00		40.000,00			0,00			0,00	40.000,00
		0,00			0,00			0,00	20.000,00
		0,00			0,00			0,00	27.500,00
1.400,00		1.400,00			0,00			0,00	1.400,00
		0,00			0,00			0,00	20.000,00
18.000,00		18.000,00			0,00			0,00	90.000,00
600,00		600,00			0,00			0,00	3.000,00
		0,00			0,00	900,00		900,00	900,00
		0,00			0,00	2.500,00		2.500,00	2.500,00
		0,00			0,00	1.200,00		1.200,00	1.200,00
80,00		80,00			0,00			0,00	300,00
100,00		100,00			0,00			0,00	400,00
		0,00			0,00			0,00	3.300,00
		0,00			0,00			0,00	8.820,00
		0,00			0,00			0,00	1.800,00
		0,00			0,00			0,00	1.200,00
		0,00			0,00			0,00	880,00
		0,00			0,00			0,00	840,00
		0,00			0,00			0,00	660,00
		0,00			0,00			0,00	630,00
		0,00		750,00	750,00			0,00	750,00
1.350,00		1.350,00			0,00			0,00	7.290,00
		0,00			0,00			0,00	6.210,00
		0,00			0,00			0,00	28.665,00
		0,00			0,00			0,00	23.940,00
		0,00			0,00			0,00	16.065,00
3.669,75	8.562,75	12.232,50			0,00			0,00	12.232,50
0,00		0,00			0,00			0,00	12.022,50
		0,00			0,00			0,00	15.382,50
		0,00			0,00			0,00	11.392,50
		0,00			0,00			0,00	7.875,00
		0,00			0,00			0,00	7.665,00
		0,00			0,00			0,00	11.392,50
		0,00		7.875,00	7.875,00			0,00	7.875,00
		0,00			0,00		12.022,50	12.022,50	12.022,50
		0,00			0,00			0,00	7.350,00
	7.350,00	7.350,00			0,00			0,00	7.350,00
		0,00		22.050,00	22.050,00			0,00	22.050,00
917,44	2.140,69	3.058,13			0,00			0,00	23.231,25
		0,00		1.968,75	1.968,75		3.005,63	3.005,63	18.401,25
0,00	1.470,00	1.470,00	0,00	4.410,00	4.410,00	0,00	0,00	0,00	7.350,00
		0,00			0,00			0,00	20.000,00
6.000,00	4.000,00	10.000,00			0,00			0,00	36.500,00
		0,00			0,00			0,00	22.520,00
		0,00			0,00			0,00	750,00
		0,00		3.750,00	3.750,00		2.150,00	2.150,00	10.450,00
		0,00			0,00		5.000,00	5.000,00	5.000,00
		0,00		540,00	540,00		405,00	405,00	1.350,00
		0,00			0,00			0,00	1.500,00
	4.002,00	4.002,00		1.000,00	1.000,00		574,00	574,00	48.128,00
		0,00			0,00			0,00	1.526,00
1.461,96		1.461,96			0,00			0,00	7.214,00
		0,00			0,00			0,00	103.440,00
73.579,14	**27.525,44**	**101.104,58**	**0,00**	**42.343,75**	**42.343,75**	**4.600,00**	**23.157,13**	**27.757,13**	750.220,50
		0,00			0,00			0,00	
	10.251,79	10.251,79		17.428,04	17.428,04		10.251,79	10.251,79	0,00
73.579,14	37.777,23	111.356,37	0,00	59.771,79	59.771,79	4.600,00	33.408,91	38.008,91	750.220,50
						3.726,76		3.726,76	-2.153,24
741,01		741,01				1.185,61		1.185,61	-741,01
401,11		401,11				0,00		0,00	0,00
74.721,26	37.777,23	112.498,49	0,00	59.771,79	59.771,79	9.512,37	33.408,91	42.921,28	747.326,26
22.000,00			840,00			12.000,00			
0,00			0,00			0,00			2.894,24
290.000			31.000			105.000			
0,26			0,00			0,09			

Fortsetzung Kostenstellenrechnung Teil III

		Fuh 1	Fuh 2	EDV	Hei	Ma	Ro	In	Mo	Ko	Vw	Vt	C	I	P	Summen
	vPSKi	5.880,00	5.483,44		3.610,00	1.526,00	121.743,05	58.673,58	12.206,66	73.579,14		4.600,00				**287.301,88**
Fuh 1	L5											4.500	600			
															2.000	**7.100**
	k5											0,83	0,83	0,83	0,83	
	SSK5											**3.726,76**	**496,90**		**1.656,34**	5.880,00
Fuh 2	L6					60	120	100	100	100		160	60	30	10	**740**
	k6			7,41		7,41	7,41	7,41	7,41	7,41		7,41	7,41	7,41	7,41	
	SSK6					**444,60**	**889,21**	**741,01**	**741,01**	**741,01**		**1.185,61**	**444,60**	**222,30**	**74,10**	5.483,44
Hei	L7				50		500	500	600	200						**1.850**
	k7			2,01	2,01		2,01	2,01	2,01	2,01						
	SSK7				**100,28**		**1.002,78**	**1.002,78**	**1.203,33**	**401,11**						**3.610,00**
EDV	L8															
	k8															
	SSK8															
	GSKi	5.880,00			3.610,00	1.970,60	123.635,04	60.417,36	14.151,00	74.721,26		9.512,37	941,50	222,30	1.730,44	**287.301,88**

Iterationsverfahren

Selbstkosten-preise	k5	k6	k7
Startwert	0,8282	7,41005068	2,00555556
1. Iteration	0,8282	7,41005068	2,00555556
2. Iteration	0,8282	7,41005068	2,00555556
3. Iteration	0,8282	7,41005068	2,00555556
4. Iteration	0,8282	7,41005068	2,00555556

Innerbetriebliche Leistungsverrechnung

Bezugsgrößenberechnung

	Gesamte variable Stellenkosten	Bezugsgröße	Grenzkosten Kalk.Satz
primäre Materialgemeinkosten	1.970,60	1.087.600,00	**0,18%**
sekundäre Materialeinzelkosten	496,90	40.000,00	**0,0124**
Vw-Gemeinkosten	0,00	3.411.370,23	**0,00%**
Vt-Gemeinkosten	9.512,37	3.411.370,23	**0,28%**

Kostenstelle	Ro			In			Mo		
Produkt	Stck.	min/Stck.	min	Stck.	min/Stck.	min	Stck.	min/Stck.	min
C	6.000	45	270.000	6.000	38	228.000	6.000	24	144.000
I	3.000	45	135.000	3.000	38	114.000	3.000	41	123.000
P	1.000	48	48.000	1.000	48	48.000	1.000	31	31.000
Summe Stck. u. Bezugsgrößen	10.000		**453.000**	10.000		**390.000**	10.000		**298.000**
Fertigungsgemeinkosten			123.635,04			60.417,36			14.151,00
Zuschlagssatz €/min bzw. €/LE			**0,272925024**			**0,15491631**			**0,04748658**

Kostenstelle	Ko			Vw			Vt		
Produkt	Stck.	min/Stck.	min	Stck.	min/Stck.	min	Stck.	Pak/Stck.	Pak
C	6.000	29	174.000				6.000	10	60.000
I	3.000	29	87.000				3.000	10	30.000
P	1.000	29	29.000				1.000	15	15.000
Summe Stck. u. Bezugsgrößen	10.000		**290.000**				10.000		105.000
Vw bzw. Vt-Gemeinkosten			74.721,26			0,00			9.512,37
Zuschlagssatz €/min bzw. €/Pak			**0,257659518**			**0**			**0,09059399**

Bezugsgrößenberechnung

	Grenzkosten	min	Kalk.sätze	Coolstar pro Stück	Coolstar Summe	Icestar min	Icestar pro Stück	Icestar Summe	Premium min	Premium pro Stück	Premium Summe
	Rohstoffkosten:										
50001	Innenverkleidung			12,00	72.000,00		12,00	36.000,00		12,00	12.000,00
50002	Anschlusskabel			1,30	7.800,00		1,30	3.900,00		1,30	1.300,00
50011	Gehäuse Jit			29,00	174.000,00		29,00	87.000,00		29,00	29.000,00
50012	Kompressor Jit			125,00	750.000,00		125,00	375.000,00		125,00	125.000,00
50013	Thermostat Jit			20,00	120.000,00		20,00	60.000,00		20,00	20.000,00
50014	Kondensator Jit			35,00	210.000,00		35,00	105.000,00		35,00	35.000,00
50015	Verdampfer C,I			39,00	234.000,00		39,00	117.000,00		0,00	0,00
50016	Verdampfer P			0,00	0,00		0,00	0,00		82,00	82.000,00
50017	Lampe			1,42	8.520,00		1,42	4.260,00		1,42	1.420,00
50018	Gemüseschublade			3,30	19.800,00		3,30	9.900,00		3,30	3.300,00
50019	Glasböden			7,20	43.200,00		4,80	14.400,00		4,80	4.800,00
50020	Türen			33,00	198.000,00		33,00	99.000,00		33,00	33.000,00
50021	Gefrierfach I			0,00	0,00		3,60	10.800,00		0,00	0,00
50022	Gefrierfachklappe I			0,00	0,00		4,10	12.300,00		0,00	0,00
50023	Gefrierfach P			0,00	0,00		0,00	0,00		10,90	10.900,00
	Summe Materialeinzelkosten I			**306,22**	**1.837.320,00**		**311,52**	**934.560,00**		**357,72**	**357.720,00**
	Verpackung P			0,00	0,00		0,00	0,00		4,80	4.800,00
	Summe Materialeinzelkosten II			306,22	1.837.320,00	1.866.120,00	311,52	934.560,00		362,52	362.520,00
	+ primäre Materialgemeinkosten		0,18%	0,18	1.056,91		0,19	557,26		0,28	278,16
	+ sekundäre Materialgemeinkosten	4	0,0124	0,05	298,14		0,05	149,07		0,05	49,69
	= Materialkosten (I)			**306,45**	1.838.675,05		**311,76**	935.266,33		**362,85**	362.847,85
	Fertigungseinzelkosten			0,00	0,00		0,00	0,00		0,00	0,00
	+ Fertigungsgemeinkosten Ro	45	0,27292502	12,28	73.689,76	45	12,28	36.844,88	48	13,10	13.100,40
	+ Fertigungsgemeinkosten In	38	0,15491631	5,89	35.320,92	38	5,89	17.660,46	48	7,44	7.435,98
	+ Fertigungsgemeinkosten Mo	24	0,04748658	1,14	6.838,07	41	1,95	5.840,85	31	1,47	1.472,08
	+ Fertigungsgemeinkosten Ko	29	0,25765952	7,47	44.832,76	29	7,47	22.416,38	29	7,47	7.472,13
	+ sekundäre Fertigungsgemeinkosten P		1,65633803	0,00	0,00		0,00	0,00	0	1,66	1.656,34
	= Fertigungskosten (II)			**26,78**	160.681,50		**27,59**	82.762,57		**31,14**	31.136,93
	= Grenzherstellkosten (= I + II)			**333,23**	1.999.356,55		**339,34**	1.018.028,90		**393,98**	393.984,78
	+ Verwaltungskosten	0	0,00000	0,00	0,00	0	0,00	0,00	0	0,00	0,00
	+ Sondereinzelkosten d. Vertriebs			4,80	28.800,00		4,80	14.400,00		0,00	0,00
	+ Materialgemeinkosten Verpackung		0,18%	0,01	52,18		0,01	26,09		0,00	0,00
	+ Vertriebsgemeinkosten		0,00279	0,93	5.575,07		0,95	2.838,70		1,10	1.098,60
	+ Fahrleistungen Vertrieb	60	7,41005	0,07	444,60	30	0,07	222,30	10	0,07	74,10
	= Grenz-Selbstkosten			**339,04**	**2.034.228,40**	**30,00**	**345,17**	**1.035.515,99**	**10,00**	**395,16**	**395.157,48**
	Absatzpreis			350,00			460,00			510,00	
	Deckungsbeitrag/Stck.			**10,961933**	2.033.930,26		**114,83**			**114,84**	395.157,48
	Verkaufte Stückzahl			6.000	2.100.000,00		3.000	1.380.000,00		1.000	510.000,00
	Gesamtdeckungsbeitrag Produktart			**65.771,60**			**344.484,01**			**114.842,52**	
	Summe DB alle Produktarten			525.098,13							
	- Fixkostenblock			462.918,63							
	= operatives Ergebnis			**62.179,50**							

Kalkulation

Kosten	Operatives Ergebnis UKV		Leistungen
Umsatzkosten C	2.034.228,40	Absatzleistung C	2.100.000,00
Umsatzkosten I	1.035.515,99	Absatzleistung I	1.380.000,00
Umsatzkosten P	395.157,48	Absatzleistung P	510.000,00
Operatives Ergebnis 1	**525.098,13**		
	3.990.000,00		3.990.000,00
Fixkosten	462.918,63		
Operatives Ergebnis 2	**62.179,50**		

Kosten	Operatives Ergebnis Gesamtkostenverfahren		Leistungen
Rohstoffkosten	3.177.600,00	Umsatzerlöse	3.990.000,00
Hilfsstoffkosten	206.500,00	Bestandserhöhung FE UE	0,00
Betriebsstoffkosten	17.390,00		
Lohn- u. Gehaltskosten	27.877,50		
Kalk. Sozialkosten	6.969,38		
Kalk. Abschreibungen	19.825,00		
Kalk. Zinsen	1.526,00		
Sonst. GK	7.214,00		
Operatives Ergebnis 1	**525.098,13**		
	3.990.000,00		3.990.000,00
Fixkosten	462.918,63		
Operatives Ergebnis 2	**62.179,50**		

Operatives Ergebnis

Glossar

ALLGEMEINER KOSTENBEGRIFF → KOSTENBEGRIFF, ALLGEMEIN

ANBAUVERFAHREN
Verfahren der innerbetrieblichen Leistungsverrechnung, bei dem Leistungsbeziehungen zwischen den → **HILFSKOSTENSTELLEN** nicht berücksichtigt werden. Bei den heute üblichen EDV-Lösungen sollten solche Verfahren nicht mehr angewendet werden.

AUFWANDSBEGRIFF → URSACHENBEZOGENER AUFWANDSBEGRIFF → ZWECKAUFWAND → NEUTRALER AUFWAND

ANDERSKOSTEN
Anderskosten werden zu anderen Zeiten als der zugehörige → **AUFWAND** (verrechnungsverschiedene) und/oder mit anderen Werten (wertverschiedene) als der zugehörige Aufwand verrechnet. → **VERRECHNUNGSVERSCHIEDENE ANDERSKOSTEN** → **WERTVERSCHIEDENE ANDERSKOSTEN**

ANDERSLEISTUNGEN
→ **KALKULATORISCHEN** Leistungen können zu anderen Zeiten als der zugehörige (neutrale) Ertrag oder mit anderen Werten als der zugehörige (neutrale) Ertrag erfasst werden. Insgesamt bezeichnet man diese Gruppe der kalkulatorischen Leistungen als Andersleistungen.

AUSGABEN
Durch den Begriff der **Ausgabe** wird abgebildet, dass Güter, Dienstleistungen und Nutzungen gekauft wurden. Bei Zieleinkäufen entstehen Ausgaben ohne → **AUSZAHLUNGEN.** Bei sofort bezahlten Einkaufsgeschäften entstehen neben den Ausgaben zugleich Auszahlungen. Ob die Umsatzsteuer zu den Ausgaben gehört, wird durch den jeweils verfolgten Abrechnungszweck bestimmt.

AUSZAHLUNG
Bezahlung von beschafften Gütern, Dienstleistungen und Nutzungen mit Barmitteln oder Buchgeld (Überweisung, Lastschrift) zur Begleichung von Einkaufsschulden und anderen Vorgängen ohne unmittelbare Leistungsempfang (erbrachte → **LEISTUNG** ohne eigene Gegenleistung, z. B. Spenden, Schadenersatzzahlungen, zurückbezahlte (getilgte) Kredite). Während → **AUSGABEN** immer zu Beschaffungsgeschäften gehören, ist dies bei

Auszahlungen nicht zwingend der Fall (z. B. bei Schadenersatz, Spenden oder Kredittilgung).

BEZUGSGRÖSSEN

Bezugsgrößen sind Maßgrößen der Kostenverursachung. Die einfachste Bezugsgröße ist die produzierte Stückzahl. Die Bezeichnung Kosten/Stck. kann als Kosten verursacht durch ein Stck. eines Produktes interpretiert werden. Es gibt mengenmäßige und wertmäßige Bezugsgrößen. In einer Grenzkostenrechnung sollten soweit als möglich mengenmäßige Bezugsgrößen verwendet werden. Die Mengen werden aus der Stückzahl abgeleitet, z. B. pro Stck. verbrauchte Fertigungszeit. Aus dieser Sicht sind Bezugsgrößen auch **Kosteneinflussgrößen**. Aus neuerer Sicht sind Bezugsgrößen → **LEISTUNGEN**, die von den → **HAUPTKOSTENSTELLEN** an die Produkte erbracht werden. Wertmäßige Bezugsgrößen sind regelmäßig Kostengrößen. Dabei wird unterstellt, dass die aufgrund der Bezugsgrößen auf die Produkte zu verrechnenden Kosten selbst durch Kosten verursacht werden. Solche sehr vereinfachenden (verfälschenden) Kausalaussagen sind vor allem in der Vollkostenkalkulation üblich. Grundsätzlich kann der Begriff Bezugsgröße und der Begriff Schlüsselgröße synonym verwendet werden. Besser wäre es, den Begriff Bezugsgröße nur für die Verrechnung variabler Kosten zu verwenden.

BREAK-EVEN-POINT

Diejenige Absatzmenge, die sicherstellt, dass die **gesamten** Kosten gedeckt sind bzw. ab dieser Absatzmenge erzielt das Unternehmen Gewinne, kommt also in die Gewinnzone. Dabei ist aber zu beachten, dass in der Regel die Summe der Aufwendungen einer Periode nicht mit der Summe der Kosten einer Periode übereinstimmt. Entsprechendes gilt für die → **ERTRÄGE** und → **LEISTUNGEN**.

DECKUNGSBEITRAGSRECHNUNG

Zur Vorbereitung operativer Entscheidungen benötigt man eine Rechnung, die angibt, welche Beiträge einzelne Absatzleistungen zur Deckung der fixen Kosten liefern. Dabei werden die Grenzselbstkosten der Absatzleistung mit den Erlösen pro Leistungseinheit verglichen. Der Differenzbetrag wird als (positiver) **Deckungsbeitrag/Leistungseinheit** bezeichnet. Werden die Deckungsbeiträge aller Absatzleistungen berechnet, kann die Gesamtsumme mit der Summe der fixen Kosten der Abrechnungsperiode verglichen werden. Ist die Gesamtsumme höher als die fixen Kosten entsteht ein **operativer Gewinn**, andernfalls ein operativer Verlust (bzw. im Grenzfall ein Nullergebnis). Das Nullergebnis, also das Ergebnis, bei dem die Gesamtkosten der Abrechnungsperiode gedeckt werden, ist zugleich der sog. → **BREAK-EVEN-POINT**. Die Break-even-point-Analyse ist aber in Mehrproduktunternehmen stets mehrdeutig und besitzt daher nur sehr eingeschränkte praktische Relevanz.

EINNAHMEN

Durch den Begriff der **Einnahme** wird abgebildet, dass Güter, Dienstleistungen und Nutzungen verkauft wurden. Bei Zielverkäufen entstehen Einnahmen ohne → **EINZAHLUNGEN.** Bei sofort bezahlten Verkaufsgeschäften entstehen neben den Einnahmen zugleich Einzahlungen. Ob die Umsatzsteuer zu den Einnahmen gehört, wird druch den jeweils verfolgten Abrechnungszweck bestimmt.

EINZAHLUNGEN

Zufluss liquider Mittel durch Zufluss von Barmitteln oder Buchgeld (Überweisung, Lastschrift) zur Begleichung von Verkaufsschulden und anderen Vorgängen ohne unmittelbare Leistungsabgabe (empfangene → **LEISTUNG** ohne eigene Gegenleistung, z. B. erhaltene Subventionen, Schadenersatzzahlungen, Kredittilgungen). Während → **EINNAHMEN** immer zu Verkaufsgeschäften gehören, ist dies bei Einzahlungen nicht zwingend der Fall (z. B. bei erhaltenem Schadenersatz, erhaltenen Subventionen oder Kreditauszahlungen).

EINZELKOSTEN

Einzelkosten sind Primär- oder Sekundärkostenarten, die auf das jeweils ausgewählte Kostenzurechnungsobjekt, z. B. auf das jeweilige Einzelprodukt, den einzelnen Auftrag bzw. das einzelne Projekt oder die einzelnen → **KOSTENSTELLEN** (= → **KOSTENSTELLEN-EINZELKOSTEN**); aufgrund ihrer direkten Verursachung exakt und gesondert zugerechnet werden können.

ERTRÄGE

Der Ertragsbegriff kann wie der → **AUFWANDSBEGRIFF** folgebezogen („was wird durch Erträge bewirkt?") oder ursachenbezogen („wodurch werden Erträge verursacht?") definiert werden:

Folgebezogene Ertragsdefinition:

Erträge sind betriebliche Mehrungen des Eigenkapitals; jeder € Verkaufsertrag erhöht unmittelbar den Gewinn (vermindert den Verlust) sowie das Eigenkapital.

Ursachenbezogene Ertragsdefinition:

Erträge sind nach den handels- bzw. steuerrechtlichen Vorschriften bewerteter Wertzuwachs durch den **Verkauf** von Gütern, Dienstleistungen und Nutzungen, durch die **Produktion** von Gütern sowie durch sonstige nicht produktionsverursachte Vorgänge einer Abrechnungsperiode. Verkaufserträge sind zugleich **Zweckerträge**, wenn sie durch den Verkauf von selbst produzierten Gütern, Dienstleistungen oder Nutzungen verursacht werden, die dem eigentlichen Geschäftsgegenstand zuzurechnen sind; sonst sind sie → **NEUTRALE ERTRÄGE.**

FIXE KOSTEN

→ **PRIMÄRE KOSTENARTEN** und → **SEKUNDÄRE KOSTENARTEN,** die sich bei Änderung der → **LEISTUNG** nicht ändern, werden als **(leistungs-)fixe** Kosten bezeichnet. Fixe Kosten in diesem Sinne sind stets Kosten der Aufrechterhaltung der Betriebsbereitschaft

(**Kapazität**). → **LEISTUNGSFIXE KOSTEN** können in Abhängigkeit von den jeweils genutzten Kapazitäten weiterhin in **Leer- und Nutzkosten** aufgeteilt werden. Dabei sollte aber berücksichtigt werden, dass Änderungen der Kapazitätsnutzung zwar Änderungen des Anteils der Nutz- und Leerkosten verursachen, dadurch aber der Gesamtumfang der fixen Kosten nicht verändert wird.

GEMEINKOSTEN

Gemeinkosten sind Primär- oder Sekundärkostenarten, die von mehreren bzw. allen Kostenzurechnungsobjekten (Produkten, Aufträgen, Projekten, → **KOSTENSTELLEN** u. a.) gemeinsam verursacht werden. In einer Grenzkostenrechnung sind → **FIXE KOSTEN** keine Gemeinkosten in diesem Sinne, da sie zwar der Abrechnungsperiode, nicht aber den Produkten zugerechnet werden. Sind fixe Kosten aber auch nicht der Abrechnungsperiode, sondern nur mehreren Abrechnungsperioden gemeinsam zuzurechnen, z. B. Zahlungen von freiwilligen sozialen Leistungen oder von jährlichen Anschlussgebühren, spricht man von Periodengemeinkosten.

GRENZKOSTEN

Um die zentralen Aufgaben der KLR nicht zu gefährden, dürfen den → **LEISTUNGEN** nur die Kosten zugerechnet werden, die sie verursacht haben. Bei einer vom Verursachungsdenken bzw. vom **Verursachungsprinzip** bestimmten Grenzbetrachtung wären dies genau die (pagatorischen oder wertmäßigen) Kosten, die wegfallen, wenn diese Leistungen nicht produziert werden bzw. genau die Kosten, die zusätzlich entstehen, wenn die betrachteten Leistungen neu hergestellt werden. Diese durch Grenzbetrachtung abgeleiteten Kosten werden als **Grenzkosten** (k′) bezeichnet.
Grenzkosten k′ sind also der Zuwachs (die Abnahme) der Gesamtkosten, der sich ergibt, wenn die Leistung um eine Einheit zunimmt (abnimmt) bzw. formal ausgedrückt:

$$k' = \frac{K_2 - K_1}{x_2 - x_1}$$

mit $K_2 - K_1$ als Zuwachs (Abnahme) der Gesamtkosten bei Zunahme (Abnahme) der Leistung x_i um eine Einheit. Die Leistung, z. B. die produzierte und/oder abgesetzte Stückzahl, bildet in diesem Falle zugleich die → **BEZUGSGRÖSSE** für die verursachungsgerechte Verrechnung der Grenzkosten auf die → **KOSTENTRÄGER**. In der Kostenrechnungspraxis wird regelmäßig Leistungsproportionalität, folglich ein konstanter Grenzkostenverlauf, unterstellt, d. h., die Kostenzunahme bei Erhöhung der Leistung um jeweils eine Einheit ist stets gleich hoch.

GRUNDKOSTEN

Grundkosten sind nach den handels- bzw. steuerrechtlichen Vorschriften bewerteter (mengenmäßiger) Verbrauch von Gütern, Dienstleistungen und Nutzungen **verursacht** durch die betriebliche Leistungserstellung (Produktion) und Leistungsverwertung (Absatz) sowie durch die Aufrechterhaltung der Betriebsbereitschaft (Kapazität)

einer Abrechnungsperiode. Grundkosten sind stets zugleich → **ZWECKAUFWAND** der Abrechnungsperiode. Sie sind stets zugleich **Primärkosten**.
Die Höhe der Aufwands- und Kostenverrechnung für eine Kostenart braucht allerdings nicht deckungsgleich zu sein, z. B. kann der in der Finanzbuchführung verbuchte Abschreibungsaufwand höher sein, z. B. 4.000 €, als die in der Kostenrechnung für diese Maschine verrechneten kalkulatorischen Abschreibungen, die z. B. 3.000 € betragen. Der Grund für diese Wertunterschiede ist die im Vergleich zur Finanzbuchführung längere **wirtschaftliche** Nutzungsdauer in der Kostenrechnung. Weitere Unterschiede können sich durch den Ansatz von Verrechnungspreisen in der Kostenrechnung ergeben. Nach einer möglichen Interpretation bilden die Grundkosten dabei eine Teilmenge des in der Finanzbuchführung verbuchten → **AUFWANDS**, d. h. 3.000 €. Nach einer anderen Interpretation sind als Grundkosten 4.000 € zu erfassen; anschließend ist der richtige Kostenbetrag durch den Ansatz negativer → **VERRECHNUNGSVERSCHIEDENER ANDERSKOSTEN** in Höhe von –1.000 € zu ermitteln.
Grundkosten entstehen also durch direkte (automatische) Übernahme von Daten aus Vorsystemen, z. B. aus Finanzbuchführung, Materialwirtschaft, Produktionsplanungssystemen (PPS) Treasury-Systemen, Personalabrechnungs- und -informationssystemen, Anlagenbuchhaltungen u. a. Problem dabei ist, dass durch eine evtl. standardisierte Bewertung der aus Vorsystemen übernommenen Mengendaten mit (Plan-) Verrechnungspreisen der Grundkostencharakter verloren gehen kann. Grundkosten sind z. B. stets die Roh-, Hilfs- und Betriebsstoffkosten, Lohn- und Gehaltskosten, Energiekosten u. a.

GRUNDLEISTUNG

Grundleistungen stimmen mit den Zweckerträgen überein, sind also Produktionserträge und → **ERTRÄGE** aus dem Verkauf von Fertigerzeugnissen, Dienstleistungen und Nutzungen, wenn die Vorgänge durch den eigentlichen Geschäftsgegenstand verursacht werden.

HAUPTKOSTENSTELLEN

Als Hauptkostenstellen (Primär-Kostenstellen) bezeichnet man → **KOSTENSTELLEN**, deren Kosten nicht auf andere Kostenstellen, sondern mit leistungsabhängigen → **BEZUGSGRÖSSEN** direkt auf die Produktions- bzw. Absatzleistungen verrechnet werden. Materialkostenstellen (= Materiallager), Fertigungskostenstellen, Verwaltungs- und Vertriebskostenstellen werden üblicherweise als Hauptkostenstellen abgerechnet.

HERSTELLKOSTEN

Herstellkosten sind die → **SELBSTKOSTEN** der produktionsfertigen → **LEISTUNG**. Sie werden traditionell aus der Summe der Materialeinzel-, Materialgemein-, Fertigungseinzel-, Fertigungsgemeinkosten und den Sondereinzelkosten der Fertigung berechnet. In streng verursachungsbezogenen Rechnungen können einzelnen Komponenten fehlen, z. B. die Fertigungseinzelkosten. Herstellkosten dürfen nicht mit den handelsrechtlichen Herstellungskosten verwechselt werden.

Hilfskostenstellen

Hilfskostenstellen (Sekundär-Kostenstellen) sind → **Kostenstellen**, deren Kosten nicht direkt auf die Produkte, sondern zunächst durch Verrechnung → **innerbetrieblicher Leistungen (ibL)** auf die leistungsverbrauchenden Haupt- und Hilfskostenstellen als Wertschöpfungsbestandteile weiterverrechnet werden. Als Hilfskostenstellen werden üblicherweise die allgemeinen Kostenstellen, z. B. Energieversorgung, Grundstücke, innerbetrieblicher Transport, Reparaturwerkstätte, EDV-Abteilung, Sozialeinrichtungen u. a., aber auch Fertigungshilfsstellen, z. B. Werkzeugmacherei, Konstruktion, Forschung und Entwicklung, Arbeitsvorbereitung u. a., abgerechnet.

Innerbetriebliche Leistungsverrechnung (ibL)

Werden im Betrieb Dienstleistungen und Nutzungen erzeugt, die im Betrieb wieder verbraucht werden (sog. **Innenleistungen**), müssen die dadurch verursachten **variablen** Sekundärkosten zunächst den verbrauchenden → **Kostenstellen** zugerechnet und später auf die Produkte verrechnet werden. In Betracht kommt dabei vor allem der Verbrauch von Fahr- und Transportleistungen, von EDV-Leistungen, von eigenerzeugter Energie, von Reparaturleistungen u. a. Die Orte der Leistungserzeugung werden als → **Hilfskostenstellen** abgerechnet. Die Berechnung und Weiterbelastung der dadurch verursachten **Sekundärkosten** wird als **innerbetriebliche Leistungsverrechnung** bezeichnet.

Istkosten

Istkosten sind die tatsächlichen Kosten einer Abrechnungsperiode. Istkosten werden für die → **Wirtschaftlichkeitskontrolle** mit den geplanten Kosten (→ **Plankosten**) verglichen.

Kalkulation (Kostenträgerrechnung)

Zur verursachungsgerechten Verrechnung der (gesamten) Kosten auf die → **Leistungen** (Güter, Dienstleistungen, Nutzungen) benötigt man eine Kalkulation bzw. Kostenträgerrechnung. Statt **Kostenträgerrechnung** sollte man aber besser von Kostenverursacherrechnung sprechen, ein Fachbegriff, der jedoch nicht üblich ist. Mit der Kalkulation werden u. a. die Selbstkosten der Produktionsleistung und die Selbstkosten der Absatzleistung berechnet. Die Selbstkosten der Produktionsleistung werden in der traditionellen KLR-Literatur als → **Herstellkosten**, die Selbstkosten der Absatzleistung einfach nur als → **Selbstkosten** ohne weiteren Zusatz bezeichnet.
Die Kalkulation kann als Vollkosten- oder Grenzkostenkalkulation ausgeführt werden. In modernen EDV-Lösungen werden beide Systeme gleichzeitig angeboten. Die Kalkulation kann weiterhin mit Plan- oder mit → **Istkosten** erfolgen (Vor- und Nachkalkulationen). Zudem können die Kosten pro Stück pagatorisch oder wertmäßig ausgewiesen werden. Weitere Varianten sind möglich.

Kalkulationssätze

Kalkulationssätze sind Verrechnungssätze zur Verrechnung der in den → **Hauptkostenstellen** verursachten → **Variablen Gemeinkosten** auf die Produkte. Kalkulationssätze werden also für die gesamten variablen Stellenkosten der Materialstellen (die sog. **Materialgemeinkosten**), die gesamten variablen Stellenkosten der Fertigungsstellen (die sog. **Fertigungsgemeinkosten**), die gesamten variablen (?) Stellenkosten der Verwaltungsstellen (= die sog. **Verwaltungsgemeinkosten**) und sie gesamten variablen Stellenkosten der Vertriebsstellen (= die sog. **Vertriebsgemeinkosten**) gebildet.
Aus anderer Sicht können Kalkulationssätze als Selbstkostenpreise für die von den Hauptkostenstellen erbrachten→ **Leistungen** aufgefasst werden. Beispiel: Die Hauptkostenstelle Fertigung I erbringt an das Produkt A eine Leistung von 3 min Fertigungszeiten; eine Minute verursacht 2,00 € → **variable Kosten**. Die an das Produkt A erbrachte Leistung hat damit einen Selbstkostenpreis von 6,00 €.

Kalkulatorische Kosten

Kalkulatorische Kosten sind produktionsbedingte **primäre** Werteverzehre, die anders als der in der Finanzbuchführung verbuchte → **Aufwand** (= → **Anderskosten**) oder zusätzlich zum in der Finanzbuchführung verbuchten Aufwand (= → **Zusatzkosten**) als Kosten erfasst und verrechnet werden. Die von der Aufwandsbuchung abweichende andersartige Verrechnung kann zeitliche Ursachen (= → **Verrechnungsverschiedene Anderskosten**) oder wertmäßige Ursachen (= → **Wertverschiedene Anderskosten**) haben. Bei der Errechnung von Sekundärkosten werden keine → **Grundkosten** und kalkulatorischen Kosten unterschieden.
Kalkulatorische Kosten entstehen durch (automatisierte) zeitliche Umverteilung oder Umbewertung der Daten aus Vorsystemen oder durch originäre Erfassung. Die Umbewertung der Anschaffungs- oder Herstellungskosten kann z. B. auf der Basis von Wiederbeschaffungskosten oder bei selbsterstellten Vorprodukten bzw. Anlagen auf der Basis von Wiederherstellungskosten erfolgen. Zu den Anschaffungskosten der Bewertungsbasis gehören auch Anschaffungsnebenkosten oder nachträgliche Herstellungskosten.

Kalkulatorische Leistungen

Kalkulatorische Leistungen können → **Andersleistungen** oder → **Zusatzleistungen** sein. Analog zu den kalkulatorischen Kosten kann zwischen verrechnungsverschiedenen und wertverschiedenen Andersleistungen unterschieden werden. Von → **Erträgen verrechnungsverschiedene Leistungen** werden dabei vor allem dann zu berücksichtigen sein, wenn man das handelsrechtliche **Realisationsprinzip** in der KLR nicht beachten will, z. B. bei Versendungslieferungen oder bei Sonderfällen langfristiger Fertigung. Die Unterscheidung zwischen → **Grundleistungen** und kalkulatorischen Leistungen kann dabei für den Produktionsbereich und den Absatzbereich erfolgen.

KOSTENARTENRECHNUNG
Die **Kostenartenrechnung** (KAR) ist für die Erfassung der **primären Kosten** zuständig. Je nach dem zur Anwendung kommenden Kostenrechnungssystem hat die Kostenartenrechnung eine Klassifikation der erfassten Kostenarten und daneben auch Kostenverrechnungsaufgaben zu lösen. In erster Linie ist die Kostenartenrechnung aber ein organisatorisch abgrenzbares Teilgebiet der Kosten- und Leistungsrechnung; zentrale Aufgabe der Kostenartenrechnung ist die **Erfassung**, aufgabengerechte **Gliederung** sowie **Namensbezeichnung** der in der Abrechnungsperiode insgesamt verursachten Primärkosten. Ihre zentrale Fragestellung lautet daher:
Welche primären Kosten sind durch den Leistungserstellungs- und Leistungsverwertungsprozess der laufenden Abrechnungsperiode verursacht worden?

KOSTENBEGRIFF, allgemeine Definition
Kosten = bewerteter mengenmäßiger Verbrauch von Gütern, Dienstleistungen und Nutzungen verursacht durch die betriebliche Leistungserstellung (Produktion) und Leistungsverwertung (Absatz) sowie durch die Aufrechterhaltung der Betriebsbereitschaft (Kapazität) einer Abrechnungsperiode.

KOSTENSTELLEN
Kostenstellen sind selbständig abzurechnende Betriebsbereiche; dabei ist zwischen → **HAUPTKOSTENSTELLEN** und → **HILFSKOSTENSTELLEN** zu unterscheiden. Regelmäßig nicht selbständig über eigene Kostenstellen abgerechnet werden z. B. Sanitäranlagen, Fluren, Aufzüge, Treppenhäuser, Gartenanlagen, Verkehrswege u. a.

KOSTENSTELLEN-EINZELKOSTEN
Kostenstelleneinzelkosten sind → **PRIMÄRE KOSTENARTEN** und → **SEKUNDÄRE KOSTENARTEN**, die stets zugleich **Leistungsgemeinkosten** sind, und die auf die jeweils ausgewählte Kostenstelle (Haupt- oder Hilfskostenstelle) aufgrund ihrer einzelnen Verursachung exakt und gesondert zugerechnet werden können. Beispiele sind pro Kostenstelle gemessene Stromkosten, Lohn-, Gehalts- und Sozialkosten der in den → **KOSTENSTELLEN** beschäftigten Arbeitnehmer, Abschreibungskosten für in den Kostenstellen vorhandene Maschinen und Fahrzeuge u. a.

KOSTENSTELLEN-GEMEINKOSTEN
Kostenstellengemeinkosten sind → **PRIMÄRE KOSTENARTEN** und → **SEKUNDÄRE KOSTENARTEN**, die stets zugleich **Leistungsgemeinkosten** sind, und die auf die jeweils ausgewählte Kostenstelle (Haupt- oder Hilfskostenstelle) aufgrund ihrer nicht einzelnen Verursachung der einzelnen Kostenstelle nicht exakt und gesondert zugerechnet werden können. Beispiele sind pro Kostenstelle mangels Zähler nicht messbarer Stromverbrauch, Abschreibungskosten für Gebäude, die mehrere → **KOSTENSTELLEN** enthalten, alle Kosten, die durch das bebaute Grundstück verursacht werden u. a.

Kostenstellenrechnung
Die Aufgaben der Kostenstellenrechnung leiten sich unmittelbar aus den allgemeinen Aufgaben der Kostenrechnung

- → **Wirtschaftlichkeitskontrolle** und
- **Vorbereitung operativer Entscheidungen**

ab.

1. Durch geeignete Abgrenzung von → **Kostenstellen** und verursachungsgerechte Zuordnung der von der → **Kostenartenrechnung** erfassten primären Kostenarten schafft die Kostenstellenrechnung die erforderlichen Grundlagen für eine **verantwortungsbezogene** Wirtschaftlichkeitskontrolle. Voraussetzung dafür ist eine möglichst genaue Lokalisierung der Kostenverursachungsobjekte bzw. -orte. Zu diesem Zweck werden die Kostenstellen in → **Hauptkostenstellen** und → **Hilfskostenstellen** eingeteilt.
2. Eine **verursachungsgerechte** Zurechnung der Kostenarten auf ihre Entstehungsorte hat auch die Entstehung sekundärer Kostenarten durch die Produktion und den Verbrauch selbsterstellter Dienstleistungen und Nutzungen zu berücksichtigen. Aufgabe der Kostenstellenrechnung ist daher auch die Durchführung der → **innerbetrieblichen Leistungsverrechnung.**
3. Durch eine genaue Lokalisierung der Kostenentstehung ist neben einer verantwortungsbezogenen Kostenkontrolle eine Verbesserung der verursachungsgerechten Zurechnung auf die in den Entstehungsorten produzierten → **Leistungen** („→ **Kostenträger**") möglich. Dies gilt namentlich für die verursachungsgerechte Verrechnung variabler → **Gemeinkosten.** Die Kostenstellenrechnung unterstützt auf diese Weise unmittelbar die kostenträgerbezogene Entscheidungsvorbereitungsfunktion der KLR.

Insgesamt bildet die Kostenstellenrechnung den Standort der verantwortungsbezogenen **Kostenkontrolle** durch Vergleich der → **Istkosten** mit den → **Plankosten.** Daneben unterstützt sie durch die Bildung verursachungsgerechter → **Kalkulationssätze** den Aufgabenbereich der → **Kalkulation.**
Besonders für die Zwecke der Plankostenrechnung wird die Kostenstellenrechnung ebenso wie die Kostenartenrechnung in gleicher Ausbaustufe als Plan- und auch als Istkostenstellenrechnung durchgeführt.

Kostenträger
Kostenträger sind in traditioneller Begriffswahl die → **Leistungen** des betrachteten Unternehmens. Dabei kann es sich um materielle oder immaterielle Güter oder um Dienstleistungen und Nutzungen handeln. Besser wäre die Bezeichnung Kostenverursacher, da nicht das → **Kostentragfähigkeitsprinzip** sondern das → **Kostenverursachungsprinzip** zu beachten ist.

Kostenumlagen

Kostenumlagen sind typische Verfahren im Bereich der → **Kostenstellen**. Durch Umlagen werden → **primäre Kostenarten** oder → **sekundäre Kostenarten** zumeist nach mengenmäßigen oder prozentualen Verteilungsgrößen den Kostenstellen oder → **Leistungen** verteilt oder zugeschlagen. Anders als Verfahren der → **innerbetrieblichen Leistungsverrechnung** verzichten Umlageverfahren von vornherein auf eine verursachungsgerechte Kostenzurechnung.

Kostentragfähigkeitsprinzip

Die (Gemein-) Kosten werden bewusst nicht nach dem Verursachungsprinzip, sondern nach anderen Zurechnungskriterien, z. B. nach der Höhe der Gewinnspanne vor Zurechnung der → **Gemeinkosten** auf die „→ **Kostenträger**" verteilt.

Kostenträgereinzelkosten

Kostenträgereinzelkosten sind Primär- oder Sekundärkostenarten, die auf die → **Leistung**, also z. B. das einzelne Produkt, den einzelnen Auftrag bzw. das einzelne Projekt aufgrund ihrer direkten Verursachung exakt und gesondert zugerechnet werden können. Dies sind z. B. die Rohstoffkosten, Teile der Hilfsstoffkosten, Verpackungskosten, Sondereinzelkosten der Fertigung und des Vertriebs; Lohnkosten sind hingegen – auch, wenn sie als **Stücklohnkosten** berechnet und bezahlt werden – regelmäßig keine Kostenträgereinzelkosten. Der Begriff Leistungseinzelkosten wäre mit Rücksicht auf das Verursachungsprinzip der zutreffendere Fachbegriff. Im vorliegenden Buch wird der Begriff bewusst vermieden.

Kostenträgergemeinkosten

Kostenträgergemeinkosten sind Primär- oder Sekundärkostenarten, die auf die → **Leistung**, also z. B. das einzelne Produkt, den einzelnen Auftrag bzw. das einzelne Projekt aufgrund ihrer nicht einzeln erfassbaren (messbaren) Verursachung nur mehreren oder allen Leistungen **gemeinsam** zugerechnet werden können. Dies sind z. B. Teile der Hilfsstoffkosten, nahezu alle Betriebsstoffkosten, die Lohn-, Gehalts- und Sozialkosten, Abschreibungskosten u. a. Statt von Kostenträgergemeinkosten sollte in einer Grenzkostenrechnung fachlich zutreffender von → **Gemeinkosten** oder Leistungsgemeinkosten gesprochen werden. Im vorliegenden Buch wird der Begriff bewusst vermieden.

Kostenträgerrechnung → Kalkulation

Kostenverursachungsprinzip

Das Kostenverursachungsprinzip besagt, dass den (einzelnen) → **Leistungen** nur die Kosten zugerechnet werden dürfen, die sie unzweifelhaft verursacht haben. Bei strenger Auffassung, dürften einzelnen Leistungen danach auch keine variablen → **Gemeinkosten** zugerechnet werden. Variable Gemeinkosten dürften nur den Leistungen gemeinsam zugerechnet werden, die sie gemeinschaftlich verursacht haben; eine Aufteilung variabler Gemeinkosten auf die Leistungen der Abrechnungsperiode wäre nicht zulässig.

Kurzfristige Erfolgsrechnung

Die kurzfristige Erfolgsrechnung (KER) dient als **operative** Ergebnisrechnung der Rentabilitäts- bzw. Effektivitätsberechnung. Die KER kann z. B. als → **Deckungsbeitragsrechnung** (DBR) oder als Periodenergebnisrechnung ausgestaltet werden. Als Periodenergebnisrechnung kann sie in der Form des **Gesamtkostenverfahrens** oder des **Umsatzkostenverfahrens** ausgestaltet werden.
Die Ergebnisrechnungen können auf der Basis von → **Vollkosten** oder → **Grenzkosten** erfolgen, wobei eine DBR nur auf der Basis von Grenzkosten sinnvoll ist. Die Ergebnisrechnungen können weiterhin pagatorisch und/oder wertmäßig sowie im Ist und/oder im Plan erfolgen.

Leistung

Sieht man von § 275 Abs. 3 HGB ab, ist der Begriff der „**Leistung**“ anders als der Ertragsbegriff kein Rechtsbegriff und kann grundsätzlich frei definiert werden. Innerhalb der Kosten- und Leistungsrechnung ist die Leistung der Oberbegriff für Güterlieferungen, Dienstleistungen und Nutzungen.
Leistungen können dabei **Produktionsleistungen** oder **Absatzleistungen** sein. Absatzleistungen werden mit den erwarteten oder realisierten Absatz**preisen** bewertet und enthalten anders als Produktionsleistungen grundsätzlich Gewinnbestandteile.
Produktionsleistungen werden anders als in der Finanzbuchführung nicht zu Herstellungskosten sondern zu → **Selbstkosten** bewertet.
Leistungen können grundsätzlich in → **Grundleistungen** und → **kalkulatorische Leistungen** gegliedert werden. Eine Sonderform der Produktionsleistungen stellen die **innerbetrieblichen Leistungen** dar, die selbst erstellte **Dienstleistungen** oder **Nutzungen**, z. B. eigenerzeugter Strom, eigenerzeugte Wärme, selbst durchgeführte Reparaturen oder **Güterleistungen** in Form von Vorprodukten bzw. unfertigen Erzeugnissen oder von selbst erstellten Anlagen, z. B. Maschinen, Werkzeugen oder Gebäuden, sein können.

Leistungsartenrechnung

Die **Leistungsartenrechnung** (LAR) ist für die Erfassung der **Produktions- und Absatzleistungen** zuständig. Zusätzlich kann sie auch für die Erfassung der innerbetrieblichen Leistungen (nicht für deren Verrechnung) zuständig sein. Die Leistungsartenrechnung ist ein organisatorisch abgrenzbares Teilgebiet der Kosten- und Leistungsrechnung. Zentrale Aufgabe der Leistungsartenrechnung ist die **Erfassung**, aufgabengerechte **Gliederung** sowie **Namensbezeichnung** der in der Abrechnungsperiode insgesamt produzierten → **Leistungen**. Ihre zentrale Fragestellung lautet daher:
Welche Leistungen sind durch den Leistungserstellungs- und Leistungsverwertungsprozess der laufenden Abrechnungsperiode verursacht worden?

LEISTUNGSVARIABLE KOSTEN → VARIABLE KOSTEN

LEISTUNGSFIXE KOSTEN → FIXE KOSTEN

MISCHKOSTEN

Primäre und sekundäre Gemeinkostenarten, die zugleich leistungsfixe und -variable Anteile beinhalten, ohne dass eine exakte Trennung möglich ist, bezeichnet man als **Mischkosten**. Mischkosten sind z. B. stets alle kalkulatorischen Abschreibungen auf Betriebsmittel (Gebäude, Maschinen, Fuhrpark sowie Betriebs- und Geschäftsausstattung) sowie alle Primärkostenarten, die Anschlussgebühren enthalten.

NEUTRALER AUFWAND

Der neutrale Aufwand wird aus der Sicht der KLR definiert; in der Finanzbuchführung wird der neutrale Aufwand nicht auf gesonderten Konten gebucht. Materiell ist der neutrale Aufwand ein Werteverzehr der entweder nie oder in anderen Perioden in der KLR verrechnet wird. Soweit der neutrale Aufwand nie in der KLR verrechnet wird, ist der verbuchte → **AUFWAND** zugleich → **SCHADEN**.

NEUTRALER ERTRAG

→ **ERTRÄGE**, die nicht aus dem Verkauf der → **GRUNDLEISTUNG** resultieren sind neutrale Erträge. Beispiele für neutrale Erträge: Erträge aus dem Verkauf von Anlagegegenständen, von Wertpapieren oder Forderungen, Erträge aus dem Verkauf von Geldnutzungen oder Mietnutzungen bzw. Erträge aus der Auflösung von Rückstellungen oder Pauschalwertberichtigungen auf Forderungen.

OPERATIVES ERGEBNIS → KURZFRISTIGE ERFOLGSRECHNUNG

OPPORTUNITÄTSKOSTEN

Opportunitätskosten werden für knappe Produktionsfaktoren errechnet. Sie werden als mögliche Deckungsbeiträge (Einzahlungsüberschüsse) alternativer Handlungsmöglichkeiten definiert, die nicht mehr realisiert werden können, wenn man sich für eine der Alternativen entscheidet. Dahinter verbirgt sich die Vorstellung, dass bei Verwendung eines knappen Produktionsfaktors für die gewählte Alternative der bei Verwendung für die andere Alternative (Opportunität, Möglichkeit) erzielbare Deckungsbeitrag entgeht.

PAGATORISCHE KOSTEN

Der pagatorische → **KOSTENBEGRIFF** wird für die **Effizienzkontrolle** (→ **WIRTSCHAFTLICHKEITSKONTROLLE**) der Leistungserstellung (Produktion) und Leistungsverwertung (Absatz) benötigt.
Die pagatorischen Kosten errechnen sich pro Kostenart oder insgesamt wie folgt:

Pagatorische Kosten = → **GRUNDKOSTEN** + → **VERRECHNUNGSVERSCHIEDENE ANDERSKOSTEN**.

Für die Vorbereitung operativer Entscheidungen reicht allerdings die Erfassung pagatorischer Kosten regelmäßig nicht aus. Für diese Zwecke müssen die → **WERTMÄSSIGEN KOSTEN** erfasst werden.

PLANKOSTEN
Plankosten sind die für eine geplante Abrechnungsperiode aus der Unternehmensplanung (Gewinnplanung) abgeleiteten Kosten. Sie sind zugleich als die im Sinne der Verwirklichung des individuellen betrieblichen Sachzieles, d. h. bei rationalem Leistungsvollzug, einhaltbaren und aufgrund von Erfahrungen und besonderen Studien analytisch ermittelten **Minimalkosten** zu verstehen.

PRIMÄRE KOSTENARTEN
Primäre Kostenarten (**Primärkosten**) sind alle Kostenarten, die durch Lieferungs- und Leistungsbeschaffungsprozesse von Außenstehenden, also Lieferanten im weitesten Sinne verursacht werden (Ausnahme z. B. Abschreibungen von selbst erstellten Anlagen); Beispiele für Primärkosten: Roh-, Hilfs- und Betriebsstoffkosten, Lohn- und Gehaltskosten, Energiekosten, Beratungskosten, Fremdreparaturkosten u. a.

SCHADEN
Schaden ist ein unproduktiver Werteverzehr und verursacht damit keine Kosten; der verursachte Schaden ist auch nicht notwendig mit → **UNKOSTEN** identisch.

SEKUNDÄRE KOSTENARTEN
Sekundäre Kostenarten (**Sekundärkosten**) werden grundsätzlich nicht in der → **KOSTENARTENRECHNUNG**, sondern innerhalb der → **KOSTENSTELLENRECHNUNG** erfasst. Ihre Entstehung lässt sich ausnahmslos auf → **PRIMÄRE KOSTENARTEN** zurückführen, d. h., sekundäre Kosten setzen sich stets aus in der Kostenartenrechnung erfassten primären Kostenarten zusammen. Beispiel: Die Kosten für die sekundäre Kostenart „Kosten für selbst erstelltes Kantinenessen" setzen sich ausnahmslos aus den verursachten primären Rohstoff-, Hilfsstoff-, Betriebsstoff-, Personal-, Energie- und sonstigen Kosten zusammen. Wird z. B. zusätzlich der Strom selbst erzeugt, gehen die dadurch verursachten sekundären Kosten, die sich selbst wiederum auf primäre und sekundäre Kosten zurückführen lassen, ebenfalls in die sekundäre Kostenart „selbsterstelltes Kantinenessen" ein usw., sind also eigentlich Tertiärkosten.

SELBSTKOSTEN
Selbstkosten sind die Summen der von der betrachteten → **LEISTUNG verursachten** primären und sekundären Kosten. Dabei ist zwischen den **Selbstkosten der Produktionsleistung** und den **Selbstkosten der Absatzleistung** zu unterscheiden. Je nach Leistungsart oder erreichtem Fertigstellungsgrad der Leistung ist der Umfang der Selbst-

kosten verschieden. Der Fertigstellungsgrad kann vereinfacht als „unfertig“, „produktionsfertig“ oder „vertriebsfertig“ bezeichnet werden. Zwischenstufen sind möglich. Der Umfang der Selbstkosten wird weiterhin durch den anzuwendenden → **KOSTENBEGRIFF** – pagatorisch oder wertmäßig - sowie die Beachtung des Verursachungsprinzips bestimmt. Daher ist zwischen pagatorischen und wertmäßigen Selbstkosten zu unterscheiden. Bei strengerer Fassung des Verursachungsprinzips dürfen außerdem allenfalls die **leistungsvariablen**, nicht aber die → **LEISTUNGSFIXEN KOSTEN** in die Selbstkosten eingerechnet werden. In diesem Fall spricht man von **Grenzselbstkosten**. Bei strengster Beachtung des Verursachungsprinzips dürften auf einzelne Leistungen keine (variablen) → **GEMEINKOSTEN**, sondern nur Leistungseinzelkosten verrechnet werden. Selbstkosten sind stets Sekundärkosten.

STÜCKKOSTEN

Stückkosten bzw. Kosten/Stck. sind die → **SELBSTKOSTEN** einer in Stck. ausgedrückten → **LEISTUNG**. Die Selbstkosten können Grenz-Selbstkosten oder Voll-Selbstkosten sein. Bei Leistungen, die nicht in Stck. erfassbar sind, sollte man grundsätzlich auch nicht von Stückkosten sprechen, z. B. bei Literleistungen, Tonnenleistungen u. a.

STUFENLEITERVERFAHREN

Verfahren der → **INNERBETRIEBLICHEN LEISTUNGSVERRECHNUNG**, bei dem Leistungsbeziehungen zwischen den → **HILFSKOSTENSTELLEN** nur zum Teil berücksichtigt werden. Berücksichtigt werden nur sog. Vorleistungen. Sog. Rückleistungen an in die in einer bestimmten Reihenfolge angeordneten Hilfskostenstellen werden nicht berücksichtigt. Bei den heute üblichen EDV-Lösungen sollten solche Verfahren nicht mehr angewendet werden.

UMSATZKOSTEN

Umsatzkosten sind inhaltlich gleichbedeutend mit dem Begriff der gesamten → **SELBSTKOSTEN** der Absatzleistung. In beiden Begriffen ist der Verkaufsvorgang enthalten. Umsatzkosten sind niemals Primärkosten, sondern stets Sekundärkosten.

UMSATZTRÄGER

Umsatzträger ist ein in der Praxis öfters anzutreffender Begriff für die Außenleistungen des Unternehmens. Der Begriff ist ähnlich wie der Begriff → **KOSTENTRÄGER** nicht eindeutig, da er offen lässt, ob die Umsatzträger zugleich die Umsatzverursacher sind.

UNECHTE GEMEINKOSTEN

Unechte Gemeinkosten sind eigentlich Leistungseinzelkosten, die aber aus dispositiven Gründen als → **GEMEINKOSTEN** verrechnet werden. Sie sind dann aber stets zugleich → **LEISTUNGSVARIABLE KOSTEN**, sie werden wie andere („echte“) leistungsvariable Gemeinkosten künstlich proportionalisiert.

Unkosten

Der Begriff Unkosten ist in der Fachwelt verpönt und sollte grundsätzlich nicht in der Weise gebraucht werden, dass darunter derjenige Werteverzehr verstanden wird, der als Kosten zu erfassen ist. Grundsätzlich setzt der Unkostenbegriff anders als der → **Schadenbegriff** eine Produktion mit einem positiven Produktionsergebnis voraus. Danach könnten Unkosten als der Teil der (Ist-) Kosten bezeichnet werden, der z. B. bei entsprechender Ressourcenschonung vermieden werden könnte.

Ursachenbezogener Aufwandsbegriff

Den (kleinen) Unterschied des → **Kostenbegriffes** zum → **Aufwandsbegriff** zeigt nachfolgende Definition:
Aufwand = bewerteter, mengenmäßiger Verbrauch von Gütern, Dienstleistungen und Nutzungen verursacht durch die betriebliche Leistungserstellung (Produktion) und Leistungsverwertung (Absatz) und durch sonstige nicht produktionsbedingte Unternehmenszwecke sowie durch die Aufrechterhaltung der Betriebsbereitschaft (Kapazität) einer Abrechnungsperiode.

Variable Kosten

→ **Primäre Kostenarten** und → **sekundäre Kostenarten,** die sich bei Änderung der betrachteten → **Leistung** (= Kosteneinflussgröße) ebenfalls ändern, werden allgemein als (leistungs-) **variable Kosten** bezeichnet. Sind die → **leistungsvariablen Kosten** zugleich zur erbrachten Leistung proportional, liegen **leistungsproportionale Kosten** vor. Die in dieser Weise definierten leistungsproportionalen Kosten sind pro mehr oder weniger produzierter Leistung stets gleich hoch, sie stimmen daher betragsmäßig mit den zugehörigen → **Grenzkosten** und den variablen Durchschnittskosten der Leistung (→ **Stückkosten**) überein. Zu beachten ist, dass es innerhalb des Betriebes veränderliche Kosten geben kann, die sich aber nicht in Abhängigkeit von der → **Zweckleistung** ändern. Z. B. ändert sich der Stromverbrauch, wenn die Verwaltungsräume mit ihren EDV-Einrichtungen intensitätsmäßig unterschiedlich benutzt werden, der sich (permanent) ändernde Stromverbrauch steht aber regelmäßig in keinem oder allenfalls nur in geringen Zusammenhang mit der Herstellung von Leistungen im Fertigungsbereich. Diese Stromkosten sind zwar „variabel“ , aber nicht leistungsvariabel bzw. -proportional, dürfen also nicht in die Grenzkosten der Leistungen einbezogen werden.

Verrechnungsverschiedene Anderskosten

Verrechnungsverschiedene Anderskosten entstehen durch eine zeitlich abweichende Verrechnung der Kosten im Vergleich zu den entsprechenden Aufwendungen in der Finanzbuchführung. In der Summe dürfen sich durch Addition der → **Grundkosten** und der verrechnungsverschiedenen Anderskosten über die jeweiligen Perioden keine Wertunterschiede ergeben. Beispiele für verrechnungsverschiedene Anderskosten: kalkulatorische Sozialkosten, kalkulatorische Stromkosten, kalkulatorische Abschreibungen, kalkulatorische Zinsen, kalkulatorische Versicherungen, kalkulatorische Steuerkosten u. a.

Vollkosten

Auf die → **Leistungen** werden alle Kosten verrechnet, also neben den variablen Kosten auch die fixen Kosten, wobei aber zu betonen ist, dass in einer echten Vollkostenrechnung keine Unterscheidung in variable und → **fixe Kosten** erfolgt. Der Begriff der Vollkosten deckt sich häufig wertmäßig mit dem Begriff der **Gesamtkosten**. Der Begriff Gesamtkosten wird aber eher für Aussagen zur Kostenentstehung, der Begriff Vollkosten eher für Aussagen zur Kostenzurechnung verwendet.

Wertmässige Kosten

Wertmäßige Kosten sind die Gesamtkosten, die für die Vorbereitung operativer Entscheidungen grundsätzlich benötigt werden könnten. Sie errechnen sich pro Kostenart oder insgesamt wie folgt:
wertmäßige Kosten = → **Grundkosten** + → **kalkulatorische Kosten** oder
= → **pagatorische Kosten** + → **wertverschiedene Anderskosten** + → **Zusatzkosten**.

Wertverschiedene Anderskosten

Wertverschiedene Anderskosten entstehen durch **positive** oder **negative** Wertunterschiede zwischen Aufwendungen und → **Grundkosten**. Wertverschiedene Anderskosten können bei allen Primärkostenarten auftreten, z. B. kalkulatorische Rohstoff-, Hilfsstoff- und Betriebsstoffkosten, kalkulatorische Lohnkosten, kalkulatorische Abschreibungen, kalkulatorische Zinsen u. a. Die Werte werden bei steigenden Preisen höher, bei sinkenden Preisen niedriger als die zugehörigen Aufwendungen sein.

Wirtschaftlichkeitskontrolle (= Kostenkontrolle)

Es gibt kein absolutes Wirtschaftlichkeitsmaß, die Wirtschaftlichkeit und das Kostenminimum können damit nur relativ gemessen werden. Relative Messung bedeutet Messung durch **Vergleich**.
Der **Vergleich** normalisierter Kosten der Vergangenheit (sog. **Normalkosten**) mit den tatsächlichen Kosten der betrachteten Periode (sog. → **Istkosten**) ist abzulehnen, da bei unwirtschaftlichen Normalkosten und in gleicher Weise unwirtschaftlichen Istkosten keine Normal-Ist-Abweichungen errechnet werden und der Eindruck entsteht, dass keine Rationalisierung erforderlich ist. (Nach Schmalenbach: Vergleich von Schlendrian mit Schlendrian). Vorteil dieser sachlich unzutreffenden Rechnung: es wird kein qualifiziertes Personal benötigt, zudem vereinfachen sich die Abrechnungsprozesse.
Als sinnvolle (zweckentsprechende) Vergleichsbasis für die Beurteilung der tatsächlichen Kosten (**Istkosten**) kommen nur die geplanten Kosten (→ **Plankosten**) in Betracht.
Ob das **Kostenminimum** erreicht wird, kann also nur durch Vergleich der Istkosten mit den Plankosten gemessen werden.

ZUSATZKOSTEN
Zusatzkosten sind Wertverzehre, die niemals als Aufwand gebucht werden. Soweit sie durch den Gewinn der Fibu gedeckt werden, sind sie Gewinnbestandteile der GuV. Zusatzkosten sind auch Bestandteil der sog. → **OPPORTUNITÄTSKOSTEN**. Typische Zusatzkosten sind kalkulatorische Eigenkapitalzinsen und der kalkulatorische Unternehmerlohn. Für Kapitalgesellschaften macht die Verrechnung von Zusatzkosten grundsätzlich keinen Sinn. Dennoch werden heute vor allem in Großkonzernen kalkulatorische (Eigenkapital-) Zinsen für die externe Berichterstattung verrechnet. (Stichwort: EVA- und DCF-Methode)

ZUSATZLEISTUNGEN
Zusatzleistungen dürfen in der Finanzbuchführung niemals als Ertrag gebucht werden. Dies betrifft zunächst z. B. alle innerbetrieblichen Leistungen in Form von Dienstleistungen und Nutzungen. Weitere Beispiele sind der Ansatz von → **ERTRÄGEN** für die eigene Arbeitsleistung von Unternehmern in Personenunternehmen oder die Verrechnung von Zinserträgen für nicht verzinslich angelegte Geldbeträge, z. B. Zinserträge für Bargeld oder zinslose Bankguthaben.

ZWECKAUFWAND
Der Zweckaufwand wird aus der Sicht der KLR definiert; in der Fibu wird der Zweckaufwand nicht auf gesonderten Konten gebucht. Materiell ist der Zweckaufwand identisch mit den → **GRUNDKOSTEN**.

ZWECKERTRAG
Produktionserträge und → **ERTRÄGE** aus dem Verkauf von Fertigerzeugnissen, Dienstleistungen und Nutzungen sind Zweckerträge, wenn die Vorgänge durch den eigentlichen Geschäftsgegenstand verursacht werden.

ZWECKLEISTUNG
Die Zweckleistung ist mit der → **GRUNDLEISTUNG** und damit mit dem → **ZWECKERTRAG** identisch. In der Literatur wird häufig der Begriff Zweckleistung statt Grundleistung verwendet.

Abbildungen

Abkürzungen

Aufl.	Auflage
AV	Anlagevermögen
BAB	Betriebsabrechnungsbogen
c.p.	ceteris paribus
EDV	Elektronische Datenverarbeitung
F	Fertigungsbereich
f.	folgende (eine)
Fa.	Firma
ff.	folgende (mehrere)
Fibu	Finanzbuchführung
Fifo	First in first out
GewSt	Gewerbesteuer
GKV	Gesamtkostenverfahren
GmbH	Gesellschaft mit beschränkter Haftung
GuV	Gewinn- und Verlustrechnung
HGB	Handelsgesetzbuch
i.d.R.	in der Regel
i.S.d.	im Sinne der (s)
i.V.m.	in Verbindung mit
IAS	International Accounting Standard(s)
ibL	innerbetriebliche Leistungsverrechnung
IFRS	International Financial Reporting Standard(s)
Jit	just in time
Kfz	Kraftfahrzeug
KLR	Kosten- und Leistungsrechnung

km	Kilometer
Kto.	Konto
kW	Kilowatt
kWh	Kilowattstunde
LE	Leistungseinheit
Lkw	Lastkraftwagen
Ma	Materialbereich
Min	Minute
PEK	Produkteinzelkosten
PGK	Produktgemeinkosten
PK	Periodenkosten
Pkw	Personenkraftwagen
RHB	Roh-, Hilfs- und Betriebsstoffe
S.	Seite
SolZ	Solidaritätszuschlag
Stck.	Stück
Std.	Stunde(n)
u.a.	und andere(s)
UKV	Umsatzkostenverfahren
USt	Umsatzsteuer
UStG	Umsatzsteuergesetz
USt-Id-Nr	Umsatzsteuer-Identifikationsnummer
usw.	und so weiter
UV	Umlaufvermögen
v.H.	vom Hundert
Vt	Vertriebsbereich
Vw	Verwaltungsbereich
WE	Wärmeinheit(en)

Literatur

Bohr, K. [1988]: Zum Verhältnis von klassischer Investitions- und entscheidungsorientierter Kostenrechnung, in: ZfB, 58. Jg., S. 1.171–1.180.

BDI/VIK/VDEW u. a. [2002]: Verbändevereinbarung über Kriterien zur Bestimmung von Nutzungsentgelten für elektrische Energie und über Prinzipien zur Netznutzung vom 13. Dezember 2001 (VV II plus) einschließlich Anlage 3 vom 23. April 2002, Berlin u. a.
http://www.vdn-berlin.de/global/downloads/Publikationen/vv2plus.pdf.

BMWI/LSP [2006]: www.bmwi.de/Redaktion/Inhalte/Pdf/J-L/leitsaetze-fuer-die-preisermittlung-auf-grund-von-selbstkosten,property=pdf,bereich=,sprache=de,rwb=true.pdf.

Bundesverband der Deutschen Industrie [1988]: Empfehlungen zur Kosten- und Leistungsrechnung, Band 1, Kosten- und Leistungsrechnung als Istrechnung, 2. Aufl., Köln.

Coenenberg, A. G. [2003]: Kostenrechnung und Kostenanalyse; 5. Aufl., Landsberg/Lech.

Däumler, K.-D./**Grabe**, J. [1982]: Kostenrechnung 1, Grundlagen, Herne/Berlin.

Däumler, K.-D./**Grabe**, J. [2002]: Kostenrechnung 1, Grundlagen, 9. Aufl., Herne/Berlin.

Dellmann, K. [1979]: Zum Stand der betriebswirtschaftlichen Theorie der Kostenrechnung, in: ZfB, 49. Jg., S. 319–332.

Dierkes, S./**Kloock**, J. [1999]: Integration von Investitionsrechnung und kalkulatorischer Erfolgsrechnung, in: **Männel**, W./**Küpper**, H.-U. (Hrsg.), Integration der Unternehmensrechnung, Sonderheft 3/99 der KRP, S. 119–131.

Dierkes, S. [2005]: Strategisches Kostenmanagement im Rahmen einer wertorientierten Unternehmensführung, in: Controlling und Management, 49. Jg., S. 333–341.

Freidank, C.-C. [1992]: Kostenrechnung, 3. Aufl., München.

Gans, K. [1988]: Die analytische Kostenplanung als Grundlage der Grenzplan-Kostenrechnung in: **Scheer**, A.-W. (Hrsg.): Grenzplankostenrechnung, Wiesbaden, S. 209–227.

Gau, E. [1981]: Praxis der Kosten- und Leistungsrechnung, Bd. 1, Aufbau der Betriebsabrechnung, 2. Aufl., Freiburg

Grob, H. L./**Bensberg**, F. [2005]: Kosten- und Leistungsrechnung, München.

Gutenberg, E. [1968]: Grundlagen der Betriebswirtschaftslehre, Erster Band, Die Produktion, 14. Aufl. Berlin u. a.

Haberstock, L. [2005]: Kostenrechnung 1, 12. Aufl., bearbeitet von **Breithecker**, V., Wiesbaden.
Haberstock, L. [2004]: Kostenrechnung 2, (Grenz-) Plankostenrechnung, 9. Aufl., bearbeitet von **Breithecker**, V., Wiesbaden.
Hanrath, S. [2000]: Investionszielkonforme Kostenrechnung, Wiesbaden.
Hommel, M. [2005]: Kostenrechnung – learning by stories, Frankfurt a.M.
Huch, B. [1984]: Einführung in die Kostenrechnung, 7. Aufl., Würzburg-Wien.
Hummel, S./**Männel**, W. [1978]: Kostenrechnung 1, Wiesbaden.
Johnson, T./**Kaplan**, R. S. [1991]: Relevance Lost, The Rise and Fall of Management Accounting, Boston.
Kilger, W. [1976]: Einführung in die Kostenrechnung, Opladen.
Kilger, W. [1983]: Diskussionsbeitrag, in: Entwicklungslinien der Kosten- und Erlösrechnung (Hrsg. **Chmielewicz**, K.), Stuttgart, S. 211.
Kilger, W. [1988]: Offene Probleme der Plankosten- und Deckungsbeitragsrechnung, in: **Scheer**, A.-W. (Hrsg.), Grenzplankostenrechnung, Wiesbaden, S. 83–104.
Kilger, W. [1993]: Flexible Plankostenrechnung und Deckungsbeitragsrechnung, bearbeitet durch **Vikas**, K., 10. Aufl., Wiesbaden.
Kleinort, P. [2005]: Studie: Deutsche arbeiten wenig aber unproduktiv, in: FTD vom 27.1.2005.
Kloock, J. [1997]: Betriebliches Rechnungswesen, 2. Aufl., Lohmar und Köln.
Koch, J. [1987]: Kosten- und Leistungsrechnung, 3. Aufl., München-Wien.
Kolibius, G. [1988]: Vertriebssteuerung mit Deckungsbeiträgen, in: **Scheer**, A.-W. (Hrsg.), Grenzplankostenrechnung, Wiesbaden, S. 337–352.
Kosiol, E. [1972]: Kostenrechnung und Kalkulation, 2. Aufl., Berlin-New York.
Kosiol, E. [1979]: Kosten- und Leistungsrechnung, Berlin–New York.
Krause, S./**Schmidbauer**, R. [2003]: Umsetzung des (unternehmens-) wertorientierten Controllings bei der BMW Group, in: Controlling, 15. Jg., S. 441–449.
Kruschwitz, L. [1979]: Innerbetriebliche Leistungsverrechnung mit nicht-exakten und iterativen Methoden, in: KRP, S. 105–116.
Männel, W. [1978]: Kostenrechnung, 2. Moderne Verfahren und Systeme, Wiesbaden.
Münstermann, H. [1969]: Unternehmensrechnung, Untersuchungen zur Bilanz, Kalkulation, Planung mit Einführung in die Matrizenrechnung, Graphentheorie und lineare Programmierung, Wiesbaden.
Plinke, W. [1989]: Industrielle Kostenrechnung für Ingenieure, Berlin u. a.
REFA [1978]: Methodenlehre des Arbeitsstudiums, Band 2, München.
Riebel, P. [1959]: Das Rechnen mit Einzelkosten und Deckungsbeiträgen, in: ZfhF, S. 213–238.

Riebel, P. [1982]: Einzelkostenrechnung, Einzelkosten- und Deckungsbeitragsrechnung, Grundfragen einer markt- und entscheidungsorientierten Unternehmensrechnung, 4. Aufl., Wiesbaden.

Scheer, A.-W. [1988]: Entwurf des konzeptionellen Schemas einer Datenbank für das innerbetriebliche Rechnungswesen, in: **Scheer**, A.-W. (Hrsg.), Grenzplankostenrechnung, Wiesbaden, S. 179–205.

Scherrer, G. [1983]: Diskussionsbeitrag, in: Entwicklungslinien der Kosten- und Erlösrechnung (Hrsg. **Chmielewicz**, K.), Stuttgart, S. 199 f.

Scherrer, G. [1999]: Kostenrechnung, 3. Aufl., Stuttgart.

Schmalenbach, E. [1963]: Kostenrechnung und Preispolitik, Köln und Opladen.

Schneider, W. [2000]: Controlling mit SAP® R/3® und MS-Excel®, 2. Aufl., Regensburg.

Schneider, W. [2005]: BWL-Crash-Kurs Finanzbuchführung, Konstanz.

Schweitzer, M./**Küpper**, H.-U. [1998]: Systeme der Kosten- und Erlösrechnung, 7. Aufl. München.

Seicht, G. [1988]: Die Entwicklung der Grenzplankosten- und Deckungsbeitragsrechnung, in: **Scheer**, A.-W. (Hrsg.), Grenzplankostenrechnung, Wiesbaden, S. 31–51.

Seicht, G. [1995]: Moderne Kosten- und Leistungsrechnung, 8. erweiterte Aufl., Wien.

Siegwart, H./**Raas**, F. [1989]: Anpassung der Kosten- und Leistungsrechnung an moderne Fertigungstechnologien, in: KRP, S. 7–14.

Swoboda, P. [1999], Kostenrechnung und Preispolitik, 20. Aufl., Wien.

Vikas, K. [1988]: Grenzplankostenrechnung im Dienstleistungsbereich, in: **Scheer**, A.-W. (Hrsg.), Grenzplankostenrechnung, Wiesbaden, S. 229–259.

Volkswagen AG [2003]: Finanzielle Steuerungsgrößen des Volkswagen-Konzerns, Wolfsburg.

Weber, J. [1990]: Einführung in das Rechnungswesen II, Kostenrechnung, Stuttgart.

Wöhe, G. [2002]: Einführung in die allgemeine Betriebswirtschaftslehre, 21. Aufl., München.

Ziegler, H. [1994]: Neuorientierung des internen Rechnungswesens für das Unternehmens-Controlling im Hause Siemens, in: ZfbF, 46. Jg., S. 175–188.

Index

UVK bei UTB

Heinz Grossekettler,
Andreas Hadamitzky,
Christian Lorenz
Volkswirtschaftslehre
2005, 336 Seiten, broschiert
UTB 2710
ISBN 3-8252-2710-3

Ulrich Kathöfer,
Ulrich Müller-Funk
BWL-Crash-Kurs **Operations Research**
2005, 252 Seiten, broschiert
UTB 2712
ISBN 3-8252-2712-X

Ekkehard von Knorring,
Albrecht Bossert
BWL-Crash-Kurs **Makroökonomik**
2006, 240 Seiten, broschiert
UTB 2779
ISBN 3-8252-2779-0

Jürgen Pesch
BWL-Crash-Kurs **Marketing**
2005, 304 Seiten, broschiert
UTB 2720
ISBN 3-8252-2720-0

Wilhelm Schneider
BWL-Crash-Kurs **Finanzbuchführung**
2005, 328 Seiten, broschiert
UTB 2713
ISBN 3-8252-2713-8

Wilhelm Schneider
BWL-Crash-Kurs **Kosten- und Leistungsrechnung**
2006, 384 Seiten, broschiert
UTB 2781
ISBN 3-8252-2781-2

Ingolf Terveer
BWL-Crash-Kurs **Mathematik**
2005, 350 Seiten, broschiert
UTB 2715
ISBN 3-8252-2715-4

Hans-Peter Wolf,
Peter Naeve, Veith Tiemann
BWL-Crash-Kurs **Statistik**
aktiv mit R
2006, 382 Seiten, broschiert
UTB 2780
ISBN 3-8252-2780-4

UVK UTB